微机原理与接口技术

（第2版）

叶青 主编

刘铮 张静 雷辉 何青 副主编

清华大学出版社

北京

内容简介

本书主要介绍微型计算机的工作原理和接口应用技术。书中以 Intel 8086 CPU 为主线，系统讲述微型计算机系统的基本组成、工作原理、指令系统及汇编语言程序设计、半导体存储器技术、硬件接口技术、总线技术、操作系统及软件接口基础、PC 应用系统设计举例，使学生掌握微型计算机基本工作原理和硬件接口技术，建立微机系统的整体概念，并从应用系统的角度了解操作系统概念和 PC 软件接口。

本书可以作为高等学校非计算机专业微型计算机原理与接口技术、微型计算机原理及应用课程的教材，也可供从事微型计算机硬件和软件设计的工程技术人员参考。

版权所有，侵权必究。举报：010-62782989，beiqinquan@tup.tsinghua.edu.cn。

图书在版编目(CIP)数据

微机原理与接口技术/叶青主编．—2 版．—北京：清华大学出版社，2020.6(2025.1 重印)
ISBN 978-7-302-52333-8

Ⅰ．①微…　Ⅱ．①叶…　Ⅲ．①微型计算机－理论 ②微型计算机－接口技术　Ⅳ．①TP36

中国版本图书馆 CIP 数据核字(2019)第 028359 号

责任编辑：张占奎
封面设计：常雪影
责任校对：王淑云
责任印制：刘海龙

出版发行：清华大学出版社
网　　址：https://www.tup.com.cn，https://www.wqxuetang.com
地　　址：北京清华大学学研大厦 A 座　　**邮　　编：**100084
社 总 机：010-83470000　　**邮　　购：**010-62786544
投稿与读者服务：010-62776969，c-service@tup.tsinghua.edu.cn
质量反馈：010-62772015，zhiliang@tup.tsinghua.edu.cn
印 装 者：三河市人民印务有限公司
经　　销：全国新华书店
开　　本：185mm×260mm　　**印　　张：**18.75　　**字　　数：**453 千字
版　　次：2011 年 9 月第 1 版　2020 年 6 月第 2 版　　**印　　次：**2025 年 1 月第 4 次印刷
定　　价：59.80 元

产品编号：079911-03

前言 FOREWORD

本书第1版于2011年出版，得到许多读者和同行的积极支持，并提出宝贵意见和建议，在此表示衷心感谢！

作为一本面向非计算机专业的“微机原理与接口技术”教材，编者编写的指导思想始终是：通过学习掌握微型计算机系统的组成及其工作原理，使学生初步具备不断学习、理解和应用层出不穷的微型计算机新技术的基础。从适应微型计算机应用技术发展和教学改革的需要出发，作者在保持第1版基本体系结构的基础上，增删和调整了教材的部分内容。具体进行了如下修订：

(1) 增加了CPU的流水线技术、CPU的CISC和RISC架构、智能手机等内容；在阐述操作系统基本概念的基础上，增加了从PC到移动终端的多种常用操作系统介绍；增加了8086汇编语言的软件仿真内容，通过8255接口编程的举例介绍PROTEUS仿真的应用方法，以便于读者自主选择学习和实践。

(2) 在常用通信总线中删减了第1版中IEEE 488和IEEE 1394总线的内容，增加了IDE和SATA等外部存储器接口总线、PS/2传统输入设备接口、VGA和DVI显示设备接口等内容；在接口技术中，将第1版串行通信接口中关于16550芯片的内容改换成8251A，增加了DMA控制器芯片的内容。

(3) 修订了第1版中的错误。

本书共9章，第2、4、5章及1.2节由叶青编写，第3章由张静编写，第6章及1.1节由雷辉编写，第7、8、9章由刘铮编写，1.3节由何青编写，叶青负责本次修订的统稿、修改和筹划。

本书的出版得到了清华大学出版社张占奎老师及其他工作人员的大力支持和帮助，在此深表感谢！

受编者的水平和经验所限，书中难免有不足之处或错误，欢迎读者和同行批评指正，反馈宝贵意见和建议。

编　者

2019年7月

前言

第1版前言 FOREWORD

“微机原理与接口技术”是大学本科信息类、电气类、机电类等非计算机专业的一门重要基础课程，学生通过对这门课程的学习，应掌握微型计算机硬件系统的组成和工作原理，提高对微型计算机系统的理解和应用能力，为将来学习和应用层出不穷的微型计算机新技术打下良好的基础。

目前，开设的“微机原理与接口技术”课程主要有基于 51 系列单片机和基于 80x86CPU 的两种模式，这两种模式各有所长。考虑到以 Intel CPU 为核心的 PC 系列微型计算机结构的完整性和应用普及性，同时考虑到原理性课程的讲解平台不宜太复杂，本书选用以 8086/8088CPU 为主来介绍微型计算机工作原理、汇编语言及接口技术。除了该课程的基本内容外，本书还增加了现代 PC 常用的总线技术、存储器管理、80x86/Pentium 微处理器的发展等内容。特别是考虑到 PC 作为上位机广泛应用于各种监测、控制、网络通信等场合，其在接口的应用方式上与芯片级接口有很大不同，本书从 PC 系统应用的需求出发，增加了 PC 的软件体系与软件接口基础知识、基于 PC 的应用系统设计举例。这样，读者在学习传统的微机硬件系统工作原理的基础上，也能学到更实用的总线技术，了解 PC 系统软件体系及接口，为进一步理解和应用复杂的微型计算机新技术打下基础。

全书分为 9 章，第 1 章至第 5 章为基本原理部分，主要讲解 8088/8086 微型计算机的基本原理；第 6 章至第 9 章为应用技术部分，主要介绍微型计算机常用接口技术和 PC 应用技术。其中，第 1 章简要介绍微型计算机，基本概念、发展历程和 PC 系统的典型配置；第 2 章阐述 8088/8086 16 位微处理器的编程结构及构成硬件系统的结构、时序，介绍 80x86/Pentium 微处理器技术的发展；第 3 章讲解 8086/8088 16 位微处理器的指令系统和汇编语言程序设计；第 4 章主要阐述微型计算机存储器技术基本原理，还介绍了现代微处理器的存储器管理技术；第 5 章阐述输入输出的概念以及 8086/8088CPU 的中断系统；第 6 章介绍微机常用接口芯片及应用；第 7 章介绍 PCI 等微机系统总线、IEEE 1394、USB 等外部总线，阐述了总线基本概念；第 8 章介绍操作系统的概念、Windows 2000/XP 的体系结构、Windows API 等软件接口；第 9 章通过举例介绍了 PC 系统基于 RS-232C、RS-485 串行通信以及基于 PCI 总线的应用方法。

本书在编写上力求循序渐进、简洁明了，突出基本原理和基本概念，同时注重系统的应用。例如将 IBM PC/XT 系统的背景穿插其中，以使读者了解原理在一个系统中的具体应用方式。书中还采用了较多的表格对指令功能、接口功能等进行归纳，便于教师在给出整体面貌的基础上筛选重点。由于该课程内容繁多，教师可根据具体教学课时数，安排课程讲解和自学的内容。

本书第2、4、5章及1.2节由叶青编写，第3章由张静编写，第6章及1.1节由雷辉编写，第7、8、9章由刘铮编写，何青编写了1.3节，全书由叶青负责筹划和统稿。参与本书编写工作的还有彭赋、付成宏、马洪江，在此一并表示感谢。

对为本书出版付出辛苦劳动的清华大学出版社的编辑及工作人员表示衷心感谢。

由于编者的水平和经验有限，书中难免有疏漏和错误之处，恳请专家和读者批评指正。

编　者

2011年6月

目录 CONTENTS

第 1 章

CHAPTER 1

微型计算机基础知识

电子计算机的诞生和发展是20世纪最重要的科技成果之一。微型计算机(简称“微机”)是计算机的一个重要分支。本章介绍微型计算机系统的基础知识,概述其发展变化,内容包括计算机中的数制和编码,微型计算机的结构、工作原理、分类及主要性能指标,典型微型计算机系统。

1.1 计算机中数的表示与编码

1.1.1 数制及其转换

数制是人们利用符号来计数的科学方法。数制有很多种,在日常生活中人们常用十进制计数,在计算机内部,一切信息的存储、处理与传送均采用二进制的形式。一个具有两种不同稳定状态且能相互转换的器件即可以用来表示一个二进制数,因而一个二进制数在计算机内部是以电子器件的物理状态来表示的,二进制的表示是最简单且最可靠的。由于八进制、十六进制与二进制之间有非常简单的对应关系,而且位数相对较少,在阅读与书写时常常采用八进制或十六进制。因而在计算机的设计及使用中,通常使用的计数方法是二进制、八进制、十进制和十六进制。

1. 进位计数制

进位计数制是采用位置表示法,即处于不同位置的同一数字符号所表示的数字不同。一般说来,如果数制只采用 R 个基本符号,则称为基 R 数制,R 称为数制的“基数”或简称“基”;而数制中每一个固定位置对应的单位值称为“权”。

对 R 进制数来说,有以下特点:

① 能选用的数码的个数等于基数 R,即各数位只允许是 $0,1,\cdots,R-1$;

② 各位的权是以 R 为底的幂;

③ 计数规则是“逢 R 进一”。

常用的四种数制的表示法如表1.1所示。

对任意一个进制数,都可以按权展开成多项式,其中每一项表示相应数位代表的数值。例如“逢十进一”的十进制数258.5可写为

$$258.5=2\times10^2+5\times10^1+8\times10^0+5\times10^{-1}$$

对 R 进制数 N，若用 $n+m$ 个代码 $D_i(-m\leqslant i\leqslant n-1)$ 表示，从 D_{n-1} 到 D_{-m} 自左至右排列，则其按权展开多项式为

$$N=D_{n-1}R^{n-1}+D_{n-2}R^{n-2}+\cdots+D_0R^0+D_{-1}R^{-1}+\cdots+D_{-m}R^{-m} \qquad (1.1)$$

式中，D_i 为第 i 位代码，它可取 0～$(R-1)$之间的任何数字符号；m 和 n 均为正整数，n 表示整数部分的位数，m 表示小数部分的位数。表 1.2 列出了四种数制表示的数的对应关系。

表 1.1 常用四种数制的表示法

数　制	二进制	八进制	十进制	十六进制
进位规则	逢二进一	逢八进一	逢十进一	逢十六进一
基数	2	8	10	16
所用符号	0,1	0,1,2,…,7	0,1,2,…,9	0,1,2,…,9,A,B,…,F
权	2^i	8^i	10^i	16^i
数制标识	B	Q	D	H

表 1.2 四种数制表示的数的对应关系

十进制	二进制	八进制	十六进制	十进制	二进制	八进制	十六进制
0	0	0	0	8	1000	10	8
1	1	1	1	9	1001	11	9
2	10	2	2	10	1010	12	A
3	11	3	3	11	1011	13	B
4	100	4	4	12	1100	14	C
5	101	5	5	13	1101	15	D
6	110	6	6	14	1110	16	E
7	111	7	7	15	1111	17	F

2. 数制之间的转换

1) 二、八、十六进制数转换成十进制数

转换规则为“按权相加”，即将二、八、十六进制数按权展开，求出按权展开式的值就是该数转换为十进制数的等价值。

例 1.1 $(1011.01)_2=1\times2^3+0\times2^2+1\times2^1+1\times2^0+0\times2^{-1}+1\times2^{-2}=(11.25)_{10}$

$(54)_8=5\times8^1+4\times8^0=(44)_{10}$

$(7A)_{16}=7\times16^1+10\times16^0=(122)_{10}$

2) 十进制数转换成二、八、十六进制数

十进制数转换成二、八、十六进制数时，需要把整数部分与小数部分分别转换，然后拼接起来。

(1) 整数部分的转换

十进制整数转换为二进制整数的方法为：把被转换的十进制整数反复地除以 2，直到商为 0，所得的余数(从末位读起)就是这个数的二进制表示。简单地说，就是“除 2 取余法”。

例 1.2　将十进制整数 105 转换成二进制整数。

解：按“除 2 取余”方法进行转换的过程如下：

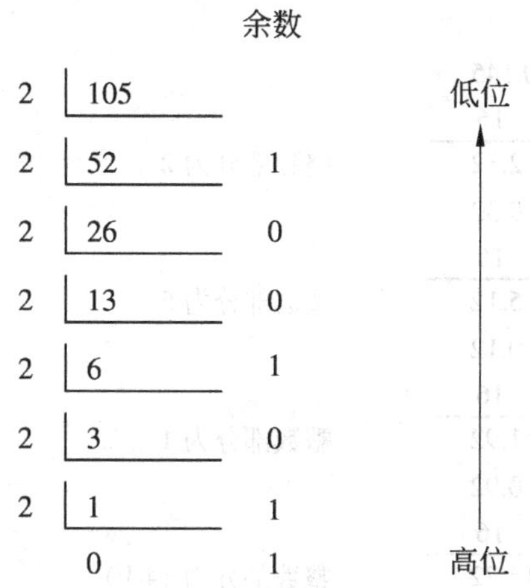

转换结果为：$(105)_{10}=(1101001)_2$。

同理，将十进制整数转换为 R 进制数，按照“除 R 取余”规则即可。

例 1.3　将十进制数 545 转换为十六进制数。

解：按“除 16 取余”方法进行转换的过程如下：

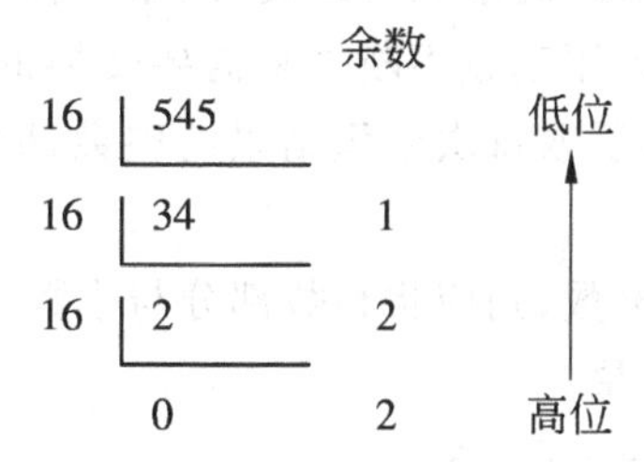

转换结果为：$(545)_{10}=(221)_{16}$。

(2) 小数部分的转换

十进制小数转换成二进制小数的方法：将十进制小数连续乘以 2，选取进位整数，直到满足精度要求为止，简称“乘 2 取整法”。

例 1.4　将十进制小数 0.625 转换成二进制小数。

解：转换过程如下：

$$\begin{array}{r} 0.625 \\ \times\quad 2 \\ \hline 1.25 \end{array}\quad \text{整数部分为 1（高位）}$$

$$\begin{array}{r} 0.25 \\ \times\quad 2 \\ \hline 0.5 \end{array}\quad \text{整数部分为 0}$$

$$\begin{array}{r} 0.5 \\ \times\quad 2 \\ \hline 1.0 \end{array}\quad \text{整数部分为 1（低位）}$$

将十进制小数 0.625 连续乘以 2，把每次所进位的整数，按从上往下的顺序写出。于是，转换结果为：$(0.625)_{10}=(0.101)_2$。

同理，十进制小数转换成 R 进制小数的方法是“乘 R 取整法”。

例 1.5 将十进制小数 0.145 转换成十六进制小数。

解：转换过程如下：

运算	说明	
0.145 × 16 = 2.32	整数部分为 2	高位
0.32 × 16 = 5.12	整数部分为 5	↓
0.12 × 16 = 1.92	整数部分为 1	↓
0.92 × 16 = 14.72	整数部分为 14(E)	低位

将十进制小数 0.145 连续乘以 16，取每次进位的整数，直到满足精度要求为止，因而转换结果为：$(0.145)_{10}=(0.251E)_{16}$。

由上可知，十进制整数部分的转换采用基数不断去除要转换的十进制数，直到商为 0 为止，将各次计算所得的余数，按最后的余数为最高位，第一位为最低位，依次排列，即得转换结果。十进制小数部分的转换采用基数不断去乘需要转换的十进制小数，直到满足要求的精度或小数部分等于 0 为止，然后取每次乘积结果的整数部分，以第一次取整位为最高位，依次排列，即可得到转换结果。

如果一个数既有小数又有整数，则应将整数部分与小数部分分别进行转换，然后用小数点将两部分连起来，即为转换结果。

例如：$(42.125)_{10}=(42)_{10}+(0.125)_{10}$

$$(42)_{10} \rightarrow (101010)_2, \quad (0.125)_{10} \rightarrow (0.001)_2$$

所以 $(42.125)_{10}=(101010.001)_2$

3) 二进制数与八进制数、十六进制数间的相互转换

由于 $2^3=8$，$2^4=16$，因此二进制数与八进制数、十六进制数之间的转换很简单。将二进制数从小数点位开始，向左每 3 位产生一个八进制数字，不足 3 位的左边补零，这样就得到整数部分的八进制数；向右每 3 位产生一个八进制数字，不足 3 位的右边补 0，就得到小数部分的八进制数。同理，向左每 4 位产生一个十六进制数字，不足 4 位的左边补零，就得到整数部分的十六进制数；向右每 4 位产生一个十六进制数字，不足 4 位的右边补 0，就得到小数部分的十六进制数。

例如：$(01111100.1001001)_2=(174.444)_8=(7C.92)_{16}$

八进制数要转换成二进制数，只需将八进制数分别用对应的三位二进制数表示即可；十六进制数要转换成二进制数，只需将十六进制数分别用对应的四位二进制数表示即可。

为了便于区别不同数制表示的数，规定在数字后面用一个 H 表示十六进制数，用 B 表示二进制数，用 D(或不加标志)表示十进制数，如 64H、1101B、369D 分别表示十六进制数、

二进制数和十进制数。另外，规定当十六进制数以字母开头时，为了避免与其他字符相混，在书写时前面加一个数 0，如十六进制数 B9H，应写成 0B9H。

1.1.2 带符号数的表示

1. 机器数与真值

日常生活中遇到的数，除了上述无符号数外，还有带符号数。对于带符号的二进制数，其正负符号如何表示呢？在计算机中，为了区别正数和负数，通常用二进制数的最高位表示数的符号，对于一个字节型二进制数来说，D_7 位为符号位，$D_6 \sim D_0$ 位为数值位。在符号位中，规定用“0”表示正，“1”表示负，而数值位表示该数的数值大小。把一个数及其符号位在机器中的一组二进制数表示形式，称为“机器数”，机器数所表示的值称为该机器数的“真值”。

2. 机器数的表示方法

机器数可以用不同的表示方法，常用的有原码表示法、反码表示法和补码表示法。

1) 原码表示法

最高位为符号位(正数为 0，负数为 1)，其余数字位表示数的绝对值。

例如，当机器字长为 8 时：

$[+0]_{原}=00000000B$　　　　$[-0]_{原}=10000000B$

$[+4]_{原}=00000100B$　　　　$[-4]_{原}=10000100B$

$[+127]_{原}=01111111B$　　　　$[-127]_{原}=11111111B$

注意：

① “0”的原码有两种表示法：00000000 表示+0，10000000 表示−0。

② 若微机字长为 8 位，则原码的表示范围为−127～+127；若字长为 16 位，则原码的表示范围为−32767～+32767。

原码表示法简单直观，且与真值的转换很方便，但不便于在计算机中进行加减运算。如进行两数相加，必须先判断两个数的符号是否相同。如果相同，则进行加法运算，否则进行减法运算。如进行两数相减，必须比较两数的绝对值大小，再由大数减小数，结果的符号要和绝对值大的数的符号一致。按上述运算方法设计的算术运算电路很复杂。因此，计算机中通常使用补码进行加减运算，这样就引入了反码表示法和补码表示法。

2) 反码表示法

正数的反码与其原码相同，负数的反码是在原码基础上，符号位不变(仍为 1)，数值位则按位取反。例如，当机器字长为 8 时：

$[+0]_{反}=[+0]_{原}=00000000B$　　　　$[-0]_{反}=11111111B$

$[+4]_{反}=[+4]_{原}=00000100B$　　　　$[-4]_{反}=11111011B$

$[+127]_{反}=[+127]_{原}=01111111B$　　　　$[-127]_{反}=10000000B$

注意：

① “0”的反码有两种表示法：00000000 表示+0，11111111 表示−0。

② 若微机字长为 8 位，则反码的表示范围为−127～+127；若字长为 16 位，则反码的表示范围为−32767～+32767。

3) 补码表示法

正数的补码与其原码相同，负数的补码是在原码基础上，符号位不变(仍为 1)，数值位

则按位取反再加一。例如,当机器字长为 8 时:

$[+0]_{补}=[+0]_{原}=00000000B$　　$[-0]_{补}=[-0]_{反}+1=00000000B$

$[+4]_{补}=[+4]_{原}=00000100B$　　$[-4]_{补}=[-4]_{反}+1=11111100B$

$[+127]_{补}=[+127]_{原}=01111111B$　　$[-127]_{补}=[-127]_{反}+1=10000001B$

注意:

① $[+0]_{补}=[-0]_{补}=00000000$,无+0 和-0 之分。

② 正因为补码中没有+0 和-0 之分,所以 8 位二进制补码所能表示的数值范围为-128~+127;16 位二进制补码所能表示的数值范围为-32768~+32767。

3. 机器数与真值之间的转换

1) 原码转换为真值

根据原码定义,将原码数值位各位按权展开求和,由符号位决定数的正负,即可由原码求出真值。

例 1.6 已知$[X]_{原}=00011111B$,$[Y]_{原}=10011101B$,求 X 和 Y。

解:

$$X=0\times2^6+0\times2^5+1\times2^4+1\times2^3+1\times2^2+1\times2^1+1\times2^0=31$$

$$Y=-(0\times2^6+0\times2^5+1\times2^4+1\times2^3+1\times2^2+0\times2^1+1\times2^0)=-29$$

2) 补码转换为真值

求补码的真值,先求出补码对应的原码,再按原码转换为真值的方法即可求出其真值。正数的原码与补码相同。负数的原码可在补码基础上再次求补。

例 1.7 已知$[X]_{补}=00001111B$,$[Y]_{补}=11100101B$,求 X 和 Y。

解:

$$[X]_{原}=[X]_{补}=00001111B,\quad X=15$$

$$[Y]_{原}=[[Y]_{补}]_{补}=10011011B,\quad Y=-27$$

4. 补码的加减运算

在计算机中,凡是带符号的数一律用补码表示,运算结果自然也是补码。其运算特点是:符号位和数值位一起参加运算,并且自动获得结果(包括符号位与数值位)。

补码加法的运算规则为:$[X+Y]_{补}=[X]_{补}+[Y]_{补}$

补码减法的运算规则为:$[X-Y]_{补}=[X]_{补}+[-Y]_{补}$

当运算结果不超出补码所表示的范围时,运算结果是正确的补码形式。但当运算结果超出补码表示范围时,结果就不正确了,这种情况称为溢出。当最高位向更高位的进位由于机器字长的限制而自动丢失时,并不会影响运算结果的正确性。

计算机中带符号数用补码表示时有如下优点:

① 可以将减法运算变为加法运算,因此可使用同一个运算器实现加法和减法运算,简化了电路;

② 无符号数和带符号数的加法运算可以用同一个加法器实现,简化了微机内部的电路结构。

5. 溢出及其判断方法

1) 进位与溢出

所谓进位是指运算结果的最高位向更高位的进位,用来判断无符号数运算结果是否超出计算机所能表示的最大无符号数的范围。

溢出是指带符号数的补码运算溢出，用来判断带符号数补码运算结果是否超出了补码所能表示的范围。例如，字长为 n 位的带符号数，它能表示的补码范围为 $-2^{n-1}\sim+2^{n-1}-1$，如果运算结果超出了此范围，就称为补码溢出，简称溢出。

2）溢出的判断方法

判断溢出常见的方法有：①直接由参加运算的两个数的符号及运算结果的符号进行判断；②通过符号位和数值部分最高位的进位状态来判断。第一种方法适用于手工运算时对结果是否溢出的判断，第二种方法通常在计算机中使用。

设符号位进位状态用 CF 来表示，当符号位向前有进位时，CF＝1，否则 CF＝0；数值部分最高位的进位状态用 DF 来表示，当该位向前有进位时，DF＝1，否则 DF＝0；溢出标志位 OF＝ CF ⊕ DF，若 OF＝1，则说明结果溢出，OF＝0，说明结果未溢出。也就是说，当符号位和数值部分最高位同时有进位或同时没有进位时，运算结果不溢出；否则结果溢出。

例 1.8 设有两个操作数 x＝01000100B，y＝01001000B，将这两个操作数送运算器做加法运算：①若为无符号数，计算结果是否正确？②若为带符号补码数，计算结果是否溢出？

解：① 若为无符号数，由于 CF＝0，说明结果未超出 8 位无符号数所能表达的数值范围（0～255），计算结果 10001100B 为无符号数，其真值为 140，计算结果正确。

② 若为带符号补码数，由于 OF＝1，表明结果溢出；也可通过参加运算的两个数的符号及运算结果的符号进行判断。由于两操作数均为正数，而结果却为负数，所以结果溢出；＋68 和＋72 两数补码之和应为＋140 的补码，而 8 位带符号数补码所能表达的数值范围为－128～＋127，结果超出该范围，因此结果是错误的。

1.1.3 定点数与浮点数

在一般书写中，小数点是用记号“.”来表示的，但在计算机中表示任何信息只能用 0 或 1 两种数码。如果计算机中的小数点用数码表示的话，则不易与二进制数位区分开，所以在计算机中小数点不能用记号“.”表示，那么在计算机中小数点又如何确定呢？

为了确定小数点的位置，在计算机中，数的表示有两种方法，即定点表示法和浮点表示法。

1. 定点表示法

所谓定点表示法，是指在计算机中所有数的小数点的位置人为约定固定不变。一般来说，小数点可约定固定在任何数位之后，但常用下列两种形式：

① 定点纯小数，约定小数点位置固定在符号之后，如＋0.11011011 在机内表示为

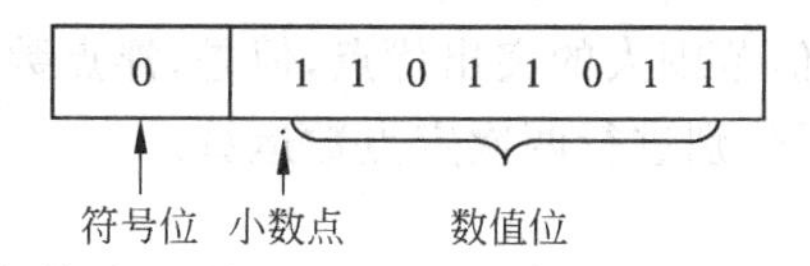

假设字长为 n 时，定点小数表示范围为 $1-2^{n-1}\sim-(1-2^{n-1})$。

② 定点纯整数，约定小数点位置固定在最低数值位之后，如－10110110 在机内表示为

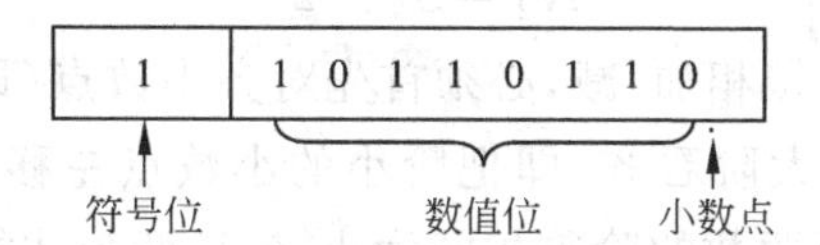

假设字长为 n 时，定点小数表示范围为 $-(2^{n-1}-1)\sim 2^{n-1}-1$。

显然，定点数表示法使计算机只能处理纯整数或纯小数，限制了计算机处理数据的范围。为了使得计算机能够处理任意数，事先要将参加运算的数乘上一个“比例因子”，转化成纯小数或纯整数后进行运算，运算结果再除以“比例因子”还原成实际数值。比例因子要取得合适，使参加运算的数、运算的中间结果以及最后结果都在该定点数所能表示的数值范围之内。

2. 浮点表示法

在浮点表示法中，小数点的位置是浮动的。为了使小数点可以自由浮动，浮点数由两部分组成，即尾数部分与阶数部分。浮点数在机器中的表示方法如下：

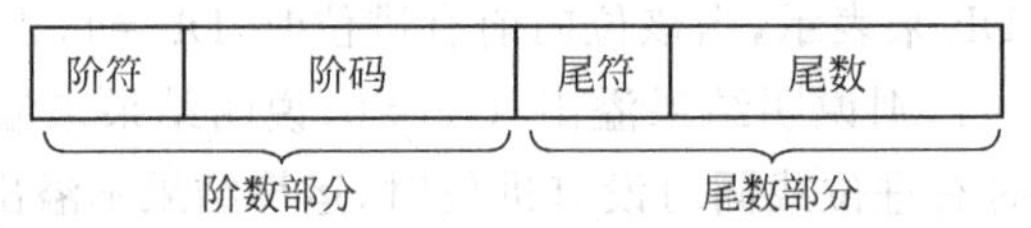

其中，尾数部分表示浮点数的全部有效数字，它是一个有符号位的纯小数；阶数部分指明了浮点数实际小数点的位置与尾数(定点纯小数)约定的小数点位置之间的位移量 P，该位移量 P(阶数)是一个有符号位的纯整数。尾符则决定了整个数的正负。

当阶数为 $+P$ 时，则表示小数点向右移动 P 位；当阶数为 $-P$ 时，则表示小数点向左移动 P 位。因此，浮点数的小数点随着 P 的符号和大小而自由浮动。

任意一个二进制数总可以表示为纯小数(或纯整数)和一个 2 的整数次幂的乘积。例如，任意一个二进制数 N 可写成

$$N=S\times 2^{P} \tag{1.2}$$

式中，S 称为数 N 的尾数，P 称为数 N 的阶码，P、S 都是用二进制表示的数。尾数 S 表示了数 N 的全部有效数字，显然 S 采用的数位越多，则数 N 表示的数值精确度越高。阶码 P 指明了数 N 的小数点的位置，显然 P 采用的数位越多，则数 N 表示的数值范围就越大。

如假定 $P=0$，此时，$N=S\times 2^{0}=S$。若尾数 S 为纯小数，这时数 N 为定点纯小数。

如假定 $P=0$，此时若尾数 S 为纯整数，则数 N 为定点纯整数。

如假定 $P=$任意整数，此时，数 N 需要尾数 S 和阶数 P 两部分共同表示，即数 N 为浮点数。

显然，浮点数表示的数值范围比定点数表示的数值范围大得多。设浮点数的阶数位数为 $m+1$ 位，尾数的位数为 $n+1$ 位，则浮点数的取值范围为

$$2^{-n}\cdot 2^{-(2^{m}-1)}<|N|<(1-2^{-n})\cdot 2^{+(2^{m}-1)}$$

虽然浮点数具有表示数值范围大的突出优点，但是，浮点数的运算较为复杂。当计算机进行一次浮点数运算时，需要分别进行两次定点数运算。

例如，设两个浮点数为

$$N_1=S_1\times 2^{P_1}$$
$$N_2=S_2\times 2^{P_2}$$

如 $P_1\neq P_2$，则两数就不能直接相加、减，必须首先对齐小数点(即对阶)后，才能作尾数间的加、减运算。对阶时，小阶向大阶看齐，即把阶小的小数点左移，在计算机中是尾数数码右移，右移 1 位，阶码加 1，直至两数的阶码相同为止，然后两数才能相加减。

浮点数的乘除法，阶码和尾数要分别进行运算。

为了使计算机运算过程中不丢失有效数字，提高运算的精度，一般都采用二进制浮点规格化数。所谓浮点规格化，是指尾数 S 的绝对值小于1而大于或等于1/2，即小数点后面的第一位必须是“1”。

例1.9 将十进制数24.125化为二进制形式的规格化浮点数。

解：① 将该数化为二进制数：

$$24.125 = 11000.001\text{B}$$

② 将此数规格化，则所得规格化浮点数的尾数 $S=+0.11000001$，阶数 $P=+5=+101$，因此该数的规格化浮点表示为

$$+0.11000001 \times 2^{+101}$$

由于浮点数运算复杂，运算器中除了尾数运算部件外，还有阶码运算部件，控制部件也相应地复杂了，故浮点运算计算机的设备增多，成本较高。

在计算机中，究竟采用浮点制还是定点制，必须根据使用要求设计。目前，一般小型机、微型机多采用定点制，而大型机、巨型机及高档微型机多采用浮点制。

1.1.4 计算机中的编码

由于计算机只能识别二进制数，因此，计算机进行人机交换信息时用到的信息，如数字、字母、符号等都要以特定的二进制编码来表示，这就是信息的编码。

1. 二进制编码的十进制数字

虽然二进制数对计算机来说是最佳的数制，但是人们却不习惯使用它。为了解决这一矛盾，提出了一个比较适合于十进制系统的二进制编码的特殊形式，即将1位十进制的0～9这10个数字分别用4位二进制码的组合来表示，在此基础上可按位对任意十进制数进行编码，这就是采用二进制编码的十进制数，简称BCD(binary-coded decimal)码。

4位二进制数码有16种组合(0000～1111)，原则上可任选其中的10个来分别代表十进制中的0～9这10个数字。我们常用的BCD码实际上是指8421BCD码，这种编码从0000～1111这16种组合中选择前10个即0000～1001来分别代表十进制数码0～9，8、4、2、1分别是这种编码从高位到低位每位的权值。BCD码有两种形式，即压缩型BCD码和非压缩型BCD码。压缩型BCD码用一个字节表示两位十进制数，例如，10000110B表示十进制数86D；非压缩型BCD码用一个字节表示一位十进制数，高4位总是0000，低4位用0000～1001中的一种组合来表示0～9中的某一个十进制数。表1.3给出了8421BCD码与十进制数字的编码关系。

BCD码的优点是与十进制数转换方便，容易阅读；缺点是用BCD码表示的十进制数的数位要较纯二进制表示的十进制数位更长，使电路复杂性增加，运算速度减慢。

需要说明的是，虽然BCD码可以简化人机联系，但它比纯二进制编码效率低。对同一个给定的十进制数，用BCD码表示时需要的位数比用纯二进制码多，而且用BCD码进行运算所花的时间也更多，计算过程更复杂。BCD码是将每个十进制数用一组4位二进制数来表示，若将这种BCD码送计算机进行运算，由于计算机总是将数当作二进制数而不是当作BCD码来运算，所以结果可能出错，因此需要对计算结果进行必要的修正，以得到正确的BCD码形式。

表 1.3　8421BCD 码与十进制数的编码关系

十进制数	8421BCD 码	十进制数	8421BCD 码
0	0000	8	1000
1	0001	9	1001
2	0010	10	00010000
3	0011	11	00010001
4	0100	20	00100000
5	0101	45	01000101
6	0110	68	01101000
7	0111	92	10010010

2. 字母与符号的编码

字符是指数字、字母以及其他的一些符号的总称。

现代计算机不仅用于处理数值领域的问题，而且要处理大量非数值领域的问题。这样一来，必然需要计算机能对数字、字母、文字以及其他一些符号进行识别和处理，而计算机只能处理二进制数，因此，通过输入输出设备进行人机交换信息时使用的各种字符也必须按某种规则，用二进制数码 0 和 1 来编码，计算机才能进行识别与处理。

目前国际上使用的字符编码系统有许多种。在微机、通信设备和仪器仪表中广泛使用的是 ASCII(America standard code for information interchange)码，即美国标准信息交换码。ASCII 码用一个字节来表示一个字符，采用 7 位二进制代码来对字符进行编码，最高位一般用作检验位(旧称校验位)。7 位 ASCII 码能表示 $2^7=128$ 种不同的字符，其中包括数码 0～9，英文大、小写字母，标点符号及控制字符等，如表 1.4 所示。

表 1.4　ASCII 码字符表

高 3 位 / 低 4 位	000	001	010	011	100	101	110	111
0000	NUL	DEL	SP	0	@	P	.	p
0001	SOH	DC1	!	1	A	Q	a	q
0010	STX	DC2	"	2	B	R	b	r
0011	ETX	DC3	#	3	C	S	c	s
0100	DOT	DC4	$	4	D	T	d	t
0101	ENG	NAK	%	5	E	U	e	u
0110	ACK	SYN	&	6	F	V	f	v
0111	BEL	ETB	'	7	G	W	g	w
1000	BS	CAN	(	8	H	X	h	x
1001	HT	EM	)	9	I	Y	I	y
1010	LF	SUB	*	:	J	Z	j	z
1011	VT	ESC	+	;	K	[	k	{
1100	FF	FS	,	<	L	\	l	|
1101	CR	GS	—	=	M	]	m	}
1110	SO	RS	.	>	N	↑	n	～
1111	SI	US	/	?	O	↓	o	DEL

例如数字 0,查得高 3 位为 011,低 4 位为 0000,故 0 的 ASCII 码为 30H。同理得到数字 1 的 ASCII 码为 31H,2 的 ASCII 码为 32H,字母 A 的 ASCII 为 41H,a 的 ASCII 码为 61H,等等。

在 7 位 ASCII 码中,第八位常作奇偶检验位,以检验数据传输是否正确。该位的数值由所要求的奇偶检验类型确定。偶检验是指每个代码中所有 1 的和(包括奇偶检验位)是偶数。例如,传递的字母是 G,则 ASCII 码是 1000111,因其中有 4 个 1,所以奇偶位是 0,8 位代码将是 01000111。奇数奇偶检验是指每个代码中所有 1 位的和(包括奇偶检验位)是奇数,若用奇数奇偶检验传送 ASCII 码中的 G,其二进制表示应为 11000111。

1.2 微型计算机系统的构成

1.2.1 微型计算机硬件系统的组成和结构

微型计算机硬件系统主要由微处理器、存储器、I/O 接口和 I/O 设备组成,各部分通过系统总线连接,系统的组成和结构如图 1.1 所示,各组成部分主要功能说明如下。

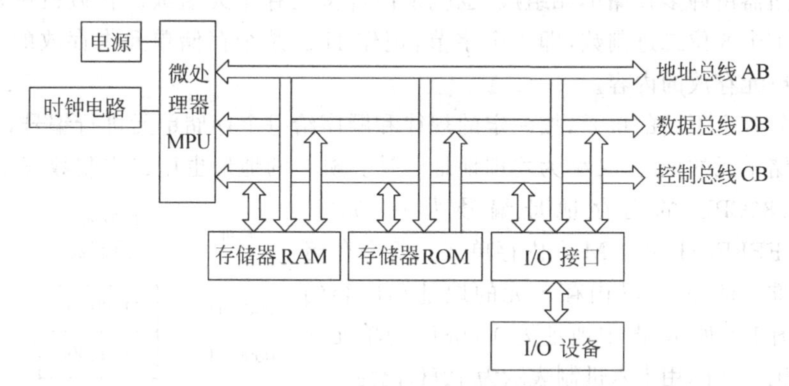

图 1.1 微型计算机的硬件结构框图

1. 微处理器(microprocessor unit,MPU)

计算机技术中,把计算机的核心部件——运算器和控制器称为中央处理器(central processing unit,CPU)。微机中的 CPU 是一块集成了运算器和控制器的大规模集成电路芯片,一般将其称为微处理器。微处理器主要组成部分包括控制器、运算器和寄存器组。

1) 控制器

控制器是计算机的指挥中心,它的作用是从存储器中取出指令,然后分析指令,发出由该指令规定的一系列操作命令,完成指令的功能。控制器主要由程序计数器 PC、指令寄存器 IR、指令译码器 ID、时序信号发生器等部件构成。控制器是计算机的关键部件,它的功能直接关系到计算机的性能。

2) 运算器

运算器又称算术逻辑单元,是用二进制进行算术运算和逻辑运算的部件。它以加法运算为核心,可以完成加、减、乘、除四则运算和各种逻辑运算,新型 CPU 的运算器还可以完成各种浮点运算。运算器的功能和速度对计算机来说至关重要。

3) 寄存器组

寄存器组是CPU内部的若干个存储单元,用来存放参加运算的二进制数据以及保存运算结果,一般可分为通用寄存器和专用寄存器。通用寄存器使用较灵活,专用寄存器的作用是固定的,如堆栈指针、标志寄存器等。

2. 存储器(memory)

1) 存储器的功能

这里存储器是指由半导体存储器构成的内部存储器,简称内存或主存,用于存储计算机的程序、数据和结果等。计算机程序和数据只有调入内存才能被执行。

内存分为随机存取存储器(ramdom access memory,RAM)和只读存储器(read only memory,ROM)两大类。RAM可由CPU随机读写,是内存空间的主体,机器断电后所存信息消失。ROM中的信息只能被CPU读取,而不能由CPU随机写入,断电后信息仍然保留,常用于存放固定的专业程序。

2) 存储单元的地址(address)与内容

内部存储器由许多存储单元组成,也就是由许多内存单元组成。在微机中规定每个内存单元存放1个8位二进制数,即1个字节,记作1B。某个存储单元中存放的二进制数又称为该存储单元存放的内容。

为了区分各个不同的单元,按一定的规律和顺序给每个存储单元进行编号,这个唯一的编号称为存储单元的地址,又称为物理地址。计算机中的地址也用二进制数表示。

例如8086CPU的内存地址编号为00000H、00001H、…、FFFFFH,共1M个内存单元。每个存储单元有一个唯一的地址,其内存单元的地址和内容的存放表示如图1.2所示,图中地址为00008H的单元存放内容为00010010B,用十六进制表示为12H,记为

$$(00008\text{H}) = 00010010\text{B} = 12\text{H}$$

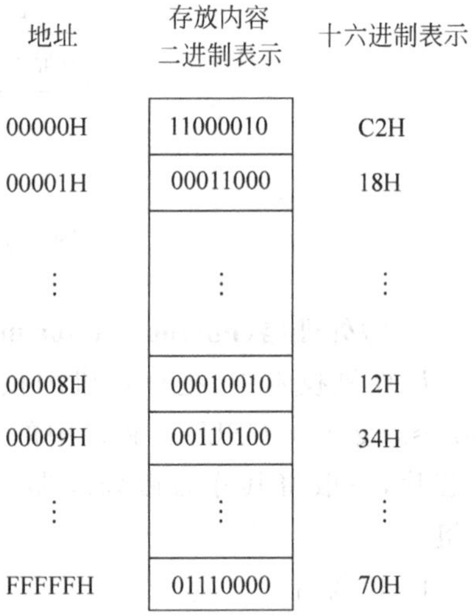

地址	存放内容二进制表示	十六进制表示
00000H	11000010	C2H
00001H	00011000	18H
⋮	⋮	⋮
00008H	00010010	12H
00009H	00110100	34H
⋮	⋮	⋮
FFFFFH	01110000	70H

图1.2 内存单元的地址和内容示意图

CPU对存储单元的读/写操作采取按址存取原则,就是根据存储单元的地址读/写其中的内容。存储单元中的内容是"取之不尽"的,也就是说从某个单元读出其内容但并不改变该单元的内容,只有写入新的信息后原来的内容才被新的数据替代。

CPU最大可访问的存储单元个数称为CPU最大可寻址空间,由物理地址的位数决定。设地址位数为p,CPU最大可寻址存储单元数为2^p,例如8086CPU的物理地址是20位,最大可寻址存储空间为$2^{20}=1\text{MB}$。

3) 存储数据的类型(type)

尽管存储器是按字节编址的,但实际操作中,存储的数据可以是字节、字、双字等各种类型。

(1) 字节(Byte)

字节是计算机的基本处理单位。1个字节(字节符号为B)由8个二进制位(位符号为

bit 或 b)组成,1 个字节在内存中存放 1 个存储单元。每个字节单元有 1 个唯一的地址。

(2) 字(word)

字是指 CPU 一次可以处理的二进制数据,字长则是指字的数据位数。通常微机的字长有 8 位、16 位、32 位等,所以其字数据存放时所占内存单元的个数也不一样。例如 8086 中,1 个字 16 位,占 2 个字节单元。

(3) 双字(double word)

双字即两个字,例如 8086 中的字长为 16 位,则双字的大小为 32 位,占 4 个字节单元,在内存中存放需 4 个存储单元。

3. 输入输出设备(I/O device)

输入输出设备,简称 I/O 设备或外设,用于微机与外界交换信息。计算机通过外设获得各种外界信息,也通过外设输出运算处理结果。常用的输入设备有键盘、鼠标、扫描仪、摄像机等,常用的输出设备有显示器、打印机、绘图仪等。

4. 输入输出接口(I/O interface)

CPU 与输入输出设备间的信息交换存在速度匹配、信号变换等问题,因此不能直接连接,必须通过输入输出接口(I/O 接口)将二者连接起来才能实现信息交换。I/O 接口实质上是将外设连接到总线上的一组逻辑电路的总称。

5. 微型计算机结构与系统总线(system bus)

典型的微型计算机硬件系统采用三总线结构,如图 1.1 所示。

总线(bus)是一组信号线的集合,是在计算机系统各部件之间传输地址、数据和控制信息的公共通路。从物理结构来看,总线由一组导线和相关的控制、驱动电路组成。

系统总线是指在 CPU、存储器、I/O 接口之间传输信息的总线。CPU 通过系统总线读取指令、与内存和外设进行数据交换。系统总线包括地址总线、数据总线和控制总线。

1) 地址总线(address bus,AB)

地址总线用于传送 CPU 发出的地址信息,以指示与 CPU 交换信息的内存单元或 I/O 设备。地址只能从 CPU 传向 I/O 端口或外部存储器,所以地址总线总是单向三态总线。

2) 数据总线(data bus,DB)

数据总线是 CPU 与内存或外设之间进行数据交换时传输数据信息的通道。它既可以把 CPU 的数据传送到存储器或 I/O 接口等其他部件,也可以将其他部件的数据传送到 CPU。它是双向三态总线。

3) 控制总线(control bus,CB)

控制总线用于传送控制信号、时序信号和状态信号等。CPU 向内存或外设发出的控制信息、内存或外设向 CPU 发出的状态信息均可通过它来传送。可见作为一个整体而言,CB 是双向的,而对 CB 中的每一根线来说,它是单向的。

1.2.2 微型计算机基本工作原理和工作过程

1. 冯·诺依曼计算机工作原理

1946 年在美国宾夕法尼亚大学诞生了世界上第一台计算机,美籍匈牙利著名的数学家冯·诺依曼(Von Neumann)提出了现代计算机基本结构和计算机基本工作原理,其思想包含以下三个要点:

① 二进制原理：任何复杂的运算和操作都可转换成一系列用二进制代码表示的简单指令,各种数据也用二进制代码来表示。

② 程序存储与控制原理：将组成程序的指令和数据存储起来,计算机自动执行程序中的有关指令,从而完成各种复杂的运算操作。

③ 计算机硬件系统由运算器、控制器、存储器、输入设备和输出设备5部分组成。

由此可见,计算机的工作包含两个基本方面：一是存储程序；二是自动执行程序。由此引入了两个基本概念：

① 指令(instruction)：由二进制代码表示并规定的计算机基本操作的命令。指令由操作码和操作数组成,分别用来规定计算机所要执行的操作和指定参加操作的数所存放的位置。

② 程序(program)：计算机完成既定任务的一组指令序列。

当我们用计算机来完成某项工作时,必须将工作任务分解成计算机能识别并能执行的一系列指令,也就是编写程序,并将程序和数据存入计算机的存储器,计算机控制器从内存中取出程序中的每条指令,加以分析和执行,直到完成全部指令序列规定的操作,也就是完成程序所设定的任务。

冯·诺依曼的计算机基本工作原理确定了计算机的5大组成部分,设计了现代计算机的雏形,至今仍然是现代计算机技术的理论基础,被誉为计算机发展史上的里程碑。

2. CPU对存储器的读/写操作

微型计算机基本工作过程本质上就是微处理器对存储器读/写和指令的执行过程,因此对存储器的读/写操作是微机工作过程中的重要一环。读存储器操作就是CPU从存储器读取指令或数据,写存储器操作就是CPU将数据写入存储单元。

指令和数据都是存储在存储单元中的,CPU读/写存储单元必须按地址存取。CPU通过地址总线送出存储单元的地址,通过存储器中的地址译码功能来寻找到此地址对应的单元,就可以对这个存储单元的内容进行读/写操作,如图1.3所示。若需读出地址为00010H的存储单元的内容,CPU首先通过地址总线AB送出地址00010H,存储器的地址译码功能选中地址对应的存储单元,CPU通过控制总线发出读的控制命令,于是00010H单元的内容1AH就出现在数据总线上,可由CPU读入,CPU完成一次对存储器的读操作。

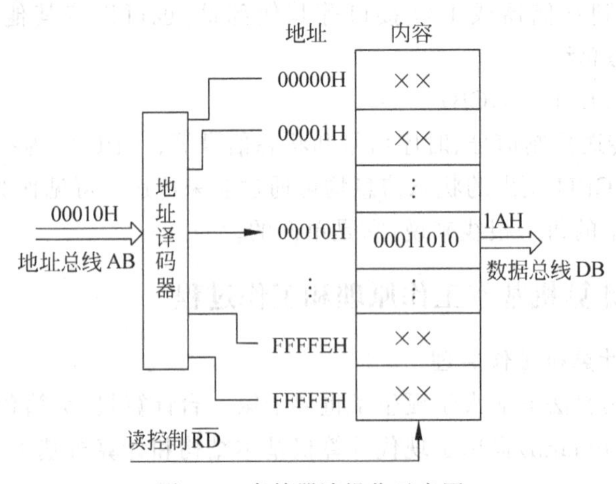

图1.3 存储器读操作示意图

存储器写操作如图 1.4 所示。若要把数据寄存器中的内容 1AH 写入 00010H 存储单元中，首先 CPU 内部的地址寄存器给出地址 00010H，通过地址总线 AB 送至存储器，经译码后找到 00010H 单元；其次 CPU 将内部数据寄存器中的 1AH 送数据总线 DB。在写控制信号有效时，1AH 被存入地址为 00010H 的存储单元，CPU 完成一次存储器的写操作。

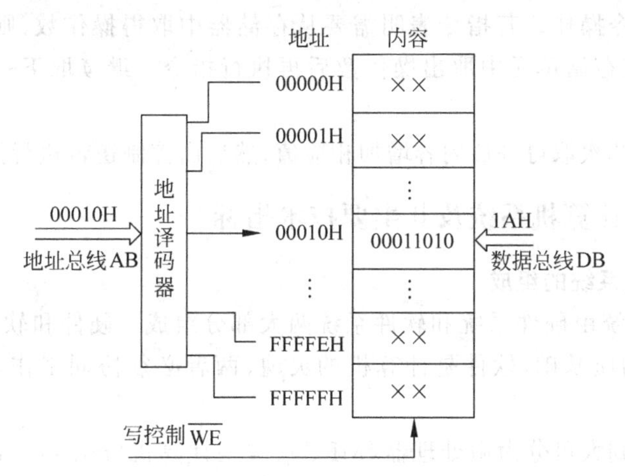

图 1.4　存储器写操作示意图

3. CPU 基本工作过程

图 1.5 描述了 CPU 的基本工作流程。因为 CPU 的工作就是不停地取指令、分析和执行指令，直到取出停机指令，程序结束，因此，CPU 的基本工作过程就是一个指令读取和执行的过程。

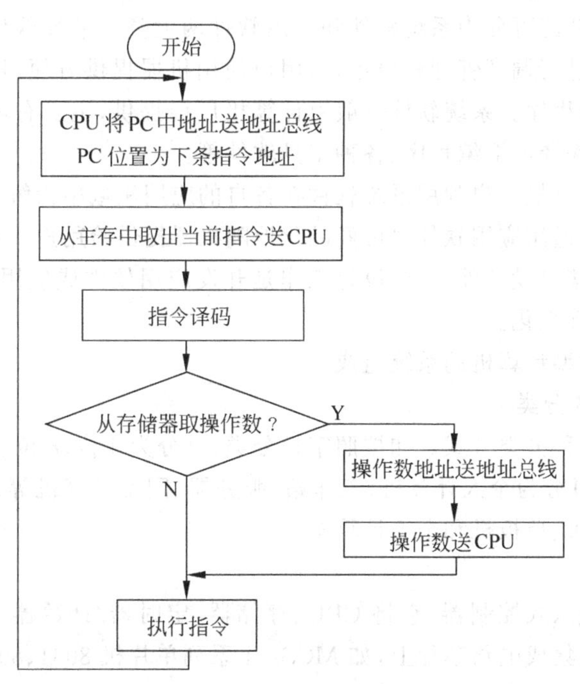

图 1.5　CPU 基本工作流程图

CPU 中通常包含一个重要的寄存器,称为程序计数器 PC。当 CPU 加电工作后,PC 被置入程序的首条指令地址,此后每执行完一条指令就自动置入下一条指令的地址(这是硬件设计保证的)。例如在 CPU 从存储器读指令的过程中,PC 中地址送到地址总线上,CPU 按址取出该单元内容即首条指令,然后通过指令译码器进行译码分析和产生相应的控制信号,由控制电路执行指令操作。若指令表明需要从存储器中取得操作数,则 CPU 将操作数的地址送地址总线,在存储单元中取出操作数后再执行指令。继续取下一条指令,重复以上过程。

多字节指令分几次取得,PC 内容增加相应值,然后由控制逻辑执行指令。

1.2.3 微型计算机系统及其主要技术指标

1. 微型计算机系统的组成

微型计算机系统由硬件系统和软件系统两大部分组成。硬件和软件是一个有机的整体,硬件是软件的物质基础,软件是计算机的灵魂,两者必须协同工作才能发挥计算机的作用。

微机系统由小到大可分为微处理器(MPU)、微型计算机(microcomputer,MC)及微型计算机系统(microcomputer system,MCS)三个层次结构。

① 微处理器作为中央处理器的 CPU 芯片,主要包含微型计算机的控制和运算部分;

② 微型计算机是以微处理器为基础,配以存储器、系统总线及输入输出接口电路所组成的裸机;

③ 微型计算机系统以微型计算机为主体,还包括电源系统、输入输出设备及软件系统。

微机的软件是为运行、管理、测试和维护计算机而编制的各种程序的总和,包括用程序编写的各种文件,按功能可分为系统软件和应用软件两大类。系统软件是对整个计算机系统的硬件、软件资源进行调度管理和服务,为用户使用机器提供方便,扩大机器功能和提高机器使用效率的各种程序。系统软件一般由计算机厂商提供,主要有操作系统及系统应用程序,如各种语言的编译或汇编程序、各种工具软件等。

应用软件则是计算机用户利用系统软件在各自的应用领域中为解决特定问题的需要而设计或购买的程序。通用应用软件也可商品化地随机器提供给用户。对于微机应用人员来说,除了少量的硬件接口设计外,主要设计工作是开发应用软件或应用程序,应用软件的设计也已逐步模块化、标准化。

图 1.6 给出了微型计算机的系统组成。

2. 微型计算机的分类

微型计算机有多种分类方式。如按照字长分类,可分为 4 位、8 位、16 位、32 位、64 位微机;按照用途分类,可分为个人计算机、工作站/服务器、网络计算机等;按照组装的结构形式分类,可分为单片机、单板机和个人计算机。

1) 单片机

单片机又称为嵌入式控制器,它将 CPU、存储器、定时器/计数器、中断控制、I/O 接口等集成在一片大规模集成电路芯片上,如 MCS-51 系列单片机 8031、8051、8751 等。

2) 单板机

单板机是将 CPU、内存储器、I/O 接口组装在一块印制电路板上的微型计算机,如 SDK-86

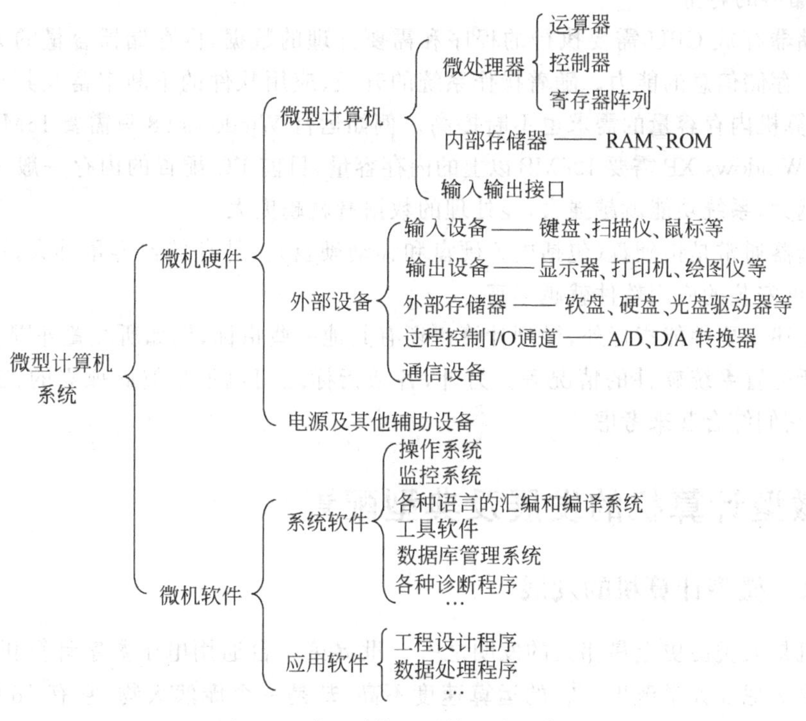

图 1.6 微型计算机系统组成示意图

和 TP86 单板机。

3) 个人计算机(PC)

个人计算机是由一块主板(包含 CPU、内存储、I/O 总线插槽)和多块外部设备控制器插板组装而成的微机,如 IBM-PC 微机及其兼容机。

3. 微型计算机系统的主要技术指标

一台微型计算机功能的强弱或性能的好坏,不是单由某项指标来决定的,而是由它的系统结构、指令系统、硬件组成、软件配置等多方面的因素综合决定的。但对于大多数普通用户来说,可以通过以下几个指标来大体评价计算机的性能。

1) 运算速度

运算速度是衡量计算机性能的一项重要指标。同一台计算机,执行不同的运算所需时间可能不同,因而对运算速度的描述常采用不同的方法,如 CPU 时钟频率(主频)、每秒平均执行指令数(IPS)等。微型计算机常采用主频来描述运算速度,例如,Pentium 133 的主频为 133MHz,Pentium Ⅳ 1.5G 的主频为 1.5GHz。一般来说,主频越高,运算速度就越快。

2) 字长

字长是字的长度,指计算机一次处理二进制数据的位数。它与数据总线宽度不是同一个概念,如 Pentium Ⅳ的字长是 32 位,但数据宽度是 64 位。在其他指标相同时,字长越大,计算机处理数据的速度就越快。早期的微型计算机的字长一般是 8 位和 16 位,目前高端的微机字长已达到 64 位。

3）存储器的容量

内存储器存放CPU需要执行的程序和需要处理的数据，内存储器容量的大小反映了计算机即时存储信息的能力。随着操作系统的升级、应用软件的不断丰富及其功能的不断扩展，对计算机内存容量的需求也不断提高。例如运行Windows 98只需要16MB的内存容量，而运行Windows XP需要128MB以上的内存容量，目前PC配置的内存一般是2～8GB。内存容量越大，系统功能就越强大，能处理的数据量就越庞大。

外存储器通常是指硬盘(包括内置硬盘和移动硬盘)。外存储器容量越大，可存储的信息就越多，可安装的应用软件就越丰富。

除了上述主要性能指标外，微型计算机还有其他一些指标，例如所配置外围设备的性能指标以及所配置系统软件的情况等。另外，各项指标之间也不是彼此孤立的，在实际应用时，应该把它们综合起来考虑。

1.3 微型计算机的发展及典型配置

1.3.1 微型计算机的发展

计算机是人类历史上最伟大的发明之一。世界第一台通用电子数字计算机于1946年在美国宾夕法尼亚大学诞生。它的运算速度不高，却是一个庞然大物，它有18 000个电子管、1500个继电器，占地300m^2、重30t、功率50kW，造价48万美元。虽然它既大又贵，但却是现在各种计算机的先驱，为发展至今的数字电子计算机奠定了基础。

微型计算机属于第四代电子计算机产品，即大规模及超大规模集成电路计算机，是集成电路技术不断发展、芯片集成度不断提高的产物。数十年来，微机系统在微处理器、微机结构等方面都有了极大的发展变化。

1. 微处理器的发展

微机系统的核心部件为CPU，下面以Intel公司产品为主线介绍微机系统的发展过程。

1）第一代：4位微处理器

1971年，Intel公司推出第一片4位微处理器Intel 4004，标志着第一代微处理器问世。这一代微型计算机指令系统简单，没有操作系统，运算功能较差，采用机器语言或简单汇编语言。

2）第二代：8位微处理器

1973—1977年，这一时期以8位微处理器为基础，典型的微处理器产品有Intel 8085、Motorola 6800以及Z80，基本指令执行时间2ms左右。这些微处理器有完整的配套接口电路，如可编程的并行接口电路、串行接口电路、定时/计数器接口电路，以及直接存储器存取接口电路等，并且已具有高级中断功能。软件除采用汇编语言外，还配有BASIC、FORTRAN、PL/M等高级语言及其相应的解释程序和编译程序，并在后期配上了操作系统(如CP/M)和高级语言。

3）第三代：16位及低档32位微处理器

1979年Intel推出典型的16位处理器8086/8088，数据总线16位，地址总线为20位，可直接访问1MB内存单元。1982年的80286仍然为16位结构，但地址总线扩展到24位，可访问16MB内存,并增加了部分新指令和一种新的工作模式——保护模式。1985年推出32位处理器80386,该芯片的内外部数据线及地址总线都是32位,可访问4GB内存,并支持分页机制。1989年推出的80486把80386和完成浮点运算的数字协处理器80387以及8KB的高速缓存集成到一起,片内高速缓存称为一级(L1)缓存,80486还支持主板上的二级(L2)缓存。后期推出的80486 DX2首次引入了倍频的概念,有效缓解了外部设备的制造工艺跟不上CPU主频发展速度的矛盾,微机的功能已经达到甚至超过超级小型计算机,完全可以胜任多任务、多用户的作业。

4) 第四代～现代:高档32位及64位微处理器

从1993年开始,Intel公司率先推出了第四代微处理器体系结构产品——Pentium(奔腾),又称为80586。这一阶段以64位高档微处理器和高性能微型计算机为特点,内部采用了超标量指令流水线结构,并具有相互独立的指令和数据高速缓存。RISC(精简指令集计算机)技术的问世使微型计算机的体系结构发生了重大变革,顺应了对图形图像、语音识别、辅助设计、大规模财务分析和大流量客户机/服务器应用等日益迫切的社会需求。随着MMX (multi media extended)微处理器的出现,微机的发展在网络化、多媒体化和智能化等方面跨上了更高的台阶。2006年开始推出了酷睿(Core)双核以及四核处理器系列。2011年3月,使用32nm工艺的全新桌面级和移动端处理器采用了酷睿Core i3、i5和i7的产品分级架构。其中i3采用双核处理器架构,约2MB二级缓存;i5处理器采用四核处理器架构,4MB二级缓存;i7主采用四核八线程或六核十二线程架构,二级缓存不少于8MB。2014年推出的i7-5960X处理器作为第一款基于22nm工艺的八核桌面级处理器,拥有高达20MB的三级缓存,主频达到3.5GHz,热功耗140W;同年也推出基于22nm工艺的四核处理器Core i5-4690X,2018年推出的Core i5 9600X则采用了14nm工艺的六核六线程处理器。微处理器还在不断地发展,性能也在不断提升。典型Intel x86系列微处理器性能特点如表1.5所示。

表1.5 Intel x86系列微处理器性能特点

处理器型号	架构	寄存器/位	外部数据总线/位	地址总线/位	高速缓存	工作频率/MHz	晶体管数/万个	工艺精度/μm	发布时间
8086	16位	16	16	20	无	5～10	2.9	3	1978
8088	16位	16	8	20	无	5～8	2.9	3	1979
80286	16位	16	16	24	无	6～25	13.4	1.5	1982
80386DX	IA-32	32	32	32	片外	16～40	27.5	1	1985
80486DX	IA-32	32	32	32	8KB	25～66	120	1～0.8	1989
Pentium	IA-32	32	64	32	16KB	60～200	330	0.80～0.35	1993
Pentium MMX	IA-32	32	64	32	32KB	166～233	450	0.35～0.28	1996
Pentium Pro	IA-32	32	64	36	16KB+512 KB	133～200	550	0.60～0.35	1995
Pentium Ⅱ	IA-32	32	64	36	32KB+512 KB	233～450	750	0.35～0.25	1997
Pentium Ⅲ	IA-32	32	64	36	32KB+512 KB	450～1400	2800	0.18	1999

续表

处理器型号	架　构	寄存器/位	外部数据总线/位	地址总线/位	高速缓存	工作频率/MHz	晶体管数/万个	工艺精度/μm	发布时间
Pentium 4	IA-32	32	64	36	20KB+512 KB	1300～3800	12500	0.18～0.09	2000
	IA-32e 可扩展 64 位	64		40					
Pentium D	双核 IA-32e 可扩展 64 位	64	64	40	56KB+4MB	2800～3600	37600	0.09～0.065	2005
Core 2 Duo	双核 IA-32e 可扩展 64 位	64	64	40	64KB+4MB	1600～3000	29100	0.065	2006
Core i5-4690X	Haswell-DT 微架构,四核	64	64	40	4×256KB+6MB	3.5GHz	140000	0.22	2014

2. 微型计算机体系结构的发展

由于微处理器性能的不断提升,微机系统的结构也随之不断发生变化。在 PC 的发展过程中,从 PC/XT 总线结构开始,相继出现了 ISA 总线、EISA 总线、MCA 总线、VESA 局部总线、PCI 局部总线及 AGP 接口等,使微机整体处理速度和可靠性都得到了提高。以下介绍微机系统发展中几种典型的微机结构。

1) 基于 PC/XT 总线的微机结构

在采用 8088CPU 作为处理器的通用微型计算机中,系统中的所有其他部件直接与处理器相连,处理器作为系统核心,通过 PC 总线对系统中的其他部件进行控制及数据交换。这种 PC 总线称为 XT 总线,它采用了 8 位数据总线和 20 位地址总线,以 CPU 时钟作为总线时钟,可支持 4 通道 DMA 和 8 级硬件中断,其结构如图 1.7 所示。

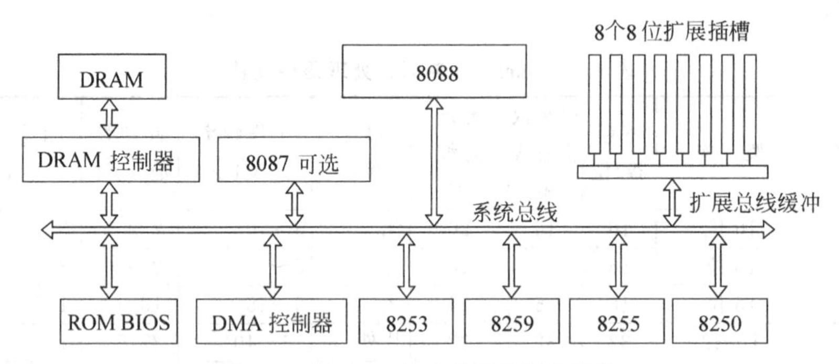

图 1.7　基于 PC/XT 总线的微机结构

2) 基于 PC AT/ISA 总线的微机结构

1984 年 IBM 公司公布的 PC/AT 系统中采用了 80286 微处理器和 80287 协处理器,PC/AT 与 PC/XT 结构兼容且性能增强了许多,其结构如图 1.8 所示。此后 Intel 公司联合其他几家微处理器生产厂家推出了一个公开的总线标准称为 ISA 总线规范,支持 24 位地址线、16 位数据线、15 级硬件中断和 7 个 DMA 通道。

3) 基于南北桥结构的微机基本结构

微处理器和操作系统的发展对微机处理的高速性能提出了新的要求,为了提高处理器

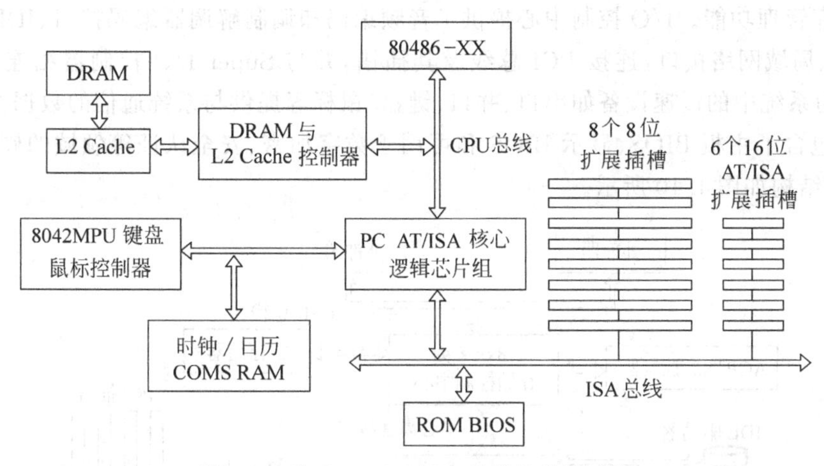

图 1.8 基于 PC AT/ISA 总线的微机结构

与各部件及部件与部件之间传输信息的整体效率，微机系统中采用了十分明确的总线分级结构，即 CPU 总线、局部总线(PCI 总线)、系统总线结构。连接各级总线的是一些高集成度的多功能桥路芯片，它们可以起到信号速度协调、电平转换和控制协议转换的作用。

图 1.9 所示的南北桥结构中，各级总线主要通过两片桥芯片进行连接。一片称为北桥，用于连接 CPU 总线和 PCI 总线；另一片称为南桥，用于连接 PCI 总线和系统总线。常用的芯片组有 Intel 公司的 440 系列，如 440BX，其南桥芯片为 82371EB，集成了 PCI-ISA 连接器、IDE 控制器、USB 控制器、两个增强型 DMA 控制器、两个 8259 中断控制器、8253/8254 定时/计数器、电源管理逻辑和可选的 I/O APIC 等。这种总线结构可以使高速外围设备通过 PCI 插槽直接与 PCI 相连，适应当前高速外设与微处理器连接的需求。

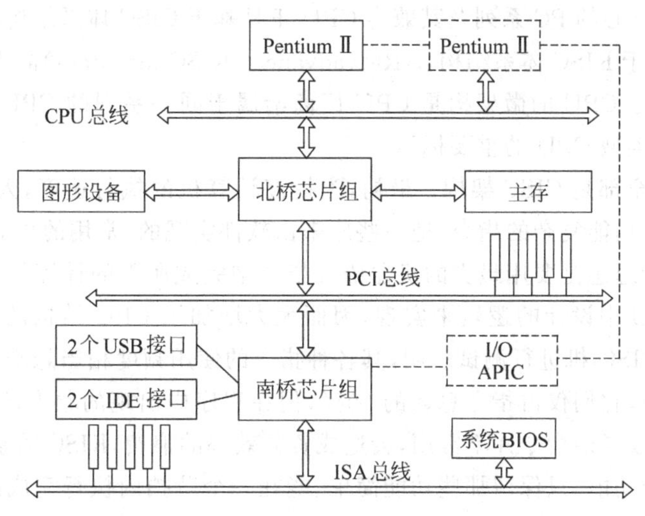

图 1.9 基于南北桥结构的微机基本结构

4) 基于中心结构的微机基本结构

基于中心结构(简称 HUB 结构)的微机中，芯片组由三个芯片组成，即存储控制中心、I/O 控制中心和固件中心。存储器控制中心用于提供高速 AGP 接口、动态显示管理、电源管理和内存管理功能。I/O 控制中心提供了音频编码和调制解调器编码接口、IDE 控制器、USB 接口、局域网络接口，连接 PCI 总线及其插槽，并与 Super I/O 控制器相连，而 Super I/O 主要为系统中的慢速设备如串口、并口、键盘、鼠标等提供与系统通信的数据交换接口。固件中心包含了主板 BIOS、显示 BIOS 和可用于数字加密、安全认证等领域的硬件随机数产生器，其结构如图 1.10 所示。

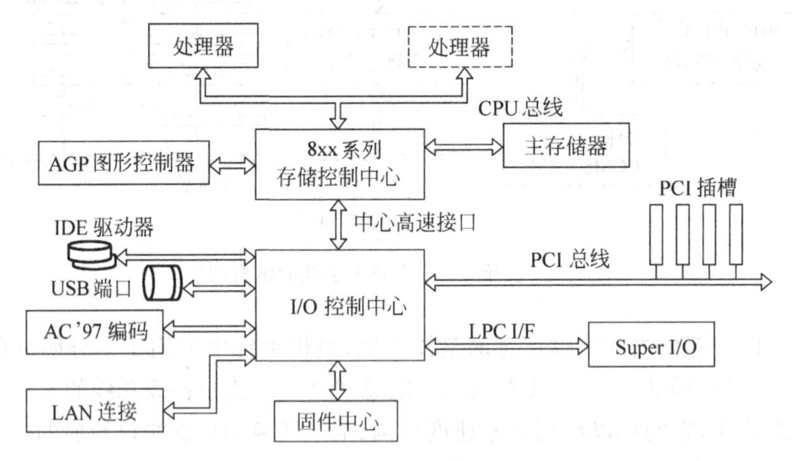

图 1.10 基于中心结构的微机基本结构

3. CISC 和 RISC 架构的 CPU

处理器架构表达 CPU 的设计思想，CISC 和 RISC 是当今两大主要的 CPU 构架，它们是两种不同的 CPU 设计理念和方法。CISC 指复杂指令集计算机(complex instruction set computer)，RISC 指精简指令集计算机(reduced instruction set computer)。我们常见的以 Intel 公司 X86 为核心的 PC 系列及其兼容 CPU 正是基于 CISC 体系结构，而 Apple 公司的 Macintosh 则是基于 RISC 体系结构，ARM(advanced RISC machines)嵌入式微处理器也属于 RISC 体系结构。CPU 的微架构是 CPU 厂商给属于同一系列的 CPU 产品设计的一个规范，是区分不同类型 CPU 的重要标示。

早期的 CPU 全部是 CISC 架构。最初，为提高计算机的执行速度，人们采用的优化方法是通过设置一些功能复杂的指令，把一些原来由软件实现的、常用的功能改用硬件指令系统实现。它的设计思想是要用最少的机器语言指令来完成所需的计算任务，指令表达的操作全部依赖于 CPU 中设计的逻辑来实现，因而大大增加了 CPU 结构的复杂性和对 CPU 工艺的要求。对 CISC 机进行测试表明，其各种指令的使用频度相当悬殊，最常使用的是一些比较简单的指令，它们仅占指令总数的 20%，但在程序中出现的频度却占 80%。考虑到 CISC 架构中大多数复杂指令并不常用，会造成资源效率的浪费，RISC 的基本设计思想是尽量简化计算机指令功能，只保留那些功能简单、能在一个节拍内执行完成的指令，而把较复杂的功能用一段子程序来实现。RISC 技术的精华是通过简化计算机指令功能，使指令的平均执行周期减少，同时大量使用通用寄存器来提高子程序执行的速度。RISC 架构是在 20 世纪 80 年代才发展起来的，这种架构降低了 CPU 的复杂性，在同样的工艺水平下可生产出功能更强大的 CPU。但由于缺乏复杂指令，对于编译器的设计有更高的要求，使用精简指令所编写出来的代码会更长，执行任务所需的内存也就更大。

CISC和RISC两种CPU构架表现出不同特点。CISC的微处理器具有以下特点：

(1) 庞大的指令系统

典型的CISC指令系统有100～250条采用可变指令格式和数据格式的指令。庞大的指令系统可以减少编程所需要的代码行数,减轻程序员的负担。

(2) 采用了可变长度的指令格式

如果操作数采用寄存器寻址,指令长度可能只有两个字节；而若操作数采用存储器寻址,指令长度就可能达到五个字节,甚至更长。

(3) 指令使用的寻址方式多

多种寻址方式的应用有利于简化高级语言的编译,对于编译器的开发十分有利。

(4) 指令的执行时间长

复杂的指令结构需要更多机器周期分析解释,才能完成规定功能。

(5) CPU结构复杂

指令复杂,功能强大,使CPU需要有更多的电路部件支持相应的功能,复杂的微程序控制指令也增加了硬件译码难度。

(6) CPU面积大

CPU包含越来越多的电路必然占用越来越大的面积,也导致功耗增加。

RSIC的微处理器强调结构的简单性和高效性,使其具有以下技术特点：

(1) 单一机器周期的指令为主

RISC机器中,绝大多数指令的执行只需一个机器周期,从根本上克服了CISC指令周期数有长有短带来的不确定致使运行失常的问题。

(2) 简单固定的指令结构

指令结构的简单和统一使译码和控制简单化。

(3) 指令条数和寻址方式少

这使指令的编码紧凑,译码速度快,控制逻辑规整简单。

(4) 采用高效的流水线操作

指令格式的规格化和简单化有利于指令在多级流水线中实现最大限度的并行操作,从而提高指令和数据的处理速度。

(5) 无微代码的硬件控制

指令系统的上述特点使得内部可以采用硬件连线控制而不用微程序控制,硬件逻辑部件简化且缩短译码时间,从而提高了机器的效率和可靠性。

(6) 采用面向寄存器堆的指令

RISC结构采用大量的寄存器—寄存器操作指令,不必频繁访问内存,使控制部件大为简化。RISC结构的指令系统中,只有装入/存储指令可以访问内存,而其他指令均在寄存器之间对数据进行处理。用装入指令从内存中将数据取出,送到寄存器；在寄存器之间对数据进行快速处理并将其暂存,当不需要再使用该数据时,使用一条存储指令将这个数据送回内存。这种方法大大减少了访问存储器的次数,指令执行速度得到提高。

从硬件角度来看,CISC处理的是不等长指令集,必须对不等长指令进行分割,因此在执行单一指令时需要进行较多的处理工作。RISC执行的是等长精简指令集,CPU在执行指令时速度较快且性能稳定,因此在并行处理方面RISC明显优于CISC。RISC可同时执行多条指令,可将一条指令分割成若干个进程或线程,交由多个处理器同时执行。由于RISC执行的是精简指令集,所以它的制造工艺简单且成本低廉。

从软件角度来看,CISC运行的则是人们熟识的DOS、Windows操作系统,拥有大量的应用程序,全世界大约有65%以上的软件厂商都在为基于CISC体系结构的PC及其兼容机服务。而RISC在此方面势力相对单薄,虽然在RISC上也可运行DOS、Windows,但是需要一个翻译过程,所以运行速度要慢许多。但随着RISC技术的完善,软件支持技术也得到了迅速发展。

传统意义上的精简指令集计算机RISC和复杂指令集计算机CISC在基本原理上存在差异,但目前CISC与RISC在逐步走向融合,RISC机型与CISC机型的差距也在不断减小。RISC机型中增加了在几个时钟周期内执行的指令,同时在体系结构上的优化使得高级语言更为有效。例如Pentium Pro、Nx586、K5等CPU的内核是基于RISC的体系结构,它们将CISC指令分解为类RISC指令,以便在同一时间内执行多条指令。CISC控制器在实现了管道技术之后,使得一条指令基本上在一个时钟周期之内就能够执行完,大大改善了机器性能。在我们通常使用的单片机中,MCS51系列的单片机属于CISC体系结构;PIC系列的单片机则属于RISC体系结构。新一代CPU融合了CISC与RISC两种技术,在软件与硬件方面取长补短。

4. 存储器体系结构

存储器的体系结构分为冯·诺依曼体系结构与哈佛体系结构。

冯·诺依曼体系结构又称普林斯顿结构,是一种将程序指令存储器和数据存储器合并在一起的存储器结构。程序指令存储地址和数据存储地址指向同一个存储器的不同物理位置,因此程序指令和数据的宽度相同,如Intel 8086 CPU的程序指令和数据都是16位宽度。使用冯·诺依曼体系结构的中央处理器和微控制器有很多,如ARM公司的ARM7、MIPS公司的MIPS CPU等。

在冯·诺依曼体系结构中,数据和程序存储器是共享单一的地址与数据总线的。总线共享有很多优点,比如减小总线的开销,能够把数据存储空间映射到程序空间以便设备访问。但是,这种指令和数据共享同一总线的结构,取指令和取数据都访问同一存储器,使得信息流传输成为限制计算机性能的瓶颈,影响了数据处理速度的提高。

哈佛体系结构是一种将程序指令存储和数据存储分开的存储器结构。CPU首先到程序指令存储器中读取程序指令内容,解码后得到数据地址,再到相应的数据存储器中读取数据,并进行下一步的操作(通常是执行)。程序指令存储和数据存储分开,可以使指令和数据有不同的数据宽度,如Microchip公司的PIC16芯片的程序指令是14位宽度,而数据是8位宽度。哈佛体系结构的微处理器通常具有较高的执行效率,其程序指令和数据指令是分开组织与存储的,执行时可以预先读取下一条指令。使用哈佛体系结构的CPU和MCU有很多,如PIC系列芯片,Atmel公司的AVR系列和ARM公司的ARM9、ARM10和ARM11等。

对于哈佛体系结构的计算机,程序和数据存储的总线是分开的,各有自己的地址与数据总线。这种方式的优势在于能够在一个时钟周期内同时读取指令和数据,这样就相应地减少了执行每一条指令所需的时钟周期。但也由于地址总线和数据总线的相互独立性,哈佛体系结构计算机与外部程序和数据存储器进行交互时,需要额外增加大量的芯片引脚。因此,在至少有一种存储器的类型是内部的情况下,微处理器才会采用哈佛体系结构。

改善的哈佛体系结构在原哈佛体系结构的基础上,使程序代码空间和数据存储空间可以进行一定的空间互用,即可以将部分数据放在程序空间,将部分程序放在数据空间。

1.3.2 典型微型计算机系统的配置

1. 主板

主板(mainboard)又称系统板(systemboard)或母板(motherboard),它安装在机箱内,是微机最基本的、最重要的部件之一。主板一般为矩形电路板,上面安装了组成计算机的主要电路系统,一般有 BIOS 芯片、I/O 控制芯片、键盘和面板控制开关接口、指示灯插接件、扩充插槽、主板及插卡的直流电源供电接插件等元件。主板的另一特点是采用了开放式结构。主板上大都有 6~8 个扩展插槽,供 PC 外围设备的控制卡(适配器)插接。通过更换这些插卡,可以对微机的相应子系统进行局部升级,使厂家和用户在配置机型方面有更大的灵活性。总之,主板在整个微机系统中扮演着举足轻重的角色。如果说 CPU 是微机的大脑,电源是微机的心脏,那么主板就是微机的神经系统。主板是所有硬件的基础,是它将各个硬件连接起来,并保证这些硬件可以按部就班地工作。可以说,主板的类型和档次决定着整个微机系统的类型和档次,主板的性能影响着整个微机系统的性能。主板结构如图 1.11 所示,图中各部件说明如下。

A: CPU 插槽,目前 Intel 和 AMD 的处理器均采用这种 ZIP 零阻力接口设计。另外,CPU 接口附近通常会留出较低的空间以保证高端热管散热器的安装。

B: 内存接口,内存插槽用于在主板上安装内存,一般普通主板拥有 4 个内存插槽,高端主板会增加至 6 个,而某些集成主板只有 2 个甚至 1 个。安装时需要将内存装进同一颜色插槽才能实现双通道及三通道。

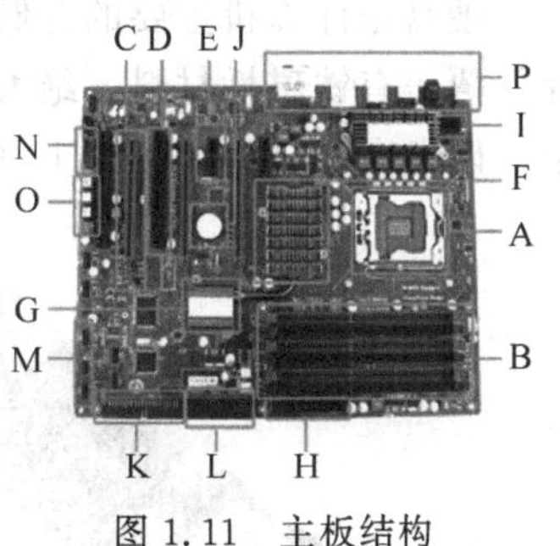

图 1.11 主板结构

C: 显卡接口,三条 PCI-E 16x 接口,都采用蓝色以方便识别。PCI-E 接口主要为安装显卡使用。

D: PCI 接口,两条 PCI 接口,采用黑色涂装。PCI 接口目前主要用于安装网卡、声卡等设备。

E: PCI-E 1x 接口,两条 PCI-E 1x 接口,此接口 250MB/s 的带宽远高于普通 PCI 接口的 133MB/s 带宽。PCI-E 1x 接口主要用于安装扩展卡,如声卡、网卡等。

F: 北桥芯片,芯片组(chipset)是主板的核心组成部分,按照在主板上的排列位置的不同,通常分为北桥芯片和南桥芯片。处于散热片底下的是北桥芯片。北桥芯片的主要功能是为 CPU、内存、PCI-E 接口之间提供相互通信,而在某些集成主板中,北桥芯片内还集成了显示核心。

G: 南桥芯片,南桥芯片主要用来与 I/O 设备及 ISA 设备相连,并负责管理中断及 DMA 通道,让设备工作得更顺畅,其提供对 KBC(键盘控制器)、RTC(实时时钟控制器)、USB(通用串行总线)、Ultra DMA/33(66)EIDE 数据传输方式和 ACPI(高级能源管理)、PCI 接口、集成声卡等的支持。

H: 主供电接口,目前的大多数主板会采用 24 针接口的设计,此接口是主板的主要电能来源。

I：双4PIN供电，此接口主要辅助为CPU供电。

J：COMS电池，主板上这颗纽扣电池主要为保证BIOS数据不会在关机后丢失。

K：IDE接口，IDE接口主要为连接硬盘及光驱等设备，但随着SATA接口的普及，IDE接口已经逐渐失去了价值。

L：SATA接口，通常主板会板载4～6个SATA接口，目前SATA接口已经成了硬盘和光驱的默认接口。

M：机箱前面板接口，此接口主要为连接机箱开关键、复位键以及指示灯使用。

N：扩展USB接口，通过此接口可以获得更多的USB接口。

O：主板的功能按键，目前大多数主流主板都会提供额外的功能控制，而这种直接固化在主板上的开机、复位、清CMOS甚至超频跳线是比较常见的设计。

P：主板接口，这些接口为计算机提供了基本的输入输出功能，其中包括键盘、鼠标、显示器、耳机以及USB接口等。

2. 内存

内存是计算机必不可少的组成部分之一，CPU可通过数据总线对内存寻址。现在计算机的内存并不是直接安装在主板上，而是由若干存储芯片构成内存条，插入主板上的内存插槽，内存条如图1.12所示。

3. 硬盘

硬盘是计算机主要的存储媒介之一，由一个或者多个铝制或玻璃制的碟片组成，这些碟片外覆盖有铁磁性材料。绝大多数硬盘都是固定硬盘，被永久性地密封固定在硬盘驱动器中。硬盘内部结构如图1.13所示。

图1.12 内存条

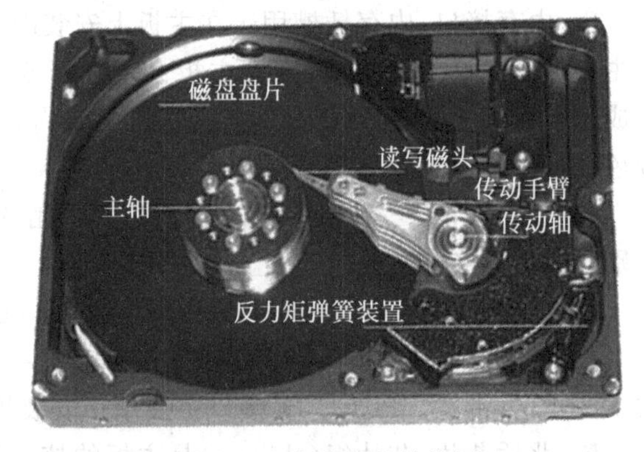

图1.13 硬盘内部结构图

硬盘接口有以下几种：

1) ATA(advanced technology attachment)接口

ATA接口采用传统的40-pin并口数据线连接主板与硬盘，外部接口速度最大为133MB/s，因为并口线的抗干扰性差，且排线占空间，不利于计算机散热，已经被SATA接口所取代。

2) IDE(integrated drive electronics)接口

IDE接口即电子集成驱动器，俗称PATA并口，是普通PC的标准接口。

3) SATA(serial ATA)接口

使用SATA接口的硬盘又称为串口硬盘，是目前和未来PC硬盘接口的主流。SATA接口采用串行连接方式，总线使用嵌入式时钟信号，具备了更强的纠错能力，与以往相比，最大的区别在于能对传输指令(不仅仅是数据)进行检查，如果发现错误会自动矫正，这在很大程度上提高了数据传输的可靠性。SATA接口同时还具有结构简单、支持热插拔的优点。

4) SATA Ⅱ接口

SATA Ⅱ接口是芯片巨头Intel(英特尔)与硬盘巨头Seagate(希捷)在SATA接口的基础上发展起来的，其主要特征是外部传输率从SATA 接口的150MB/s进一步提高到了300MB/s，还包括原生命令队列(native command queuing，NCQ)、端口多路器(port multiplier)、交错启动(staggered spin-up)等一系列的技术特征。但是并非所有的SATA硬盘都可以使用NCQ技术，除了硬盘本身要支持NCQ之外，也要求主板芯片组的SATA控制器支持NCQ。

5) SCSI(small computer system interface)接口

SCSI接口并不是专门为硬盘设计的接口，是一种广泛应用于小型机上的高速数据传输技术。SCSI接口具有应用范围广、多任务、带宽大、CPU占用率低以及热插拔等优点，但较高的价格使得它很难如IDE硬盘般普及，因此SCSI硬盘主要应用于中、高端服务器和高档工作站中。

6) 光纤通道(fiber channel或SCIS)接口

光纤通道接口最初是专门为网络系统设计而不是为硬盘设计开发的接口技术，但随着存储系统对速度的需求，也逐渐应用到硬盘系统中。光纤通道硬盘针对服务器这样的多硬盘系统环境而设计，大大提高了多硬盘系统的通信速度，能满足高端工作站、服务器、海量存储子网络、外设之间通过集线器、交换机和点对点连接进行双向、串行数据通信等系统对高数据传输率的要求。

7) SAS(serial attached SCSI)接口

SAS接口是新一代的SCSI技术。与SATA硬盘一样，都是采用串行技术以获得更高的传输速度，并通过缩短连接线改善内部空间。此接口可改善存储系统的效能、可用性和扩充性，并且提供与SATA硬盘的兼容性。

4. 显卡

显卡全称为显示接口卡(video card或graphics card)，又称显示适配器(video adapter)，是微机最基本组成部分之一，如图1.14所示。显卡的用途是将计算机系统所需要的显示信息进行转换驱动，承担输出显示图形的任务，并向显示器提供行扫描信号，控制显示器的正确显示，是连接显示器和个人计算机主板的重要元件。集成显卡是指芯片组集成了显示芯片，使用这种芯片组的主板就可以不需要独立显卡实现普通的显示功能，节省用户购买显卡的开支。集成了显卡的芯片组也常常称为整合型芯片，这样的主板也常常被称为整合型主板。

5. 声卡

声卡(sound card)又称音频卡，是多媒体技术中最基本的组成部分，是实现声波/数字信号相互转换的一种硬件，如图1.15所示。声卡的基本功能是把来自话筒、磁带、光盘的原始声音信号加以转换，输出到耳机、扬声器、扩音机、录音机等声响设备中，或通过音乐设备数字接口(MIDI)使乐器发出美妙的声音。集成声卡是指芯片组支持整合的声卡类型,比较常见的是 AC'97 和 HD Audio。使用集成声卡的芯片组的主板可以在比较低的成本上实现声卡的完整功能。

图 1.14 显卡

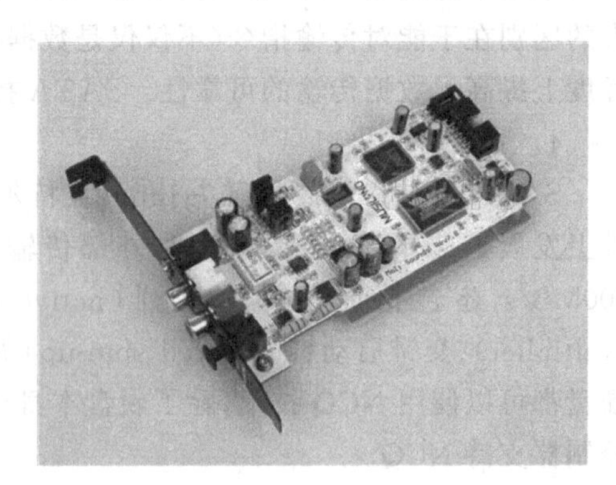

图 1.15 声卡

6. 网卡

计算机与外界局域网的连接是通过在主机箱内插入一块网络接口板(或者是在笔记本式计算机中插入一块 PCMCIA 卡)。网络接口板又称通信适配器、网络适配器(adapter)或网络接口卡(network interface card,NIC),简称网卡,如图 1.16 所示。网卡是工作在数据链路层的网络组件,是局域网中连接计算机和传输介质的接口,不仅能实现与局域网传输介质之间的物理连接和电信号匹配,还涉及帧的发送与接收、帧的封装与拆封、介质访问控制、数据的编码与解码以及数据缓存的功能等。集成网卡(integrated LAN)就是把网卡集成到主板上,这种方案也逐渐为各大小厂商广泛采用。

7. 电源

计算机电源是一种安装在主机箱内的封闭式独立部件,它的作用是将交流电通过一个开关电源变压器转换为+5V、−5V、+12V、−12V、+3.3V 等稳定的直流电,以供主机箱内系统主板、软盘、硬盘驱动及各种适配器扩展卡等系统部件使用,如图 1.17 所示。

图 1.16 网卡

图 1.17 电源

1.3.3 智能手机

随着技术的不断发展,微型计算机已经不仅仅局限于过去单纯的传统计算机概念,比如智能手机(smart phone)就可以看作一种具有便携移动通话功能的微型计算机。智能手机具有硬件、软件以及开放的操作系统,手机的操作系统能够支持第三方的二次开发,可具有语音、数据、图像、音乐和多媒体等综合功能。

1. 硬件系统组成

智能手机作为微型计算机来看,它有处理器、存储器、输入输出设备及I/O通道,其中输入输出设备包括键盘、触摸显示屏、USB接口、耳机接口、摄像头等,通过空中接口协议(例如GSM、CDMA、PHS等)和基站通信,既可以传输语音,也可以传输数据。

智能手机的核心部件是主电路板,主要功能结构如图1.18所示,它通过软排线或触点连接各部件,负责手机信号的输入输出及处理、手机信号的发送、整机的供电及控制等工作。主电路板包括:射频电路、语音电路、处理器及存储器电路、电源及充电电路、屏显电路、操作接口电路以及其他功能电路(如蓝牙、天线、收音、传感器、振动器、摄像头电路等)。

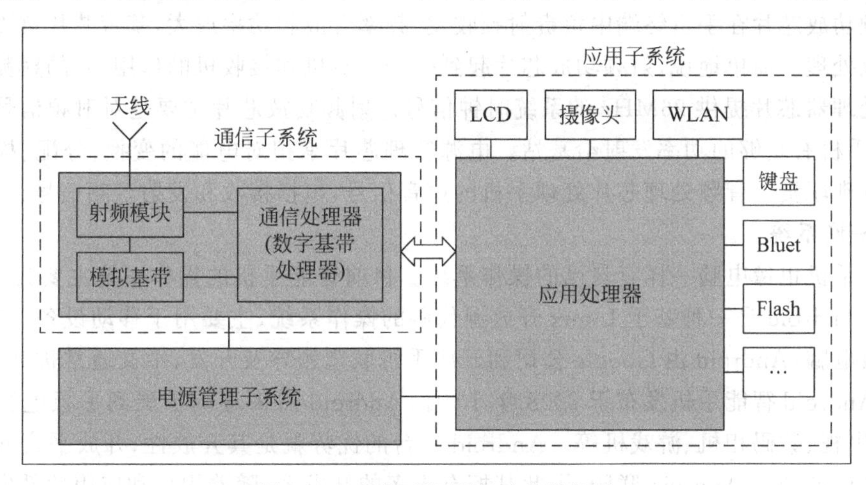

图1.18 智能手机硬件功能结构图

图1.18中的应用处理器可以是双处理器结构或单处理器结构。双处理器结构包括应用处理器(application processor,AP)和基带处理器(baseband processor,BP),它们之间通过串口、总线或USB等方式进行通信。应用处理器运行开放式操作系统以及操作系统之上的各种应用,负责整个系统的控制;基带处理器负责基本无线通信,主要包括数字基带芯片(digital baseband,DBB)和模拟基带(analog baseband,ABB),完成语音信号和数字语音信号调制解调、信道编码解码和无线Modem控制。单处理器智能手机只包括一个处理器,集成了数字基带、模拟基带、射频、电源管理、SRAM等功能,完成基本通信功能和多媒体、应用软件的处理。

其实智能手机只是在传统手机的基本硬件结构中增加一定的外围电路,如音频芯片、LCD控制、摄像机控制器、扬声器、天线等,就构成了一个完整的智能手机的硬件结构。

2. 重要芯片

主电路板中包括很多手机专用芯片,包括:中央处理器芯片、图形处理芯片、存储芯片、射频芯片、射频功放芯片、电源管理芯片、音频处理芯片、触摸屏控制芯片等。

中央处理器芯片是智能手机的核心部件,类似于微型计算机的 CPU,通过运行存储器内的软件及调用存储器内的数据库达到对手机的全面控制。

图形处理器芯片(graphic processing unit, GPU)是显示卡中专门处理图形的核心处理器,用途是将手机系统所需要的显示信息进行转换驱动,并向显示屏提供行扫描信号,控制显示屏的正确显示。

存储芯片用来存储手机的主程序、字库、用户程序、用户数据等。智能手机的存储芯片有多种形式,包括随机存储器 RAM、只读存储器 ROM 及 Flash 存储器等。随机存储器 RAM 主要用于存储智能手机运行时的程序和数据,需要执行的程序或者需要处理的数据都必须先装入 RAM 内。只读存储器 ROM 中的数据是由手机制造商事先编好固化在里面的一些程序,使用者不能随意更改。ROM 主要用于检查手机系统的配置情况,并提供最基本的输入输出程序。Flash 存储器是一种长寿命的非易失性存储器,数据删除不是以单个的字节为单位,而是以固定的区块为单位。由于 Flash 存储器断电时仍能保存数据,因此通常用来保存设置信息,如用户对手机的设置信息等。

射频功放芯片在手机终端中负责射频收发、频率合成和功率放大,基带芯片负责信号处理和协议处理。简单地说,射频功放芯片起到一个发射机和接收机的作用,有的射频功放芯片还为处理器芯片提供 26MHz 的系统时钟信号。射频功放芯片主要是对射频信号进行放大,使得手机有足够的功率发射给基站。电源管理芯片承担对电能的变换、分配、检测及其他电能管理职责。音频处理芯片处理手机的声音信号,包括接收和发射音频信号。

3. 操作系统

智能手机也像电脑一样有自己的操作系统。目前智能手机的操作系统主要为 Android 和 iOS。Android 是一种基于 Linux 开放源代码的操作系统,主要用于移动设备,如智能手机和平板电脑,Android 由 Google 公司和开放手机联盟领导及开发,中文通常称为“安卓”。第一部 Android 智能手机发布于 2008 年 10 月,Android 后来逐渐扩展到平板电脑及其他领域,如电视、数码相机、游戏机等。Android 平台的优势就是其开放性,开放平台允许任何移动终端厂商加入 Android 联盟,因此其拥有更多的开发者,随着用户和应用软件资源的日益丰富,一个崭新的平台也将很快走向成熟。iOS 是由苹果公司开发的移动操作系统。苹果公司最早于 2007 年 1 月 9 日的 Macworld 大会上发布 iOS 系统,最初是设计给 iPhone 使用的,后来陆续套用到 iPod touch、iPad 以及 Apple TV 等产品上。iOS 与苹果的 Mac OS X 操作系统一样,属于类 UNIX 的商业操作系统。

习题 1

1.1 将下列十进制数分别转换为二进制数、八进制数、十六进制数:

(1) 85 (2) 128 (3) 783 (4) 0.47 (5) 0.625 (6) 67.544

1.2 将下列二进制数转换成十进制数:

(1) 10110.011 (2) 11010.0101

1.3 将下列二进制数分别转换成八进制数、十六进制数:

(1) 1100010 (2) 101110.1001 (3) 0.1011001

1.4 设机器字长为6位，写出下列各数的原码、反码和补码：

(1) 10101　(2) 11111　(3) 10000

(4) －10101　(5) －11111　(6) －10000

1.5 写出下列用补码表示的二进制数的真值：

(1) 01110011　(2) 00011101　(3) 10010101　(4) 11111110　(5) 10000001

1.6 设有变量 x＝11101111B，y＝11001001B，z＝01110010B，v＝01011010B，试计算 $x+y$，$x+z$，$y+z$，$z+v$。并回答：

(1) 若为无符号数，计算结果是否正确？

(2) 若为带符号补码数，计算结果是否溢出？

1.7 假设两个二进制数 A＝00101100，B＝10101001，试比较它们的大小。

(1) A、B两数均为带符号的补码数；(2)A、B两数均为无符号的数。

1.8 将十进制数125.8和2.5表示成二进制浮点规格化数(尾数取6位，阶码取3位)。

1.9 写出下列十进制数的BCD码表示形式：

(1) 56　(2) 789　(3) 23.78

1.10 将下列BCD码表示成十进制数和二进制数：

(1) 01111001B　(2) 10010001B　(3) 10000011B　(4) 00100101B

1.11 分别写出下列字符串的ASCII码：

(1) 10ab　(2) AE98　(3) B＃Dd　(4) Hello Comrade

1.12 说明存储单元的内容、地址的含义及其关系。

1.13 什么是字节？什么是字？请说明微处理器字长的意义。

1.14 什么是总线？什么是系统总线？

1.15 简述微处理器、微型计算机、微型计算机系统各自的含义。

1.16 简述冯·诺依曼体系结构与哈佛体系结构的主要区别。

1.17 简述计算机主板的基本组成部分及作用。

第2章
CHAPTER 2

微处理器

微处理器是微型计算机的核心。80x86 微处理器是 PC 系列微机中处理器的主流产品，8086/8088CPU 是 Intel 系列典型的 16 位/准 16 位微处理器，其中 8086 的外部数据总线是 16 位，8088 的外部数据总线是 8 位。它们与以后推出的各种 Intel 微处理器兼容，是学习和应用其他高档微处理器的基础。

本章详细说明 8086CPU 的内部编程结构、内部寄存器功能、存储器的组织、CPU 的引脚功能，介绍时序的基本概念以及 8086 微处理器总线读和写的典型时序，最后简要介绍 80x86 等微处理器的特点。

2.1 8086/8088 微处理器的编程结构

2.1.1 8086CPU 的内部功能结构

8086CPU 是 Intel 公司推出的第三代微处理器芯片，它采用 HMOS 工艺制造，双列直插，有 40 个引脚。一般性能特点如下：

① 采用 16 位内部结构，16 位双向外部数据总线。

② 20 位地址信号线，可寻址的地址空间 1MB。

③ 采用低 16 位地址总线进行 I/O 端口寻址，可寻址 64K 个 I/O 端口。

④ 汇编指令系统功能较完善。

⑤ 支持多处理器系统，能方便地与数值协处理器 8087 或其他协处理器相连。

⑥ 可处理内部软件中断和外部中断，中断源可有 256 个。

⑦ 单一的+5V 电源，主时钟频率为 5～10MHz。

8086CPU 是 Intel 系列的 16 位微处理器，其内部结构如图 2.1 所示。从功能上讲，8086 分为两部分，即总线接口部件（bus interface unit，BIU）和执行部件（execution unit，EU）。

1. 总线接口部件

总线接口部件是 CPU 与外部存储器及 I/O 的接口，负责完成 CPU 与存储器和 I/O 系统的数据交换。BIU 主要由以下部分组成。

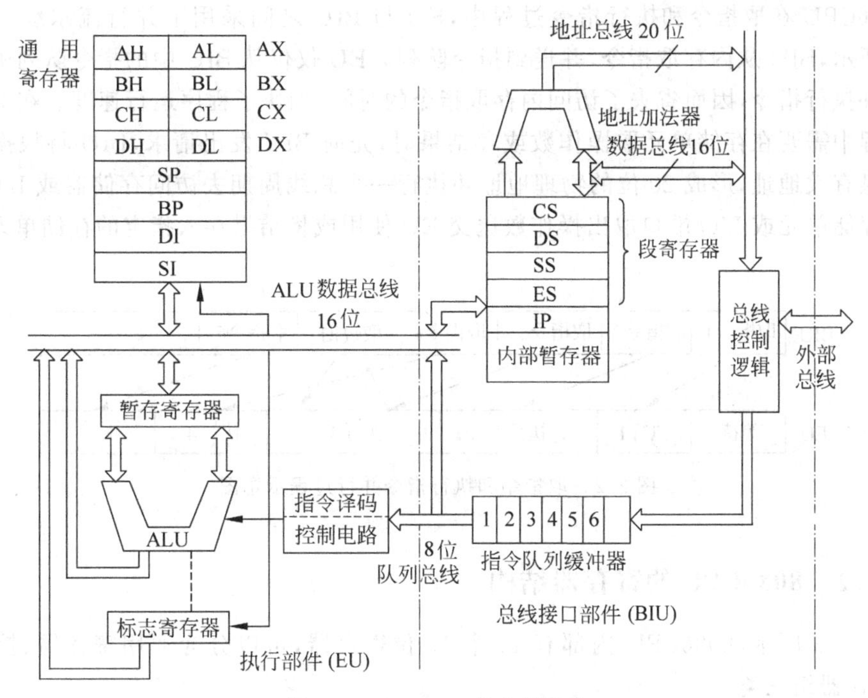

图 2.1 8086CPU 的内部结构

1）4 个 16 位段地址寄存器

用于存放各段的段基址。

2）1 个指令指针 IP

16 位的寄存器 IP 用于控制指令的读取。

3）20 位物理地址加法器

由于内部寄存器是 16 位的，为了形成 20 位的物理地址，8086CPU 巧妙地利用 20 位加法器进行了 16 位/20 位的地址转换。例如取指令时，将段寄存器 CS 中的 16 位地址左移 4 位得到 20 位段起始地址，再与 IP 寄存器的 16 位地址相加，形成待取指令单元的 20 位物理地址。

4）指令队列缓冲器

8086 的 BIU 中包含一个 6 字节的指令队列缓冲器，可以预取 6 字节的指令代码。

5）总线控制电路

总线控制电路用于产生并发出总线控制信号，以实现对存储器和 I/O 端口的读/写控制。同时它将 CPU 的内部总线与 16 位的外部总线相连。

2. 执行部件

执行部件的功能就是负责指令的执行。EU 包括下列部分。

① 算术逻辑单元 ALU：ALU 完成 16 位或 8 位的二进制数的算术/逻辑运算，绝大部分指令的执行都由 ALU 完成。

② 通用寄存器组和标志寄存器 FR。

③ 控制器：接收从 BIU 中指令队列取来的指令，经过指令译码形成各种定时控制信号，向 EU 内各功能部件发送相应的控制命令，以完成每条指令所规定的操作。

8086CPU在取指令和执行指令过程中,EU与BIU之间采用了并行流水线方式。如图2.2所示,BIU从内存取指令,并送到指令队列。EU仅仅从BIU中的指令队列中不断地取指令并执行指令,因而省去了访问内存取指令的时间,加快了程序运行速度。在EU执行指令过程中需要在存储单元取操作数或存结果时,先向BIU发出请求,BIU将根据EU的请求提供有效地址,形成20位的物理地址并执行一个总线周期去访问存储器或I/O端口,从指定存储单元或I/O端口取出操作数送交EU使用或将结果存入指定的存储单元或I/O端口。

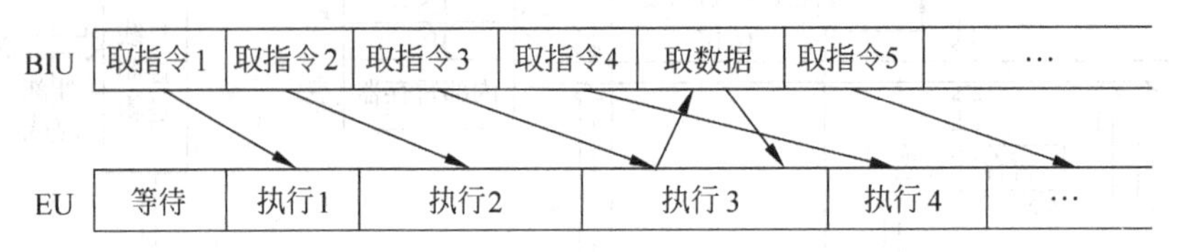

图2.2 取指令和执行指令并行过程示意图

2.1.2 8086CPU的寄存器结构

如图2.3所示,8086CPU内部有14个16位寄存器,可以分为通用寄存器、控制寄存器、段寄存器组三类。

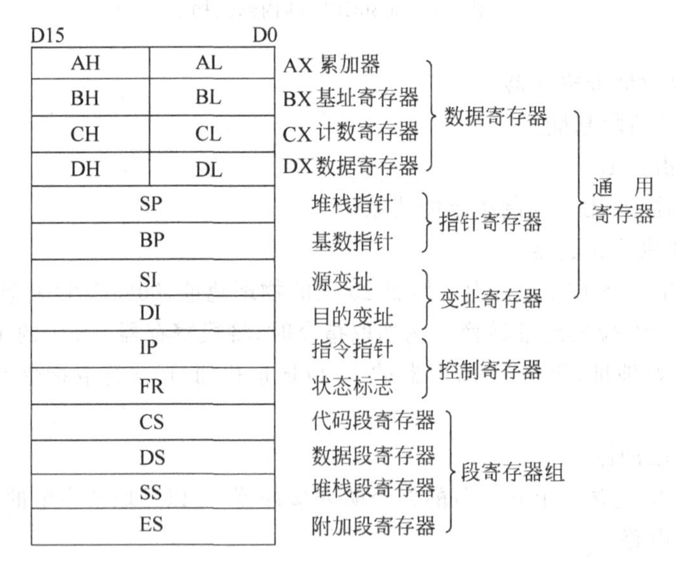

图2.3 8086CPU寄存器结构

1. 通用寄存器

1) 数据寄存器

数据寄存器包括AX、BX、CX、DX共4个16位寄存器,主要用来保存算术、逻辑运算的操作数、中间结果和地址。它们既可以作为16位寄存器使用,也可以将每个寄存器高字节和低字节分开作为两个独立的8位寄存器使用。8位寄存器只能用于存放数据。

例如,BX基址寄存器可以分开为独立的BH和BL。若BX=1234H,则BH=12H,BL=34H;反之,若BH=56H,BL=78H,则BX=5678H。

2）指针和变址寄存器

指针和变址寄存器包括指针寄存器 SP、BP 和变址寄存器 SI、DI，是不可拆分的 16 位寄存器。它们可以像数据寄存器一样应用，但各自又具有隐含在某些指令中的特殊用途。

堆栈指针 SP 中存放的是当前堆栈段中栈顶的偏移地址。BP 是访问堆栈段时指定的存放基地址的寄存器，SP、BP 通常和堆栈段寄存器 SS 联用。

源变址寄存器 SI 和目的变址寄存器 DI 常作为一般数据寄存器使用，存放操作数或运算结果，或作为地址指针存放操作数在段内的偏移地址。其特定作用是在串操作指令中 SI 规定用作存放源串的偏移地址，DI 规定用作存放目的串的偏移地址。

2. 段寄存器组

段寄存器组包括四个段寄存器，名称和功能如下：

代码段寄存器 CS，存放当前代码段的段基址；

数据段寄存器 DS，存放当前数据段的段基址；

堆栈段寄存器 SS，存放当前堆栈段的段基址；

附加段寄存器 ES，存放当前附加段的段基址。

有关段基址和偏移地址的定义与作用详见 2.2 节。

3. 控制寄存器

1）指令指针 IP

16 位的指令指针寄存器 IP，存放代码段中下一条将要执行指令的偏移地址，作用类似于 1.2.2 节中所述的程序计数器 PC。执行部件 EU 每取走一条指令，总线接口部件 BIU 自动将 IP 的内容修改为下一条将要执行指令的地址。正常情况下，程序是不能直接修改 IP 的内容的，但当执行转移指令、调用指令时，BIU 装入 IP 中的是转移目的地址，而不是顺序执行指令的地址。因此，IP 实际上控制着指令流的执行流程，是一个十分重要的控制寄存器。

2）标志寄存器 FR

标志寄存器 FR 是一个 16 位标志寄存器，又称程序状态字寄存器（简写为 PSW），用来反映指令执行结果的特征或控制 CPU 的工作状态。8086CPU 中设置了标志寄存器中的 9 个标志位，具体格式如图 2.4 所示。9 个标志位分为状态标志和控制标志两类。

15	14	13	12	11	10	9	8	7	6	5	4	3	2	1	0
				OF	DF	IF	TF	SF	ZF		AF		PF		CF

图 2.4 标志寄存器 FR

（1）状态标志

状态标志位有 6 个，由 CPU 在运算过程中自动置位或清零从而表示运算结果的特征。除 CF 标志外，其余 5 个状态标志不能直接设置或改变。

① CF(carry flag)：进位标志。当算术运算结果使最高位产生进位或借位时，CF=1；否则 CF=0。循环移位指令执行时也会影响此标志。

② PF(parity flag)：奇偶标志。若本次运算结果中的低 8 位含有偶数个 1，则 PF=1；否则 PF=0。

③ AF(auxiliary carry flag)：辅助进位标志。若字节运算过程中D3向D4位有进位或借位、字运算过程中D7向D8位有进位或借位时，AF=1；否则AF=0。该标志用于BCD运算中的十进制调整。

④ ZF(zero flag)：零标志。若本次运算结果为0，则ZF=1；否则ZF=0。

⑤ SF(sign flag)：符号标志。它总是与运算结果的最高有效位相同，用来表示带符号数本次运算结果是正还是负。

⑥ OF(overflow flag)：溢出标志。当带符号数进行补码运算时，结果超出了带符号数表达的范围会产生溢出，这时OF=1；否则OF=0。如当带符号数字节运算的结果超出了−128～+127的范围，或者字运算的结果超出了−32768～+32767的范围，就产生溢出，OF=1。

(2) 控制标志

控制标志用来控制CPU的工作方式，用户可以使用指令设置或清除。

① IF(interrupt flag)：中断允许标志。当IF=1时，允许CPU响应可屏蔽中断；当IF=0时，即禁止中断，即使外设有中断申请，CPU也不响应。

② DF(direction flag)：方向标志。该标志用来控制串操作指令中地址指针的变化方向。在串操作指令中，若DF=0，地址指针为自动增量，即由低地址向高地址进行串操作；若DF=1，地址指针自动减量，即由高地址向低地址进行串操作。

③ TF(trap flag)：单步标志。当TF=1时，CPU为单步方式，即每执行完一条指令就自动产生一个内部中断，使用户可逐条跟踪程序进行调试；当TF=0时，CPU正常执行程序。

2.2 存储器及I/O端口的组织与管理

1. 字的存储

8086/8088系统中，存储器是按照字节编址的，即一个存储单元存放一个字节的内容，而8086/8088系统字长是16位的，所以当一个字存入存储器时需要占用两个相邻的存储单元。8086CPU约定字的低字节存放在低地址，高字节存放在高地址，字单元的地址采用它的低地址来表示。例如，(1000H)=24ABH表明(1000H)=ABH，(1001H)=24H。对于字长是32位或64位的微机也同理采用这种“字节编址结构”。

若一个字从奇数地址开始存放(即低字节存放在奇数地址)，则称为非规则存放，8086要用两个连续的总线周期来存取这个字，每个周期存取一个字节；若从偶数地址开始存放，则称为规则存放，8086用一个总线周期便可存取这个字。

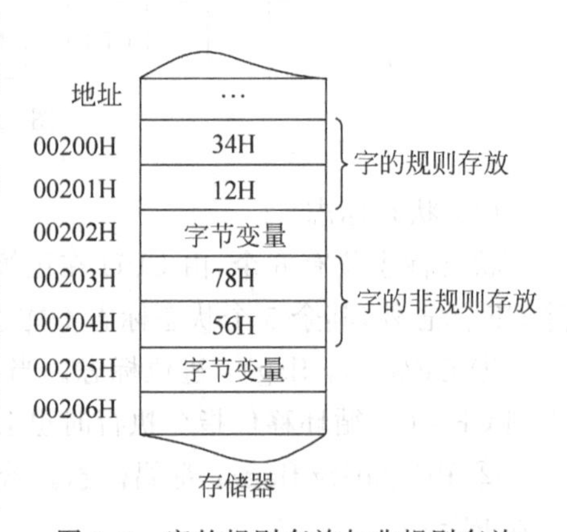

图2.5 字的规则存放与非规则存放

例2.1 图2.5中，字单元00200H和字节单元00200H存放的内容是什么？字数据5678H的存储地址是什么？说明字1234H和5678H是否为规则存放。

解：根据高字节高地址，低字节低地址的存放原则：

字(00200H)=1234H,是规则存放;

字节(00200H)=34H;

字5678H的存储地址是00203H,即(00203H)=5678H,是非规则存放;

其中字节(00203H)=78H,(00204H)=56H。

2. 存储器的分段

8086CPU有20根地址线,因而每个存储单元有唯一的20位的物理地址。CPU可寻址2^{20}=1MB的内存空间,而所有的内部寄存器,包括段寄存器、指令指针IP都是16位的,16位地址指针只能直接寻址64KB单元。因此,8086CPU对1MB的存储器引入了存储器分段以及相应的段基址的概念。

1) 逻辑段

程序员在编制程序时把存储器划分成段,又称为逻辑段。一个程序可以包括代码段、数据段、附加段、堆栈段,代码段存放程序,其他段存放数据等信息。这些逻辑段可在整个1MB存储空间内浮动,段与段之间可以是连续的,也可以是分开的或重叠的(部分重叠或完全重叠),每个逻辑段最大可达64KB,实际使用时根据需要来确定段大小。

2) 段基址与段起始地址

每个段第一个存储单元的物理地址即为段起始地址。规定段起始地址必须能被16整除,也就是其20位地址中,低4位为0,而高16位就称为段基址或段地址。段基址被存入所属段的段寄存器,即代码段寄存器CS、数据段寄存器DS、附加段寄存器ES、堆栈段寄存器SS。因而段寄存器给出相应段的段基址,显然也易得段起始地址。图2.6举例说明了存储器中段的分配和相应段寄存器的关系。

在段内,某个存储单元距离该段起始地址的字节单元个数称为该存储单元的偏移地址,有时称为段内偏移量,或有效地址EA。段内偏移地址是16位的。例如图2.7中,某代码段的段起始地址是04000H,某存储单元的物理地址是04500H,则它在该数据段内的偏移地址就是04500H-04000H=0500H。

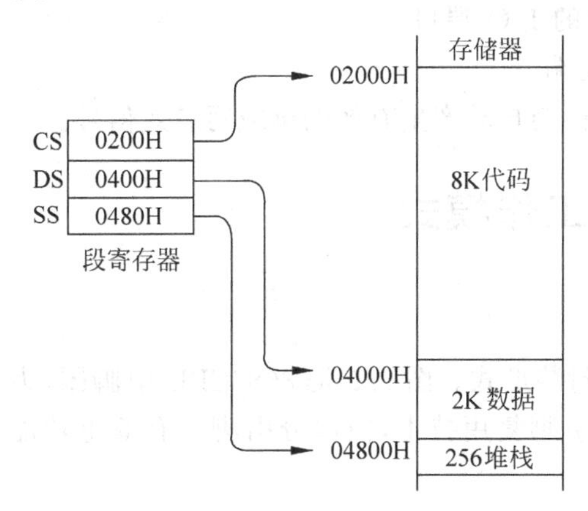

图2.6 段分配与段寄存器内容的关系

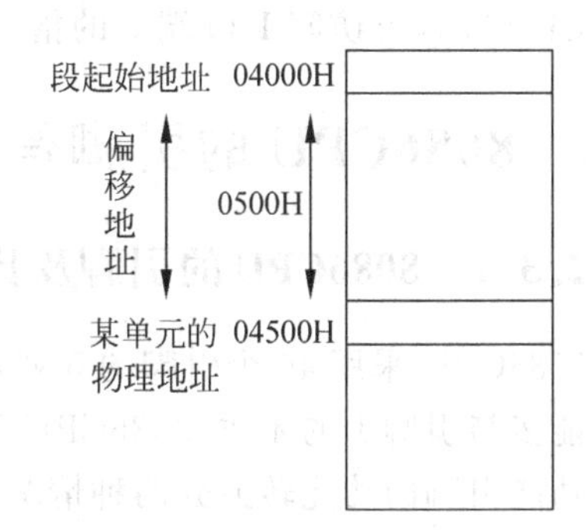

图2.7 偏移地址示意图

存储单元可以由16位的段基址和段内偏移地址来定位,定义存储单元的逻辑地址表示形式为“段基址:偏移地址”,给出逻辑地址就可以确定存储单元的位置。例如图2.7中存储单元的逻辑地址可写为4000H:0500H,表明该单元处于起始地址为04000H的段中,偏移地址为 0500H。显然,若段的划分不同,同一个单元逻辑地址的表示形式也就会不同。

3. 物理地址的形成

每个存储单元 20 位的物理地址是唯一的,CPU 访问存储器时,必须先确定所要访问的存储单元的物理地址。从逻辑地址计算存储单元物理地址的公式为

$$物理地址 = 段基址 \times 16 + 偏移地址$$

实际上,段基址×16 就是段起始单元的物理地址。例如某指令在代码段中的段基址 CS=3000H,段内偏移地址 IP=5F62H,那么该指令存储单元的物理地址为

$$CS \times 16 + IP = 30000H + 5F62H = 35F62H$$

如图 2.8 所示,8086CPU 在形成物理地址时,段寄存器中的 16 位段基址自动左移 4 位,形成 20 位的段起始地址,然后在 20 位的地址加法器中与 16 位偏移地址相加得到 20 位的物理地址。

CPU 执行指令时究竟取哪一个段寄存器的内容作为段基址形成物理地址,取决于 CPU 做何操作。例如取指令操作时,20 位的物理地址由 CS 和 IP 寄存器的内容构造;入栈或出栈操作由当前堆栈段寄存器 SS 和堆栈栈顶指针 SP 构造;当要往内存写或读出数据时,CPU 通常用数据段寄存器 DS 和指令给出的有效地址 EA 形成 20 位物理地址,然后进行存储器读/写操作数。

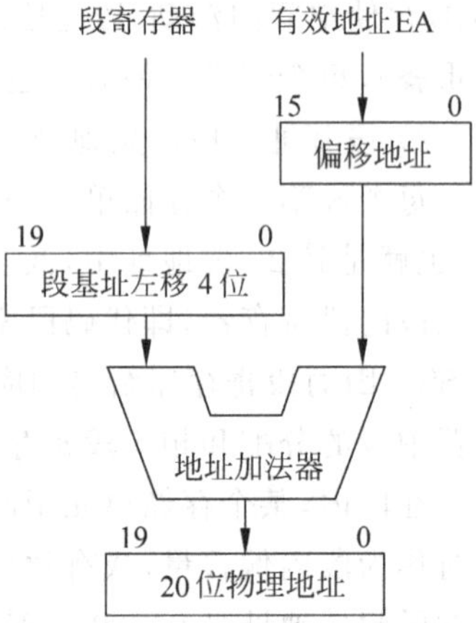

图 2.8 8086 物理地址的形成

4. 8086 的 I/O 组织

8086 系统和外部设备之间是通过 I/O 芯片连接的。每个 I/O 芯片都设置有一定数目的端口暂存信息,微机系统为每个端口分配一个地址,称为端口号。各个端口地址是唯一的。

8086CPU 可以访问 2^{16}=64K 个 8 位的 I/O 端口,两个编号相邻的 8 位端口可以合成一个 16 位端口。

CPU 在执行访问 I/O 端口的指令时,硬件会自动产生有效的读或写有效信号。

2.3 8086CPU 的引脚信号及工作模式

2.3.1 8086CPU 的引脚及其功能

8086CPU 采用 40 个引脚的双列直插式封装形式。图 2.9 是 8086CPU 引脚图,为了解决功能多与引脚少的矛盾,8086CPU 采用了引脚复用技术,使部分引脚具有双重功能。这些双功能引脚的功能转换分两种情况:

① 分时复用的地址/数据总线;

② 根据不同的工作模式定义不同的引脚功能,其中 32 个引脚在最大/最小两种工作模式下的名称和功能是共用的,8 个引脚在两种不同的模式下具有不同的名称和功能。

表 2.1 按照地址/数据总线、共用控制/状态线、最小工作模式下系统的控制/状态线、最大模式下系统的控制/状态线四种特点列出了引脚的功能。

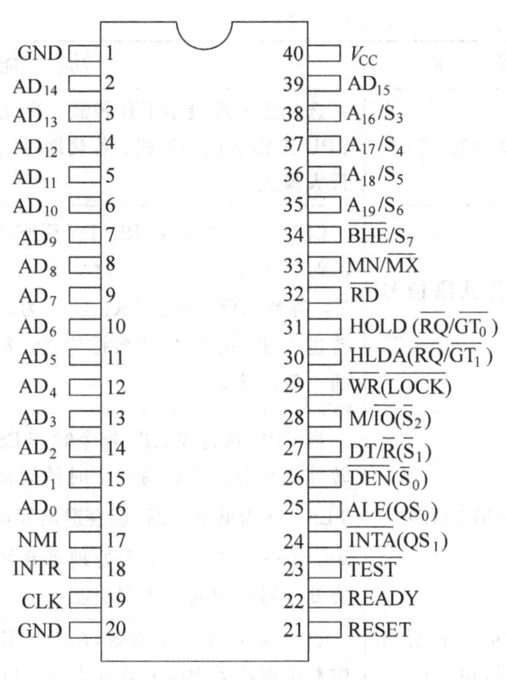

图 2.9 8086CPU 引脚图

表 2.1 8086CPU 的引脚及其功能

特点	引脚符号	简 称	功 能
地址/数据总线	AD_{15} ～AD_0	地址/数据总线复用(双向三态)	在 T_1 状态作为地址线 A_{15}～A_0，输出存储器或 I/O 端口的地址； 在 T_2～T_3 状态，AD_{15}～AD_0 作为数据线 D_{15}～D_0； 系统总线处于“保持响应”周期时，AD_{15}～AD_0 为高阻抗状态
	A_{19}/S_6～A_{16}/S_3	地址/状态复用线(输出三态)	在 T_1 状态，作为地址线 A_{19}～A_{16}； 在 T_2～T_3 状态，作为 S_6～S_3 状态线：S_3S_4 组合表示当前使用的段寄存器；S_5 表明中断允许标志 IF 的当前状态；S_6＝0 表示 8086CPU 当前与总线相连
	$\overline{BHE}/S_7$	高 8 位数据总线允许/状态复用(输出三态)	在 T_1 状态，作为 $\overline{BHE}$ 用，输出低电平时表示数据总线 AD_{15}～AD_8 上的高 8 位数据有效； 在总线周期的 T_2、T_3、T_4 状态，$\overline{BHE}/S_7$ 引脚作为 S_7 未定义意义
共用控制/状态线	RESET	系统复位(输入)	该引脚至少保持 4 个时钟周期以上的高电平，能使 CPU 完成内部的复位过程。具体就是停止 CPU 的现行操作，CPU 内部的寄存器初始化，除 CS＝FFFFH 外，包括 IP 在内的其余各寄存器的值均为 0，故复位后将从 FFFF:0000H 的逻辑地址，即物理地址 FFFF0H 处开始执行程序。一般在该地址放置一条转移指令，以转到程序真正的入口地址。当复位信号变为低电平时，CPU 重新启动执行程序

续表

特点	引脚符号	简　　称	功　　能
共用控制/状态线	MN/$\overline{\text{MX}}$	模式控制(输入)	选择最大或最小工作模式：当此引脚接+5V(高电平)时，CPU工作于最小模式；若接地(即为低电平时)，CPU工作于最大模式
	READY	准备就绪信号(输入)	CPU在T_3状态对READY引脚进行检测，若测得READY=0，则CPU在T_3和T_4之间自动插入一个或几个等待状态T_W等待，直到检测到READY为高电平后，才使CPU退出等待进入T_4状态，完成数据传送；若检测到READY=1，则不插入等待状态
	$\overline{\text{TEST}}$	测试信号(输入)	当CPU执行WAIT指令时，$\overline{\text{TEST}}$为高电平，CPU处于空转等待状态；CPU每5个时钟周期检测一次该引脚，当测得$\overline{\text{TEST}}$变为低电平后，就会退出等待状态，继续执行下一条指令。$\overline{\text{TEST}}$信号用于多处理器系统中，实现8086主CPU与协处理器间的同步协调功能
	NMI	非屏蔽中断请求信号(输入)	边沿触发，上升沿有效，在当前指令结束后引起中断。此类中断请求不受中断允许标志IF的控制
	INTR	可屏蔽中断请求信号(输入)	高电平有效。当INTR信号变为高电平时，表示外部设备有中断请求，CPU在每个指令周期的最后一个T状态检测此引脚，一旦测得此引脚为高电平，并且中断允许标志位IF=1，则CPU在当前指令周期结束后，转入中断响应周期
	CLK	时钟输入信号(输入)	提供CPU和总线控制的基本定时脉冲。8086CPU的时钟频率为5MHz
	GND	接地端	接地
	V_{CC}	电源端	8086CPU采用的电源为5V(1±10%)
最小工作模式下系统的控制/状态线	M/$\overline{\text{IO}}$	存储器或端口操作选择(输出、三态)	这是CPU访问存储器或端口执行指令时会自动产生的输出信号，当M/$\overline{\text{IO}}$为高电平时，表示CPU当前访问存储器；当M/$\overline{\text{IO}}$为低电平时，表示当前CPU访问I/O端口。在DMA方式时，M/$\overline{\text{IO}}$为高阻状态
	ALE	地址锁存允许信号(输出)	CPU访问存储器或I/O时，在总线周期的T_1状态，ALE输出一个正脉冲，表示当前地址/数据复用总线上输出的是地址信息，锁存器用该信号控制地址锁存器将地址锁存。ALE信号不能浮空
	$\overline{\text{WR}}$	写信号(三态、输出)	在最小工作模式下作为写信号，$\overline{\text{WR}}$信号表示CPU当前正在对存储器或I/O端口进行写操作，由M/$\overline{\text{IO}}$来区分是写存储器还是写I/O端口。在DMA方式时，$\overline{\text{WR}}$被置成高阻状态
	$\overline{\text{RD}}$	读选通(三态、输出)	低电平有效，表示CPU正在对存储器或I/O端口进行读操作。具体是对存储器读还是对I/O端口读，取决于M/$\overline{\text{IO}}$信号。在“保持响应周期”它被置成高阻抗状态

续表

特点	引脚符号	简 称	功 能
最小工作模式下系统的控制/状态线	$\overline{INTA}$	中断响应信号(输出、三态)	在最小工作模式下,$\overline{INTA}$是CPU响应可屏蔽中断后发给请求中断的设备的回答信号。CPU的中断响应周期共占两个总线周期,在每个响应周期的T_2、T_3和T_W期间$\overline{INTA}$引脚变为有效低电平。第一个$\overline{INTA}$负脉冲用来回答申请中断的外设;第二个$\overline{INTA}$负脉冲用来作为读取中断类型码的选通信号
	$DT/\overline{R}$	数据发送/接收控制信号(输出、三态)	在使用8286/8287作为数据总线收发器时,8286/8287的数据传送方向由$DT/\overline{R}$控制。$DT/\overline{R}=1$时,数据发送;$DT/\overline{R}=0$时,数据接收。在DMA方式时,$DT/\overline{R}$为高阻状态
	$\overline{DEN}$	数据允许信号(输出、三态)	作为双向数据总线收发器8286/8287的允许控制信号,低电平允许收发数据,高电平不允许。它在CPU访问存储器或I/O、中断响应周期有效。在DMA方式时,此引脚为高阻状态
	HOLD	总线保持请求信号(输入)	该信号是最小工作模式系统中除主CPU(8086/8088)以外的其他总线控制器,如DMA控制器申请使用系统总线请求信号
	HLDA	总线保持响应信号(输出)	该信号是对HOLD的响应信号。当CPU测得总线请求信号HOLD引脚为高电平,CPU也允许让出总线时,则在当前的T_4状态期间发出HLDA信号,并使三条总线都置为高阻抗状态,表示让出总线使用权,HOLD和HLDA均保持高电平。总线控制器在收到HLDA信号后就获得了总线控制权。当8086CPU检测到HOLD变为低电平后,表示其他控制器用完总线,则恢复对总线的控制
最大工作模式下系统的控制/状态线	$\overline{S_2}$,$\overline{S_1}$,$\overline{S_0}$	总线周期状态信号(输出、三态)	在最大工作模式下,这三个信号组合起来指出当前总线周期所进行的操作类型,如表2.2所示。最大工作模式系统中的总线控制器8282就是利用这些状态信号产生访问存储器和I/O端口的控制信号
	QS_1,QS_0	指令队列状态信号(输出)	两信号有4种组合,用来指示CPU内指令队列的当前状态,例如组合为10,表示队列空。这样方便外部(主要是协处理器8087)对CPU内指令队列的动作进行跟踪
	$\overline{RQ}/\overline{GT_1}$ $\overline{RQ}/\overline{GT_0}$	总线请求信号/总线请求允许信号(输入输出)	最大工作模式系统中主CPU8086和其他协处理器(如8087、8089)之间交换总线使用权的联络控制信号。其含义与最小工作模式下的HOLD和HLDA两信号类同
	$\overline{LOCK}$	总线封锁信号(输出、三态)	由指令前缀LOCK产生$\overline{LOCK}$信号的低电平,表明此时CPU不允许其他总线主模块占用总线;当含有LOCK指令前缀的指令执行完后,$\overline{LOCK}$引脚变为高电平,从而撤销了总线封锁。在8086CPU处于2个中断响应周期期间,$\overline{LOCK}$信号会自动变为有效的低电平,以防中断周期。在DMA期间,$\overline{LOCK}$被置为高阻状态

2.3.2 最小工作模式

为适应不同使用场合,8086 设计为可以在两种不同的模式下工作,即最大工作模式和最小工作模式。

将 8086CPU 的 MN/$\overline{MX}$ 引脚接+5V,则 8086 工作在最小模式。所谓最小模式,指微型计算机系统中只包含 8086 或 8088 一个微处理器,系统中所有的总线控制信号直接由 CPU 提供。如图 2.10 所示,8086 在最小工作模式下的典型配置如下。

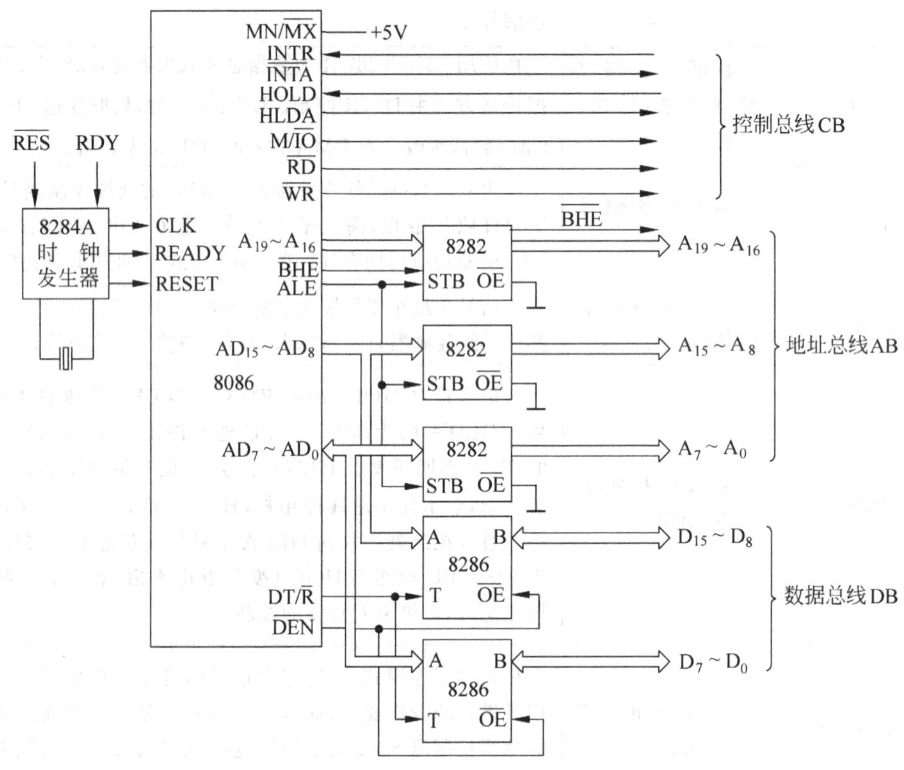

图 2.10 8086 在最小工作模式下的典型配置

① 1 片 8284A,作为系统的时钟信号发生器/驱动器,外接振荡源。8284A 提供周期脉冲信号从 CLK 引入作为系统内部的时间基准。同时还提供与 CLK 同步的复位信号 RESET 和准备就绪信号 READY,其过程是外部设备接 8284A。当发出复位和准备就绪信号要求时,由 8284A 的内部逻辑电路在时钟后沿(下降沿)处使 READY 和 RESET 两引脚信号有效。

② 3 片 8282 或 74LS373,作为地址锁存器。8282 是带有三态缓冲器的 8 位通用锁存器,STB 端高电平时输出随输入变化,低电平时则锁存原数据。由于 8086CPU 的地址/数据线是分时复用的,在 CPU 对存储器或 I/O 端口进行读/写操作时,总线首先送出地址,然后传送数据。总线上地址信号当在 STB 有效时,被锁存到锁存器中,于是 8282 输出稳定的地址信号,也就是形成地址总线 $A_{15}\sim A_0$,此后地址/数据总线传送数据 $D_{15}\sim D_0$,直到本次总线周期结束。

③ 2 片 8286 作为总线收发器。当系统中所连的存储器和外设较多时,需要增加数据的

功率放大器,提高数据总线的驱动能力,系统中采用了2片8286承担此任。8286是三态输出8位双向数据收发器/驱动器,$\overline{OE}$是允许控制信号:当$\overline{OE}$有效时,允许数据通过;当$\overline{OE}$无效时,输出呈高阻状态,禁止数据通过。8286的$\overline{OE}$端与CPU的数据允许端$\overline{DEN}$相连接。T是数据传送方向控制信号,与CPU的DT/$\overline{R}$端相连接:当T为高电平时,CPU输出数据,即为写;当T端为低电平时,CPU输入数据,即为读。在8086最小工作模式系统中有时也可以不用数据收发器。

2.3.3 最大工作模式

将MN/$\overline{MX}$引脚接地,即使得8086CPU按最大模式工作。所谓最大工作模式,是指微型计算机系统中可包含两个或多个微处理器。除主处理器8086外,还可包含其他协处理器,例如8087数值运算协处理器和控制输入输出操作的8089协处理器。

图2.11所示为8086在最大工作模式下的典型配置,最大工作模式与最小工作模式在配置上的主要差别在于,最大工作模式增加了8288总线控制器。8288对CPU发出的状态信号$\overline{S_2}$、$\overline{S_1}$、$\overline{S_0}$进行变换和组合,获得对存储器和I/O端口的读/写信号,以及对锁存器8282和总线收发器8286的控制信号,如表2.2所示。此外,8288还产生地址锁存信号ALE送地址锁存器,数据允许信号DEN和数据收发方向控制信号DT/$\overline{R}$送数据收发器,这些信号的意义同最小工作模式的相应信号。

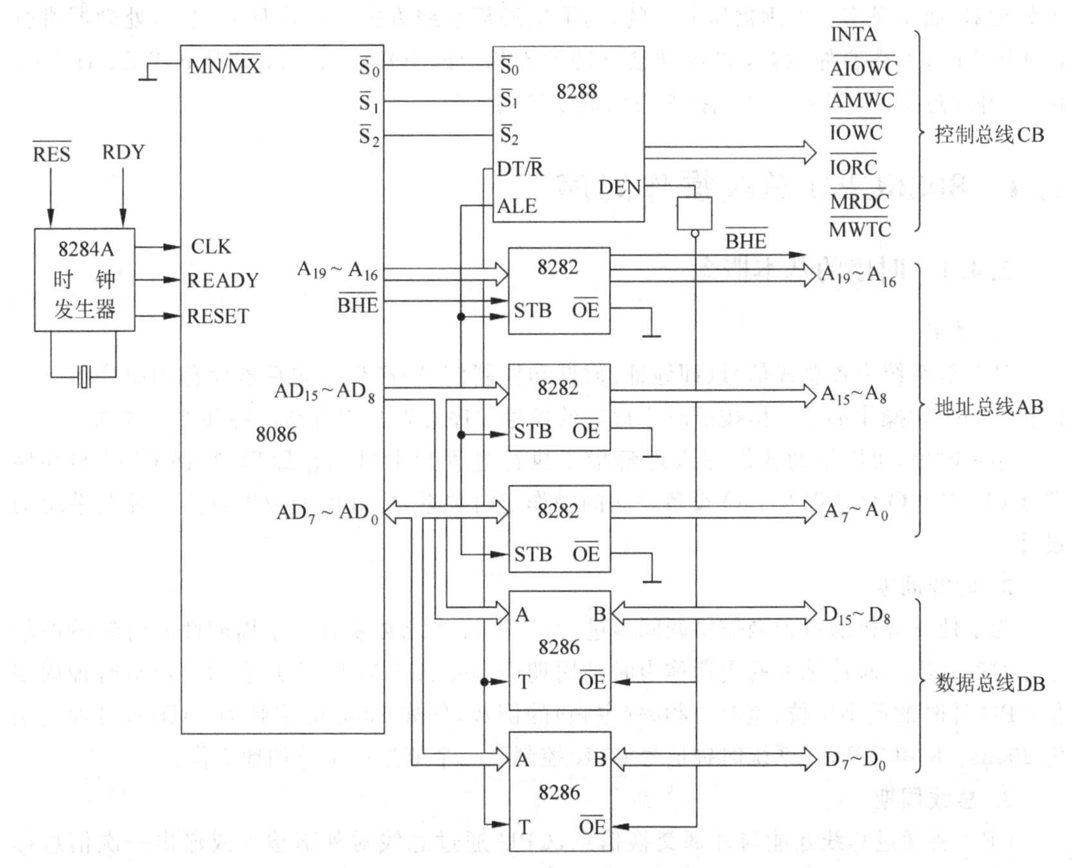

图2.11 8086在最大工作模式下的典型配置

表 2.2 $\overline{S_2}$、$\overline{S_1}$、$\overline{S_0}$ 组合产生的总线控制功能

$\overline{S_2}$	$\overline{S_1}$	$\overline{S_0}$	控制信号	操作过程
0	0	0	$\overline{INTA}$	发中断响应信号
0	0	1	$\overline{IORC}$	读 I/O 端口
0	1	0	$\overline{IOWC}$,$\overline{AIOWC}$	写 I/O 端口
0	1	1	—	暂停
1	0	0	$\overline{MRDC}$	取指令
1	0	1	$\overline{MRDC}$	读内存
1	1	0	$\overline{MWTC}$,$\overline{AMWC}$	写内存
1	1	1	—	无源状态

表 2.2 中的无源状态表示一个总线操作将要结束而新的总线周期还未开始的状态。

最大工作模式一般用于多处理器系统,在最大工作模式中采用总线控制器,其作用在于解决主处理器和协处理器之间的协调工作以及对系统总线的共享控制问题。总线控制器 8288 通过自身的 IOB 引脚信号选择两种工作方式,即系统总线方式和局部总线方式。在多处理器系统中,如果多处理器共享存储器和 I/O 设备,那么在这个系统中就必须使用总线仲裁器。此时 8288 总线控制器必须在系统总线方式下工作。如果某些外部设备从属于一个处理器,而不是多个处理器所共享的,则可用局部总线方式。在这种方式下,处理器进行 I/O 操作时,不需要仲裁器,8288 便会立即发出相应的 $\overline{IORC}$、$\overline{INTA}$ 或者 $\overline{IOWC}$、$\overline{AIOWC}$ 信号,并通过 DEN 和 DT/$\overline{R}$ 端控制总线收发器的工作。

2.4 8086CPU 总线操作时序

2.4.1 时序的基本概念

1. 时序

计算机系统中各总线信号(即地址、数据和控制信号)产生的先后次序称为时序。计算机执行的一切操作都是严格按照时序规定的信号顺序触发控制电路的各部件完成的。

学习时序,可以帮助我们深入理解指令执行过程和微机工作原理,掌握 CPU 与存储器、CPU 与 I/O 设备以及 I/O 设备之间的操作定时关系,更好地完成微机实时控制系统的设计。

2. 时钟周期

为了使计算机的各种操作协调同步进行,计算机系统必须有一个周期性的时钟脉冲信号作时间基准。时钟脉冲的周期称为时钟周期(clock cycle),常用 T 表示。通常时钟周期是 CPU 计时的最小单位,是时钟频率(主频)的倒数,例如 8086 的主频为 5MHz,时钟周期为 200ns。8086CPU 在系统时钟信号 CLK 控制下一个节拍一个节拍地工作。

3. 总线周期

CPU 要通过总线才能与外部交换信息,CPU 通过总线对外部输入或输出一次信息称为一次总线操作,所耗用的时间称为一个总线周期(bus cycle),又称机器周期(machine cycle)。总线操作的类型不同,总线周期也可不同。

如图 2.12 所示,8086 的一个总线周期至少由 4 个时钟周期组成,分别称为 T_1、T_2、T_3、T_4 状态。当 CPU 在读/写存储器或与外设联系时,为了与较慢速的存储器或外设匹配,8086 系统会自动在 T_3 与 T_4 状态之间插入等待状态或等待周期 T_W,即插入 1 个或多个等待周期,使总线保持数据传送状态不变,直至 CPU 接到有效的 READY 信号后,数据传送结束,才准备进入下一个总线周期的 T_1 状态。

4. 指令周期

8086CPU 执行一条指令所需要的时间称为指令周期(instruction cycle),一个指令周期由若干个总线周期组成,三种周期的关系如图 2.12 所示。不同指令的指令周期不是等长的,最短为一个总线周期,而长的指令周期如乘法指令周期,长达 24 个时钟周期。

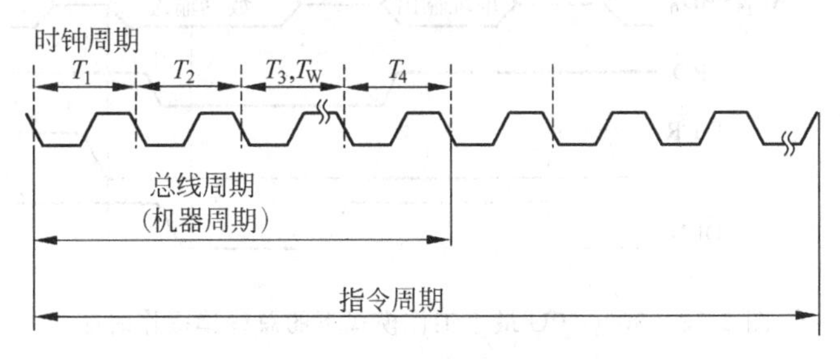

图 2.12 三种周期的关系

2.4.2 典型时序分析

8086 CPU 在对指令译码后执行的操作分为内部操作与外部操作。内部操作在 CPU 内部进行,用户不必关心;外部操作是 CPU 与存储器和外设端口交换数据,这就需要执行总线操作,完成相应的总线周期。

8086 CPU 的总线操作和对应的总线周期主要有以下 7 种:① 存储器读/写;②I/O 端口读/写;③ 中断响应;④ 总线保持(最小方式);⑤ 总线请求允许(最大方式);⑥ 复位和启动;⑦ 暂停。要想正确使用这些功能,应该了解相应总线周期的控制信号。这里主要介绍 8086 总线读操作和写操作的时序。

1. 读总线周期

总线读操作是指 CPU 从存储器或 I/O 端口读取数据的操作,8086CPU 最小工作模式下的总线读操作时序如图 2.13 所示。

基本的读总线周期包括 T_1、T_2、T_3、T_4 四个状态,读总线周期中,CPU 发出 $M/\overline{IO}$ 信号指出读存储器(高电平)还是读 I/O(低电平);$DT/\overline{R}$ 保持低电平,表示本总线周期为读周期,在接有数据总线收发器的系统中,用来控制数据传输方向。

T_1 状态,8086 从分时复用的地址/数据线 $AD_{15}\sim AD_0$ 和地址/状态线 $A_{19}/S_6\sim A_{16}/S_3$ 输出读对象的地址,$\overline{BHE}/S_7$ 输出低电平表示高 8 位数据总线上的信息可用,常用于奇地址存储体的选通信号(偶地址存储体的选通信号是 A_0)。该地址及 $\overline{BHE}$ 信号在 ALE 的下降沿被锁存,在整个读总线周期中选通该寄存器或 I/O 端口。

T_2 状态,高四位地址线上的地址信号消失,出现 $S_6\sim S_3$ 状态信号,保持到读周期结束,

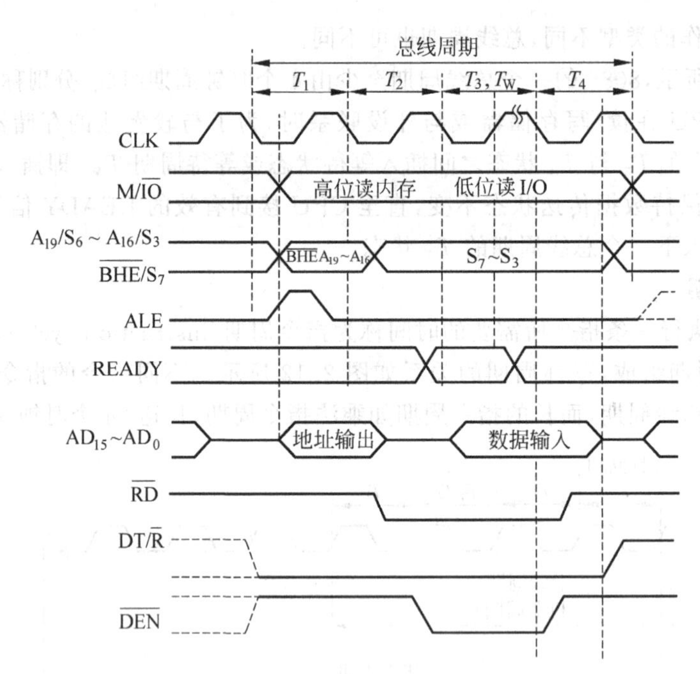

图 2.13　8086CPU 最小工作模式下的总线读操作时序

指明正在使用的段寄存器、IF 的状态及表明 8086CPU 正在使用总线；$AD_{15} \sim AD_0$ 为高阻态，为读入数据做准备；$\overline{RD}$ 由高电平变成低电平，送至被选中的存储器或 I/O 端口，表示要进行的是读操作；$\overline{DEN}$ 变成低电平，表示数据有效，在接有数据总线收发器的系统中启动收发器，开始接收来自存储器或 I/O 端口的数据。

T_3 状态，存储器或 I/O 端口的数据送数据总线，在 T_3 状态结束时，CPU 开始从数据总线读取数据；如果存储器或 I/O 端口的数据来不及送数据总线，则在 T_3 和 T_4 状态之间插入 T_W。

T_W 状态，等待状态下所有控制信号的电平与 T_3 状态相同，直到最后一个 T_W 状态，数据才送上数据总线。

T_4 状态，CPU 完成对数据总线的采样，读取数据。

2. 写总线周期

总线写操作是指 CPU 把数据输出到存储器或 I/O 端口的操作，8086CPU 最小模式下的总线写操作时序如图 2.14 所示。

总线写操作时序与总线读操作时序基本相似，主要不同点如下：

① CPU 不是输出 $\overline{RD}$ 信号，而是输出 $\overline{WR}$ 信号，表示是写操作；

② DT/$\overline{R}$ 在整个总线周期为高电平，表示本总线周期为写周期，在接有数据总线收发器的系统中，用来控制数据传输方向；

③ $AD_{15} \sim AD_0$ 在 T_2 到 T_4 状态输出数据，因输出地址与输出数据为同一方向，无须像读周期那样要高阻态作缓冲，故 T_2 状态无高阻态。

8086CPU 最大工作模式下与最小工作模式下的总线读/写操作原理相同，8086CPU 最大工作模式下的总线读/写操作时序与最小工作模式下基本相似，不同点在于控制信号由总

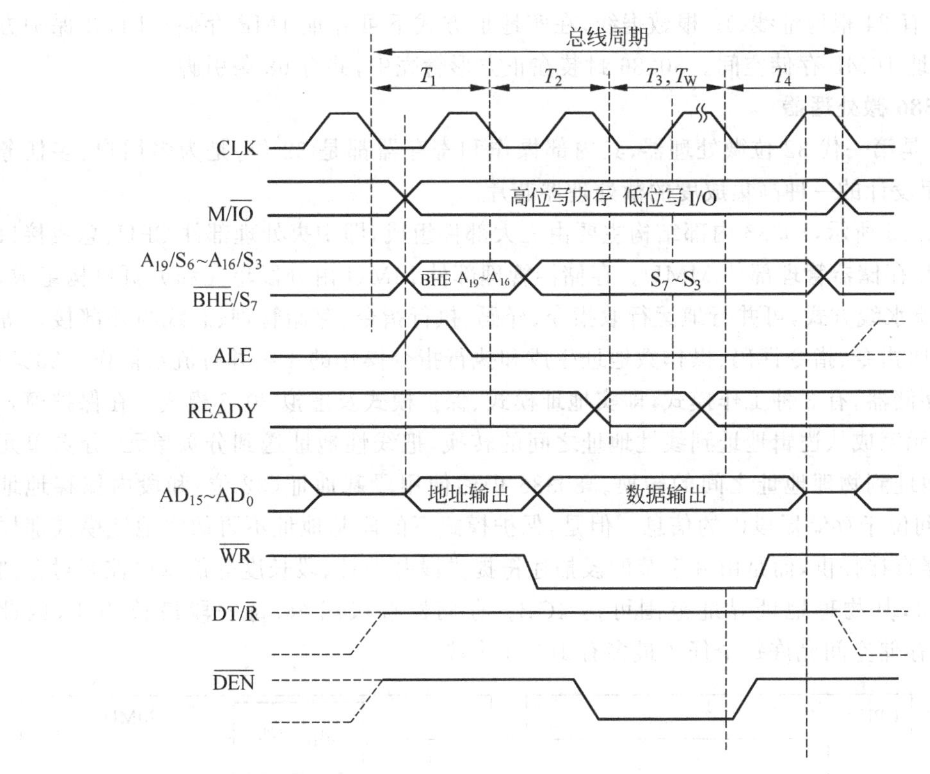

图 2.14 8086CPU 最小工作模式下的总线写操作时序

线控制器 8288 产生。

2.5 80x86 微处理器与现代微处理器技术

随着超大规模集成电路和计算机技术的飞速发展,微处理器也从单片集成发展到系统集成,微处理器字长从最初的 4 位发展到 64 位,工作频率从 1MHz 上升到超过 2GHz,性价比不断提高。本节介绍 8086 以后 x86 微处理器的主要特点。

1. 80286 微处理器

80286 相对于 8086 是性能更高的 16 位微处理器,集成了存储管理和存储保护机构。80286 将 8086 中 BIU 和 EU 两个处理单元进一步分离成 4 个处理单元,分别是总线单元 BU、地址单元 AU、指令单元 IU 和执行单元 EU。4 个部件并行工作,提高了吞吐量,加快了处理速度。

80286 内部有 15 个 16 位寄存器,其中 14 个与 8086 寄存器的名称和功能完全相同。不同之处有两点:一是标志寄存器增设了两个新标志,一个为 I/O 特权层标志 IOPL 和嵌套位标志 NT;二是增加了一个 16 位的机器状态字 MSW 寄存器,用于控制协处理器接口和 CPU 工作方式转换。80286 寻址方式也更丰富,增加至 24 种。

80286 有两种工作方式,即实地址方式和保护方式。在实地址方式下,80286 兼具了 8086 的全部功能。在保护方式下,80286 兼具了实地址方式下的功能、对虚拟存储器的支持以及对地址空间的保护,能可靠地支持多用户和多任务系统。

80286有24根地址线、16根数据线，在实地址方式下可寻址1MB存储空间，在保护方式下，可寻址16MB存储空间。80286封装在正方形管壳中，共有68条引脚。

2. 80386微处理器

80386是第一代32位微处理器，其内部操作和寄存器都是32位，是为多用户、多任务操作系统而设计的一种高集成度的微处理器芯片。

如图2.15所示，80386内部结构主要由三大部件组成，即中央处理部件CPU、总线接口部件BIU和存储器管理部件MMU。存储器管理部件MMU由分段单元和分页机构组成，CPU采用流水线方式，可并行地运行取指令、译码、执行指令、存储管理、总线与外部接口等功能，达到取指令、指令译码、操作数地址生成和执行指令操作的4级并行流水操作。80386支持虚拟存储器，有3种工作模式，即实地址模式、保护模式及虚拟8086模式。在保护模式下，分段单元完成从逻辑地址到线性地址之间的转换，把线性地址送到分页单元，分页单元完成线性地址到物理地址之间的转换。80386仍然使用段基地址(32位)和段内偏移地址(32位)访问位于存储器段内的信息。但是，保护模式下的段基地址不再像实地址模式那样由段寄存器直接提供，而是由8字节的段描述符提供段基地址、段长度等信息以控制对存储器段的访问，其物理地址寻址范围可达4GB。存储器按段组织，每一段最长4GB，因此64TB虚拟存储空间允许每个任务最多有16384个段。

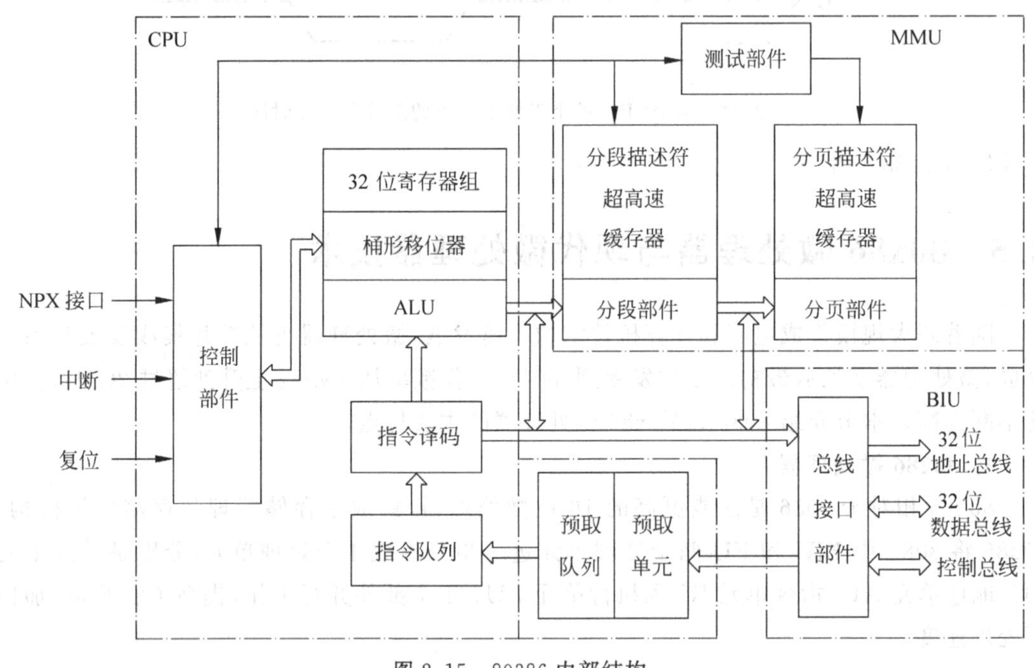

图2.15 80386内部结构

80386采用引脚球栅阵列(ball grid array,BGA)封装技术，芯片封装在正方形管壳内，管壳每边3排引脚，共132根引脚，其中数据线32条，地址线32条，时钟频率16MHz。

3. 80486微处理器

80486是与80386完全兼容但功能更强的32位CPU，但它只是对80386的底层硬件作了改进，内部操作及寄存器仍是32位。从结构上看，80486是将80386CPU及与其配套的芯片集成在一块芯片上。具体来说，80486 芯片中集成了 80386 处理器、80387 数字协处理器、8KB 的高速缓存（Cache）以及支持构成多 CPU 的部件。80486 时钟频率最低为 25MHz，最高达到 132MHz。当主频达到 50MHz 时，80486 DX 可以在一个时钟周期内执行完一条指令，同 80386 相比，在相同的工作频率下，处理速度比 80386 提高了 2～4 倍。80486 的主要特点如下：

① 采用精简指令系统计算机技术，减少不规则的控制部分，从而缩减了指令的译码时间，使微处理器的平均处理速度达到 1～2 条指令/时钟周期。

② 内含 8KB 的高速缓存（Cache），用于对频繁访问的指令和数据实现快速的存取。降低了外部总线的使用频率，提高了系统的性能。

③ 80486 芯片内包含片内 80387 协处理器，称为浮点运算部件（float point unit，FPU）。

④ 80486 采用了猝发式总线技术，系统取得一个地址后，与该地址相关的一组数据都可以进行输入输出，有效地解决了 CPU 与存储器之间的数据交换问题。

⑤ 80486CPU 与 8086/8088 的兼容性是以实地址方式来保证的。其保护地址方式和 80386 指标一样，80486 也继承了虚拟 8086 方式。

80486 以 168 条引脚 BGA 封装，数据线 32 条，地址线 32 条。

4. Pentium 微处理器

Pentium CPU 是 Intel 80x86 系列 CPU 的第五代产品，中文名为“奔腾”，是 64 位的 Pentium 微处理器。Pentium CPU 芯片规模比 80486 芯片大大提高，除了基本的 CPU 电路外，还集成了 16KB 的高速缓存和浮点协处理器，集成度高达 310 万个晶体管。芯片引脚增加到 270 多条，其中外部数据总线为 64 位；在一个总线周期内，数据传输量比 80486 增加了 1 倍；地址总线为 36 位，可寻址的物理地址空间可达 64GB。Pentium CPU，工作时钟频率可达 66～200MHz，具有比 80486 更快的运算速率和更高的性能。在 66MHz 频率下，与相同工作频率下的 80486 相比，整数运算性能提高 1 倍，浮点运算性能提高近 4 倍。常用的整数运算指令与浮点运算指令采用硬件电路实现，不再使用代码解释执行，使指令的执行进一步加快。同时，Pentium CPU 是第一个实现系统管理方式的高性能 CPU，它能很好地实现 PC 系统的能耗与安全管理。

Pentium 的设计中采用了新的体系结构，图 2.16 以第一代奔腾为例说明，归纳为以下 4 个方面。

1）超标量流水线

超标量流水线设计是 Pentium 微处理器技术的核心，由 U 与 V 两条指令流水线构成。每条流水线都拥有自己的 ALU、地址生成电路和数据 Cache 接口。这种流水线结构允许 Pentium 在单个时钟周期内执行两条整数指令，比相同频率的 80486 CPU 性能提高了 1 倍。与 80486 流水线类似，Pentium 的每一条流水线也分为 5 个步骤：指令预取、指令译码、地址生成、指令执行、回写。当一条指令完成预取步骤时，流水线就可以开始对另一条指令码操作。与 80486 不同的是，Pentium 的双流水线结构可以一次执行两条指令，每条流水线中执行一条，这个过程称为“指令并行”。在这种情况下，要求指令必须是简单指令，且 V 流水线总是接收 U 流水线的下一条指令。如果两条指令同时操作产生的结果发生冲突时，则要求 Pentium 必须借助于适用的编译工具产生尽量不冲突的指令序列，以保证其有效使用。

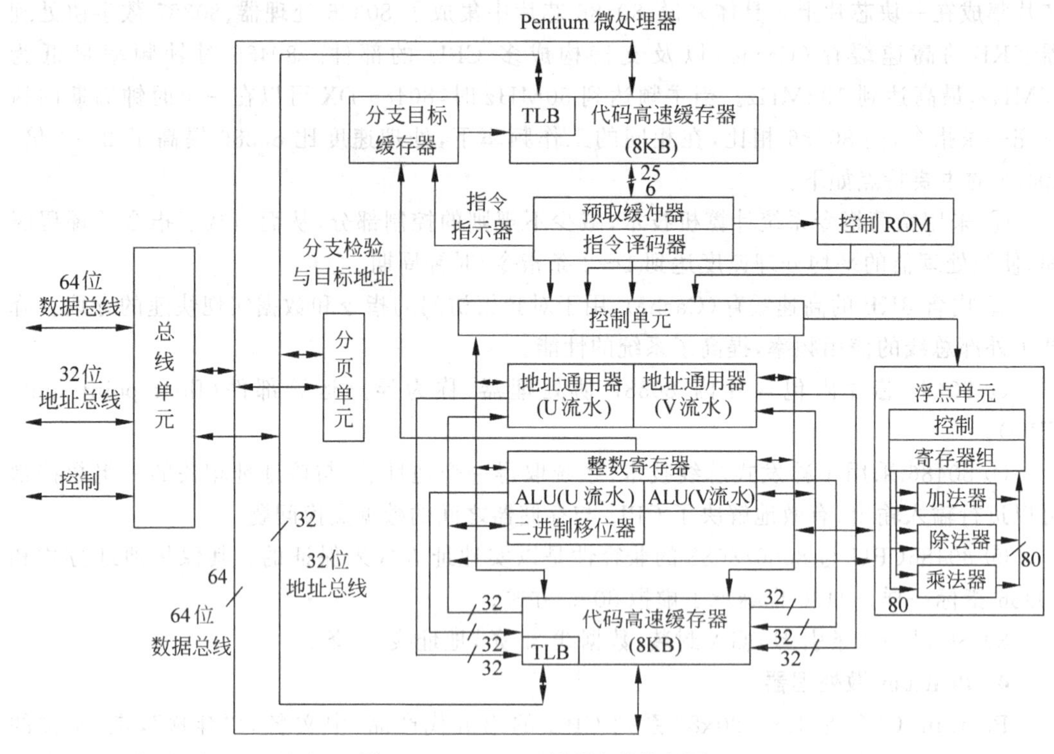

图 2.16 Pentium 的基本结构框图

2）独立的指令 Cache 和数据 Cache

80486 片内有 8KB 的 Cache，而 Pentium 片内有两个 8KB 的 Cache，指令和数据各使用一个 Cache，使 Pentium 的性能大大超过 80486 微处理器。例如，流水线的第一步骤为指令预取，在这一步中指令从指令 Cache 中取出来，如果指令和数据合用 Cache，则指令预取和数据操作之间很可能发生冲突，而提供两个独立的 Cache 将可以避免这种冲突并允许两个操作同时进行。

3）重新设计的浮点运算单元

Pentium 的浮点单元在 80486 的基础上进行了彻底的改进，每个时钟周期能完成一个或两个浮点运算。

4）分支预测

循环操作在软件设计中使用十分普通，而且每次在循环中对循环条件的判断占用了大量的 CPU 时间。为此，Pentium 提供了一个称为分支目标缓冲器的小 Cache 来动态地预测程序分支，提高循环程序运行速度。

5）存储器系统

Pentium 微处理器的物理存储器系统大小为 4GB，与 80386DX 和 80486 一样。但 Pentium 微处理器使用 64 位数据总线来寻址 8 个存储体，每个存储体包含 512MB 的数据。Pentium 存储器系统被分为 8 个存储体，每次访问存储器时，8 个存储体同时被选中。每个存储体都有一个检验位，8 个检验位组成一个字节存放。

高能奔腾的主频从最初的 60MHz 提高到 2GHz 以上，但它仍保持与 8086、80286、

80386、80486 兼容。

5. 双核/多核处理器(dual/multi core processor)

为了提高处理器的速率,微处理器一直沿着提高 CPU 的时钟频率方向不断升级。多核处理器的出现,改变了处理器制造技术的理念。多核处理器是指在一个处理器上集成两个以上运算核心,即把两个或两个以上处理器的核心直接做到同一个处理器上,以多个处理器核心协同运算来提高执行效率。与服务器领域普遍应用的多处理器级联技术相比,双核/多核技术信号传输延迟短,速率快,计算能力提高。双核/多核处理器的意义就在于处理复杂的并发多任务程序上,也就是能够在同一时间内处理两个或多个复杂的任务,能够使工作效率得到成倍的提高。最准确的理解应该是效率翻倍,而不是单一的性能翻倍。

以酷睿 Core i5(Lynnfiled)为例,采用 45nm 光刻工艺,是基于 Intel Nehalem 微架构的四核心四线程处理器。它集成双通道 DDR3 存储器控制器;每一个核心拥有各自独立的 256KB 二级高速缓冲存储器,并且共享一个 8MB 的三级缓冲存储器;采用 Intel P55 芯片组,其功能与传统的南桥相似。i5 处理器最重要的改善在于对睿频技术的支持。睿频简单来说是一个处理器内置的主动超频技术,在处理复杂程序时,能够自动提升运行速度,从而提高工作效率。比如最低主频的 Corei5-430M,当使用过程中激发睿频加速功能时,处理器速度可由原来的 2.26GHz 最高提升至 2.53GHz。该处理器虽不支持超线程技术,其四核心和四线程性能使得系统平行处理任务能力得到较大提升。多线程是指计算机因有硬件或软件支持而能够在同一时间并发执行的任务多于一个。目前,8 核、12 核等多核处理器已经推出应用,多核处理器以其控制逻辑简单、整体功耗相对较低、核心数目易于扩展及具有良好的并行性能等优点,越来越成为微处理器应用领域的主流。

相较于同构多核处理器,异构多核处理器可以拥有更加灵活的处理器核配置,具有更高的性能功耗比,未来处理器将进一步朝着异构多核低功耗高性能的方向发展。多核处理器相关技术已经经历了近 20 年的发展,许多技术日益趋于完善,但是多核处理器仍有巨大的潜力可以发掘。

6. CPU 的流水线技术

CPU 的主频是衡量一台计算机性能的重要指标,通常主频越高则 CPU 运行速度越快。但因为提供频率引起的发热、干扰等问题又会阻碍 CPU 速度的提升。在提高 CPU 计算能力的过程中,流水线技术对提高 CPU 的效率产生了显著作用,对处理器的发展影响深远。CPU 流水线技术是指在程序执行时将指令分解成几个部分,使多条指令得以进行重叠操作的一种准并行处理实现技术。其工作方式就像工业生产上的装配流水线,具体来说,由几个不同功能的电路单元组成 CPU 的一条指令处理流水线,将一条 x86 指令分成几步,在同一个时间启动 2 个以上的操作,由这些电路单元分别执行,可在一个 CPU 时钟周期完成一条指令,从而提高 CPU 的运算速度。

如前所述,8086 处理器支持 14 个寄存器,这些寄存器在如今最新的处理器中仍然存在。这 14 个寄存器中,有 4 个是通用寄存器:AX、BX、CX 和 DX;有 4 个是段寄存器,用来辅助指针的实现,分别是代码段(CS)、数据段(DS)、扩展段(ES)和堆栈段(SS);有 4 个是索引寄存器,用来指向内存地址,分别是源引用(SI)、目的引用(DI)、基指针(BP)和栈指针(SP);有 1 个寄存器包含状态位;最后是最重要的寄存器——指令指针(IP),其功能是指向将要运行的下一条指令。

所有的 x86 处理器都按照相同的模式运行。首先，根据指令指针指向的地址取得下一条即将运行的指令并解析该指令，即译码。在译码完成后，会有一个指令的执行阶段。有些指令用来从内存读取数据或者向内存写数据，有些指令用来执行计算或者比较等工作。当指令执行完成后，这条指令退出并将指令指针修改为下一条指令。

虽然 PC 系列微机 x86 架构被附加了很多新功能，但 x86 处理器架构并没有根本性变化，最初的指令集也基本上是完整保留的。因此，取指令、译码、执行和退出四级流水线组成了 x86 处理器指令执行的基本模式。从最初的 8086 处理器到最新的酷睿 i7 处理器都基本遵循了这样的过程，只是新的处理器增加了更多的流水级(也包括虚拟内存或者并行处理等技术)。

如图 2.17 是典型 i486 的 5 级流水线，包括：取指(F)、译码(D1)、转址(D2)、执行(EX)和写回(WB)，一条指令可以分解成流水线上任何一级的微指令操作。5 级流水线中的取指阶段将指令从指令缓存中取出；第二级为译码阶段，将取出的指令翻译为具体的功能操作；第三级为转址阶段，用来将内存地址和偏移进行转换；第四级为执行阶段，指令在该阶段真正执行运算；第五级为写回阶段，运算的结果被写回寄存器或者内存。由于处理器同时运行了多条指令，这时，在 CPU 中不再仅运行一条指令，每一级流水线在同一时刻都运行着不同的指令，大大提升了程序运行的性能。这个设计在 i486 中应用时，比同频率的 i386 处理器性能提升了不止 1 倍。

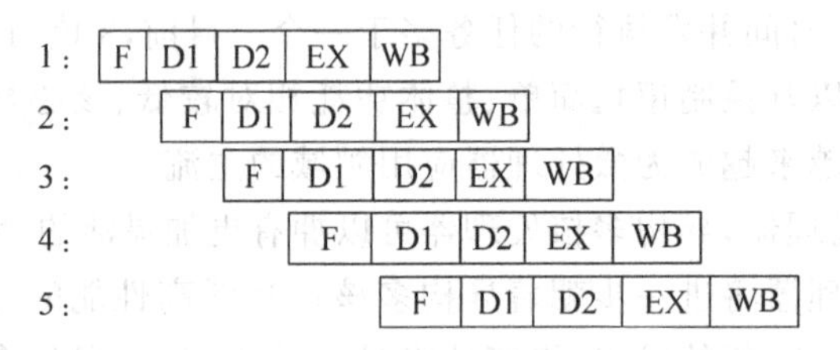

图 2.17 5 级流水线的程序执行顺序示意图

然而执行过程分解越细致，不见得 CPU 的执行效率就越高。仔细研究可以发现程序执行过程中可能出现以下问题。

(1) 不同指令在不同阶段的执行时间是不均衡的。汇编语言指令既包括单字节指令，也有双字节甚至四字节指令，取指令的时间和执行时间差异很大，流水线各级可能出现对同一级资源使用的冲突，造成流水阻塞断流，效率下降。

(2) 如果 CPU 当前执行的是跳转指令，程序就需要跳转到其他地址取指令，而已经取出来的多条指令就可能成为无效指令，需要放弃执行。如果程序中跳转指令很多，流水线技术的优势将大打折扣。

可见，流水过程中可能出现各种冲突，归纳起来为结构、数据、控制方面的冲突。

结构冲突是指多条指令进入流水线后在同一机器时钟周期内争用同一功能部件所造成的冲突。例如若某条指令占用某个功能部件的时间较长，可能与下一条使用该部件的指令在时序上冲突。解决办法如下：①指令停顿一拍后再启动；②乱序执行：增设执行单元和存储器，不同的指令微操作在不同的执行单元中同时执行，而且每个执行单元都全速运行，只要某级的微指令所需要的数据就绪，而且有空闲的执行单元，就可以立即执行，有时甚至可以跳过前面还未就绪的指令微操作。通过乱序执行方式，需要长时间运行的操作不会阻塞后面的操作，流水线阻塞带来的损失大大减小。奔腾 Pro 的乱序执行部件拥有 6 个执行单元：两个定点处理单元（一个能够处理复杂定点操作，一个能同时处理两个简单操作），一个浮点处理单元，一个取数单元，一个存地址单元，一个存数单元。

数据冲突是指一条指令的执行结果作为后一条指令执行需要的数据时，可能造成的数据相关的冲突。在流水计算机中，指令的处理是重叠进行的，例如在 5 级流水线中，第一条指令的结果要在第五个节拍才能将结果写回，若第二条指令中需要使用第一条指令的结果作为操作数时则无法得到该操作数，两条指令即发生数据冲突。解决方法是在流水 CPU 的运算器中设置若干存放运算结果的缓冲寄存器，暂时存放结果，称为“向前”或定向传送技术。简单来说，是设置相关专用通路，即不等前一条指令把计算结果写回寄存器组，下一条指令不再读寄存器组，而是直接把前一条指令的 ALU 的计算结果作为自己的输入数据开始计算过程，使本来需要暂停的操作可以继续执行。乱序执行方式因可以提前执行可执行的微操作，也可解决部分数据冲突问题。

控制冲突是由分支指令造成的。执行分支指令时，依据分支条件可能顺序执行也可能转移到新的目标地址取指令，而转移到新地址执行新的指令就可能使得已经在流水线上的其他指令成为无效操作，流水线也被中断。解决转移指令问题的技术思想是：①延迟转移：基本思想是发生转移时并不清空指令流水线，而是让紧跟转移指令的指令继续运行操作，如果这些指令与转移要求无关则是有用指令，也就有效利用了转移指令造成的 CPU 延迟时间。②转移预测：通过提前判读并执行有可能需要的程序指令的方式提高执行速度。遇到一个分支指令后，乱序执行部件将所有分支的指令都执行一遍，一旦分支指令的跳转方向确定后，错误跳转方向的指令再被丢弃。通过同时执行两个跳转方向的指令，避免了由于分支跳转导致的阻塞。处理器设计者还增加了分支预测缓存，在面临多个分支时进行预测，可进一步提高性能。

为进一步提高 CPU 速度，现代微机采用了超级流水线技术和超级标量技术。CPU 处理指令是通过时钟来驱动的，每个时钟周期完成一级流水线操作，超级流水线就是将 CPU 处理指令时的操作进一步细分成更多级，每一级需要的时间更短。若一级流水完成一个指令操作，超级流水线以增加流水线级数的方法来缩短机器周期，提高 CPU 频率，相同的时间内超级流水线执行了更多的机器指令，处理速度得到提高。超级标量技术指 CPU 包含 2 条以上的流水线并行处理。超级标量结构的 CPU 支持指令级并行，每个周期可以发射 2～4 条指令。从而提高 CPU 处理速度。在单流水线结构中，指令虽然能够重叠执行，但执行过程仍然是顺序的，每个周期只能发射 1 条指令。超级标量技术主要是借助硬件资源的重复来实现空间的并行操作，例如有两套译码器和 ALU 等，将可以并行执行的指令送往不同的执行部件，在程序运行期间，由硬件来完成指令调度。Pentium 系列较高级型号的机器都采用了这些技术，例如 Pentium IV，流水线达到 20 级，频率超过 3GHz。

习题 2

2.1 8086CPU 由哪几部分组成？它们的主要功能是什么？

2.2 8086 有多少根地址线？可直接寻址多大容量的内存空间？

2.3 8086 内部的寄存器有哪几种类型？各自的作用是什么？

2.4 8086/8088内部标志寄存器中，哪几位属于状态标志？哪几位属于控制标志？其含义分别是什么？

2.5 若已知CS=1000H，DS=2000H，则码段和数据段的起始地址分别是多少？

2.6 在8088/8086中，存储单元的逻辑地址由哪几部分组成？怎样转换为物理地址？逻辑地址FFFFH:0001H和B800H:173FH的物理地址分别是多少？

2.7 在8088/8086中，从物理地址388H开始顺序存放下列两个字数据651AH、D761H，请问物理地址388H，389H，38AH，38BH共4个单元中内容分别是什么？

2.8 8086CPU复位后，内容不为0的寄存器有哪些？系统的初始地址是什么？

2.9 8086有哪几种工作模式？它们各自的含义是什么？主要区别是什么？

2.10 总线控制器8288的主要功能与作用是什么？

2.11 解释时序、时钟周期、总线周期、指令周期。

2.12 以8086最小工作模式下为例，说明总线读操作和总线写操作在时序上有什么不同。

2.13 简述Pentium CPU结构的主要特点。

2.14 什么是CPU的流水线技术？什么是超标量流水线？

2.15 解释CISC和RISC，说明各自特点。

第3章
CHAPTER 3

指令系统及汇编语言程序设计

本章主要介绍8086指令系统的格式、寻址方式、指令功能和用法，以及与汇编语言程序设计相关的基本知识和技术，如汇编语言程序的结构及设计方法、伪指令、DOS和BIOS功能调用、汇编程序的上机过程等。

3.1 8086指令系统概述

指令是让计算机完成某种操作的命令，指令的集合称为指令系统，不同系列计算机有不同的指令系统。8086指令系统是所有x86系列CPU指令系统的基础，80286、80386乃至Pentium等新型CPU的指令系统仅仅是在此基础上的一些扩充。用8086指令系统编写的程序同样可以在80286、80386/80486、Pentium等CPU上运行。

3.1.1 8086指令的基本格式

微处理器通过执行程序来完成指定的任务，而程序是由完成一个完整任务的一系列有序指令组成的。指令是指示计算机进行某种操作的命令，包括操作码和操作数两部分。操作码又称指令码，表示指令要执行什么样的操作；而操作数指出参加本指令操作的数或其地址；操作数中可包含源操作数和目的操作数，也可只包括其中一种。

8086指令的一般格式如下：

[标号:] 操作码 [目标操作数],[源操作数] [;注释]

(1) 标号

标号给指令所在地址取的名字，后面必须跟冒号“:”，标号可以缺省。

8086使用的标号必须遵循下列规则：

① 标号由字母(a～z,A～Z)、数字(0～9)或某些特殊字符(@,－,?)组成；

② 第一个字符必须是字母(a～z,A～Z)或某些特殊字符(@,－,?)，但“?”不能单独做标号；

③ 标号有效长度为31个字符，若超出31个字符，则只保留前面31个字符为有效标号。

例如无效标号：

4LOOP:　　MAIN　　A/B:　　BETA*:　　START=4:

GAMA$1:　NUM+1:　?:　ONE*TWO:

(2) 操作码

操作码是指令语句中的关键字，表示指令所要执行的操作类型，常用指令助记符表示，不可缺省，必要时可在指令助记符前加上一个或多个前缀，从而实现某些附加操作。

(3) 操作数

操作数表示参与操作的数据，有些指令不需要操作数，可以缺省；有些指令需要两个操作数(源操作数和目标操作数)，此时必须用逗号“,”隔开；有些操作数可以用表达式来表示。

8086 系统中的操作数主要分为 3 类，即立即数操作数、寄存器操作数和存储器操作数。

① 立即数操作数是指令中给出的具有固定数值的操作数，即常数。

② 寄存器操作数事先存放在某寄存器中(CPU 的通用寄存器、专用寄存器或段寄存器)。

③ 存储器操作数事先存放在存储器中存放数据的单元，也可以存放在堆栈中。

(4) 注释

注释对指令功能加以说明，给阅读程序带来方便，汇编程序不对它做任何处理，可以缺省，如果带注释则必须用分号“;”开头。

3.1.2 8086 寻址方式

获得操作数所在地址的方法称为寻址方式。在 8086 系统中，一般将寻址方式分为两类：一类是寻找操作数的地址；另一类是寻找要执行的下一条指令的地址，即程序寻址，这将在 3.2.4 节控制转移类指令中介绍。本节主要讨论针对操作数地址的寻址方式。

1. 立即寻址

8 位或 16 位操作数(立即数)作为指令的一部分直接在指令中提供，此种寻址方式称为立即寻址，例如：

```
MOV   AL, 90H        ; 将十六进制数 90H 送入 AL
MOV   AX, 1234H      ; 将 1234H 送 AX,AH 中为 12H,AL 中为 34H,如图 3.1 所示
```

注意：立即数只能作为源操作数，不能作为目的操作数。

2. 寄存器寻址

操作数存放在 CPU 内部的寄存器，指令中给出寄存器名，此种寻址方式称为寄存器寻址。对于 16 位操作数，寄存器可以是 AX、BX、CX、DX、SI、DI、SP 和 BP 等；对于 8 位操作数，寄存器可以是 AH、AL、BH、BL、CH、CL、DH 和 DL 等。例如：

```
INC   BX          ; 将 BX 的内容加 1
MOV BX, AX        ; AX 的内容送 BX,如图 3.2 所示
```

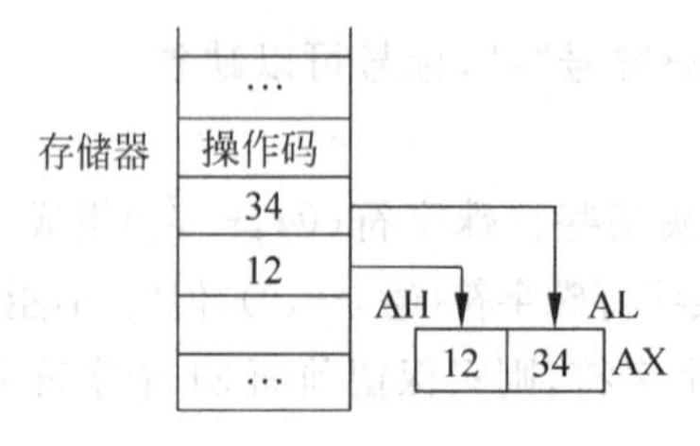

图 3.1 立即寻址示意图

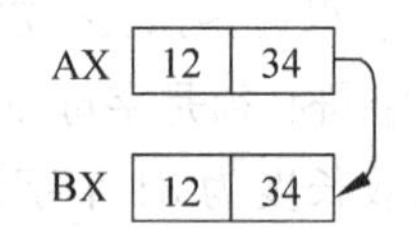

图 3.2 寄存器寻址示意图

采用寄存器寻址方式的指令在执行时，操作就在 CPU 内部进行，不需要访问存储器，因此，执行速度比其寻址方式快。

注意： 一条指令中，源操作数和目的操作数均可采用寄存器寻址方式。

3. 直接寻址

操作数存放在存储器的存储单元，指令中直接给出存储单元的有效地址(偏移地址)，此种寻址方式称为直接寻址。直接寻址是对存储器进行访问时可采用的最简单的方式。例如：

```
MOV  AX, [3100H]; 将 DS 段的 3100H 和 3101H 两单元内容取到 AX,如图 3.3 所示
MOV  AX, ES:[3100H]; 将 ES 段的 3100H 和 3101H 两单元的内容取到 AX 中
```

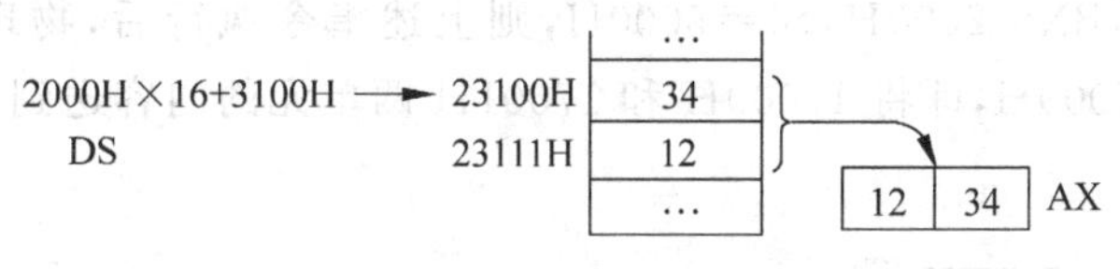

图 3.3 直接寻址示意图

注意： 不要将直接寻址与立即数寻址混淆。直接寻址指令中的数值不是操作数本身，而是操作数的 16 位偏移地址，且必须用一对方括号括起来。

4. 寄存器间接寻址

操作数存放在存储器的存储单元，指令中给出存放有存储单元有效地址的基址寄存器 BX、BP 或变址寄存器 SI、DI，此种寻址方式称为寄存器间接寻址。例如：

```
MOV  AX, [BX]  ；将以 DS 为基址、BX 为偏移地址的相应单元内容送 AX,如图 3.4 所示
```

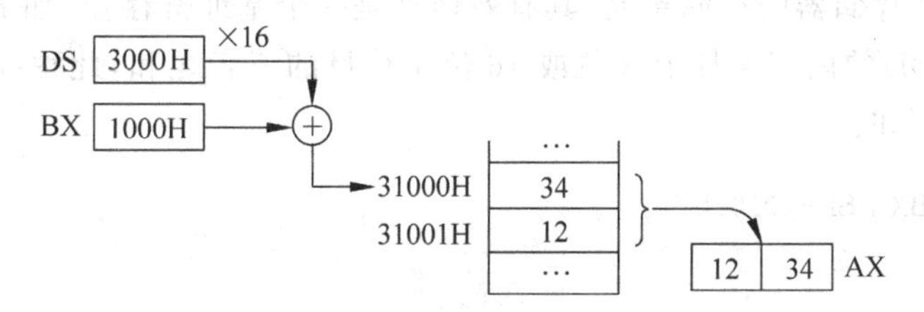

图 3.4 寄存器间接寻址示意图

5. 寄存器相对寻址

操作数存放在存储器的存储单元，其有效地址是一个基址或变址寄存器的内容加上指令中指定的 8 位或 16 位位移量，此种寻址方式称为寄存器相对寻址。例如：

```
MOV  AX, COUNT [DI]   或   MOV  AX, [COUNT + DI]
```

设 DS＝2000H，DI＝1000H，COUNT＝4000H(位移量的符号地址)，则物理地址为

$$20000H + 1000H + 4000H = 25000H$$

若存储器 25000H 单元内容为 1234H，则上述指令执行后 AX＝1234H，具体操作如图 3.5 所示。

6. 基址变址寻址

操作数存放在存储器的存储单元，其有效地址是一个基址寄存器(如 BX、BP)和一个变址寄存器(如 SI、DI)的内容之和，两个寄存器均由指令给出，此种寻址方式称为基址变址寻址。例如：

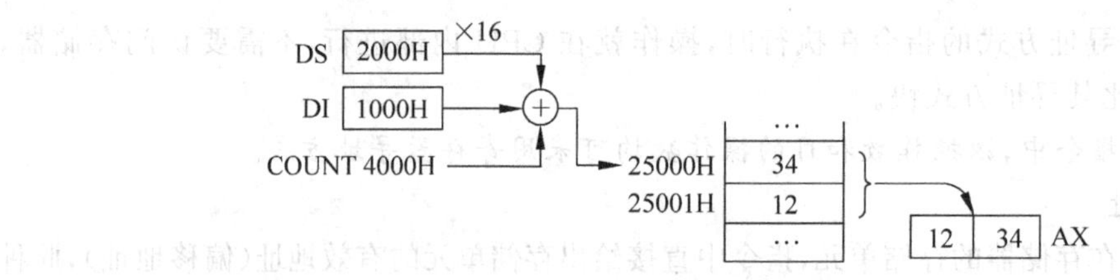

图 3.5 相对寄存器间接寻址示意图

MOV AX, [BX+SI]或 MOV AX, [BX][SI]

设 DS=1000H,BX=2000H,SI=5000H,则上述指令执行后,物理地址为 10000H+2000H+5000H=17000H,即将 17000H 和 17001H 两单元的内容送到 AX 中,具体操作如图 3.6 所示。

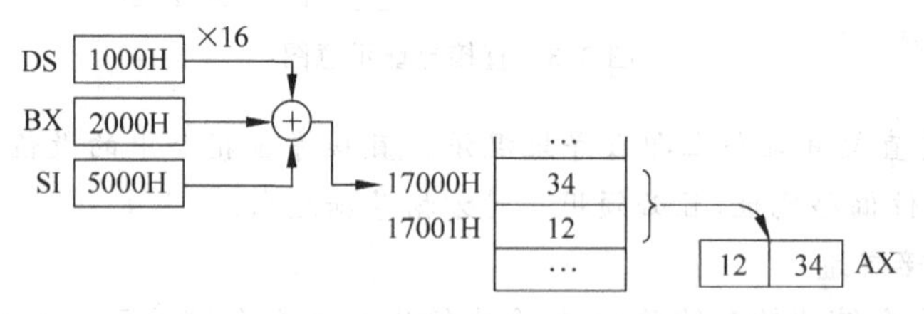

图 3.6 基址变址寻址示意图

7. 相对基址变址寻址

操作数存放在存储器的存储单元,其有效地址是一个基址寄存器(如 BX、BP)和一个变址寄存器(如 SI、DI)的内容再加上 8 位或 16 位位移量的三者之和,此种寻址方式称为相对基址变址寻址。例如:

MOV AX, [BX+SI+0010H]

或

MOV AX, 0010H[BX][SI]

设 DS=1000H,BX=2000H,SI=5000H,则上述指令执行后,物理地址为 10000H+2000H+5000H+0010H=17010H,即将 17010H 和 17011H 两单元的内容送到 AX 中,具体操作如图 3.7 所示。

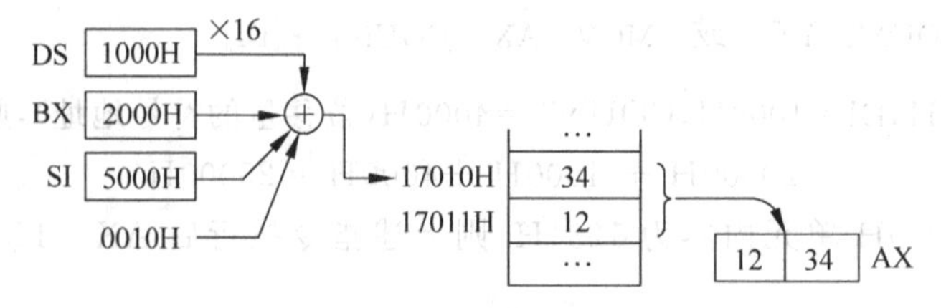

图 3.7 相对基址变址寻址示意图

8. 寻址方式总结

寻址方式总结如表 3.1 所示,其中寻址方式 3~7 可归结为存储器寻址,因为操作数均存放在存储器某个单元中,指令给出的是存储单元的有效地址 EA(偏移地址),段地址通常

表 3.1 寻址方式总结表

序号	寻址方式	描述	操作数位置	所用参数	指令举例
1	立即寻址	直接给出操作数	存储器的代码段		MOV AX, 1234H
2	寄存器寻址	给出操作数所在寄存器	CPU 的寄存器中	AX、BX、CX、DX、DI、SI、SP、BP	MOV AX, BX
3	直接寻址	给出操作数的有效地址 EA	存储器中	默认段寄存器 DS,可段超越	MOV AX, [1234H] MOV AX, ES:[1234H]
4	寄存器间接寻址			EA={[BX] [SI] [DI]} 默认段寄存器为 DS,可段超越 [BP] 默认段寄存器为 SS,可段超越	MOV AX, [SI] MOV AX, DS:[BP]
5	相对寄存器间接寻址			EA={[BX] [SI] [DI] [BP]} + {8 位偏移地址 / 16 位偏移地址} 默认 DS 段,可段超越 / 默认 SS 段,可段超越	MOV AX, COUNT[SI]或 MOV AX, [COUNT+SI]
6	基址变址寻址			EA={[BX] / [BP]} + {[SI] / [DI]} 默认段寄存器 DS,可段超越 / 默认段寄存器 SS,可段超越	MOV AX, [BX][DI] 或 MOV AX, [BX+DI]
7	相对基址变址寻址			EA={[BX] / [BP]} + {[SI] / [DI]} + {8 位位移量 / 16 位位移量} 默认 DS 段,可段超越 / 默认 SS 段,可段超越	MOV AX, [BX+DI+0080H] 或 MOV AX, 0080H[BX][DI]

在隐含的某个段寄存器中。

说明：8086 的各种寻址方式规定了默认的段和段寄存器(参见表 3.1)，如果改变默认的段约定(即段超越)，则需要在指令中明确指出来。

例如直接寻址方式的指令 MOV AX,[1234H]，操作数默认存放在内存的数据段中；如果要改为附加段中所指的存储区进行直接寻址，则需将指令写为

MOV AX,ES:[1234H]

3.2 8086CPU 基本指令

8086CPU 的指令系统可分为传送类指令、数据操作类指令、串操作类指令、控制转移类指令和处理器控制指令 5 大类。指令可以用大写、小写或大小写字母混合的方式书写。本节主要介绍 8086CPU 指令系统中的部分常用指令，其中用到的一些符号表示的含义如下。

mem　　存储器操作数
opr　　操作数
acc　　累加器操作数(AX 或 AL)
src　　源操作数
dest　　目的操作数
data　　立即数
disp　　8 位或 16 位位移量
port　　输入输出端口
[ ]　　存储单元的内容
reg　　寄存器
segreg　　段寄存器
count　　移位次数，可以是 1 或 CL
S_ins　　串操作指令
Label　　目标标号
Proc-name　过程名

3.2.1 传送类指令

传送类指令是指令系统中最活跃的一类指令，也是条数最多的一类指令，主要用于数据的保存及交换等场合。这类指令可分为 4 种，其指令格式、指令功能以及对状态标志位的影响如表 3.2 所示。

表 3.2 传送类指令

指令类型	指令格式	指令功能	操　作	备注或状态标志位 O S Z A P C
通用数据传送	MOV dest,src	传送字节或字	src → dest	— — — — — —
	PUSH src	字压入堆栈	sp−2 → sp,scr → (ss: sp)	只作寄存器、存储单元的字操作
	POP dest	字弹出堆栈	(ss: sp) → dest,sp+2 → sp	只作寄存器、存储单元的字操作
	XCHG dest,src	交换字节或字	dest ←→ src	dest、src 只能是寄存器或存储单元
	XLAT	字节翻译	(BX+AL)→ AL	— — — — — —

续表

指令类型	指令格式	指令功能	操　作	备注或状态标志位 O S Z A P C
地址传送	LEA reg,mem	装入有效地址	(mem)→ reg	— — — — — —
	LDS reg,mem	装入数据段指针到 DS	(mem)→ reg,(mem+2) →DS	— — — — — —
	LES reg,mem	装入附加段指针到 ES	(mem)→ reg,(mem+2) →ES	— — — — — —
标志位传送	LAHF	把 FR 低字节装入 AH	Flags 的低 8 位 → AH	— — — — — —
	SAHF	把 AH 内容装入 Flags 低字节	AH → Flags 的低 8 位	— • • • • •
	PUSHF	把 FR 内容压入堆栈	sp−2 → sp,Flags → (ss：sp)	— — — — — —
	POPF	从堆栈弹出 FR 内容	(ss：sp) →Flags,sp+2 → sp	• • • • • •
输入输出	IN acc,port	输入字节或字	(port)→ AL 或 AX	— — — — — —
	OUT port,acc	输出字节或字	AL 或 AX → (port)	— — — — — —

说明："•"运算结果影响标志位,"—"运算结果不影响标志位。

1. 通用数据传送指令

(1) 基本数据传送指令 MOV dest,src

MOV 指令是形式最简单、用得最多的指令,它可以实现 CPU 内部寄存器之间、寄存器和内存之间的数据传送,还可以把一个立即数送给 CPU 内部的寄存器或内存单元,如图 3.8 所示。

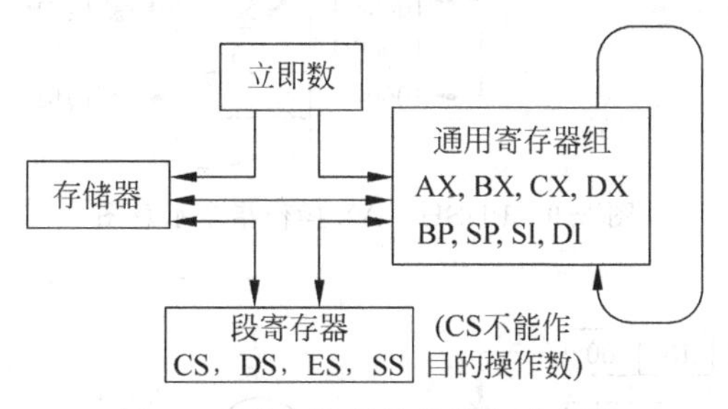

图 3.8　基本数据传送指令示意图

例如：

```
MOV   AL, BL             ; BL 中的 8 位数据送 AL
MOV   BX, 1000H          ; 立即数 1000H 送 BX
MOV   [SI], 1234H        ; 立即数 1234H 送 SI 和 SI+1 所指的两个内存单元
MOV   CX, [2000H]        ; 将 2000H 和 2001H 两个单元内容送 CX
MOV   [DI], AX           ; 将 AX 内容送 DI 和 DI+1 所指的两个内存单元
```

注意：使用 MOV 指令要注意以下几点：

① 立即数不能直接传送到段寄存器，但可通过其他寄存器或堆栈传送；

② CPU 中的寄存器除 IP 外都可通过 MOV 指令访问；

③ CS 只能作为源操作数，不能作为目的操作数；

④ 段寄存器之间不能直接传送，两个内存单元之间也不能直接传送。

(2) 堆栈与堆栈操作指令

压栈指令 PUSH src ："先减后压"，SP 先减 2，再将源操作数(一个字)压至栈顶；

出栈指令 POP dest："先弹后加"，弹出 SP 所指的栈顶的操作数(一个字)到目的操作数后，SP 加 2，指向新的栈顶。

堆栈是存储器中的一个特殊数据区，堆栈的功能是按"后进先出，先进后出"的原则用来存放需要暂时保存的数据。8086 的堆栈是 1MB 存储器中的一个段，称为堆栈段。堆栈段中存储单元的地址由寄存器 SS 和 SP 决定。堆栈寄存器 SS 存放的是堆栈的基地址，表明堆栈所在的逻辑段；堆栈指针寄存器 SP 存放的是栈顶的地址，即始终指向最后推入堆栈的数据所在的单元。

在程序中采用堆栈操作指令时，应预置堆栈段寄存器 SS、堆栈指示寄存器 SP 的值，同时，使 SP 的内容为堆栈段的栈顶。

例如，已知 SS=1000H，SP=000AH，AX=1356H，则 PUSH　AX 和 POP　AX 的操作示意图如图 3.9 和图 3.10 所示。

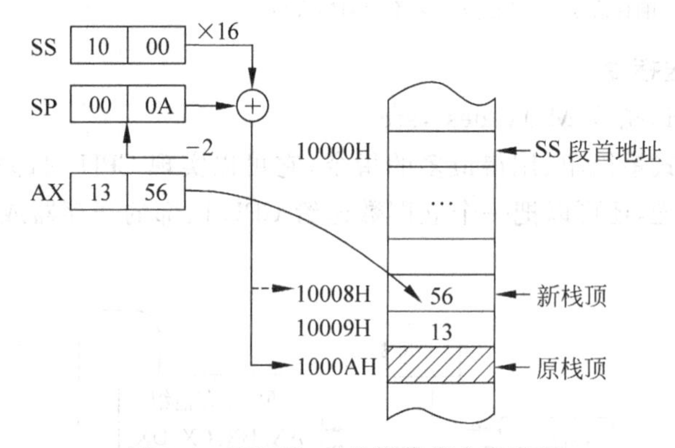

图 3.9　PUSH　AX 操作指令示意图

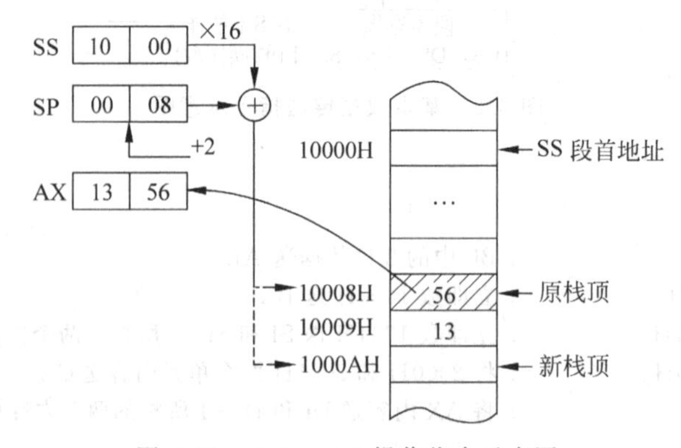

图 3.10　POP　AX 操作指令示意图

注意：8086的堆栈操作必须遵循以下原则：

① 堆栈的存取必须是一个字，而非单独的一个字节。

② 堆栈指令中的操作数只能是存储器或寄存器，而不能是立即数。

③ PUSH CS是合法指令，可POP CS却是非法指令。

8086指令系统不允许CS寄存器作为目的操作数，一旦改变了代码段寄存器CS的内容，使程序有了新的当前代码段，就会导致CPU从新的CS和IP给出的毫无意义的地址中去取下一条指令，使程序错误运行。

④ 堆栈操作遵循"后进先出"原则。保存和回复内容时，要按照对称次序执行一系列压栈和出栈指令。

例如，一段中断服务程序中要保护段寄存器DS、ES的内容，在中断返回时则要恢复相应的DS和ES内容，程序如下：

```
PUSH   DS
PUSH   ES
......
......
POP    ES
POP    DS
```

(3) 交换指令XCHG dest，src

交换指令可以实现字节交换，也可以实现字交换。交换过程可以在CPU的内部寄存器之间，也可以在内部寄存器和存储单元之间进行，但不能在两个存储单元之间执行数据交换，如图3.11所示。

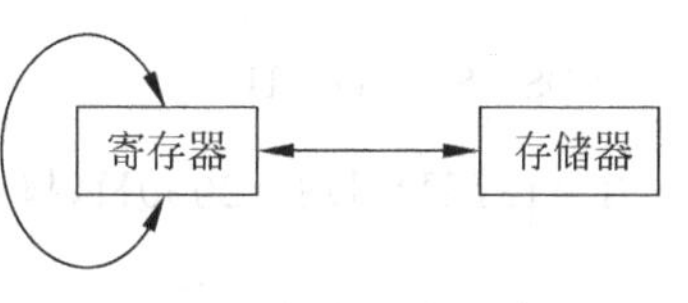

图3.11 交换指令示意图

例如：

```
XCHG   AL, BL          ; AL和BL之间进行字节交换
XCHG   AX, CX          ; AX和CX之间进行字交换
XCHG   [2000H], AX     ; [2000H]和[2001H]两单元内容与AX的内容交换
```

例3.1 用三种方法编程实现寄存器AX和BX的内容交换。

解：方法一：　XCHG　AX,BX

方法二：

```
MOV    CX,AX
MOV    AX,BX
MOV    BX,CX
```

方法三：

```
PUSH   AX
PUSH   BX
POP    AX
POP    BX
```

(4) 换码指令XLAT

XLAT是一条完成字节翻译功能的指令，可通过查表方式进行代码转换。实际应用时,BX寄存器中含有表格的起始地址,而AL中的值是所查的数在表中的项数,查出的内容送入AL中。

例如,设DS=2000H,AL=10H,BX=0300H,则执行XLAT后,会将存储单元20310H的内容送入AL中。

2. 地址传送指令

地址传送指令用于传送地址码,可用来传送操作数的段地址或偏移地址。

(1) 取有效地址指令 LEA reg, mem

取有效地址指令LEA的功能是将存储器有效地址送到一个16位寄存器中,指令的源操作数必须为内存单元地址,目的操作数必须为一个16位寄存器。

例如:

```
LEA   AX, [3478H]        ; 将3478H单元的有效地址送AX,指令执行后,AX=3478H
LEA   BX, [BP+SI]        ; 指令执行后,BX的内容为BP+SI的值
```

(2) 地址指针装到DS和指定寄存器指令 LDS reg, mem

LDS的功能是把2个字的地址指针(1个段地址和1个偏移地址)传送到DS和另一个指定寄存器中,其中,地址指针的后一个字(即段地址)送到DS。

例如,设DS=2000H,21120H～21123H这4个单元存放着一个地址,21120H和21121H中为偏移地址,21122H和21123H中为段地址,执行如下指令:

```
LDS   SI, [1120H]
```

则SI=1278H,DS=2000H,操作过程如图3.12所示。

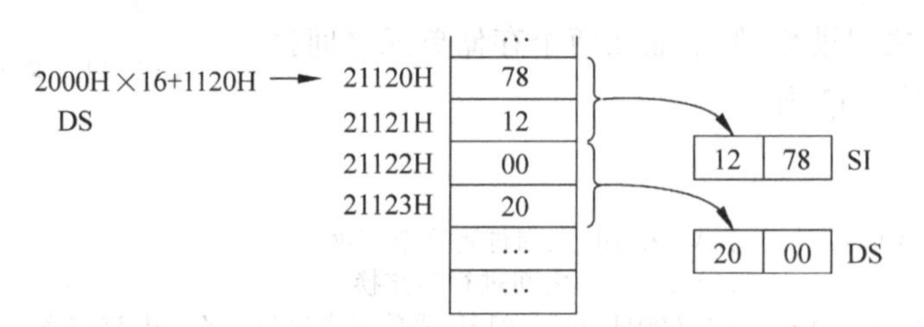

图3.12　LDS　SI,[1120H]指令的操作过程

3. 标志位传送指令

(1) 读取和设置标志指令 LAHF,SAHF

LAHF的功能是将标志寄存器中的低8位传送到寄存器AH中,如图3.13所示。

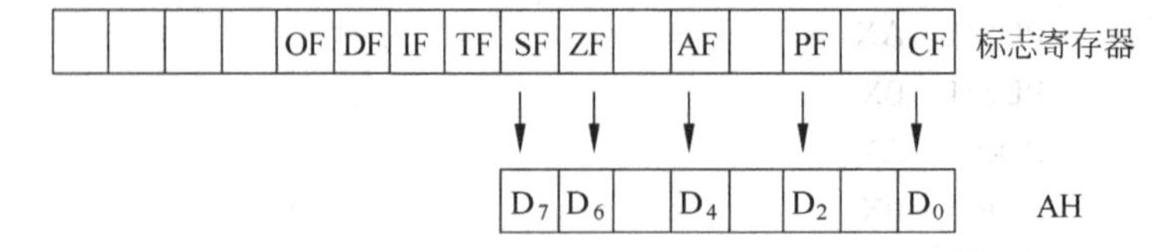

图3.13　LAHF指令的操作过程

SAHF 的功能与 LAHF 刚好相反，将 AH 寄存器的相应位传到标志寄存器的低 8 位。

(2) 标志入栈指令 PUSHF 和标志出栈指令 POPF

标志入栈指令 PUSHF 是将标志寄存器的值压入堆栈顶部，同时堆栈指针 SP 减 2，而标志寄存器本身内容不变。

标志出栈指令 POPF 刚好与 PUSHF 相反，从堆栈栈顶弹出一个字送到标志寄存器，然后 SP 加 2。

注意：以上两条指令常成对出现，一般在子程序或中断处理程序的首和尾，用来保护和恢复标志寄存器内容。

4. 输入输出指令

输入输出指令用来完成累加器(AX/AL)与 I/O 端口之间的数据传送功能。输入指令 IN 可从一个 8 位端口读入一个字节到 AL 中，也可以从两个连续的 8 位端口读入一个字到 AX 中。输出指令与输入指令刚好相反，可将 AL 中的一个字节写到一个 8 位端口，也可以将 AX 中的一个字写到两个连续的 8 位端口。

例如：

```
IN   AL, 40H        ; 将 40H 端口的字节读入 AL
OUT 80H, AX         ; AL 的内容写入 80H 端口，AH 的内容写入 81H 端口
IN   AL, DX         ; 从 DX 所指端口读取一个字节
IN   AX, DX         ; 从 DX 和 DX+1 所指两个端口读取一个字，较低地址端口中的值
                    ; 读到 AL 中，较高地址端口的值读到 AH 中
```

3.2.2 数据操作类指令

1. 算术运算指令

8086CPU 的算术运算指令可对无符号或有符号的二进制数以及压缩或非压缩的 BCD 码进行运算，有加、减、乘、除以及十进制调整 5 类指令，其指令格式、指令功能以及对状态标志位的影响如表 3.3 所示。

(1) 加法指令

① 不带进位位的加法指令 ADD dest, src，执行两个字或两个字节的相加，结果保留在目的操作数中，并根据结果置标志位。

② 带进位位的加法指令 ADC dest, src，形式和功能都与 ADD 相似，唯一不同的是 ADC 指令执行时，将进位标志 CF 加在和中。

③ 增量指令 INC dest，将指定操作数的内容加 1，再将结果送回操作数。

例如：

```
ADD   AL,40H      ; AL+40H→AL
ADC   BX, [SI]    ; SI 和 SI+1 所指存储单元内容与 BX 寄存器内容以及 CF 相加，结果放在
                    BX 中
INC   CX          ; 寄存器 CX 的内容加 1
```

注意：ADD 和 ADC 指令操作会对标志位 ZF、CF、OF、PF、SF、AF 产生影响；INC 指令对 CF 没影响，但对位 ZF、OF、PF、SF、AF 会产生影响，以下减法指令也相似。

表 3.3 算术运算指令

指令类型	指令格式	指令功能	操　作	状态标志位 O S Z A P C	备注
加法	ADD dest，src	不带进位位的加法(字节/字)	dest+src→ dest	· · · · · ·	dest，src 可以是存储单元或寄存器；src 还可以是立即数
	ADC dest，src	带进位位的加法(字节/字)	dest+src+CF→ dest	· · · · · ·	
	INC dest	加 1(字节/字)	dest+1→ dest	· · · · · —	
减法	SUB dest，src	不带借位位的减法(字节/字)	dest−src→ dest	· · · · · ·	
	SBB dest，src	带借位位的减法(字节/字)	dest−src−CF→ dest	· · · · · ·	
	DEC dest	减 1(字节/字)	dest−1→ dest	· · · · · ·	
	NEG dest	取补(字节/字)	$\overline{\text{dest}}$+1→ dest 即 0−dest → dest	· · · · · 1	
	CMP dest，src	比较(字节/字)	dest−src	· · · · · ·	
乘法	MUL src	无符号乘法(字节/字)	AL * src → AX 或 AX * src → DX:AX	· * * * * ·	
	IMUL src	带符号乘法(字节/字)	AL * src → AX 或 AX * src → DX:AX	· * * * * ·	
除法	DIV src	无符号除法(字节/字)	AX÷src,商→AL,余数→AH 或 DX:AX÷src，商→AX，余数→DX	— — — — — —	src 可以是存储单元或寄存器
	IDIV src	带符号除法(字节/字)	AX÷src,商→AL,余数→AH 或 DX:AX÷src，商→AX，余数→DX	* * * * * *	
	CBW	字节扩展成字	若 AL 的 D_7=0，则 AH=00H AL 的 D_7=1，则 AH=FFH	— — — — — —	
	CWD	字扩展成双字	若 AX 的 D_{15}=0，则 0 → DX 若 AX 的 D_{15}=1，则 0FFFFH → DX	— — — — — —	
十进制调整	AAA	非压缩型 BCD 码加法调整	(AL ∧ 0FH) > 9 或 AF = 1，则： (AL+6) ∧ 0FH →AL， AH+1→AH	* * * · * 1	
	DAA	压缩型 BCD 码加法调整	(AL ∧ 0FH) > 9 或 AF = 1，则： AL+6 →AL， (AL ∧ F0H)>90H 或 CF=1，则：AL+6 0H→AL	* · · · · ·	
	AAS	非压缩型 BCD 码减法调整	(AL ∧ 0FH) > 9 或 AF = 1，则： (AL−6) ∧ 0FH → AL， AH−1→AH	* * * · * ·	
	DAS	压缩型 BCD 码减法调整	AF=1,则：AL−6 → AL， CF=1,则：AL−6 0H → AL	· · · · · ·	
	AAM	乘法 BCD 码调整	AL÷10 → AH， AL MOD 10 → AL	* · · * · *	
	AAD	除法 BCD 码调整	AH * 10+AL → AL，0 → AH	* · · — · *	

说明：“·”运算结果影响标志位，“*”标志位为任意位，“—”运算结果不影响标志位，“1”将标志位置 1。

例如：ADD [BX+106BH]，1234H

设 DS=2000H，BX=1200H，则物理地址为 2000H×16+1200H+106BH=2226BH，又设(2226BH)=90H，(2226CH)=30H，则指令执行后 3090H+1234H=42C4H=0100 0010 1100 0100B，即(2226BH)=C4H，(2226CH)=42H。标志位：CF=0，ZF=0，SF=0，AF=0，PF=0(5 个 1)，OF=0。

(2) 减法指令

① 不带借位的减法指令 SUB dest，src，执行两个字或两个字节的相减，结果保留在目的操作数中，并根据结果置标志位。

② 带借位的减法指令 SBB dest，src，形式和功能都与 SUB 相似，唯一不同的是 SBB 指令执行时，还要减去进位标志 CF。

③ 减量指令 DEC dest，将指定操作数的内容减 1，再将结果送回操作数。

④ 取补指令 NEG dest，对指定操作数取补，再将结果送回操作数。对标志位的影响参见表 3.3。

例如：

```
SUB   BX, CX          ; BX 的内容减 CX 的内容,结果放在 BX 中
SUB   [BP+3], CL      ; 将 SS 段的 BP+3 单元内容减去 CL 中的值,结果放在 BP+3 所指的
                      ;堆栈单元
SBB   AX, 1230H       ; 将 AX 内容减去 1230H,结果放在 AX 中
DEC   BL              ; 将 BL 的内容减 1,结果放在 BL 中
NEG   CX              ; 将 CX 内容取补码,送回 CX
```

⑤ 比较指令 CMP dest，src，将两个操作数相减，但不将结果送回目的操作数，仅根据结果影响标志位，对标志位的影响与 SUB 相同，CMP 指令后常有一条条件转移指令，用来检查标志位的状态是否满足某种关系。

例如，CMP AX，[BX+DI]，表示将 AX 内容和 BX+DI 和 BX+DI+1 所指单元的字相减，不存结果，但改变标志位。

当用 CMP 指令判断两个比较数的大小时，应区分无符号数与有符号数的不同判断条件：对于两个无符号数比较，只需借位标志 CF 即可判断；而对于两个有符号数比较，则要根据溢出标志 OF 和符号标志 SF 两者的异或运算结果来判断。具体判断方法如下：

若为两个无符号数比较，则

$$ZF=\begin{cases}1, & dest=src\\0, & CF=\begin{cases}0, & dest\geqslant src\\1, & dest<src\end{cases}\end{cases}$$

若为两个有符号数比较，则

$$OF\oplus SF=\begin{cases}0, & dest\geqslant src\\1, & dest<src\end{cases}$$

(3) 乘法指令

乘法指令包括无符号数乘法指令 MUL src 和有符号数乘法指令 IMUL src，用于完成两个数的相乘，一个操作数指定，另一个操作数隐含在 AX/AL 中。乘法运算的规则如图 3.14 所示。由图 3.14 可知，两个 8 位数相乘，结果是 16 位数；两个 16 位数相乘，结果是 32 位数。

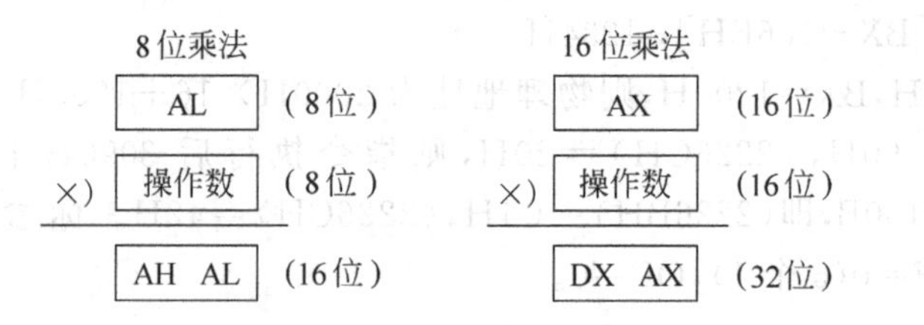

图 3.14 乘法运算的规则图

例如：MUL BX

若执行前 AX=0012H，BX=0066H，则执行后 DX=0000H，AX=072CH。

(4) 除法指令

除法指令包括无符号除法指令 DIV src 和带符号数除法指令 IDIV src，用于完成两个数的相除，如乘法指令一样，一个操作数指定，另一个操作数隐含在 AX/AL 中。除法运算的规则如图 3.15 所示。由图 3.15 可知，如果除数是 8 位的，则要求被除数是 16 位的；如果除数是 16 位的，则要求被除数是 32 位的。

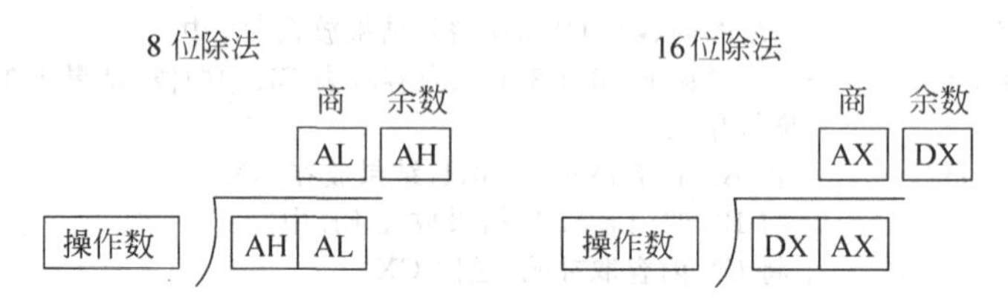

图 3.15 除法运算的规则图

如果被除数的位数不够，则应在进行除法之前，预先将被除数扩展到所需要的位数。对于带符号数，这种扩展应该保持被扩展数的值(包括符号位)不变，因此应该是带符号位的扩展。例如，0111 1100B 应扩展成 0000 0000 0111 1100B，1100 1011B 应扩展成 1111 1111 1100 1011B。CBW 和 CWD 指令就是分别用于这两种扩展的。

注意：执行 IDIV 时，操作数是补码数，商和余数也是补码数，其中商可能为正数或负数，余数总是与被除数的符号相同，为正数或负数。

例 3.2 设被除数存放在内存 3000H 单元，除数存放在内存 3001H 单元，它们均是带符号数，编程作除法，将商存在 3002H 单元，余数放在 3003H 单元。

解：
```
MOV   DI, 3000H
MOV   AL, [DI]
MOV   BL, [DI+1]
CBW
IDIV  BL
MOV   [DI+2], AL
MOV   [DI+3], AH
```

若(3000H)=9CH(表示−100D)，(3001H)=09H(表示+9D)，则程序执行后，AL(商)=0F5H(标识−11D)，AH(余数)=0FFH(表示−1D)，余数的符号与被除数相同。

(5) 十进制调整指令

除加、减、乘、除基本算术运算指令外，8086 还提供了 6 条用于 BCD 码运算的调整指令，这些指令都将 AL(或 AL 和 AH)作为隐含的操作数。它们常与加、减、乘、除指令配合使用，实现 BCD 码的算术运算。

BCD 码的存放形式有两种，即压缩型 BCD 码和非压缩型 BCD 码。压缩型 BCD 码用一个字节表示两位 BCD 码，如 10000111 表示两位 BCD 码 8 和 7；非压缩型 BCD 码用一个字节表示一位 BCD 码，有效位在低 4 位，高 4 位为 0。如 00000111 表示一位 BCD 码 7。

(1) 压缩型 BCD 码十进制调整指令 DAA，DAS

加法调整指令 DAA 对在 AL 中两个压缩型 BCD 码相加的结果，调整成压缩型 BCD 码，并将结果存放在 AL 中。此指令前必须先执行 ADD 或 ADC 加法指令，且只能对 AL 中内容进行调整。减法调整指令 DAS 必须先执行 SUB 或 SBB 指令，用法与加法调整类似。

例如：59 ＋68 ＝127。

```
MOV   BL, 59H
MOV   AL, 68H
ADD   AL, BL
DAA
```

执行结果：AL＝27，CF＝1。

(2) 非压缩型 BCD 码十进制调整指令 AAA，AAS，AAM，AAD

例如：19÷5＝?

```
MOV   AX, 0109H        ; AX=0109H,即非压缩 BCD 数 19
MOV   BL, 5            ; L=05H,即非压缩 BCD 数 5
AAD                    ; AX=01H×0AH+09H=0013H
DIV   BL               ; AH=04H,AL=03H,即结果是商 3,余 4
```

2. 逻辑运算和移位指令

8086CPU 可对 8/16 位二进制数进行逻辑操作，有逻辑运算和移位两类指令，其指令格式、指令功能以及对状态标志位的影响如表 3.4 所示。

表 3.4 逻辑运算和移位指令

指令类型	指令格式	指令功能	操　作	状态标志位 OSZAPC	备注
逻辑运算	AND dest, src	与(字节/字)	dest ∧ src → dest	0 • • * • 0	dest, src 可以是存储单元或寄存器；src 还可以是立即数
	OR dest, src	或(字节/字)	dest ∨ src → dest	0 • • * • 0	
	NOT dest	非(字节/字)	$\overline{dest}$ → dest	— — — — — —	
	XOR dest, src	异或(字节/字)	dest+src → dest	0 • • * • 0	
	TEST dest, src	测试(字节/字)	dest ∧ src	0 • • * • 0	src 是立即数；dest 是存储单元或寄存器

续表

指令类型	指令格式	指令功能	操　作	状态标志位 O S Z A P C	备注
移位	SHL dest, count	逻辑左移(字节/字)	CF ← dest ← 0 左移 count 位	• • • * • •	dest 是存储单元或寄存器;count 是 1 或 CL
	SAL dest, count	算术左移(字节/字)	CF ← dest ← 0 左移 count 位	• • • * • •	
	SHR dest, count	逻辑右移(字节/字)	0 → dest → CF 右移 count 位	• • • * • •	
	SAR dest, count	算术右移(字节/字)	dest → CF 右移 count 位	• • • * • •	
循环移位	ROL dest, count	循环左移(字节/字)	CF ← dest 左移 count 位	• — — * — •	
	ROR dest, count	循环右移(字节/字)	dest → CF 右移 count 位	• — — * — •	
	RCL dest, count	带进位循环左移(字节/字)	CF ← dest 左移 count 位	• — — * — •	
	RCR dest, count	带进位循环右移(字节/字)	CF → dest 右移 count 位	• — — * — •	

说明:"•"运算结果影响标志位,"*"标志位为任意位,"—"运算结果不影响标志位,"0"将标志位置 0。

1) 逻辑运算指令

AND dest, src:"与"指令,常用于屏蔽一些位,和"0"与为"0",和"1"与不变。

OR dest, src:"或"指令,常用于拼字,和"0"或不变,和"1"或为 1。

XOR dest, src:"异或"指令,常用于取反,和"0"异或不变,和"1"异或取反;或用在程序开头使某个寄存器清 0,以配合初始化工作,和自己异或则为"0"。

AND、OR 和 XOR 指令形式相似,都是双操作数,可对 8 位或 16 位数进行"与"、"或"和"异或"操作。

NOT dest:"非"指令,可对操作数进行取反操作。常用于求一个数的补码,即取反后再加 1。

TEST dest, src:"测试"指令,与 AND 执行同样操作,但 TEST 不送回操作结果,仅影响标志位,参见表 3.4。常用于检测指定的位是 1 还是 0。

例如,若设 AX=8899H,分别执行以下各条指令:

```
AND   AL, 0FH        ; 屏蔽 AL 的高 4 位,低 4 位不变,AL=09H
OR    AL, 0FH        ; AL 高 4 位不变,低 4 位为 1,AL=9FH
XOR   AX, 00FFH      ; AX 高 8 位不变,低 8 位取反,AX=8866H
XOR   AX, AX         ; 使累加器 AX 清 0,AL=0000H
TEST  AL, 18H        ; 若 AL 中 D3、D4 位均为 0,则 ZF=1,否则 ZF=0,所以 ZF=0
```

```
TEST  AX, 8000H            ；若 AX 的最高位为 1，则 ZF=0，否则 ZF=1，所以 ZF=0
```

2) 移位指令

(1) 非循环移位指令

非循环移位指令分为算术移位和逻辑移位。逻辑移位是对无符号数移位，总是用“0”来填补已空出的位；而算术移位是对有符号数进行移位。

逻辑左移指令 SHL dest，count 和算术左移指令 SAL dest，count 的功能完全一样，因为对一个无符号数乘以 2 和对一个有符号数乘以 2 没有什么区别，每移一次，最低位补 0，最高位进入 CF。若左移位数为 1 位，移位结果使最高位(符号位)发生变化，则将溢出标志 OF 置“1”；若移多位，则 OF 标志将无效。

算术右移指令 SAR dest，count 和逻辑右移指令 SHR dest，count 的功能不同。SAR 指令在执行时最高位保持不变，因为算术移位指令将最高位看成符号位，而 SHR 指令在执行时最高位补 0。

例如：
```
MOV   BL, 10001001B
SAL   BL, 1
```

执行结果：CF=1，BL=00010010B。

例 3.3 编程将两个非压缩 BCD 码(高位在 BL，低位在 AL)合并成压缩 BCD 码送 AL。

解：
```
MOV   CL, 4          ；计数值送 CL
SHL   BL, CL         ；高位移到 BL 的高 4 位
AND   AL, 0FH        ；清空 AL 高 4 位
OR    AL, BL         ；合并 AL 和 BL 形成压缩 BCD 码
```

(2) 循环移位指令

循环移位指令分为不带进位位的移位和带进位位的移位，共 4 条：不带进位位的循环左移指令 ROL dest，count；不带进位位的循环右移指令 ROR dest，count；带进位位的循环左移指令 RCL dest，count；带进位位的循环右移指令 RCR dest，count。

例如：设 AL=1011 0100B，CF=1

```
ROL    AL, 1          ；AL=0110 1001, CF=1
ROR    AL, 1          ；AL=0101 1010, CF=0
RCL    AL, 1          ；AL=0110 1001, CF=1
RCR    AL, 1          ；AL=1101 1010, CF=0
```

例 3.4 设 32 位数在 DX:AX 中，编程实现 32 位数整个左移 1 次。

解：
```
SAL   AX, 1
RCL   DX, 1
```

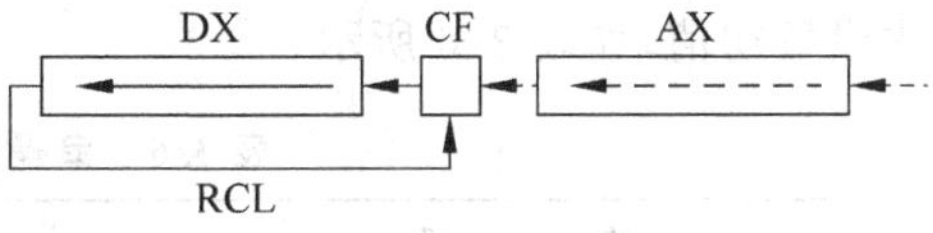

DX CF AX
RCL

图 3.16 例 3.4 图

注意：

① 移位指令可以对字节进行操作，也可以对字进行操作，操作数可以是寄存器或存储单元。如果只移动 1 位，则在指令中直接给出；如果要移动若干位，则必须在 CL 中指定移位次数。具体指令格式参见表 3.4。

② 用移位指令时，左移 1 位相当于将操作数乘 2，右移 1 位相当于将操作数除 2。

3.2.3 串操作类指令

串操作类指令是用一条指令实现对一串字符或数据的操作。串是指存储器中一系列连续的字或字节，串操作就是针对这些字或字节进行的某种相同的操作，串操作类指令就是因此而设的。8086CPU 中的串操作类指令格式、指令功能以及对状态标志位的影响如表 3.5 所示。

表 3.5 串操作类指令

指令类型	指令格式	指令功能	操　作	状态标志位 O S Z A P C
串传送	MOVSB	字节串传送	(DS:SI) → (ES:DI) SI±1 → SI, DI±1 → DI	——————
	MOVSW	字串传送	(DS:SI) → (ES:DI) SI±2 → SI, DI±2 → DI	——————
串的存和取	STOSB	写字节串	AL → (ES:DI), DI±1 → DI	——————
	STOSW	写字串	AX → (ES:DI), DI±2 → DI	——————
	LODSB	读字节串	(DS:SI) → AL, SI±1 → SI	——————
	LODSW	读字串	(DS:SI) → AX, SI±2 → SI	——————
串的扫描和比较	SCASB	字节串扫描	AL−(ES:DI), DI±1 → DI	• • • • • •
	SCASW	字串扫描	AX−(ES:DI), DI±2 → DI	• • • • • •
	CMPSB	字节串比较	(ES:DI)−(DS:SI) SI±1 → SI, DI±1 → DI	• • • • • •
	CMPSW	字串比较	(ES:DI)−(DS:SI) SI±2→ SI, DI±2 → DI	• • • • • •
重复前缀	REP	无条件重复	重复 CX 指定的次数。CX−1→CX，直到 CX=0	——————
	REPE/REPZ	当相等/为零时重复	CX≠0 且 ZF=1 重复，CX−1→CX 直到 CX=0 或 ZF=0	——————
	REPNE/REPNZ	当不等/不为零时重复	CX≠0 且 ZF=0 重复，CX−1→CX 直到 CX=0 或 ZF=1	——————

说明："•"运算结果影响标志位，"—"运算结果不影响标志位。

8086 串操作类指令有以下特点：

① 所有的串操作类指令都用寄存器 SI 对源操作数进行间接寻址，并且默认是在 DS 段中；此外，所有的串操作类指令都用寄存器 DI 为目的操作数进行间接寻址，并且默认是在 ES 段中(即源串地址和目的串地址分别由 DS: SI 与 ES: DI 提供)。因此，在使用串操作类指令前应设置好 SI 和 DI 的初值。实际上，串操作类指令还有 CX 等参数是隐含约定的，需要先设置初值，如表 3.6 所示。

表 3.6 串操作类指令的隐含参数

隐含参数	对应的单元或寄存器
源串的起始地址	DS: SI
目的串的起始地址	ES: DI
重复次数	CX
STOS 指令的源操作数	AL/AX
LODS 指令的目的操作数	AL/AX

续表

隐含参数	对应的单元或寄存器
SCAS 指令的扫描值	AL/AX
地址修改方向	DF=0,SI、DI 自动增量修改 DF=1,SI、DI 自动减量修改

② 同一个段内实现串传送时,应将数据段基址 DS 和附加段基址 ES 设置成同一数值,即 DS=ES。

③ 串操作类指令具有方向性,地址修改与方向标志 DF 有关。DF=1 时,SI 和 DI 做自动减量修改;反之,DF=0 时,做自动增量修改。

④ 串操作类指令前可加重复前缀来控制串操作的重复执行。重复前缀的功能是重复执行紧跟其后的串操作类指令,直到 CX=0 才停止。重复次数由 CX 寄存器控制,每重复执行一次,CX 减 1。字符串指令前可添加的前缀如表 3.7 所示。

表 3.7 字符串指令与前缀

字符串指令	可添加的前缀
MOVS	REP
CMPS	REPE/REPZ　REPNE/REPNZ
SCAS	REPE/REPZ　REPNE/REPNZ
LODS	无
STOS	REP

例 3.5 设源串在 1000H：2000H 开始的 100 个字节单元中,要求编程实现将源串送到 3000：1020H 开始的目的串中。

解：

```
MOV   AX, 1000H
MOV   DS, AX
MOV   SI, 2000H
MOV   AX, 3000H
MOV   ES, AX
MOV   DI, 1020H
CLD                  ; DF=0,使 SI、DI 自增
MOV   CX, 64H        ; 置重复次数 100D
REP   MOVSB          ; 重复串传送,直到 CX=0
```

例 3.6 编程实现两个串的比较,发现有不同字符时则停止比较。

解：

```
CLD
MOV CX, 100
MOV SI, 2500H
MOV DI, 1400H
REPE CMPSB           ; 串比较,直到 ZF=0 或 CX=0 才停止
```

执行结果：若 ZF=0,则两串不相等；若 ZF=1,则两串相等。

CMPS 指令前通常加重复前缀 REPE/REPZ,用来寻找两个串中的第一个不相同数据；加重复前缀 REPNE/REPNZ,用来寻找两个串中的第一个相同数据。

例 3.7 编程使 2100H 开始的 20H 个单元初始化为 1。

解:
```
CLD                  ; 清方向标志 DF,自动增量
LEA  DI, [2100H]     ; 目标串首址 2100H 送 DI
MOV  CX, 20H         ; 共有 20H 个字节
MOV  AX, 1           ; AX 置初值 1
REP  STOSB           ; 将 20H 个字节置 1
```

使用了重复前缀 REP 后,STOS 指令常用于初始化,使内存的某一区域为某一数值。

3.2.4 控制转移类指令

8086CPU 提供了 4 种能改变指令执行顺序的指令,即无条件转移指令、条件转移指令、循环控制指令和中断指令,它们可在程序运行过程中根据不同条件执行不同的代码片段,其指令格式、指令功能及操作如表 3.8 所示。

表 3.8 控制转移类指令

指令类型		指令格式	指令功能	操作
无条件转移		JMP label	无条件跳转	程序转移到 label 处执行
		CALL Proc-name	子程序调用	段内调用:SP−2 → SP,IP → (SP),转段内子程序执行 段间调用:SP−2 → SP,CS → (SP),SP−2→SP,IP→(SP),转段间子程序执行
		RET	子程序返回	IP、CS 出栈,返回主程序,SP 指向新栈顶
条件转移	对无符号数	JA/JNBE label	高于/不低于也不等于 转移	若 CF=0 且 ZF=0,则转移到 label 处执行
		JAE/JNB label	高于或等于/不低于 转移	若 CF=0 或 ZF=1,则转移
		JB/JNAE label	低于/不高于也不等于 转移	若 CF=1 且 ZF=0,则转移
		JBE/JNA label	低于或等于/不高于 转移	若 CF=1 或 ZF=1,则转移
	对有符号数	JG/JNLE label	大于/不小于也不等于 转移	若 ZF=0 且 OF⊕SF=0,则转移
		JGE/JNL label	大于或等于/不小于 转移	若 SF⊕OF=0 或 ZF=1,则转移
		JL/JNGE label	小于/不大于也不等于 转移	若 SF⊕OF=1 且 ZF=0,则转移
		JLE/LNG label	小于或等于/不大于 转移	若 SF⊕OF=1 或 ZF=1,则转移
	单标志	JC label	进位位为 1 转移	若 CF=1,则转移
		JNC label	进位位为 0 转移	若 CF=0,则转移
		JE/JZ label	等于/结果为 0 转移	若 ZF=1,则转移
		JNE/JNZ label	不等于/结果不为 0 转移	若 ZF=0,则转移
	位	JO label	溢出 转移	若 OF=1,则转移
		JNO label	未溢出 转移	若 OF=0,则转移
		JNP/JNO label	奇偶位为 0/奇偶位为奇 转移	若 PF=0,则转移
		JP/JPE label	奇偶位为 1/奇偶位为偶 转移	若 PF=1,则转移
		JNS label	符号标志位为 0 转移	若 SF=0,则转移
		JS label	符号标志位为 1 转移	若 SF=1,则转移

续表

指令类型	指令格式	指令功能	操作
循环控制	LOOP label	循环	CX−1→CX，若 CX≠0，则转移
	LOOPE/LOOPZ label	等于/结果为0循环	CX−1→CX，若 CX≠0 且 ZF=1，则转移
	LOOPNE/LOOPNZ label	不等于/结果不为0循环	CX−1→CX，若 CX≠0 且 ZF=0，则转移
	JCXZ label	CX 内容为0转移	若 CX=0，则转移
中断	INT n	软中断	Flags、CS 和 IP 入栈，0→IF，0→TF，中断入口地址表中的：(4n) (4n+1)→IP，(4n+2)(4n+3)→CS
	INTO	溢出时中断	若 OF=1，则执行 INT4 所对应的操作
	IRET	中断返回	IP、CS、Flags 出栈，中断返回

程序的寻址是由 CS 和 IP 两部分组成的，控制转移类指令要改变程序的执行顺序，也就是要改变 CS 和 IP 的值。同时改变 CS 和 IP 的转移称为段间转移，目标属性用 FAR 表示；只改变 IP 的转移称为段内转移，目标属性用 NEAR 表示；对于很短距离的段内转移(−128～+127)可称为短转移，用 SHORT 表示目标属性。

无论段内转移还是段间转移，都有直接转移和间接转移之分。直接转移的目标地址信息由指令直接给出。间接转移的目标地址信息存放于某个寄存器或某个内存变量中。当通过寄存器间接转移时，因为寄存器只能是16位的，所以只能完成段内间接转移。

此外，转移可分为相对转移和绝对转移。目标地址是 IP 加上一个偏移量的转移称为相对转移；以一个新的值完全代替当前的 IP 值(CS 值可能会发生改变)的转移称为绝对转移。8086 指令系统中，段内直接转移都是相对转移，段内间接转移以及段间转移都是绝对转移。

1. 无条件转移指令

(1) 无条件跳转指令 JMP label

JMP 指令可使程序无条件转移到由目标标号指定的地址去执行。根据目标地址的位置与寻址方式不同，可进行段内直接转移、段内间接转移、段间直接转移和段间间接转移4种转移。几种指令格式及含义如下：

```
JMP   SHORT L1            ；段内短转移，转到 L1 标号处，属相对转移
JMP   NEAR L2             ；段内直接转移，转到 L2 标号处，属相对转移
JMP   FAR L3              ；段间直接转移，转到 L3 标号处，属绝对转移
JMP   WORD PTR[mem]       ；段内间接转移，WORD PTR 表示"字"存储器操作数
JMP   DWORD PTR[mem]      ；段间间接转移，DWORD PTR 表示"双字"存储器操作数
```

(2) 子程序调用指令 CALL Proc-name

CALL 指令为过程(子程序)调用指令，它可保护程序断点，并转到子程序处执行。具体操作如下：

段内调用：①SP←SP−2，当前 IP 内容压栈；②将过程名所在的目标地址的偏移地址送 IP，程序无条件转移到过程名所在的目标地址去执行。段内调用时 CS 值不变。

段间调用：①SP←SP－2，先把当前CS内容压栈；②SP←SP－2，再把当前IP内容压栈；③将过程名所在的目标地址的偏移地址送IP，段基地址送CS，程序无条件转移到过程名所在的目标地址去执行。

(3) 子程序返回指令RET

RET为子程序返回指令，与CALL指令操作刚好相反。具体操作如下：

段内返回：IP←栈顶字，SP←SP＋2

段间返回：IP←栈顶字，SP←SP＋2；CS←栈顶字，SP←SP＋2

2. 条件转移指令

条件转移指令是根据执行该指令时CPU标志的状态而决定是否发生控制转移的指令。若满足条件，则转移到目标地址；若不满足，则继续执行该条件转移指令的下一条指令。它可分为无符号数条件转移、带符号数条件转移、单个状态条件转移和位条件转移4种，具体见表3.8。

注意：条件转移指令属于段内短距离相对转移指令，范围在(－128～＋127)。如果转移范围较大，超出了该范围，则可先将程序转移到附近某处，再在该处放置一条无条件转移指令，以转到所需的目标。

3. 循环控制指令

循环控制指令也是段内短距离相对转移指令，用来控制程序段的循环执行。它用CX寄存器作为计数器(即循环次数由CX值决定)，执行时先CX减1。若减1后不为0，则转移到目标地址；否则就执行LOOP指令之后的指令。具体见表3.8。

注意：若在进入LOOP指令时，CX寄存器已经为0，则LOOP指令执行的是最大限度次数(65536次)的循环。若希望在进入LOOP指令时，当CX＝0却不进行循环，可以在LOOP指令前再增加一条JCXZ指令。

例3.8 检查一段被传送过的字节数据是否与源串相同。若两串相同，则BX寄存器清0；若两串不同，则BX指向源串中第一个不相同字节的地址，且将该字节的内容置入AL中。

解：

```
方法一：CLD;                    ; 0→DF
        MOV CX,   160           ; 假定串的长度为160个字节
        MOV SI,   4400H         ; SI指向源串首地址
        MOV DI,   2200H         ; DI指向目的串首地址
        REPE  CMPSB             ; 串比较，直至ZF=0或CX=0才停止执行
        JZ    EQUAL             ; 结果为0，转EQUAL执行
        DEC   SI
        MOV   BX,SI             ; 第一个不相同字节的有效地址 → BX
        MOV   AL,[SI]           ; 第一个不相同字节的内容 → AL
        JMP   DONE              ; 无条件转至DONE执行
EQUAL:  MOV   BX,0              ; 两串完全相同，BX=0
DONE:   HLT

方法二：CLD                     ; 0→DF
        MOV CX,   160           ; 假定串的长度为160个字节
        MOV SI,   4400H         ; SI指向源串首地址
```

```
        MOV DI, 2200H          ; DI指向目的串首地址
LOOP1:  MOV  AL, [SI]
        CMP  ES: [DI], AL
        INC  SI
        INC  DI
        LOOPE LOOP1
        JZ    EQUAL            ; 结果为0,转EQUAL执行
        DEC   SI
        MOV   BX,SI            ; 第一个不相同字节的有效地址 → BX
        MOV   AL,[SI]          ; 第一个不相同字节的内容 → AL
        JMP   DONE             ; 无条件转至DONE执行
EQUAL:  MOV   BX,0             ; 两串完全相同,BX=0
DONE:   HLT
```

4. 中断指令

在程序运行期间,有时会遇到某些特殊情况要求CPU暂时终止它正在运行的程序,转去自动执行一组专门的中断服务程序来处理这些事件,处理完毕后又重新返回原被中止的程序并继续执行,这个过程称为中断。

有关中断处理问题第5章将做专门介绍,具体中断指令见表3.8。

3.2.5 处理器控制指令

处理器控制指令只是完成简单的控制功能,如修改标志寄存器、使CPU暂停、使CPU与外设同步等,指令中不需要设置地址码,因此又称为无地址指令。8086指令系统中此类指令格式、指令功能以及对状态标志位的影响如表3.9所示。

表3.9 处理器控制指令

指令类型	指令格式	指令功能	操作
对标志位操作	CLC	清除进位标志	CF=0
	CTC	置1进位标志	CF=1
	CMC	取反进位标志	$CF=\overline{CF}$
	CLD	清除方向标志	DF=0
	STD	置1方向标志	DF=1
	CLI	清除中断标志	IF= 0
	STI	置1中断标志	IF=1
外部同步	WAIT	等待	使CPU进入等待状态
	ESC mem	交权	当8086工作在最大模式时,配备8087协处理器,以增强运算功能
	LOCK	封锁总线	禁止其他协处理器使用总线
其他	HLT	暂停	使CPU处于暂停状态
	NOP	空操作	不作任何具体操作,只消耗3个时钟周期的时间

1. 标志位操作指令

标志位操作指令可用来置位或复位进位标志、方向标志、中断允许标志。

注意:这些指令中没有直接置位和复位单步执行标志位TF的指令。若要对TF进行

操作,可先用 PUSHF 指令将标志寄存器内容压栈,在堆栈中设定 TF 位的值,然后再从堆栈中弹回标志寄存器。

2. 外部同步指令

8086CPU 工作在最大工作模式时,可与别的处理器一起构成多微处理器系统。当 CPU 需要协处理器帮它完成某个任务时,CPU 可用同步指令向有关协处理器发出请求。

(1) WAIT 指令

WAIT 指令可使 CPU 进入等待状态,每隔 5 个时钟周期,测试一次 $\overline{\text{TEST}}$ 引脚。当测试到该引脚上的信号变为低电平有效时,退出等待状态。

(2) 处理器交权指令 ESC mem

当 8086 工作在最大模式时,配备 8087 协处理器,以增强运算功能。当 8086 需要 8087 配合时,就在程序中执行一条 ESC 指令,把存储单元 mem 的内容送到数据总线上,协处理器获取后,完成相应的操作。

(3) 封锁总线指令 LOCK

LOCK 指令是一个前缀,可放在任何一条指令前面,它使 8086 在执行下一条指令期间发出总线封锁信号,所以,在该指令执行过程中禁止其他协处理器使用总线。

3. 其他指令

(1) 空操作指令 NOP

CPU 执行此指令时,不作任何具体操作,只消耗 3 个时钟周期的时间,它常用于程序的延时。

(2) 暂停指令 HLT

HLT 指令可使 CPU 处于暂停状态,该指令不影响标志位。CPU 处于暂停状态时,只有下列 3 种情况之一时,处理器才可脱离暂停状态:

① 在中断指令允许情况下(IF=1),在 INTR 线上有请求。

② 在 NMI 线上有请求。

③ 在 RESET 线上有复位信号。

3.3 8086 汇编语言程序的编程格式

3.3.1 汇编语言及其源程序结构

1. 汇编语言的基本概念

(1) 机器语言

机器语言是由 0、1 二进制代码书写和存储的指令与数据,相应的程序称为机器语言程序。机器语言的优点是能为机器直接识别与执行,程序所占内存空间较少;缺点是难认、难记、难编、易错。

(2) 汇编语言

汇编语言是用指令的助记符、符号地址、标号等书写程序的语言,简称符号语言。汇编语言的特点是易读、易编、易记;缺点是不能被计算机直接识别。因此,汇编语言编写的程序必须翻译成由机器代码组成的目标程序才能被机器执行，这个翻译的过程称为汇编。完成机器汇编的软件称为汇编程序。汇编程序的执行过程如图 3.17 所示。

用汇编语言编写的程序称为源程序。前面讲的指令系统中的每条指令都是构成源程序的基本语句。汇编语言的指令和机器语言的指令之间有一一对应的关系。

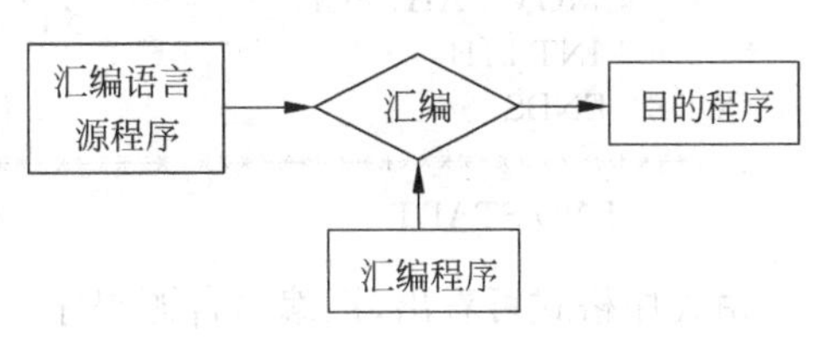

图 3.17 汇编程序的执行过程

每种机器都有它专用的汇编语言（如 8086CPU 与 8031 单片机的汇编语言就不相同），故汇编语言一般都不具有通用性和可移植性。且由于进行汇编语言程序设计必须熟悉机器的硬件资源和软件环境，因此具有较大的难度和复杂性。

(3) 高级语言

高级语言是脱离具体机器（即独立于机器）的通用语言，不依赖于特定计算机的结构与指令系统。用同一种高级语言编写的源程序，一般可在不同计算机上运行而获得同一结果，即具有通用性和可移植性。

高级语言源程序也必须经编译程序或解释程序编译或解释生成机器码目标程序后才能执行。高级语言的优点是简短、易读、易编；缺点是编译程序或解释程序复杂，占用内存空间大，产生的目标程序比较长，因而执行时间就长。同时，目前用高级语言处理接口技术、中断技术还比较困难，所以它不适合于实时控制。

综上所述，尽管高级语言有很多优点，但汇编语言为我们提供了直接控制目标代码的手段，而且可以对输入输出端口进行控制，具有实时性能好、执行速度快和节省存储空间等明显优点。因此，汇编语言被大量用于编写计算机系统程序、实时通信程序、实时控制程序等。

2. 汇编语言源程序结构

例 3.9 在内存 NUM 单元存放整数 $x(0\leqslant x\leqslant 9)$，编程求 x 的平方值，并将结果存放在 RESULT 单元中。完整的汇编语言源程序如下：

```
NAME X2
; ************************************************************
DATA   SEGMENT                        ; 数据段定义开始
TABLE DB 0,1,4,9,16,25,36,49,64,81
NUM    DBx
RESULTDB?
DATA   ENDS
; ************************************************************
; ************************************************************
CODE   SEGMENT                        ; 代码段定义开始
       ASSUME  CS:CODE, DS:DATA
START:MOV  AX, DATA
       MOV  DS, AX
       MOV  AH, 0
       MOV  AL, NUM
       MOV  BX, OFFSET TABLE
       ADD  BX, AX
```

```
        MOV   AL,[BX]
        MOV   RESULT, AL
        MOV   AH, 4CH
        INT 21H
CODE  ENDS                              ; 代码段定义结束
; ************************************************************
        END START                       ; 程序结束
```

由程序格式可看出,汇编语言源程序一般由若干段组成,每个段都有一个名字(称为段名),以段定义开始语句"SEGMENT"和段定义结束语句"ENDS"作为开始和结束标志,从性质上可分为代码段、堆栈段、数据段和附加段4种,4个段排列的先后顺序也可以任意。但一个程序有几个段,完全根据实际情况来确定,通常是按照程序的用途来划分:数据段用于存放变量、数据和结果;堆栈段用于执行压栈和弹栈操作,以及子程序调用和参数传递;代码段则是编制程序或常数表格。

汇编语言源程序的各个段都由一系列语句组成,语句包括指令语句和伪指令语句。指令语句产生对应的机器代码,指定CPU做什么操作,而伪指令语句并不产生机器代码,仅仅起控制汇编过程的作用,它指定汇编器作何种操作。

3.3.2 汇编语言语句格式

1. 汇编语言的语句格式

汇编语言程序的每一条语句一般由1～4部分组成。指令语句和伪指令语句格式上稍有差别:指令语句标号后有冒号":";伪指令语句标号后无冒号。二者具体格式如下:

指令语句的格式:

[标号:] 指令助记符 [操作数] [;注释]

伪指令语句的格式:

[标号/变量] 伪指令助记符 [操作数] [;注释]

其中,[]表示可任选的部分;每部分间用空格分开;若有多个操作数,操作数间用逗号隔开。指令助记符前还可以有前缀。构成语句的4个部分均可用大写、小写或大小写混合编写。

2. 标号

标号是一条指令目标代码的符号地址,常用来作为转移、调用等指令的操作数,表示程序转移的转向地址(目标地址)。它具有3种属性:

① 段属性,表示标号所在段的段基址,即指令目标代码在哪个逻辑段中;

② 偏移量属性,表示标号在段内的偏移地址;

③ 距离属性,表示标号可作为段内(NEAR)或段间(FAR)的转移特性。

标号最多由31个字母、数字和特殊字符(如?、@、_、$)等组成,但必须以字母开头,中间不能有空格,也不能为汇编语言的保留字。最好用具有一定含义的英文单词或单词缩写表示,以便于阅读。

注意:保留字指有专门用途的字符或字符串,如CPU的寄存器名、指令助记符、伪指令助记符等。

3. 操作数

操作数可以是常数、变量、标号、寄存器名或表达式。

(1) 常数

常数是没有任何属性的纯数值。汇编语言语句中出现的常数一般有5种：

① 二进制数，后以字母B结尾，如10010110B；

② 八进制数，后以字母Q结尾，如235Q；

③ 十进制数，后以字母D结尾或不跟字母，如24D或24；

④ 十六进制数，后以字母H结尾，如38H，0EH；

⑤ 字符和字符串，用一对单引号括起来的一个或多个字符，以ASCII码形式存储在内存中，如字符串'ASC'内存中存放的是41H，53H和43H。

(2) 变量

变量是代表存放在某些存储单元的数据，这些数据在程序运行期间随时可以修改。为了便于对变量的访问，它常以变量名的形式出现在程序中，它可以看成存放数据存储单元的符号地址。由于存储器是分段使用的，因而变量有多种属性：

① 段属性，表示变量所在逻辑段的段基址；

② 偏移量属性，表示变量在逻辑段中的偏移地址；

③ 类型属性，表示变量定义的数据项的存取单位是字节、字、双字、4字或10字节。

上述段属性和偏移量属性构成了变量的逻辑地址。

注意："变量"与"标号"有以下区别：

① 变量指的是数据区的名字，而标号是某条执行指令起始地址的符号表示；

② 变量的类型是指数据项存取单位的字节数大小，标号的类型则指使用该标号的指令之间的距离远近(即NEAR或FAR)。

变量一般都在数据段或附加段中用伪指令DB，DW，DD，DQ和DT来定义，具体方法见3.3.3节伪指令的介绍。

(3) 表达式

表达式由操作数和运算符组成，在汇编时一个表达式得到一个值，它们在汇编时完成相应运算，如表3.10所示。

表3.10 运算符

运算符			运算结果	举例
类型	符号	名称		
算术运算符	+	加	和	3+4=7
	−	减	差	5−3=2
	*	乘	乘积	3 * 8=24
	/	除	商	20/3=6
	MOD	取余	余数	20 MOD 3=2
逻辑运算符	AND	与	逻辑与结果	1100B AND1111B=1100B
	OR	或	逻辑或结果	1100 OR 1111B=1111B
	XOR	异或	逻辑异或结果	1100 XOR 1111B=0011B
	NOT	非	逻辑非结果	NOT 1100B=0011B

续表

运算符			运算结果	举例
类型	符号	名称		
关系运算符	EQ	等于	结果为真输出全“1”；结果为假输出全“0”	6EQ10B=全'0'
	NE	不等于		6EQ10B=全'1'
	LT	小于		5LT8=全'1'
	LE	不大于		7LE101B=全'0'
	GT	大于		6GT100B=全'1'
	GE	不小于		6GT111B=全'0'
分析运算符	SEG	返回段基址	段基址	SEG N1=N1 所在段段基址
	OFFSET	返回偏移地址	偏移地址	OFFSET N1=N1 的偏移地址
	TYPE	返回类型值①	类型值	TYPE N2=N2 中元素类型
	SIZE	返回变量总字节数	总字节数	SIZE N2=N2 总字节数
	LENTH	返回变量单元数②	单元数	LENTH N2=N2 单元数
合成运算符	PTR③	修改类型属性	修改后类型	BYTE PTR [BX]
	THIS	指定类型/举例属性	指定后类型	ALPHA EQU THIS BYTE
	段寄存器名	段前缀	修改段	ES:[BX]
	HIGH	分离高字节	高字节	HIGH 2345H=23H
	LOW	分离低字节	低字节	LOW 2345H=45H
	SHORT	短转移说明		JMP SHORT LABEL

注：① 类型值见表 3.11。

② LENGTH 与 SIZE 的关系如下：

SIZE <符号名>=(LENGTH <符号名>) * (TYPE <符号名>)

③ PTR 用于定义符号名为新类型，格式为：<类型> PTR <符号名>。例如，设内存标量 D1 是字节属性，把它的两个字节内容送到 BX 中，指令为：

MOV BX, WORD PTR D1

表 3.11 类型值

类型	1字节 BYTE	2字节 WORD	4字节 DWORD	8字节 QWORD	10字节 TBYTE	近程 NEAR	远程 FAR
类型值	1	2	4	8	10	−1	−2

4. 注释

任选字段，必须以分号开始，用来解释程序，提高程序可读性。

3.3.3 伪指令

伪指令又称为说明性语句或指示性语句，它没有对应的机器指令，不由 CPU 来执行，而是由汇编程序识别，指示、引导汇编程序完成汇编过程。伪指令本身也不占用存储单元。8086 伪指令如表 3.12 所示。

表 3.12 8086 伪指令

分类	指令名	指令格式	功能说明
字节/字/双字变量定义伪指令	DB/DW/DD	[变量名]{DB/DW/DD} 表达式	预留一个常数项
		[变量名]{DB/DW/DD} ?,?,? ……	用问号(?)定义变量
		[变量名][DW/DD] 地址表达式	预置地址
		[变量名]{DB/DW/DD} 数值 DUP 表达式	预置重复的数值
符号定义伪指令	EQU	符号名 EQU 表达式	为常量、变量、表达式或其他符号定义一个名字,但不分配内存空间
	=	符号名=表达式	与EQU基本相似,起赋值作用
	LABEL	变量名或标号名 LABEL 类型	为当前存储单元定义一个指定类型的变量或标号
段定义伪指令	SEGMENT/ENDS	段名 SEGMENT [定位方式][组合方式]['类别名'] …… 段名 ENDS	把程序模块中的语句分成若干逻辑段
段寄存器说明伪指令	ASSUME	ASSUME 段寄存器:段名 [,段寄存器:段名][,…]	假定段寄存器
位置计数器和定位伪指令	$	$	表示当前位置的计数器
	ORG	ORG 表达式	把表达式的值赋予位置计数器
过程定义伪指令	PROC/ENDP	过程名 PROC [NEAR/FAR] …… RET 过程名 ENDP	对过程进行定义
汇编语言结束伪指令	END	END 表达式	停止对源程序的汇编,是源程序的最后一条语句。表达式表示该汇编程序的起始地址

1. 变量定义伪指令 DB,DW,DD

变量定义伪指令用来定义字节、字或双字变量,有 3 种不同格式,具体见表 3.12。例如:

```
K1   DB  12H                    ; 将 12H 赋给字节变量 K1,见图 3.18
K2   DW  4522H                  ; 将 4522H 赋给字变量 K2,见图 3.18
K3   DD  12345678H
STR1  DB'HELLO'                 ; 将"HELLO"字符串赋给 STR1,见图 3.19
STR2  DB'OK'                    ; 将"OK"字符串赋给变量 STR2,见图 3.19
ASC  DB  2  DUP (?)             ; 分配 2 个字节单元,初值任意
BUF  DW  100  DUP(0)            ; 分配 100 个字单元,初值为 0
ZIP  DB 3  DUP (0,2, DUP(1))    ; 存储单元依次初始化为 0,1,1,0,1,1,0,1,1
```

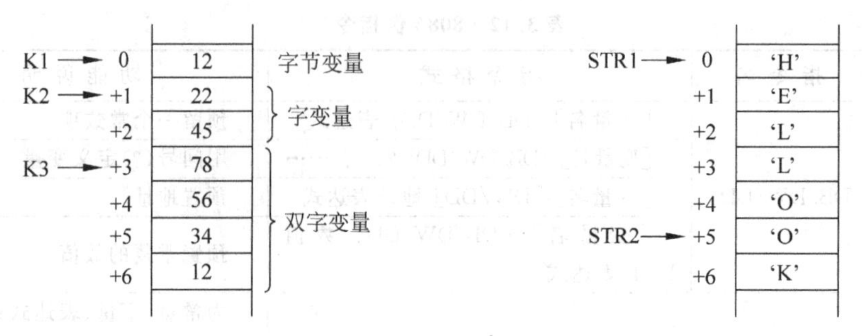

图 3.18 数值变量存储格式　　　　图 3.19 字符串变量存储格式

2. 符号定义伪指令 EQU,＝,LABEL

汇编语言中所有的变量名、标号名、过程名、指令助记符、寄存器名等统称“符号”,这些符号可以通过伪指令重新命名,也可以通过伪指令为其定义其他名字及新的类型属性。

例如:

```
NUM   EQU  12+5                  ; 符号 NUM 等同于 17
CR   EQU   CX                    ; 符号 CR 等同于 CX
X=12                             ; 将 12 赋予符号名 X
X=X+1                            ; 将符号名 X 重新定义,结果 X=13
BYTE_ARRAY   LABEL   BYTE        ; 指定 BYTE_ARRAY 为字节型数组变量
SUBF   LABEL   FAR               ; 指定标号名 SUBF 类型属性是 FAR
```

3. 段定义伪指令 SEGMENT/ENDS

存储器在逻辑上是分段的,各段的定义由伪指令实现,其格式如表 3.12 所示。

格式中 SEGMENT 与 ENDS 必须成对出现,SEGMENT 与 ENDS 之间为段体,给其赋予一个名字,名字由用户指定,前后一致,不可省略,但定位方式、组合方式和类别名是可选的。

(1) 定位方式

定位方式用于指定段的起始地址边界,共有 4 种类型,即 BYTE、WORD(字边界)、PARA(段边界)、PAGE(页边界)。所代表的起始地址如下:

```
BYTE   XXXX XXXX XXXX XXXX XXXX   B
WORD   XXXX XXXX XXXX XXXX XXX0   B
PARA   XXXX XXXX XXXX XXXX 0000   B
PAGE   XXXX XXXX XXXX 0000  0000  B
```

其中,X 表示可为 0 或 1。

(2) 组合方式

组合方式指示连接程序连接本段与其他段的方式,共有 6 种方式:

NONE——表示本段不与任何段连接,这是默认方式。

PUBLIC——表示本段与其他段中用 PUBLIC 说明的同名段互相组合连接成一个逻辑段,逻辑段的长度为各段长度之和。

STACK——表示本段为堆栈段,连接时把所有 STACK 方式的同名端连接成一个逻辑段,由 SS 指向该段的起始地址。

COMMON——表示本段与同名同类别的段共用一段起始地址，即同名同类段相重叠，段的长度是最长段的长度。

MEMORY——表示本段定位在所有其他段之上，即高地址处。若几个段都指出 MEMORY 类型，则汇编程序认为所遇到的第 1 个为 MEMORY 类型，其他段认为是 COMMON 型。

AT——表示本段定位在表达式指定的段地址处，即按绝对地址定位。

(3) 类别名

类别名必须用单引号括起来，表示该段的类别。凡是类别名相同的段在连接时均按先后顺序连接起来。

4. 段寄存器说明伪指令 ASSUME

ASSUME 一般出现在代码段中，用来告诉汇编程序哪一个段寄存器是其对应段的段地址寄存器。因为 SEGMENT/ENDS 在定义不同段时，虽然取了一些意义明显的段名，如 DATA、CODE、STACK 等，但汇编程序仍然不知道哪个对应数据段，哪个对应代码段等。

注意：ASSUME 只是对各段的性质进行了说明，并未向各个段寄存器真正赋值，因此段寄存器实际值(CS 除外)还要由传送指令在执行程序时赋值。

5. 位置计数器 $ 和定位伪指令 ORG

在汇编程序时，为了指示程序中指令或数据在相应段中的偏移地址可使用定位伪指令 ORG 和位置计数器 $ 。

(1) 位置计数器 $

汇编程序时，用 $ 表示当前位置的计数器。正常情况下，汇编程序每扫描一个字节，位置计数器的值加 1。例如：

```
JMP $
```

表示程序跳转到本条指令，即进入死循环状态。该语句一般用于等待中断的发生。

(2) 定位伪指令 ORG

ORG 伪指令用于把表达式的值赋予位置计数器，即通过 ORG 伪指令，可以将位置计数器重新设置，以便其后的指令性语句或数据定义语句可从指定位置处进行汇编。

6. 过程定义伪指令 PROC/ENDP

在程序设计中，常把具有一定功能的程序段设计成一个子程序，又称为过程。汇编语言必须对过程进行定义，确定过程的属性，才可对调用指令 CALL 进行正确汇编。过程一般具有 NEAR 或 FAR 两种类型属性，若不指定，则汇编程序认为是 NEAR 属性。

NEAR 指近过程，表明该过程与调用指令 CALL 处在同一个代码段中，并只能由同一代码段中的程序调用。

FAR 指远过程，表明该过程与调用指令 CALL 处在不同代码段，可以由任何段中的程序调用。

过程的类型属性由过程定义伪指令指定，其格式如表 3.12 所示。过程可以“嵌套”使用，即过程中又可以调用别的过程；过程还可以“递归”使用，即过程中又可以调用过程本身。

编写过程时，最后一条指令必须是返回指令 RET。

7. 宏指令

在用汇编语言书写的源程序中,若有的程序段要多次使用,为了简化程序的书写,除可采用子程序设计方法外,该程序段也可以用一条宏指令来代替。当汇编程序汇编到该宏指令时,仍会产生源程序所需的代码。宏指令使用时要经过3个步骤,即宏定义、宏调用和宏扩展。

(1) 宏定义

宏定义的格式如下:

```
宏指令名 MACRO [形式参数1,形式参数2, … ]
宏定义体(指令序列)
ENDM
```

其中形式参数是任选项,可以用来代替宏定义体中某些参数或符号。在代换指令中的符号时,在其前面要加一个宏代换符&。宏定义一般易出现在程序的开头,即堆栈段、数据段、代码段之前。

(2) 宏调用

在程序中直接引用宏指令名称为宏调用,宏调用时形式参数要用实际参数代替,顺序应与形式参数的顺序相同。

(3) 宏扩展

有宏指令的汇编语言源程序在汇编后,在引用宏指令(即宏调用语句)的地方插入宏定义体的过程称为宏扩展。

例如:设SHIFT为宏指令名,而X、Y、Z为形式参数,宏定义:

```
SHIFT  ACRO   X,Y,Z
       MOV    CL ,X
       S&Z    Y,CL
       ENDM
```

宏调用:

```
SHIFT  4,AL,AL
```

宏调用语句相应的宏扩展:

```
+ MOV   CL,4
+MOV    AL,CL
```

宏指令与子程序有许多类似之处:它们都是一段相对独立的、完成某种功能的、可供调用的程序模块,定义后可多次调用。宏定义简化了源程序的书写,但不减少目标码。宏汇编程序在汇编时把宏定义体插入源程序中,不节省目标程序所占的内存单元;而子程序多次调用时目标代码不占用存储空间,但调用时间较长一些。

3.4 汇编语言程序的上机过程

3.4.1 上机运行的软件环境

汇编语言编写的源程序要经过编辑、汇编、连接和调试这4个步骤才能最终生成可执行程序,在DOS操作系统下,编辑、修改和运行汇编程序,需要用文本编辑软件、宏汇编程序、连接程序和调试程序。

文本编辑软件有EDIT.EXE等;宏汇编程序有MASM.EXE,TASM.EXE等;连接程序有LINK.EXE,TLINK.EXE等;调试程序有DEBUG.EXE,TD.EXE等。

利用Turbo C集成的开发调试环境,可以完成汇编源程序的编辑、修改、汇编、连接和调试。

3.4.2 上机过程

汇编语言程序上机过程如图3.20所示。

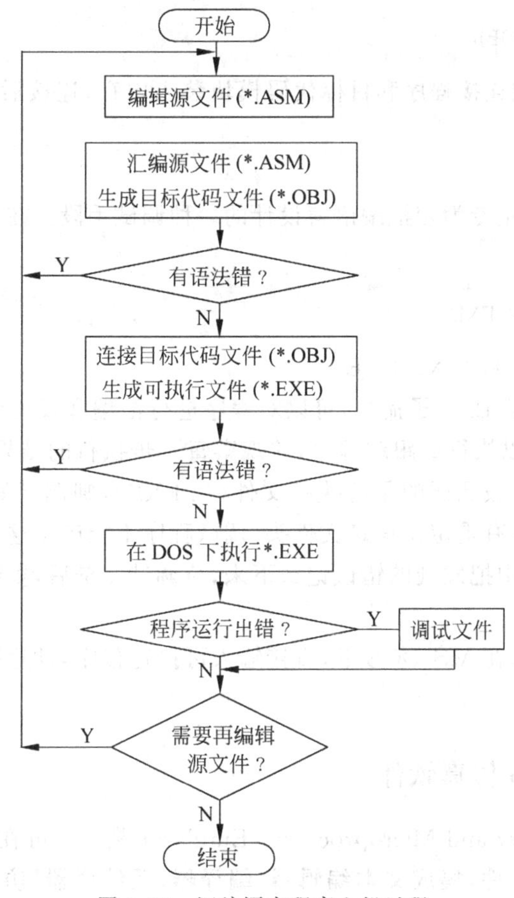

图3.20 汇编语言程序上机过程

1. 编辑源程序

设要编辑例3.9的源程序,在MS-DOS方式下输入以下命令:

C:\ASM>EDIT X2.ASM

编辑文件名为X2.ASM的源文件,源文件的扩展名必须为.ASM。这里,C:\ASM>表示源程序所在的目录。

2. 汇编源程序

汇编源程序的主要功能是将由汇编语言(助记符)编写的源程序翻译成用机器语言(二进制代码)编写的目标程序。在MS-DOS方式下,输入以下命令:

```
C:\ASM>MAS MX2.ASM
```

这时,MS-DOS将装入并启动执行汇编程序,对源程序X2.ASM汇编。

3. 目标程序连接

汇编无错后,需要连接程序(LINK.EXE)来连接汇编程序生成的目标代码文件(.OBJ)以及指定的库文件,产生一个可执行文件(.EXE)。

在MS-DOS方式下,输入以下命令:

```
C:\ASM>LINK X2.OBJ
```

这时MS-DOS将把连接程序和目标代码模块装入内存,连接后若没有错误,即可产生可执行程序X2.EXE。

4. 程序调试与运行

调试程序DEBUG是专为宏汇编语言设计的一种调试手段。在MS-DOS方式下,输入以下命令:

```
C:\ASM>DEBUG X2.EXE
```

即可启动DEBUG程序,调入X2.EXE。

DEBUG程序提供了18条子命令,可以对程序进行汇编和反汇编;可以观察和修改内存及寄存器的内容;可以执行或跟踪程序,并观察每一步执行的结果;可以读/写盘上的扇区或文件等。但是,如果被调试的是可执行文件(*.EXE),则调试好的文件不能写回磁盘上去,因为可执行文件带有重定位信息文件头,调试程序不能产生这些重定位信息。唯一的解决办法是在调试过程中把发现的错误记载下来,待调试完毕后,重新编辑、汇编和连接,产生新的可执行文件。

待调试正确无误后,在MS-DOS下,直接输入可执行程序名即可运行该程序:

```
C:\ASM>X2
```

3.4.3 Emu8086仿真软件

Emu8086-Assembler and Microprocessor Emulator是一个可在Windows环境下运行的8086CPU汇编仿真软件,集成文本编辑器、编译器、反编译器、仿真调试、虚拟设备和驱动器于一体,并具有在线使用指南,可视化的工作环境使其操作更容易。该软件完全兼容Intel新一代处理器,包括了Pentium Ⅲ、Pentium 4的指令。Emu8086仿真器在模拟的PC中执行程序,避免了程序运行时到实际的硬盘或内存中存取数据。通过在仿真器中单步执行或连续执行程序,可以动态观察各寄存器、标志位以及存储器中的变化情况,是一个帮助学习和理解汇编语言程序的有用工具。

新建和调试一个汇编语言源程序的基本过程如下。

1. 新建程序

启动软件,界面如图3.21所示,单击图中的new选项,软件会弹出如图3.22所示的选择界面。若选择图 3.21 中的 code examples 则进入软件自带的程序实例，供用户学习参考。为新建一个完全空的文档，勾选图 3.22 中 empty workspace 选项。新建程序时需选择不同的程序模板，以便系统保存相应格式的文件。

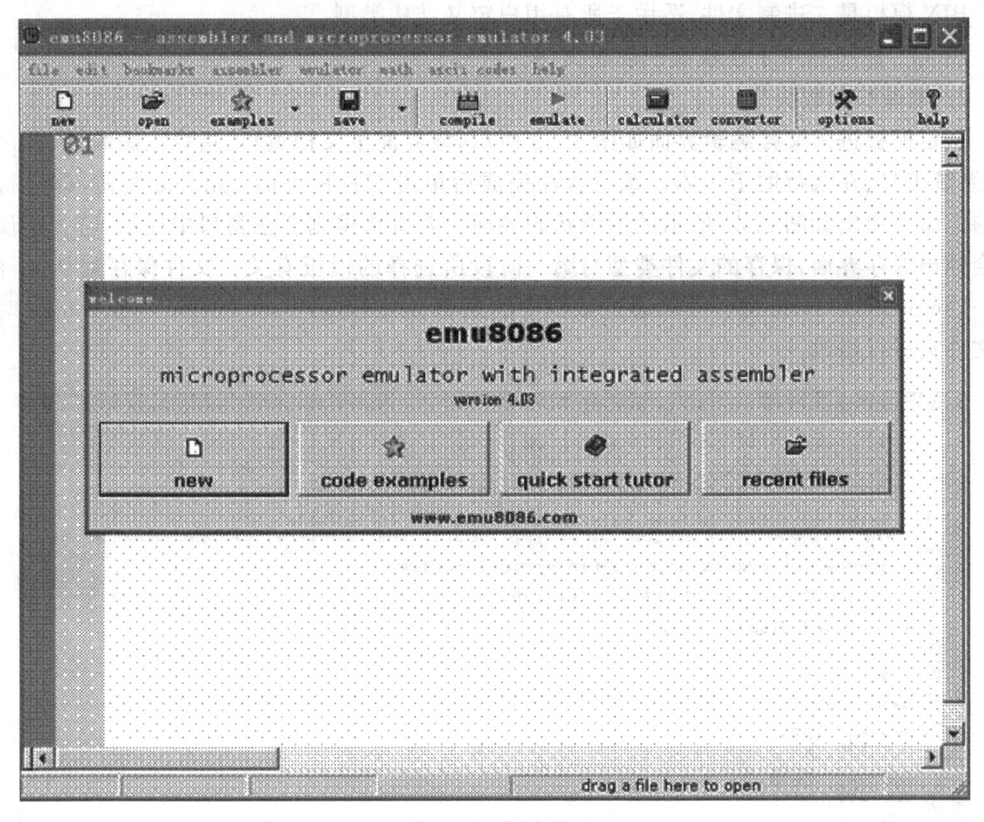

图 3.21 启动界面

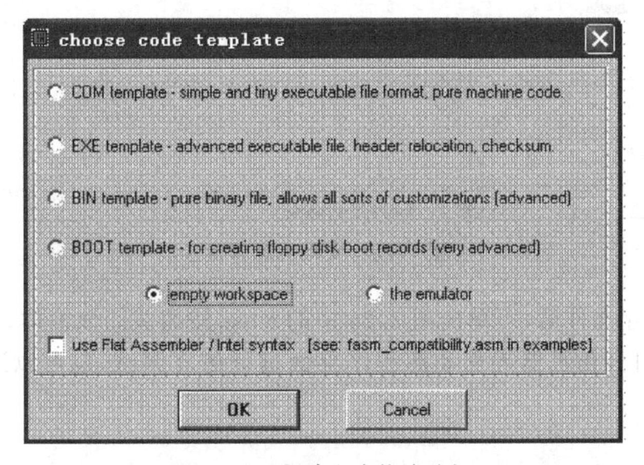

图 3.22 新建文本格式选择

COM 模板适用于简单且不需分段的程序，所有内容均放在代码段中，程序代码默认从 ORG 0100H 开始。

EXE模板适用于需分段的复杂程序,内容按代码段、数据段、堆栈段划分。需要注意的是,采用该模板时,不可将代码段人为地设置为ORG　0100H,而应由编译器自动完成空间分配。

BIN模板是二进制文件,适用于所有用户定义结构类型。

BOOT模板适用于在软盘中创建文件。

2. 编译和加载程序

选定模板进入文档编辑界面如图3.23所示,该界面集文档编辑、指令汇编编译、程序加载、系统工具、在线帮助于一体。编写程序完成后单击工具栏上的compile按钮,即进行程序的汇编并弹出如图3.24所示的编译状态界面。若有错误则会在窗口中提示,若无错误则还会弹出保存界面,保存的文件类型与第一阶段所选择的模板有关。文件保存默认文件夹为…\emu8086\MyBuild\,可以通过菜单中的条目assembler/ set output　directory对默认文件夹进行修改。

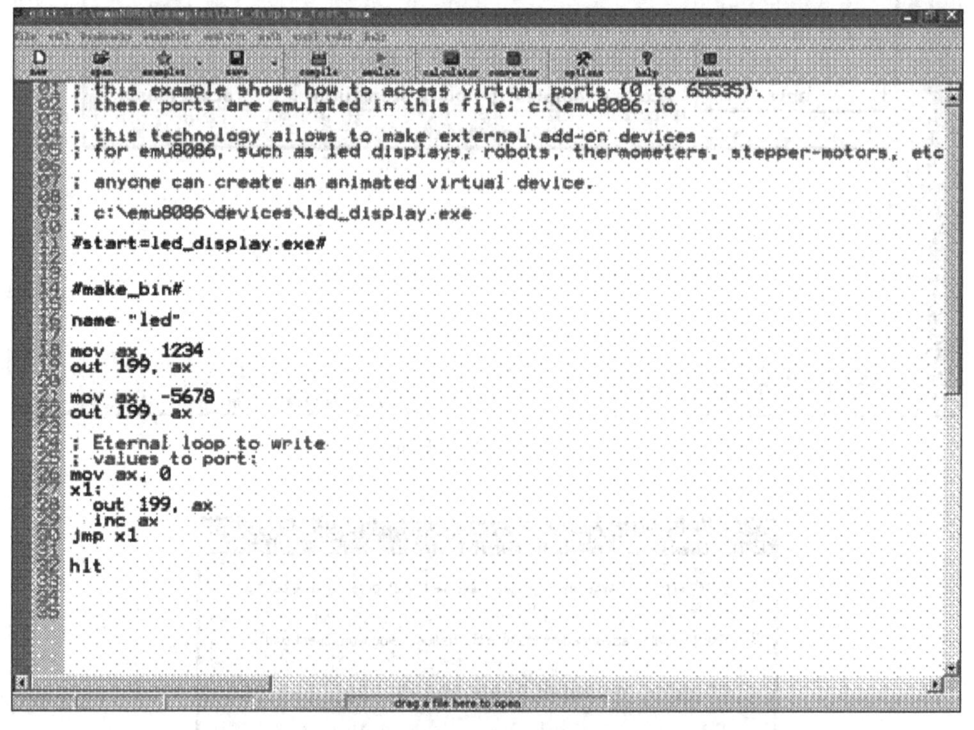

图3.23　文档编辑界面

完成编译和保存文件后,可单击图3.24中的close按钮关闭该窗体,再利用工具栏上的emulate仿真按钮打开仿真器界面和源程序界面进行仿真调试,也可以通过单击run按钮直接运行程序。

3. 仿真调试

当完成程序汇编编译后,利用工具栏中的emulate按钮将编译好的文件加载到仿真器进行仿真调试,也可以用菜单栏中的assembler/compile and load in the emulation或emulator/assemble and load in the emulator打开仿真器。仿真器界面中显示寄存器内容、机器码、源代码等的区域如图3.25所示。

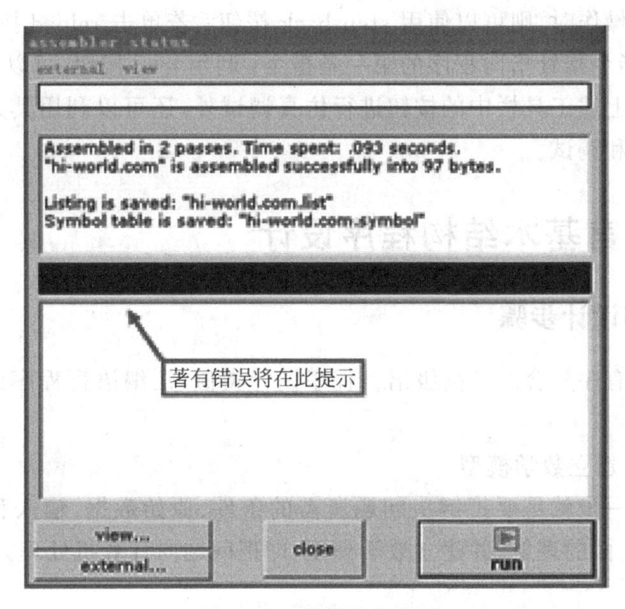

图 3.24 编译状态界面

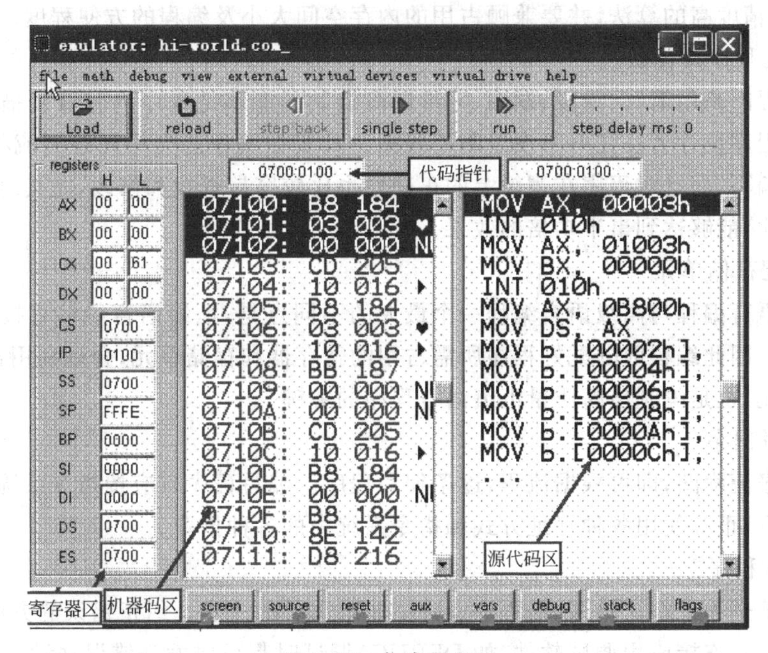

图 3.25 仿真器界面

将程序加载到仿真器后，会同时打开仿真器界面和源程序界面，同时看到源代码和编译后的机器码。单击任意一条源程序指令，则对应的机器代码显示为被选显示状态，上面的代码指针也会相应变化，同时还可以看到数据段和堆栈段中各变量或数据在存储器中的情况。

利用工具栏中的 single step 单步操作按钮进行单步跟踪调试，可以更仔细地观察到各寄存器、存储器、变量、标志位等情况，对于在程序初始调试时观察指令运行结果是否正确合理十分有用；当程序调试完毕或需要连续运行观察结果时，则可以使用 run 连续执行按钮；

当希望返回上一步操作时,则可以使用 step back 按钮;若单击 reload 按钮,则仿真器会重新加载程序,并将指令指针指向程序的第一条指令;利用 load 按钮,可以从文件夹中加载其他程序。除了使用上述工具栏中的按钮进行仿真调试外,还可以利用其菜单中的其他功能进行更高级的设置和调试。

3.5 汇编语言基本结构程序设计

3.5.1 程序设计步骤

程序是指令的有序集合。与高级语言程序设计类似,汇编语言程序设计过程可归纳成以下 7 个步骤。

(1) 分析问题,建立数学模型

程序设计的第一步就是要把解决问题所需的条件、原始数据、输入和输出信息等搞清楚,对问题有一个全面的理解,并建立数学模型,即把问题向计算机处理方式转化。

(2) 确定算法

理解问题并建立数学模型后,还需要确定符合计算机运行的算法。一般优选逻辑简单、运算速度快、精度高的算法,并要兼顾占用的内存空间大小及编程的方便程度。

(3) 绘制程序流程图

程序流程图是用箭头、线段、框图、菱形图等绘制的能够把程序内容直接描述出来的一种图。初学程序设计者往往不习惯绘制流程图。其实在编程前先构思绘制流程图,不仅能加速程序的编写,而且对程序在逻辑上的正确性也比较容易查找和修改,尤其对比较复杂的程序更是如此,能够达到事半功倍的效果。

(4) 分配存储单元

用汇编语言编程与高级语言编程一个最大的不同点是,汇编语言能够直接调用寄存器和存储单元。因此编程前分配好程序所需占用的寄存器和存储单元,合理利用寄存器,充分利用存储单元,也是编制出高质量汇编语言程序的关键。

(5) 编写程序

有了程序流程图,即可根据流程,逐条编写程序。编写程序时应按指令系统和伪指令的语法规则进行,正确使用各种寻址方式和指令系统中的各种指令。

(6) 调试程序

程序调试是为了纠正错误,是程序设计中非常重要的一步。纠正错误的方法有很多,例如在编辑、汇编、连接或用调试软件(如 DEBUG)调试时都可以发现错误并设法修改程序。

(7) 程序优化

大多数情况下,程序经调试无误后就算完成了整个程序设计工作。但对于一些较高级的应用,还应考虑程序优化问题,即从算法效率、占用空间、执行速度等方面对程序进行改进,以达到最优。

下面将根据程序的几种基本结构(顺序程序、分支程序、循环程序、子程序)分别举例,介绍 8086CPU 的汇编语言程序设计的一般方法。应该说,任何复杂的程序结构都可看作是这些基本结构的组合。

3.5.2 顺序程序

顺序程序是最简单的程序结构，程序的执行是"从头到尾"逐条执行，执行的顺序也就是指令的编写顺序。顺序程序是程序的基本形式，任何程序都离不开这种形式，而顺序程序设计最重要的环节就是安排好指令的先后次序。

例 3.10 从键盘输入 0 至 9 中任一自然数 X，求其立方值。

分析：求一个数的立方值可以利用乘法和查表方法来实现，在本例中利用查表方法来实现。构造一个立方表，事先将 0 至 9 的立方存放在表中，求 0 至 9 的立方值可直接从表中查出。

表存储单元分配：字节变量 X 存放输入的自然数 X，字变量 XXX 中存放 X 的立方值。从表结构可知，X 的立方值在表中的存放地址与 X 有如下对应关系：

(TAB+2 * X)＝X 的立方值

源程序如下：

```
DATA   SEGMENT
INPUT  DB "PLEASE INPUT X(0…9): $"
TAB    DW  0,1,8,27,64,125,216,343,512,729
X      DB  ?
XXX    DW  ?
DATA   ENDS
CODE   SEGMENT
  ASSUME CS: CODE, DS: DATA, SS: STACK
START: MOV   AX, DATA
MOV    DS, AX
MOV    AH, 9
LEA    DX, INPUT
INT    21H          ; 显示字符串
MOV    AH, 1
INT    21H          ; 等待键盘输入字符，并将其 ASCII 码存入 AL 中
AND    AL, OFH
MOV    X, AL
ADD    AL, AL
MOV    BL, AL
MOV    BH, 0
MOV    AX, TAB [BX]
MOV    XXX, AX
MOV    AH, 4CH
INT    21H
CODE   ENDS
END START
```

3.5.3 分支程序

分支程序是利用条件转移指令来进行逻辑判断，并根据判断的结果(即条件是否满足)来改变程序执行的次序，形成程序的分支。一般来说，它经常先用比较指令或数据操作及位检测指令等改变标志寄存器各个标志位，然后用条件转移指令进行分支。分支有两分支和多分支。对于两分支，若条件 P 成立，则执行 A；否则执行 B。两分支程序结构如图 3.26

所示。多分支程序结构如图 3.27 所示。

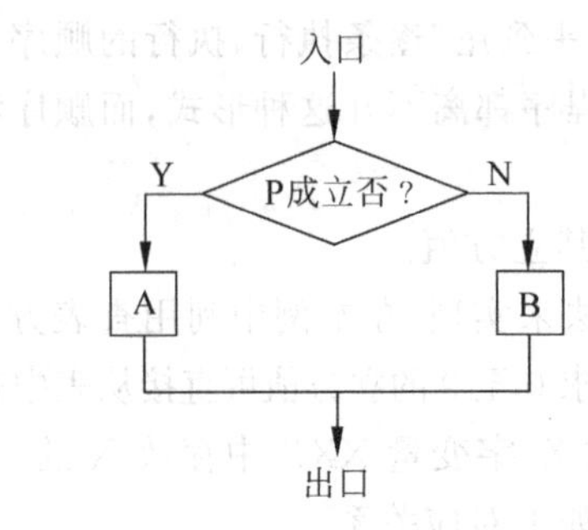

图 3.26 两分支程序结构

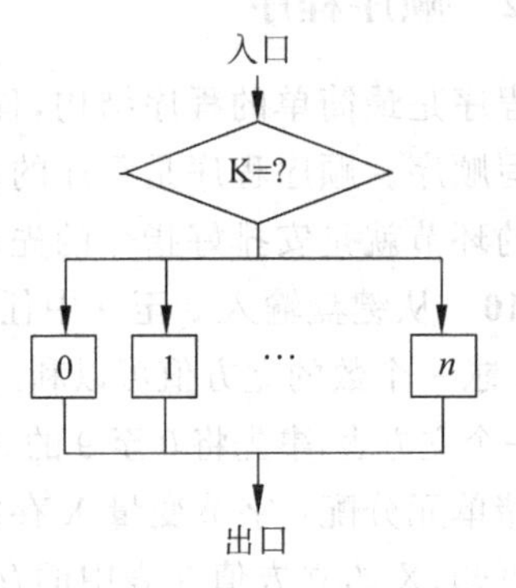

图 3.27 多分支程序结构

例 3.11 试编写程序段，设 X，Y 为有符号数，分别存在 AX、BX 中，若 X>Y，则显示 A，否则显示 B。

解：

```
        CMP  AX,BX
        JG   DISPA
        MOV  DL,'B'
        JMP  DISP
DISPA:  MOV  DL,'A'
DISP:   MOV  AH,02H
        INT  21H
```

例 3.12 试编写程序段，实现如下函数。其中 X，Y 为无符号字节数。

$$Z=\begin{cases}-1 & (X<Y)\\ 0 & (X=Y)\\ 1 & (X>Y)\end{cases}$$

分析：这是一个一支分三支的程序，可通过两次条件判断的简单分支来实现，具体程序流程如图 3.28 所示。

```
SIGN:MOV  AL, X
     MOV  BL, Y
     CMP  AL, BL
     JE   C1            ; X=Y,转到 C1
     JA   C2            ; X>Y,转到 C2
     MOV  AL, -1
EXT: MOV  Z, AL         ; 存结果,返回
     RET
C1:  MOV  AL, 0
     JMP     EXT
C2:  MOV  AL, 1
     JMP     EXT
```

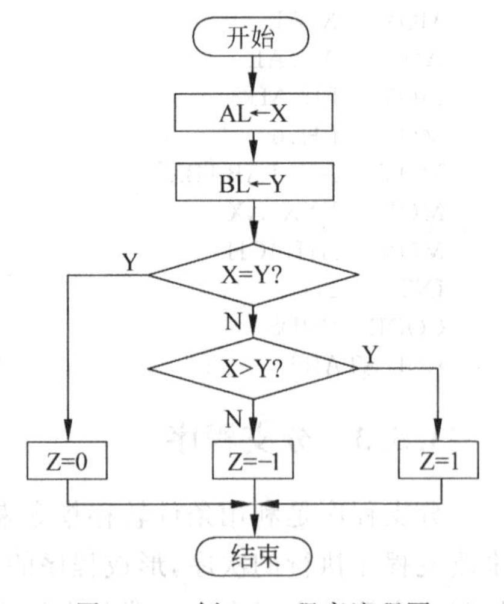

图 3.28 例 3.12 程序流程图

例 3.13 设有 32 种产品的编号分别为 0～31，不同的产品对应有自己的处理子程序名，分别为 SUB0，SUB1，…，SUB31。试编写程序，要求能按照已知产品

编号转到相应加工子程序处理。

分析：这是一个典型的多路分支程序，每个子程序的入口地址占用 2 个字节，因此需将产品编号的值乘以 2，再加上表首入口地址的偏移地址，即可得到编号对应的子程序入口地址，利用调用指令即可实现子程序调用。

```
BX=入口地址表首偏移地址+AL＊2
DATA        SEGMENT
TABADDDW    SUB0                        ；0＃子程序入口地址
            DW   SUB1                   ；1＃子程序入口地址
            …
            DW   SUB31                  ；31＃子程序入口地址
BN          DB   ?                      ；BN 中存放某一产品编号
DATA        ENDS
STACK       SEGMENT  PARA STACK  'STACK'
            DB  100 DUP(?)
STACK       ENDS
CODE        SEGMENT
            ASSUME  CS: CODE, DS:DATA, SS:STACK
START       PROC  FAR
BEGIN:      PUSH  DS
            MOV  AX, 0
            PUSH  AX
            MOV  AX, DATA
            MOV  DS, AX
            MOV  AL, BN                 ；取产品编号
            MOV  AH, 0                  ；AH 清 0
            MOV  CL,1
            SHL  AX, CL                 ；AX 左移 1 次相当于乘以 2
            MOV  BX, OFFSET TABADD      ；取表首的偏移地址
            ADD  BX, AX                 ；加上 AL＊2
            CALL  WORD PTR [BX]         ；调用段内子程序
            RET
START       ENDP
SUB0        PROC
            …
            RET
SUB0        ENDP
SUB1        PROC
            …
            RET
SUB1        ENDP
            …
SUB31       PROC
            …
            RET
SUB31       ENDP
CODE        ENDS
            END  BEGIN
```

3.5.4 循环程序

顺序程序和分支程序设计中,每条指令最多执行一次,但实际的程序设计中,为了缩短程序所占的存储单元,提高程序的指令,往往要求某一段程序反复执行多次,这时就可以采用循环程序设计。循环程序一般由 4 部分组成。

(1) 循环初始化

循环初始化位于循环程序开头,用来设置循环的初始状态,包括设置各寄存器和内存单元的内容、计数的长度、某些标志位等。

(2) 循环处理

循环处理位于循环体内,是循环程序的主体部分,通过反复执行来完成数据的具体处理。

(3)循环控制

循环控制也在循环体内,用于控制循环是否继续,常常由循环计数器修改和条件转移语句等组成。

(4) 循环结束

循环结束部分位于循环体后,用于分析和存放循环处理的最终结果。

循环程序通常有两种编写方法:一种是先循环处理后循环控制(即先处理后判断的 Do-While 结构);另一种是先循环控制后循环处理(即先判断后处理的 While 结构),如图 3.29 所示。

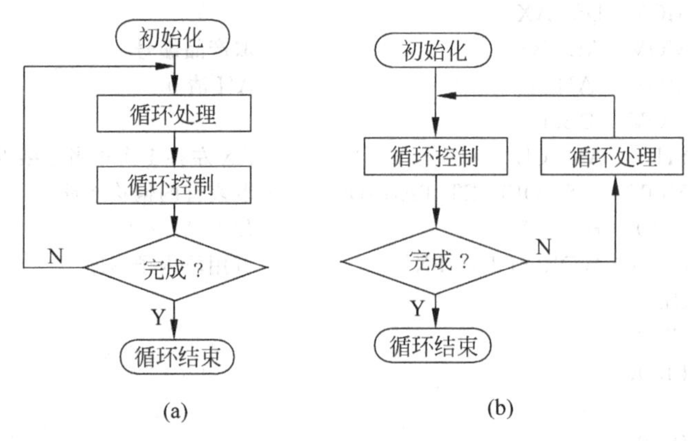

图 3.29 常用的循环结构示意图

(a) Do-While 结构;(b) While 结构

例 3.14 在 BLOCK 内存区中有一串字符,试编程统计“$”之前的字符个数。

解:
```
DATA   SEGMENT
BLOCK DB'HOW ARE YOU$XY'
COUNT EQU   $-BLOCK              ;COUNT 为 BLOCK 中所有字符个数
MEMD  B 0                        ;存放统计的字符个数
DATA   ENDS
CODE   SEGMENT
       ASSUME CS:CODE, DS:DATA
START:MOV  AX, DATA
```

```
        MOV  DS, AX
        MOV  SI, OFFSET  BLOCK ; SI 指向 BLOCK 中的第一个字符
        MOV  CX, COUNT         ; CX 为循环次数
LOOP1:MOV  AL, [SI]
        CMP  AL, '$'
        JZ   DONE
        INC  BYTE PTR MEM      ; 字符个数加 1
        INC  SI                ; SI 指向下一个字符
        LOOP LOOP1             ; 未完,循环
DONE:  MOV  AX, 4C00H          ; 结束程序,返回 DOS
        INT  21H
CODE   ENDS
        END  START
```

例 3.15 求 S=1+2+3+…+100。

解:

```
DATA   SEGMENT                  ; 定义数据段
MAX    DW  100
SUM    DW  ?
DATA   ENDS
CODE   SEGMENT                  ; 定义代码段
START PROC  FAR
       ASSUME CS:CODE,DS:DATA,SS:STACK
BEGIN: PUSH   DS                ; DS 压栈
       MOV    AX, 0
       PUSH   AX                ; 00 压栈
       MOV    AX, DATA
       MOV    DS, AX            ; 置数据段
       MOV    AX, 0             ; 累加器清 0
       MOV    CX, MAX           ; 循环控制 CX=MAX
       MOV    BX, 1             ; 初始加数用 1
AGAIN: ADD    AX, BX            ; 累加求和
       INC    BX                ; 下一个数
       LOOP   AGAIN             ; 循环转 AGAIN
       MOV    SUM, AX           ; 求和结果存 SUM 中
       RET
       START ENDP
CODE   ENDS
       END    BEGIN
```

此外,有些情况下,在循环体内还可嵌套循环,这种结构称为多重循环。多重循环常用于软件延时程序或二维数组处理等。

软件延时程序:

```
DELAY:    MOV DX, 3FFH
TIME:     MOV AX, 0FFFFH
TIME1:    DEC AX
          NOP
          JNE  TIME1
          DEC  DX
          JNE  TIME
          RET
```

3.5.5 子程序

程序设计中,往往需要在一个程序的不同位置完成相同或相似功能操作的程序段,这时便可把完成这一操作的程序段编成子程序。子程序是指完成确定任务并能为其他程序反复调用的程序段。采用子程序设计可使源程序及目标程序大大缩短,提高程序设计的效率和可靠性。

调用子程序的程序称为主程序或调用程序,子程序执行完后必须返回主程序或调用程序。同一程序既可作为另一程序的子程序,也可以有自己的子程序。也就是说,子程序可以嵌套,嵌套的深度和堆栈区大小有关。

编写子程序时应注意以下问题:

① 子程序的第一条指令之前必须有标号。

② 主程序调用子程序通过安排在主程序中的调用指令实现,子程序返回主程序则必须在子程序的末尾安排一条 RET 返回指令。

③ 子程序需要保护现场,即进入子程序时需要保护寄存器和内存单元的内容,从子程序返回前又需要恢复这些被保护的内容。这样做是为了保证此子程序的执行不会影响主程序和其他相关子程序的运行状态。

④ 主程序在调用子程序时,一方面初始数据要传给子程序;另一方面子程序运行结果要传给主程序,因此主程序和子程序之间参数传递是非常重要的。

参数传递一般有以下 3 种方法:

① 利用寄存器。这是一种最常见的方法,把所需传递的参数直接放在主程序的寄存器中传递给子程序。

② 利用存储单元。主程序把参数放在公共存储单元,子程序从公共存储单元取得参数。

③ 利用堆栈。主程序将参数压入堆栈,子程序运行时则从堆栈中取参数。

例 3.16 利用寄存器做参数传递,编程实现数组 ARRAY 中所有字节数据的求和计算,并将和存于 SUM 单元中。

解:程序如下:

```
DATA    SEGMENT
ARRAY  DB x1, x2, x3, …, xn
COUNT  EQU   $ -ARRAY              ; COUNT 为数组中的数据个数
SUM     DW     ?                     ; SUM 存放数组和
DATAE  NDS
STACK  SEGMENT  PARA  STACK'STACK'
        DB  100 DUP(?)
STACK  ENDS
CODE    SEGMENT
        ASSUME  CS: CODE, DS: DATA, SS:STACK
START: MOV  AX, DATA
        MOV  DS, AX
        LEA   SI, ARRAY              ; 入口参数准备,将需要传递的参数送入寄存器
                                     ; SI=数组首址
        MOV  CX, COUNT              ; CX=数组长度
```

```
        CALL  SUM1            ; 调用子程序求和,返回值在AX中
        MOV   SUM, AX         ; 和存放于SUM单元
        MOV   AH, 4CH         ; 返回DOS
        INT   21H
SUM1    PROC  NEAR            ; 子程序SUM1,求字节数组合
        CMP   CX, 0
        JZ    EXIT
        MOV   AX, 0           ; 出口参数: AX=数组和
AGAIN:  ADD   AL, [SI]
        ADC   AH, 0
        INC   SI
        LOOP  AGAIN
EXIT:   RET
SUM1    ENDP
CODE    ENDS
        END   START
```

3.5.6 DOS和BIOS的中断功能调用

1. DOS和BIOS中断功能调用的步骤

为给编写汇编语言源程序提供方便,DOS和BIOS系统中设置了几十个内部子程序,它们可完成I/O设备管理、存储管理、文件管理和作业管理等功能。对用户而言,它们就是几十个独立中断服务程序,它们的入口已由系统置入中断入口地址表中,在汇编语言源程序中可用软中断指令INT n调用它们。

执行INT n后即可进入中断服务程序进行处理,而往往一个中断服务程序有多种功能,因此每种功能可用一个相应的编号表示,称为功能号。此外,对应某一中断矢量的某一功能,往往还需要指出其规定的输入参数,中断服务完毕后,还会有相应的输出。

DOS和BIOS中断功能调用的步骤如下:

① 功能号送AH;

② 设置入口参数;

③ 执行功能调用(INT n);

④ 分析出口参数。

2. 常用DOS系统功能调用

在DOS功能调用中,功能最多的就是矢量号为21H的矢量中断,即INT 21H,它是系统功能调用,包含有80多个子程序,每个子程序对应一个功能号,编号为0~57H。下面选用一些常用的系统功能调用做简要说明。

(1) 键盘输入并显示单字符

调用格式:
```
MOV   AH, 01H
INT   21H
```

功能:等待从键盘输入一个字符并将输入字符的ASCII码送入寄存器AL中,同时在显示器上显示该字符。

入口参数:无;出口参数:AL=输入的ASCII码字符。

(2) 显示单个字符

调用格式：
```
MOV   AH, 02H
MOV   DL, '字符'
INT   21H
```

功能：将 DL 中的字符送显示器显示。

入口参数：DL＝待显字符的 ASCII 码；出口参数：无。

(3) 无回显键盘输入单字符

调用格式：
```
MOV   AH, 08H
INT   21H
```

功能：与(1)相似，但只从键盘上输入而不显示字符。

入口参数：无；出口参数：AL＝输入的 ASCII 码字符。

(4) 显示字符串

调用格式：
```
MOV   AH, 09H
MOV   DX, OFFSET STRING
INT   21H
```

功能：在显示器上显示以'$'(24H)为结束符的字符串。若显示的字符串要求换行，可在字符串中加入 0DH,0AH 控制码。

入口参数：DS:DX＝字符串的首地址；出口参数：无。

(5) 键盘输入字符串

调用格式：
```
MOV   AH, 0AH
MOV   DX, OFFSET BUF
INT   21H
```

功能：从键盘上往指定缓冲区中输入字符串并送显示器显示。

入口参数：DS:DX＝缓冲区首地址；出口参数：输入的字符串及字符个数。

3. 常用 BIOS 调用

BIOS(basic input and output system)为基本输入输出系统，它提供了最底层的控制程序。操作系统和用户程序都是建立在 BIOS 的基础之上。BIOS 中颇具特色的是显示中断子程序，其矢量号是 10H，下面对其部分功能做简要介绍。

(1) 设置显示器显示模式

调用格式：
```
MOV   AH, 00H
MOV   AL, 03H
INT   10H
```

功能：设置显示器为 80×25 行，16 色文本方式。

入口参数：AL＝显示方式号(0～7)。

(2) 设置光标大小

调用格式：
```
MOV   AH, 01H
MOV   CH, 0
MOV   CL, 12
INT   10H
```

功能：将光标设置成一个闪烁方块。

入口参数：CH＝光标顶值(范围：0～11)；

CL＝光标底值(范围：0～12)。

(3) 设置光标位置

调用格式：
```
MOV   AH, 02H
MOV   BH, 00H
MOV   DH, 06H
MOV   DL, 14H
INT   10H
```

功能：设置光标在第 6 行,第 20 列的位置。

入口参数：BH＝页号,通常取 0 页；

DH＝行号,取值 0～24；

DL＝列号,对于 40 列文本,取值 0～39,对于 80 列文本,取值 0～79。

4. 用户程序与 DOS 的接口

当 DOS 加载一个可执行文件的程序代码到内存中时,它首先为该程序建立一个程序段前缀 PSP；其次把可执行文件的程序代码加载到 PSP 后续的地址上,CS 指向可执行程序代码的起始地址,而 DS 和 ES 由 DOS 进行初始化,并赋予 PSP 的段地址。

1) 程序段前缀 PSP

程序段前缀 PSP 是一个 256 字节的区域,从页的边界开始存放。其信息区的字段分布如表 3.13 所示。

表 3.13 程序段前缀 PSP 信息区的字段分布

偏移地址	内容、含义	偏移地址	内容、含义
00-01H	程序结束指令中断 20H	2E-31H	保留
02-03H	分配给该程序的最后段的段地址	32-33H	文件句柄表的长度
04-09H	保留	34-37H	指向文件句柄表的远指针
0A-0DH	中断 22H 的地址(处理终止程序)	38-4FH	保留
0E-11H	中断 23H 的地址(处理^Break)	50-51H	中断 21H 的功能调用
12-15H	中断 24H 的地址(处理严重错误)	52-5BH	保留
16-17H	保留	5C-6BH	参数区 1
18-2BH	默认的文件句柄表	6C-7FH	参数区 2
2C-2DH	程序环境块的段地址	80-FFH	存储默认 DTA 的缓冲区

2) 用户程序与 DOS 的接口

在操作系统下,用户程序的主程序,对于操作系统而言也是一个过程,且必须说明为 FAR 属性。因此,例 3.9 中的主程序采用过程编写的方法如下：

```
CODE    SEGMENT
        ASSUME  CS: CODE, DS: DATA, ES: EXTRA, SS: STACK
BEGIN   PROC  FAR
START:  PUSH  DS                ; 保存程序段前缀 PSP 的段地址
        MOV   AX, 0             ; AX 清 0
        PUSH  AX                ; 保存程序段前缀 PSP 的偏移地址(0000H)
        MOV   AX, DATA          ; 取数据段段地址
        MOV   DS, AX            ; 给 DS 重新赋值
```

```
        …
        …
        RET                     ;返回 DOS
BEGIN   ENDP
CODE    ENDS
        END    START
```

以上程序的第1～3句把PSP的段地址和偏移地址(0000H)压入堆栈保存。主程序的最后一条指令为返回指令RET,它把PSP的段地址和偏移地址从堆栈中弹出,程序将转到PSP的起始地址,而该地址处放了一条INT 20H指令,执行返回DOS操作,因此程序结束时能返回DOS。

3) 结束用户程序返回DOS的方法

每个源程序在代码段都必须有返回DOS操作系统的指令语句,以保证程序结束后能自动返回DOS状态,中止当前程序。结束用户程序返回DOS的方法有以下几种:

(1) 采用20H软中断调用

系统把中断调用20H作为结束任务返回DOS的一个子程序,故在程序结束时插入INT 20H即可返回DOS。

(2) 用户程序转移到程序段前缀PSP的起始处来返回DOS

这种方法适合于主程序采用过程编写的时候,如前所述。

(3) 采用4CH功能调用

DOS系统功能调用中的4CH号功能就是返回操作系统,因此在用户程序结束后插入以下语句可返回DOS:

```
MOV  AH, 4CH
INT  21H
```

在主程序不以过程形式编写时,常采用此方法。

习题3

3.1 判断下列指令书写是否正确:

(1) MOV AL, BX　　(2) MOV AL, BL

(3) MOV 4, AX　　(4) MOV CS, 2000H

(5) MOV DS, CS　　(6) MOV BL, F5H

(7) MOV [BX], [SI]

3.2 假定DS=2000H,ES=2100H,SS=1500H,SI=00A0H,BX=0100H,BP=0010H,数据变量VAL的偏移地址为0050H,请指出下列指令源操作数是什么寻址方式?物理地址是多少?

(1) MOV AX,0ABH　　(2) MOV AX,[100H]

(3) MOV AX,VAL　　(4) MOV BX,[SI]

(5) MOV AL,VAL[BX]　　(6) MOV CL,[BX][SI]

(7) MOV VAL[SI],BX　　(8) MOV [BP][SI],100

3.3 已知 SS＝0FFA0H，SP＝00B0H，先执行两条把 8057H 和 0F79H 分别进栈的 PUSH 指令，再执行一条 POP 指令，试画出堆栈区和 SP 内容变化的过程示意图（标出存储单元的地址）。

3.4 设有关寄存器及存储单元的内容如下：DS＝2000H，BX＝0100H，AX＝1200H，SI＝0002H，[20100H]＝12H，[20101H]＝34H，[20102H]＝56H，[20103H]＝78H，[21200H]＝2AH，[21201H]＝4CH，[21202H]＝0B7H，[21203H]＝65H。试说明下列各条指令单独执行后相关寄存器或存储单元的内容。

(1) MOV AX,1800H　　(2) MOV AX,BX

(3) MOV BX,[1200H]　　(4) MOV DX,1100H[BX]

(5) MOV [BX][SI],AL　　(6) MOV AX,1100H[BX][SI]

3.5 写出实现下列计算的指令序列（假定 X、Y、Z、W、R 都为字变量）：

(1) Z=W+(Z+X)　　(2) Z=W－(X+6)－(R+9)

3.6 若在数据段中从字节变量 TABLE 相应的单元开始存放了 0～15 的平方值，试写出包含有 XLAT 指令的指令序列查找 N(0～15)中的某个数的平方（设 N 的值存放在 CL 中）。

3.7 写出实现下列计算的指令序列（假定 X、Y、Z、W、R 都为字变量）。

(1) Z=(W * X)/(R+6)　　(2) Z=((W－X)/5 * Y) * 2

3.8 假定 DX＝1100100110111001B，CL＝3，CF＝1，试确定下列各条指令单独执行后 DX 的值。

(1) SHR DX,1　　(2) SHL DL,1

(3) SAL DH,1　　(4) SAR DX,CL

(5) ROR DX,CL　　(6) ROL DL,CL

(7) RCR DL,1　　(8) RCL DX,CL

3.9 试分析下列程序完成什么功能：

```
MOV   CL,4
SHL   DX,CL
MOV   BL,AH
SHL   BL,CL
SHR   BL,CL
OR    DL,BL
```

3.10 已知程序段如下：

```
MOV   AX,1234H
MOV   CL,4
ROL   AX,CL
DEC   AX
MOV   CX,4
MUL   CX
INT   20H
```

试问：

(1) 每条指令执行后，AX 寄存器的内容是什么？

(2) 每条指令执行后,CF,SF及ZF的值分别是什么?

(3) 程序运行结束时,AX及DX寄存器的值为多少?

3.11 试分析下列程序段:

```
ADD   AX,BX
JNC   L2
SUB    AX,BX
JNC   L3
JMP      SHORTL5
```

如果AX,BX的内容给定如下:

(1) 14C6H　　80DCH

(2) B568H　　54B7H

该程序在上述情况下执行后,程序转向何处?

3.12 编写一段程序,比较两个5字节的字符串OLDS和NEWS,如果OLDS字符串不同于NEWS字符串,则执行NEW_LESS,否则顺序执行。

3.13 下列语句在存储器中分别为变量分配多少字节空间?并画出存储空间的分配图。

```
VAR1  DB  10,2
VAR2  DW  5DUP(?),0
VAR3  DB  'HOW  ARE  YOU?','$'
VAR4  DD  -1,1,0
```

3.14 假定VAR1和VAR2为字变量,LAB为标号,试指出下列指令的错误之处。

(1) ADD VAR1,VAR2　　(2) SUB AL,VAR1

(3) JMP LAB[SI]　　(4) JNZ VAR1

3.15 对于下面的符号定义,指出下列指令的错误。

```
A1  DB?
A2  DB  10
K1  EQU  1024
```

(1) MOV K1,AX　　(2) MOV A1,AX

(3) CMP A1,A2　　(4) K1 EQU 2048

3.16 数据定义语句如下所示:

```
FIRST     DB   90H,5FH,6EH,69H
SECOND  DB   5 DUP(?)
THIRD     DB   5 DUP(?)
FORTH     DB   5 DUP(?)
```

自FIRST单元开始存放的是一个四字节的十六进制数(低位字节在前),要求:

(1) 编写一段程序将这个数左移两位、右移两位后存放到自SECOND开始的单元(注意保留移出部分);

(2) 编写一段程序将这个数求补以后存放到自FORTH开始的单元。

3.17 试编写程序将内存从40000H到4BFFFH的每个单元中均写入55H,并再逐个单元读出比较,看写入的与读出的是否一致。若全对,则将 AL 置 7EH;只要有错,则将 AL 置 81H。

3.18 在当前数据段 4000H 开始的 128 个单元中存放一组数据,试编写程序将它们顺序搬移到 A000H 开始的顺序 128 个单元中,并将两个数据块逐个单元进行比较;若有错将 BL 置 00H;全对则将 BL 置 FFH,试编程序。

3.19 设变量单元 A,B,C 存放有三个数,若三个数都不为 0,则求三个数的和,存放在 D 中;若有一个为 0,则将其余两个也清 0,试编写程序。

3.20 有一个 100 个字节的数据表,表内元素已按从大到小的顺序排列好,现给定一元素,试编写程序在表内查找,若表内已有此元素,则结束;否则,按顺序将此元素插入表中适当的位置,并修改表长。

3.21 内存中以 FIRST 和 SECOND 开始的单元中分别存放着两个 16 位组合的十进制(BCD 码)数,低位在前。编写程序求这两个数的组合的十进制和,并存到以 THIRD 开始的单元。

3.22 试编写程序,统计由 40000H 开始的 16K 个单元中所存放的字符“A”的个数,并将结果存放在 DX 中。

3.23 在当前数据段(DS),偏移地址为 DATAB 开始的顺序 80 个单元中,存放着某班 80 个同学某门考试成绩。按要求编写程序:

(1) 编写程序统计≥90 分;80～89 分;70～79 分;60～69 分,<60 分的人数各为多少,并将结果放在同一数据段、偏移地址为 BTRX 开始的顺序单元中;

(2) 试编写程序,求该班这门课的平均成绩为多少,并放在该数据段的 AVER 单元中。

3.24 编写一个子程序,对 AL 中的数据进行偶检验,并将经过检验的结果放回 AL 中。

3.25 利用上题的子程序,对 80000H 开始的 256 个单元的数据加上偶校验,试编写程序。

第4章

CHAPTER 4

半导体存储器

半导体存储器用于存放二进制数表示的程序和数据。本章介绍半导体存储器的分类、组成、基本结构、主要性能指标等基础知识，阐述存储器系统的设计和存储器与CPU的连接方法，介绍PC系统的虚拟存储技术、高速缓存技术。

4.1 半导体存储器概述

4.1.1 存储器的分类

存储器种类繁多，工作原理各不相同。从不同的角度，存储器有不同的分类方法。

1. 按所处的位置分类

存储器按所处的位置可分为内部存储器和外部存储器，简称内存和外存，或主存和辅存。

(1) 内存

内存用来存放计算机当前正在使用或者经常使用的程序和数据。CPU通过执行指令可以直接对内存进行读/写操作来实现与存储器之间的信息交换。

内存由大规模集成电路支持的半导体存储芯片组成，主要有双列直插内存芯片(dual in-line package，DIP)和内存条两种形式。

(2) 外存

外存是不直接与CPU连接的存储器，CPU不能直接用指令对外部存储器进行读/写操作，必须通过I/O接口电路才能访问外部存储器。用户程序执行时，操作系统将程序从外存调入内存，执行过程的中间结果暂存在内存中，程序最终的运行结果需要长期保存时，再从内存调入外存中。

在计算机的存储体系中，外存通常只是辅助存储器，用来存放需长期保存的系统程序、数据文件和数据库等。外存容量大，但存取速度慢，微机系统中常作为外存的有硬磁盘、光盘等。

2. 按半导体制造工艺分类

半导体存储器按半导体制造工艺可以分为双极型和金属氧化物半导体型两类。

1）双极型

双极（bipolar）型由晶体管逻辑电路（transistor-transistor logic，TTL）构成。该类存储器件的工作速度快，与 CPU 处在同一量级，但集成度低、功耗大、价格偏高，在微机系统中常用作高速缓存器。

2）金属氧化物半导体型

金属氧化物半导体（metal-oxide-semiconductor）型简称 MOS 型。该类型有多种制作工艺，如 NMOS、HMOS、CMOS、CHMOS 等；可用来制作多种半导体存储器件，如静态 RAM、动态 RAM、EPROM 等。该类存储器的集成度高、功耗低、价格便宜，但速度较双极型器件慢。微机的内存主要由 MOS 型半导体芯片构成。

3. 按存取方式分类

如图 4.1 所示，内存中使用的半导体存储器可以分为随机存取存储器（RAM）和只读存储器（ROM）两大类。随机存取存储器在 CPU 运行过程中能随时进行数据的读出和写入，其中的静态 RAM（SRAM）工作速度快、稳定可靠，但集成度较低，功耗也较大，常用作微型系统的高速缓冲存储器（Cache）；动态 RAM（DRAM）集成度高，成本低、功耗少，但工作速度相对慢，常用作微型机系统的内存。RAM 在断电后存储信息会全部丢失。

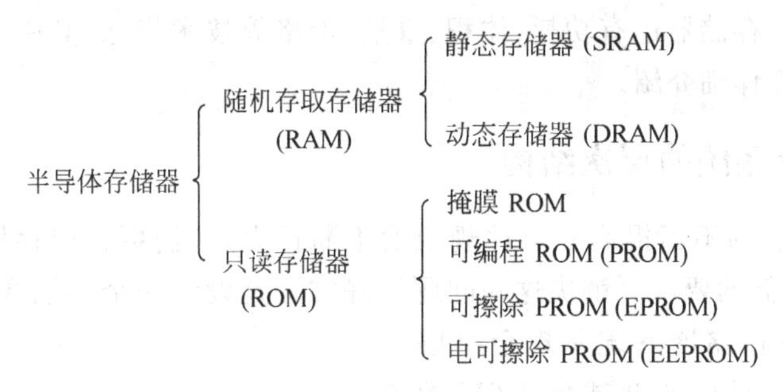

图 4.1 半导体存储器的分类

只读存储器是在程序运行中只能读出而不能随机写入的固定存储器。它包括多种类型：掩膜 ROM 是一经厂家制作完成就不能更改存储内容的 ROM，批量成本低，只适合于存储成熟的固定程序和数据；PROM 是写入一次后就不能更改的 ROM；EPROM 是可编程、可用紫外线擦除重写的 ROM；EEPROM 是可在线编程和电可擦除重写的 ROM。断电后，ROM 中存储的信息仍保留不变。

4.1.2 半导体存储器的性能指标

衡量半导体存储器性能的指标很多，诸如功耗、可靠性、容量、价格、电源种类、存取速度等，但从功能和接口电路的角度来看，最重要的指标是存储器芯片的容量和存取速度。

1. 存储容量

存储容量是指存储器（或存储器芯片）存放二进制信息的总位数，即

存储容量＝单元数×每个单元的位数

存储容量在微型机中均以字节 B（Byte）为单位，在存储芯片中常以位 b（bit）表示，如存储容量为 64KB 表示容量有 64K×8 位（b）。计算机中一个字的长度通常是 8 的倍数，如字长 16 位、32 位等。存储容量的概念反映了存储空间的大小，为了表示更大的容量，用 GB、

TB为单位，其相互关系如下：

$$1KB = 2^{10}B,\quad 1MB = 1024KB = 2^{20}B,$$
$$1GB = 1024MB = 2^{30}B,\quad 1TB = 1024GB = 2^{40}B$$

2. 存取时间

存取时间是反映存储器工作速度的一个重要指标。它是指从CPU给出有效地址启动存储器读/写操作到该操作完成所经历的时间，称为存取时间。具体来说，对一次读操作的存取时间就是读出时间，即从地址有效到数据输出有效之间的时间，通常为10～100ns。而对一次写操作，存取时间就是写入时间。

3. 存取周期

存取周期是指连续启动两次独立的存储器读/写操作所需的最小间隔时间。对于读操作，就是读周期时间；对于写操作，就是写周期时间。通常，存取周期应大于存取时间，因为存储器在读出数据之后还要用一定的时间来完成内部操作，这一时间称为恢复时间。读出时间加上恢复时间才是读周期。由此可见，存取时间和存取周期是两个不同的概念。

4. 可靠性

可靠性是指存储器对环境温度与电磁场等变化的抗干扰能力。

除上述指标外，存储器还有功耗、体积、重量、价格等技术指标，其中功耗含维持功耗和操作功耗，本书不作详细介绍。

4.1.3　存储系统的层次结构

随着CPU速度的不断提高和软件规模的不断扩大，人们更希望存储器能同时满足速度快、容量大、价格低的要求。解决这一问题较好方法是设计一个多层次结构的存储系统，如图4.2所示。该存储器系统呈现金字塔形结构，越往上存储器件的速度越快，CPU的访问频率越高；同时存储容量也越小，单位价格也越高。图中可以看到，CPU中的寄存器位于该塔的顶端，它有最快的存取速度，但数量极为有限；向下依次是CPU内部Cache(高速缓冲存储器)、主板上的Cache(由SRAM组成)、主存储器(由DRAM组成)、辅助存储器(磁盘)和大容量辅助存储器(光盘、磁带)；位于塔底的存储设备容量最大，单位存储容量的价格最低，速度也是较慢或最慢的。

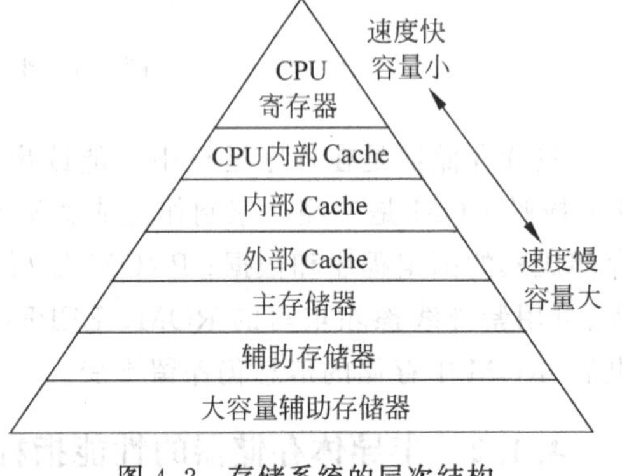

图4.2　存储系统的层次结构

4.1.4　半导体存储器的内部功能结构

如图4.3所示，半导体存储器内部功能结构由存储体、译码驱动电路、地址寄存器、读/写控制电路、数据寄存器、控制逻辑6个部分组成。

1. 存储体

基本存储电路是组成存储器的基础和核心。基本存储电路用于存放1位二进制信息"0"或"1"，若干基本存储电路组成一个存储单元。存储芯片的一个存储单元对应一个地址

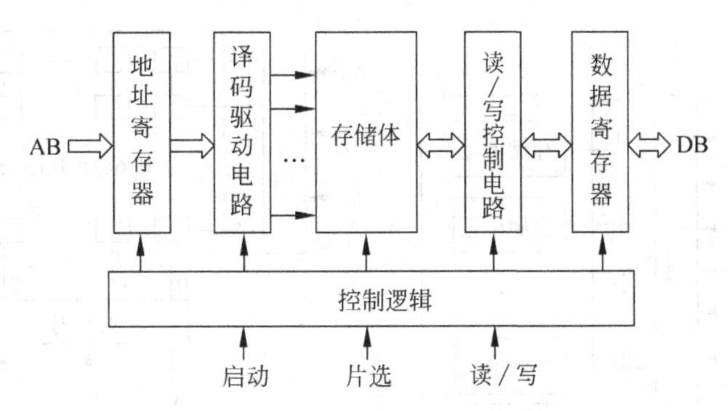

图 4.3 半导体存储器内部功能结构

编号,所包含的基本存储电路个数由其结构决定,有的存储一个字节,有的只存储 1 位、4 位二进制信息。存储体是存储单元的集合体。为了便于信息的读出和写入,存储体中的这些基本电路配置成一定的阵列,并进行编址,因此存储体又称存储矩阵,该矩阵每一个单元对应唯一地址。

存储芯片的存储容量=字数×位数,用 $N\times M$ 来表示,如果存储矩阵中基本存储电路排列成 $N\times 8$ 形式,即存储字的 8 位都集成在一块芯片内,这种存储器芯片为字结构,如 Intel 2732ROM、Intel 6116RAM,其存储容量分别为 4K×8b、2K×8b;如果存储矩阵中基本存储电路排列成 $N\times 1$、$N\times 4$ 形式,即存储芯片中集成的是各存储字的同一位或几位,这种芯片则称为位结构芯片,如 Intel 2614A RAM、Intel 2114 RAM,其存储容量分别为 64K×1b 和 1K×4b。

2. 译码驱动电路

译码驱动电路包含地址译码器和驱动器两部分功能。地址译码器的功能是将 CPU 发送来的地址信号进行译码,产生地址译码信号,以便选中存储矩阵中某一个存储单元。

存储矩阵中基本存储电路的地址编码产生方式有两种,即单译码方式和双译码方式。单译码方式常用于小容量的字结构存储器,存储单元呈线性排列,用字线来选择某个字的所有位。双译码方式常用于大容量的存储器,有行、列两个译码器。当地址信号 $A_5\sim A_0$ 输入 000101 时,图 4.4(a)便选择了第 5 个存储单元,表示该单元的地址是 001010。图 4.4(b)中行译码产生 2,列译码产生 1,选中存储单元中第 1 列第 2 行的存储单元,这也表示该单元的地址是 001010。

与单译码方式比较,双译码寻址可减少译码输出端选择线的数目。以 $p=6$ 为例,采用单译码方式,译码输出需要 64 根选择线选定 64 个存储单元,若采用双译码方式,排成 8×8 的矩阵,输出状态仍为 64 个,但译码输出的选择线却只需要 8+8=16 根,数目大大减少。存储器容量越大,此优点越突出。

3. 地址寄存器

地址寄存器用于存放 CPU 访问存储单元的地址,经译码驱动后指向相应的存储单元。通常微型计算机中,访问地址由地址锁存器提供,如 8086CPU 中的地址锁存器 8282;存储单元地址由地址锁存器输出后,经地址总线送到存储器芯片内直接译码。

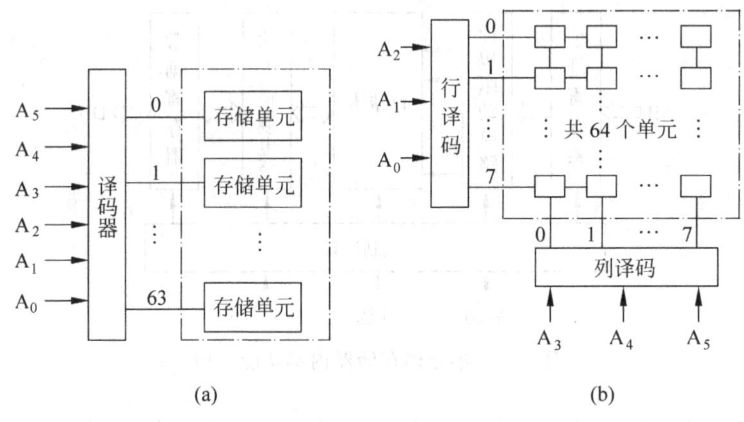

图 4.4 译码器结构框图

(a) 单译码；(b) 双译码

4. 读/写控制电路

读/写控制电路包括读出放大器、写入电路和读/写控制电路，用于完成对被选中单元中各位的读出或写入操作。存储器的读/写操作是在 CPU 的控制下进行的，只有当接收到来自 CPU 的读/写命令 $\overline{RD}$ 和 $\overline{WR}$ 后，才能实现正确的读/写操作。

5. 数据寄存器

数据寄存器用于暂时存放从存储单元读出的数据，或从 CPU 或 I/O 端口送出的要写入存储器的数据。暂存的目的是为了协调 CPU 和存储器之间在速度上的差异，故又称为存储器数据缓冲器。

6. 控制逻辑

控制逻辑接收来自 CPU 的启动、片选、读/写及清除命令，经控制电路综合和处理后，产生一组时序信号来控制存储器的读/写操作。

4.2 随机存取存储器

随机存取存储器又称随机读/写存储器，在计算机运行过程中既可以读出也可以写入存储内容，断电时其存储内容将丢失。随机存取存储器可进一步分为 SRAM 和 DRAM 两类，即静态 RAM 和动态 RAM。

4.2.1 静态随机存取存储器 SRAM

1. 基本存储电路

图 4.5 所示为 6 管的 SRAM 基本存储电路，该存储电路是由两个增强型的 NMOS 反相器交叉耦合而成的触发器，工作过程如下：

(1) 当该存储电路被选中时，X 地址译码线为高电平，门控管 T_5、T_6 导通，Y 地址译码线也为高电平，门控管 T_7、T_8 导通，触发器与 I/O 线(位线)接通，即 A 点与 I/O 线接通，B 点与 $\overline{I/O}$ 接通。

(2) 写入时，写入数据信号从 I/O 线和 $\overline{I/O}$ 线进入。若要写入“1”，则使 I/O 线为 1(高电平)，$\overline{I/O}$ 为 0(即低电平)，它们通过 T_5、T_6、T_7、T_8 管与 A、B 点相连，即 A=1、B=0，从而使 T_1 截止，T_2 导通。而当写入信号和地址译码信号消失后，该状态仍能保持。若要写入"0"，则使 I/O 线为 0，$\overline{I/O}$ 为高，这时 T_1 导通，T_2 截止，只要不断电，这个状态也会一直保持下去，除非重新写入一个新的数据。

(3) 对写入内容进行读出时，需要先通过地址译码使字选择线为高电平，于是 T_5、T_6、T_7、T_8 导通，A 点的状态被送到 I/O 线上，B 点的状态被送到 $\overline{I/O}$ 线上，这样，就读取了原来存储器的信息。读出以后，原来存储器内容不变，所以，这种读出是一种非破坏性读出。

由于 SRAM 的基本存储电路中所含晶体管较多，故集成度较低。而且由 T_1、T_2 管组成的双稳态触发器总有一个管子处于导通状态，所以，会持续地消耗电能，从而使 SRAM 的功耗较大，这是 SRAM 的两个缺点。静态 RAM 的主要优点是工作稳定，读/写速度快，不需要外加刷新电路，从而简化了外电路设计。

2. 典型的静态 RAM 芯片

不同的静态 RAM 的内部结构基本相同，只是在不同容量时其存储体的矩阵排列结构不同，即有些采用多字一位结构，有些则采用多字多位结构。

典型的静态 RAM 芯片如 Intel 6116(2K×8b)，6264(8K×8b)，62128(16K×8b)和 62256(32K×8b)等。

图 4.6 为 SRAM 6264 芯片的引脚图，其容量为 8K×8b，即共有 8K(2^{13})个单元，每单元 8b，因此，共需地址线 13 条，即 A_{12}～A_0；数据线 8 条即 I/O_8～I/O_1，$\overline{WE}$(写允许)、$\overline{OE}$(输出允许)、$\overline{CE}$(片选)、CE_2(片选)的共同作用决定了 SRAM 6264 的操作方式，如表 4.1 所示。

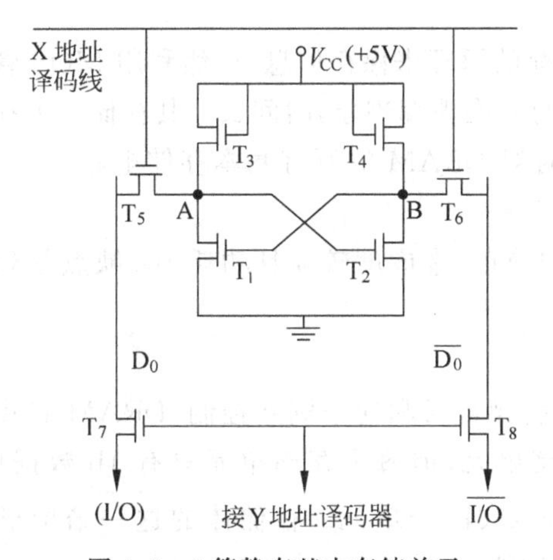

图 4.5 6 管静态基本存储单元

引脚	编号	编号	引脚
NC	1	28	V_{CC}
A_4	2	27	$\overline{WE}$
A_5	3	26	CE_2
A_6	4	25	A_3
A_7	5	24	A_2
A_8	6	23	A_1
A_9	7	22	$\overline{OE}$
A_{10}	8	21	A_0
A_{11}	9	20	$\overline{CE_1}$
A_{12}	10	19	I/O_8
I/O_1	11	18	I/O_7
I/O_2	12	17	I/O_6
I/O_3	13	16	I/O_5
GND	14	15	I/O_4

6264

图 4.6 SRAM 6264 芯片引脚图

表 4.1 SRAM 6264 的操作方式

$\overline{WE}$	$\overline{CE}$	CE_2	$\overline{OE}$	方 式	I/O_1～I/O_8
×	1	×	×	未选中	高阻
×	×	0	×	未选中	高阻
1	0	1	1	输出禁止	高阻
1	0	1	0	读	OUT
0	0	1	×	写	IN

4.2.2 动态随机存取存储器 DRAM

1. 基本存储电路

DRAM 的结构和工作原理与 SRAM 完全不同,存储电路由 MOS 晶体管和一个电容 C_s 组成,如图 4.7 所示。它以电容上是否存有电荷来表示二进制数 1 或 0。工作过程如下:

(1) 写入时,行、列选择线信号为"1",行选管 T_1 导通,该存储单元被选中,若写入"1",则经数据 I/O 线送来的写入信号为高电平,经刷新放大器和 T_2 管(列选管)向 C_s 充电,C_s 上有电荷,表示写入了"1";若写入"0",则数据 I/O 线上为"0",C_s 经 T_1 管放电,C_s 上便无电荷,表示写入了"0"。

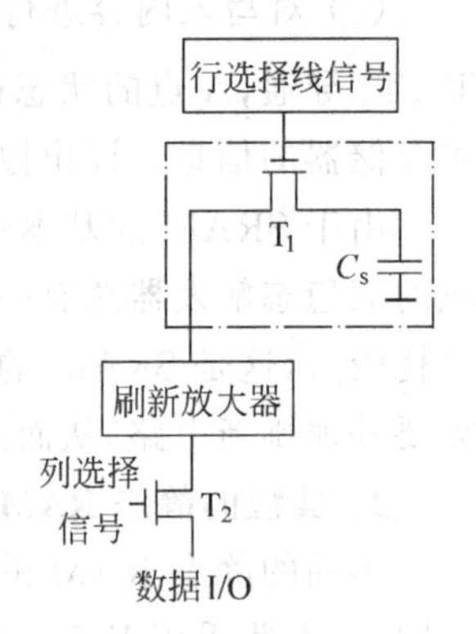

图 4.7 单管 DRAM 基本存储元电路

(2) 读出时,先对行地址译码,产生行选择信号(为高电平)。该行选择信号使本行上所有基本存储单元电路中的 T_1 管均导通,由于刷新放大器具有很高的灵敏度和放大倍数,并且能够将从电容上读取的电流信号(与 C_s 上所存"0"或"1"有关)折合为逻辑"0"或逻辑"1",若此时列地址(较高位地址)产生列选择信号,则行和列均被选通的基本存储电路得以驱动,从而读出数据送入数据 I/O 线。

(3) 读出操作完毕,电容 C_s 上的电荷被泄放完,而且选中行上所有基本存储元电路中的电容 C_s 都受到干扰,故是破坏性读出。读出操作完毕后,为使 C_s 上仍能保持原存信息(电荷),刷新放大器又对这些电容进行重写操作,以补充电荷使之保持原信息不变。所以,读出过程实际上是读、回写过程,回写又称刷新。

由于所有的 DRAM 都是利用电容存储电荷的原理来保存信息,虽然利用 MOS 管间的高阻抗可以使电容上的电荷得以维持,但电容总存在泄漏现象,时间长了其存储的电荷会消失,因而其所存信息自动丢失。所以,必须定时对 DRAM 的所有基本存储电路补充电荷,即进行刷新操作,以保证存储的信息不变。

这种单管动态存储单元电路的优点是结构简单、集成度较高且功耗小;缺点是列线对地间的寄生电容大,造成噪声干扰较大。

2. 典型的动态 RAM 芯片

为了降低芯片的功耗、减少芯片对外封装引脚数目和便于刷新控制,DRAM 芯片都设计成位结构形式,即一个芯片虽含有若干存储单元,但每个存储单元只有 1b 数据位,如 256K×1b 表示有 256K 个单元。存储体的这一结构形式是 DRAM 芯片的结构特点之一。

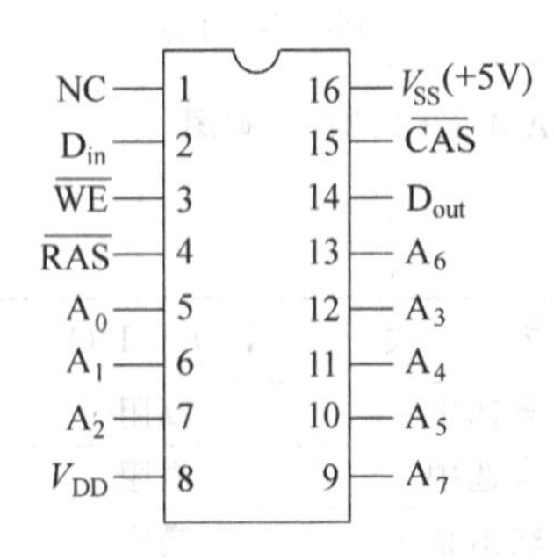

图 4.8 DRAM Intel 2164 芯片引脚图

如图 4.8 所示是一种典型的 DRAM Intel 2164,主要引脚及功能有:地址输入 $A_0 \sim A_7$,列地址选通 $\overline{CAS}$,行地址选通 $\overline{RAS}$,写允许 $\overline{WE}$,数据输入 D_{in},数据输出 D_{out}。

DRAM Intel 2164 的存储容量为 64K×1b,片内含有 64K 个存储单元,需要 16 位地址线寻址。芯片地址引脚只有 8 根,16 位地址分为行和列两部分,内部设有行、列地址锁存器。利用外接多路开关,先由行选通信号 $\overline{RAS}$ 选通行地址 $A_0 \sim A_7$

并锁存；随后由列选通信号 $\overline{CAS}$ 选通列地址 $A_0 \sim A_7$ 并锁存，16 位地址可选中 64K 存储单元中的任何一个单元。

数据的输入和输出引脚不同，当 $\overline{WE}$ 为高电平时，选中单元的数据从 D_{out} 读出；当 $\overline{WE}$ 为低电平时，数据从 D_{in} 写入选中单元。2164 没有片选信号，实际上用列选通信号 $\overline{CAS}$ 作为片选信号，即 $\overline{CAS}$ 为低电平时，才能进行读/写。

3. 内存条

把 DRAM 芯片按照规范化的输入输出标准焊接在一小块印制电路板上，构成大容量的存储器，把它插入系统板上内存条插槽就形成微型计算机内存。这种标准化的存储器配件称为内存条，内存条正反两面都带有金手指，通过金手指与主板上内存插槽提供的总线连接。内存插槽和对应的内存条按引脚数量不同分为 30 线、72 线、168 线和 184 线等多种规格。72 线内存条为单列直插式存储模块（single im-line memory module，SIMM），提供 32 位有效数据位；168 线的双列直插内存模块（dual inline memory module，DIMM）内存条提供 64 位有效数据位和 8 位奇偶校验位；184 线的内存条采用随机总线直插式存储模块（rambus in-line memory module，RIMM），提供 64 位有效数据位和 8 位奇偶校验位。

4.3 只读存储器

只读存储器 ROM 在线运行时只能读出，不能随机写入，断电后信息不消失，常用来存放驻留在计算机系统的固定程序和数据常数，例如 BIOS（基本输入输出系统）、汉字字库字符。PC 启动时运行的引导程序存放在 ROM 中，用于启动时引导系统进入操作系统。本节介绍其中几种不同类型的 ROM。

4.3.1 掩膜 ROM

所谓掩膜 ROM，是指生产厂家根据用户需要在 ROM 的制作阶段，通过掩膜工艺将信息做到芯片里，一旦做成产品，存放的信息代码就固定不变。掩膜 ROM 适合于批量生产和使用。例如，将国家标准的一、二级汉字字模做到一个掩膜的 ROM 芯片中供各厂商使用。

掩膜 ROM 可由二极管、双极型晶体管和 MOS 电路组成。以图 4.9 为例，存储电路采

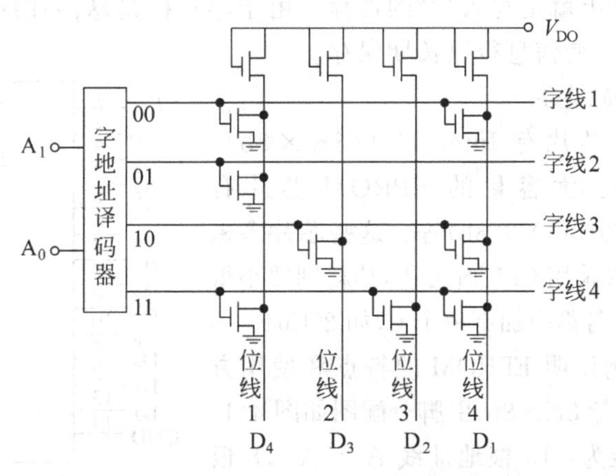

图 4.9 掩膜 ROM 工作原理

用MOS管和单译码结构,共有4个存储单元,每个单元存放4位二进制信息。若地址线 $A_1A_0=00$ 时第一条字线输出高电平,则位线1和4与其相连的MOS管导通,于是该两条位线输出为"0";而位线2和3没有管子与字线1相连,则输出为"1"。由此可知,行选择线和列选择线上连有管子的位线输出为"0",没有管子相连的位线输出为"1"。

4.3.2 可编程ROM

可编程ROM(PROM)是一种允许用户编程一次的ROM,其存储单元通常用二极管或三极管实现。

例如双极型三极管的存储单元,在发射极串接了一个可熔金属丝,因此这种PROM又称"熔丝式"PROM。出厂时,所有存储单元对应的发射极的熔丝都是完好的。编程时写入1或0,管子截止或导通,使得熔丝被保留或烧断,从而保持信息1或0。

所有的存储单元出厂时均存放信息1,一旦写入0即将熔丝烧断,不可能再恢复,故只能进行一次编程。

4.3.3 可擦除可编程ROM

1. 一般特点

可擦除可编程ROM(EPROM)是一种可擦除可重写的只读存储器,一般在这种芯片的正面开有一个小石英窗口,当用紫外线光源通过窗口对它照射15~20min后,聚集在各基本存储电路中的电荷形成光电流被泄漏,使电路恢复为初始状态,片内存储单元中各位的信息全变为1,从而擦除了原有的信息。经擦除后的EPROM芯片可在EPROM编程器上重新编程,写入新信息。

EPROM这种可以多次擦除和重写的特性,给实际工作中新程序的设计、调试、修改提供了极大的方便。需要注意的是,EPROM经编程后正常使用时,应在其照射窗口贴上不透光的胶纸作为保护层,以避免存储电路中的电荷在阳光或正常水平荧光灯照射下发生缓慢泄漏。

EPROM的基本存储电路核心部件由浮置栅极场效应管(floating avalanche injection MOS,FAMOS)构成。出厂时所有FAMOS管的栅极上没有电子电荷,管子处于截止状态,每位存放"1";EPROM的编程过程也就是在高编程电压下向有关的FAMOS管的浮置栅注入电子的过程,实际上就是写入"0"的过程。由于浮置栅是悬浮在绝缘层中的,所以一旦带电后,电子很难泄漏,使信息得以长期保存。

2. 典型的EPROM芯片

典型的EPROM芯片有Intel 2764(8K×8b)、27512(64K×8b)等。大容量的EPROM芯片有27040(512K×8b)、27080(1M×8b)等。这些芯片多采用NMOS工艺,但如果采用CMOS工艺,功耗则要小得多,CMOS芯片常在其名称中加有一个C,如27C64。

以Intel 2764为例说明EPROM的特点和使用方法。Intel 2764存储容量8K×8b,引脚分配图如图4.10所示,主要引脚及功能为:13根地址线 $A_0\sim A_{12}$,8根数据线 $D_0\sim D_7$,输出允许 $\overline{OE}$,编程脉冲输入端 $\overline{PGM}$

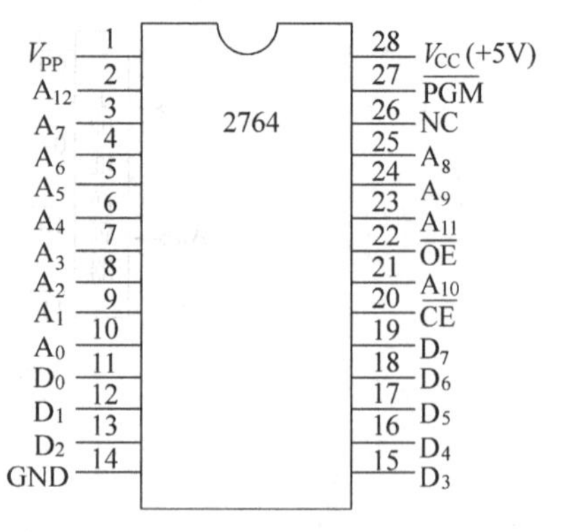

图4.10 Intel 2764芯片引脚分配图

在工作时为高电平，在编程写入时，$\overline{PGM}$ 加上宽度为 50ms 的负脉冲，才可写入相应的存储单元中。

Intel 2764 共有 8 种工作方式，如表 4.2 所示，正常使用方式下，V_{CC} 和 V_{PP} 均接电源 +5V；编程写入方式下，V_{CC} 接电源 +5V，V_{PP} 接 +12.5V。

表 4.2 Intel 2764 工作方式选择表

工作方式	$\overline{CE}$	$\overline{OE}$	$\overline{PGM}$	A_9	A_0	V_{CC}	V_{PP}	$D_7 \sim D_0$
编程	0	1	负脉冲	×	×	+5V	+12.5V	输入
编程检验	0	0	1	1	×	+5V	+12.5V	输出
编程禁止	1	×	×	×	×	+5V	+12.5V	高阻
读出	0	0	1	×	×	+5V	+5V	输出
读出禁止	0	1	1	×	×	+5V	+5V	高阻
备用	1	×	×	×	×	+5V	+5V	高阻
读 Intel	0	0	1	12V	0	+5V	+5V	制造商编码
标识符	0	0	1	12V	1	+5V	+5V	读器件编码

4.3.4 电可擦除可编程 ROM

电可擦除可编程 ROM (EEPROM)是一种在线可编程只读存储器，其片内集成数据锁存缓冲器和地址锁存器、擦除和写操作电路、电源上电和掉电数据保护电路等。相比 EPROM 在专用编程器上的擦除和编程，EEPROM 可直接进行在线擦除和编程，使用更方便，既能像 RAM 那样进行改写，又能像 ROM 那样在断电的情况下保证其所存储的信息不丢失。

EEPROM 管子的工作原理与 EPROM 有很大的相类似之处：当浮空栅上没有电荷时，管子的漏极和源极之间不导电；若设法使浮空栅带上电荷，则管子就导通。但在使浮空栅带上电荷和消去电荷的方法上，EEPROM 与 EPROM 不同，EEPROM 管子的漏极上面增加了一个隧道二极管，在外电压控制下可在浮空栅和漏极之间产生极小的编程电流和相反的擦除电流，实现在线的编程和电可擦除功能。

典型 EEPROM 芯片例如 28C17(2K×8b)、28C64(8K×8b)、28C020(256K×8b)等。

4.3.5 闪速存储器

闪速存储器(flash memory)主要指 NAND 型闪存，是一种长寿命的非易失性新型半导体存储器，可以用电气方法快速和反复擦写。它以单晶体管 EPROM 单元为基础，制造成本低廉，在断电时也能保留存储内容；它以块为单位而不是以字节为单位擦写，比其他 EEPROM 芯片的擦写速度快得多。因此闪存既具有 SRAM 读/写灵活和较快的访问速度，又具有 ROM 断电后不丢失信息的特点，是各类便携型数字设备的存储介质的基础。例如应用在数码相机、掌上计算机、MP3 等小型数码产品中作为存储介质，或做成各种便携式闪存卡、U 盘等。另一种 NOR 型闪存是字节读/写的，可用作内存，例如作为主板上的 BIOS 芯片。

4.4 存储器系统设计

4.4.1 一般要求

存储器通过总线与CPU连接，因此存储器设计应注意以下几方面问题。

1. CPU总线的负载能力

在微机系统中，CPU通过总线与存储器芯片、I/O接口芯片连接，而CPU的总线驱动能力是有限的。一般输出线的直流负载能力为带一个TTL负载，因此要考虑总线驱动问题。在简单系统中，CPU可以直接与存储器连接。在较大的系统中，CPU连接较多接口电路，存储器芯片容量也大，由于存储器芯片多为MOS电路，主要负载为电容负载，这时不仅要考虑直流负载，而且要考虑交流负载问题，数据总线需要增加双向总线驱动器如74LS245，地址和控制线要增加单向驱动器如74LS244。

2. CPU时序与存储器芯片存取速度的配合

在连接存储器与CPU时，必须考虑存储器芯片的工作速度是否能与CPU的读/写时序相匹配问题，应从存储器芯片工作时序和CPU时序两个方面来考虑。

3. 存储容量与地址线的关系

对存储器系统，设地址线数目为 p，则CPU最大可寻址存储单元数为 2^p；同样对于存储芯片，设芯片上地址线数目为 p，则其单元数 $=2^p$；反之亦然。例如，Intel 2764的容量是8K×8b，$8K=2^{13}$，所以地址线是13根。

4. 存储器的组织

一个微机系统内的存储器经常是由多片存储器芯片构成的。首先要根据整机的存储容量，确定存储系统中RAM、ROM区，选用芯片的类型和数量，分配好地址空间。

4.4.2 存储器与CPU的连接

1. 存储器的扩展方式

目前生产的存储芯片基本存储单元排列有 $N\times1$、$N\times4$、$N\times8$ 共3种结构，当单片存储芯片不能满足存储系统对存储容量的要求时，就需要多片存储芯片构成存储器，并且采用合适的连接方式在字和位方面进行扩展。

例4.1 用1K×4b的RAM芯片Intel 2148组成2K×8b的存储器，需要几片这样的芯片?

解：单片Intel 2148的容量是1K×4b，总容量为2K×8b，因此，需要的芯片数为：$N=$总容量/单片容量$=4$片。

存储器的扩展方式有位扩展和字扩展两种。

(1) 位扩展方式

当存储芯片内每个存储单元的位数不足一个字节或一个字长时，需要进行位扩展。所谓位扩展，就是对存储字的位数进行扩充。例如用2片1K×4b存储芯片组成1K×8b的存储器，其连接示意图如图4.11所示。此时一个存储芯片数据线接到CPU数据总线的低

4位，另一个芯片的数据总线接到数据总线的高4位。两片的地址线和控制线分别并联在一起，接到CPU的地址线和控制线上。当CPU对存储器执行读/写操作时，2个芯片同时贡献4位二进制数，串联构成一个字节，而字数仍与存储芯片原来字数一致。

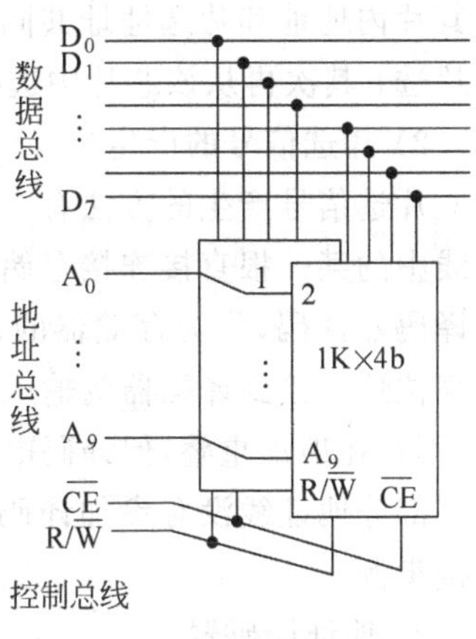

图4.11 位扩展方式

(2) 字扩展方式

当存储芯片的位数满足存储器的要求而存储单元的数目不足时，需要进行字扩展。所谓字扩展，就是对存储单元的数目进行扩充。具体连接举例见例4.3及例4.4。

当存储芯片的存储单元数目达不到总的存储容量要求而每个单元的位数也小于字长时，就需要同时进行字和位的扩展，PC/XT微型计算机中的DRAM内存就是一个应用实例。图4.12中高位存储体和低位存储体都是由8片64K×1b的2164芯片组成，通过字扩展方式各自构成512K×8b容量，而两个存储体中同一地址的两个字节共同组成16b的字。规则存放下，字的偶地址字节存放在低位库，奇地址字节存放在高位库，8086CPU在一个总线周期就可以完成一个字的操作。CPU存取操作时，$\overline{BHE}=1$表示未使用高8位数据线，$\overline{BHE}=0$表示正使用高8位数据线，CPU进行规则存放的字操作时，$\overline{BHE}=0$、$A_0=0$。

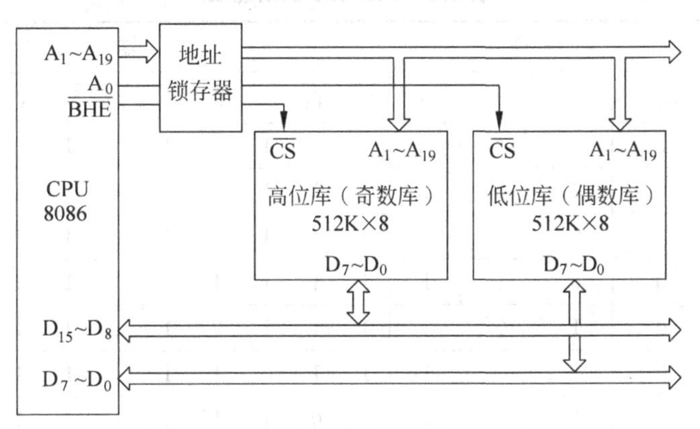

图4.12 1MB存储器与8086总线的连接

2. 存储器与CPU的连接

1）一般原则

存储器与CPU的连接包括控制线、数据线及地址线的连接。

控制线的连接就是将存储器控制信号与控制总线相对应的信号线相连。

数据线连接时，当单元的位数不足字长时采用位扩展的连接方式，字长相同时就将存储芯片的数据信号直接接数据总线(存储器要具有三态门结构)。

地址线连接时，当存储器芯片上的片内地址线数目与微机系统的地址总线数目相同时，地址线可以直接相连。当存储器系统的地址总线数目大于存储器芯片上的片内地址线数目，也就是采用多片存储芯片构造存储系统时(字扩展)，地址线分为两部分：一部分连接存储芯片的片内地址线；另一部分用来作为各存储芯片的片选信号。一般原则是：低位地址总线作为片内地址线，高位地址线用来产生存储芯片的片选信号线。存储芯片的地址编码由其片内地址和片选地址共同确定。CPU 寻址时首先从若干个芯片中选择某一芯片，也就是片选；其次再从该芯片中选择某一单元，进行片内寻址。

2）片选信号的产生

片选信号产生的方法有 3 种，即线选法、部分译码法和全译码法。线选法是指将高位地址线中的某一根直接连接存储器芯片的片选端；部分译码法是将高位地址线中一部分地址经译码器译码，作为存储器的片选信号；全译码法是指将地址总线中除片内地址以外的全部高位地址接到译码器的输入端参与译码。采用全译码法，每个存储单元的地址都是唯一的，不存在地址重叠，但译码电路较复杂，连线也较多。采用线选法或部分译码的存储器，由于一部分地址线没有参加译码，存在着地址的重叠区，具体参见连接举例。

3）地址译码器

译码器是一种将输入编码转换成相应控制信号的电路，它将每个地址编码转换成唯一的输出信号作为各种器件的片选端进行控制。译码法通过地址译码器输出片选信号。常用的地址译码器有 2-4 译码器、3-8 译码器，集成电路译码器 74LS138 是一种 3-8 译码器，其引脚如图 4.13 所示，功能表如表 4.3 所示。

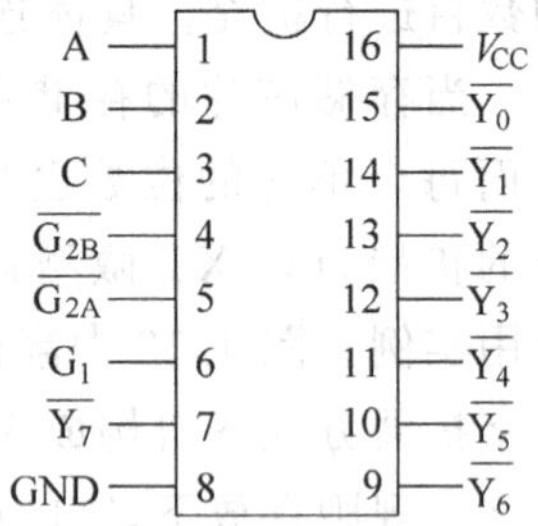

图 4.13　74LS138 的引脚

表 4.3　74LS138 的功能表

控制输入			编码输入			输出								
G_1	$\overline{G_{2B}}$	$\overline{G_{2A}}$	C	B	A	$\overline{Y_7}$	$\overline{Y_6}$	$\overline{Y_5}$	$\overline{Y_4}$	$\overline{Y_3}$	$\overline{Y_2}$	$\overline{Y_1}$	$\overline{Y_0}$	
1	0	0	0	0	0	1	1	1	1	1	1	1	0	（仅 $\overline{Y_0}$ 有效）
1	0	0	0	0	1	1	1	1	1	1	1	0	1	（仅 $\overline{Y_1}$ 有效）
1	0	0	0	1	0	1	1	1	1	1	0	1	1	（仅 $\overline{Y_2}$ 有效）
1	0	0	0	1	1	1	1	1	1	0	1	1	1	（仅 $\overline{Y_3}$ 有效）
1	0	0	1	0	0	1	1	1	0	1	1	1	1	（仅 $\overline{Y_4}$ 有效）
1	0	0	1	0	1	1	1	0	1	1	1	1	1	（仅 $\overline{Y_5}$ 有效）
1	0	0	1	1	0	1	0	1	1	1	1	1	1	（仅 $\overline{Y_6}$ 有效）
1	0	0	1	1	1	0	1	1	1	1	1	1	1	（仅 $\overline{Y_7}$ 有效）
非以上状态			×	×	×	1	1	1	1	1	1	1	1	（全无效）

3. 连接举例

存储器与 CPU 的连接就是控制、数据、地址总线的连接，各芯片的数据线、控制信号线、片内地址线是共同挂接在系统总线的，只有片选信号 $\overline{CE}$ 各不相同，并因此产生各自的存储空间地址分布。

例 4.2　图 4.14 所示为采用线选法进行地址译码的存储器连接电路，试确定各存储器芯片的地址空间。

解：图中存储器芯片为 2732，其存储容量都为 4K×8b，2 片 2732 构成 8K×8b 存储器，片内有 12 条地址线 $A_0 \sim A_{11}$，8 根数据线 $D_0 \sim D_7$。这些地址、数据线分别同 CPU 对应的地址、数据线相连。而片选线 CE 则分别直接连 CPU 的地址线 A_{12}、A_{13}。

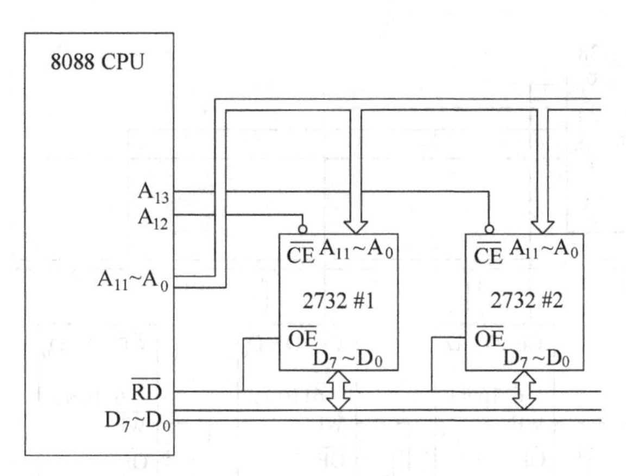

图 4.14　线选法存储器译码电路

2 片存储器芯片的地址范围如下：

	A_{19}	A_{18}	A_{17}	A_{16}	A_{15}	A_{14}	A_{13}	A_{12}	A_{11}	$\sim A_0$
#1	×	×	×	×	×	×	1	0	0	~0
	×	×	×	×	×	×	1	0	1	~1
#2	×	×	×	×	×	×	0	1	0	~0
	×	×	×	×	×	×	0	1	1	~1

“×”表示无关项，可取 0 或 1，设“×”＝0，则 2 个存储器芯片的地址范围为：

1：02000H～ 02FFFH

2：01000H～01FFFH

实际上，由于 6 根地址线 $A_{19}\sim A_{14}$ 可取 64 种不同的组合，因此每一片 2732 都对应着 64 个不同的地址空间。这种多个存储地址可以选中同一个存储字的情况称为地址重叠。

由上例可知，线选法的优点是结构简单，需要增加的硬件电路最少，甚至不需要增加任何硬件，缺点是所选择芯片的地址是不连续的，在使用中不方便。此外，线选法会产生不可以使用的地址，地址空间浪费大，而且由于部分未参与译码的地址线可以任意取值，因此会出现地址重叠。

例 4.3　图 4.15 所示为采用部分译码法进行地址译码的存储器连接电路，试确定各存储器芯片的地址空间。

解：该电路采用 4 片 6116 组成 8 KB 存储器。地址分布范围如下：

	A_{19}	A_{18}	A_{17}	A_{16}	A_{15}	A_{14}	A_{13}	A_{12}	A_{11}	$A_{10}\sim A_0$
#1	×	×	×	×	1	0	0	0	0	0 ～0
	×	×	×	×	1	0	0	0	0	1 ～1
#2	×	×	×	×	1	0	0	0	1	0 ～0
	×	×	×	×	1	0	0	0	1	1 ～1
#3	×	×	×	×	1	0	0	1	0	0 ～0
	×	×	×	×	1	0	0	1	0	1 ～1
#4	×	×	×	×	1	0	0	1	1	0 ～0
	×	×	×	×	1	0	0	1	1	1 ～1

“×”为无关项，可取 0 或 1。设“×”＝ 0，则 4 个存储器地址范围为：# 1：08000H ～087FFH；# 2：08800H～08FFFH；# 3：09000H ～097FFH；# 4：09800H～09FFFH。采

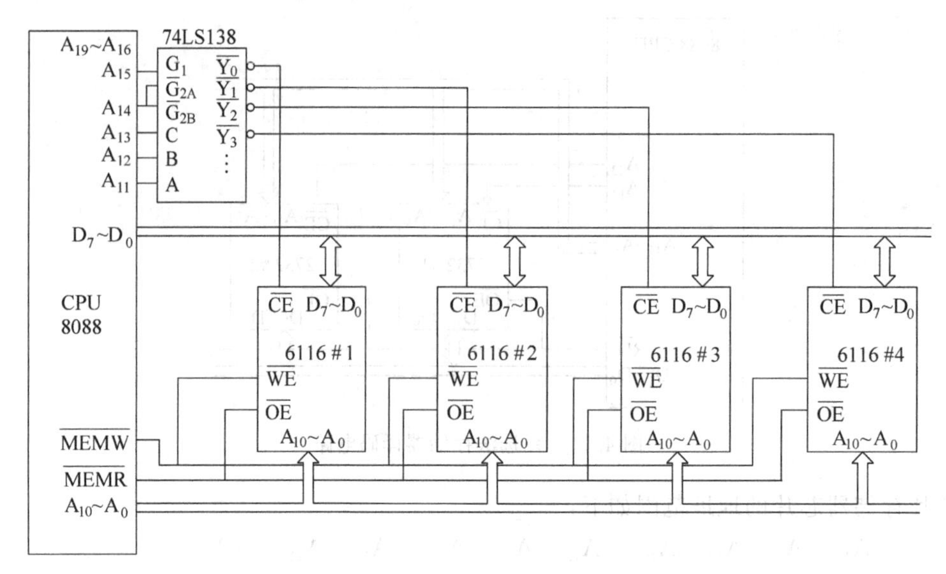

图 4.15 部分译码法存储器译码电路

用部分译码法,可简化译码电路,但仍然存在地址重叠,会造成系统地址空间资源的部分浪费。

例 4.4 采用 RAM6264 设计一个 32K×8b 的 RAM 与 CPU 子系统连接图,说明芯片对应地址范围地址。

解:如图 4.16 所示,由于 6264 有 13 根地址线,则 CPU 的 A_{12}~A_0 线与各个 6264 的地址线直接相连,这些地址线的作用是进行片内选择。A_{15}~A_{13} 通过译码器产生 4 个 6264 的片选信号,实现片选。译码器 74LS138 的控制端 $G_1\overline{G}_{2A}\overline{G}_{2B}$ 的电平信号要求是 100。从逻辑关系可以分析 A_{19} 和 A_{18} 通过与门之后产生一个高电平送给 G_1,因此 A_{19} 和 A_{18} 的状态应是 1 与 0。A_{17} 经过反相器送至 $\overline{G}_{2A}$,则 A_{17} 应为高电平。A_{16} 直接与 $\overline{G}_{2B}$ 相连,故 A_{16} 的状态应为 0,A_{15}~A_{13} 送至译码器的 C、B、A 端,它们的状态是 000~011 时对应 $\overline{Y}_0$、$\overline{Y}_1$、$\overline{Y}_2$、$\overline{Y}_3$ 低电平输出,作为 4 块芯片的片选信号,对应地址范围是:A0000H~A1FFFH、A2000H~A3FFFH、A4000H~A5FFFH、A6000H~A7FFFH。

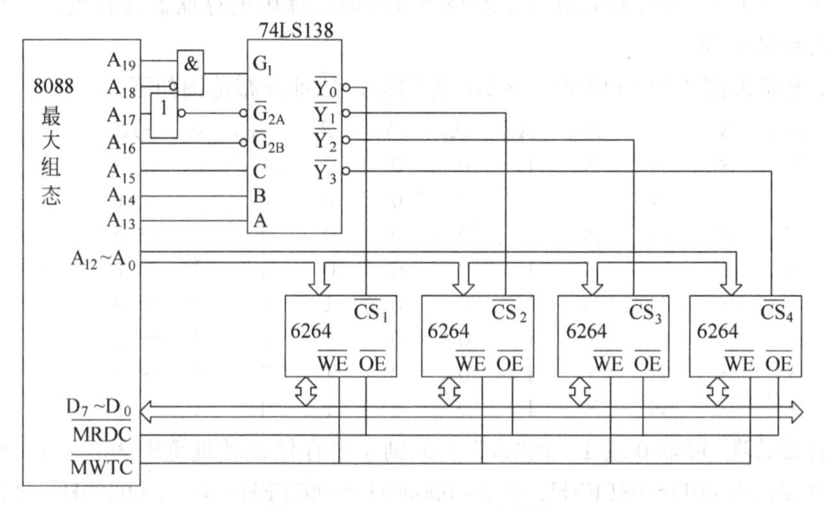

图 4.16 32KB RAM 接线图

例 4.5　构造 8086CPU 的存储器，采用 6116 构成 8KB(4K 字)的 RAM，采用 2716 构成 8KB(4K 字)的 ROM，画出连接图，说明芯片对应地址范围。

解：如图 4.17 所示，系统具有 8KB 的 EPROM 区，使用 4 片 2716(2K×8b)芯片，分别用 U5、U6、U7、U8 表示，每两片一组组成 2 组共 4K 字的 ROM 区，分别由 A_{19}～A_{12} 共 8 根高位地址线和 $M/\overline{IO}$、$\overline{RD}$ 控制线作为输入信号，74LS138 译码器的输出端 $\overline{Y_7}$ 和 $\overline{Y_6}$ 作为 EPROM 存储芯片的片选信号。U1、U2、U3、U4 共 4 片 6116 构成 2 组共 4K 的 RAM 区。由于 RAM 要求按照字节或字均能进行读写控制，译码器输出的 $\overline{Y_0}$ 和 $\overline{Y_1}$ 分别与 A_0 和 $\overline{BHE}$ 相或之后，连接到芯片的片选控制端。该存储器的地址范围见表 4.4。

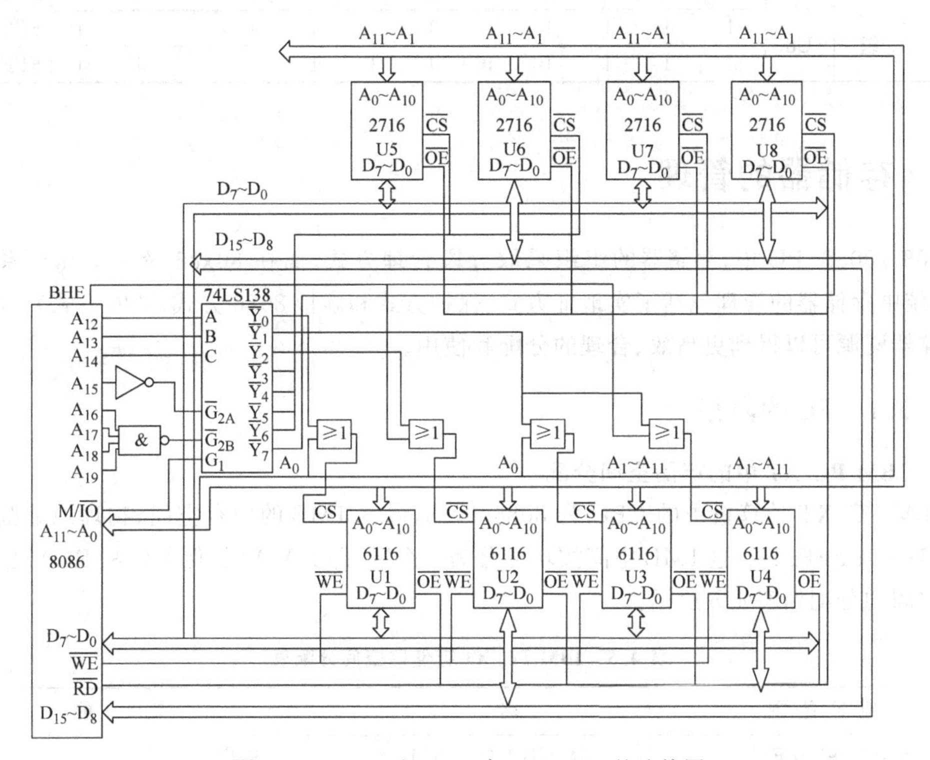

图 4.17　ROM 和 RAM 与 8086CPU 的连接图

表 4.4　芯片地址范围

类型		芯片＼地址	A_{19}	A_{18}	A_{17}	A_{16}	A_{15}	A_{14}	A_{13}	A_{12}	A_{11}	～	A_1	A_0	
RAM 区	第一组	U1	1	1	1	1	1	0	0	0	0	～	0	0	F8000H
			1	1	1	1	1	0	0	0	1	～	1	0	F8FFEH
		U2	1	1	1	1	1	0	0	0	0	～	0	1	F8001H
			1	1	1	1	1	0	0	0	1	～	1	1	F8FFFH
	第二组	U3	1	1	1	1	1	0	0	1	0	～	0	0	F9000H
			1	1	1	1	1	0	0	1	1	～	1	0	F9FFEH
		U4	1	1	1	1	1	0	0	1	0	～	0	1	F9001H
			1	1	1	1	1	0	0	1	1	～	0	1	F9FFFH

续表

芯片 地址 类型			A_{19}	A_{18}	A_{17}	A_{16}	A_{15}	A_{14}	A_{13}	A_{12}	A_{11}	～	A_1	A_0	
ROM 区	第一组	U5	1	1	1	1	1	1	1	0	0	～	0	0	FE000H
			1	1	1	1	1	1	1	0	1	～	1	0	FEFFEH
		U6	1	1	1	1	1	1	1	0	0	～	0	1	FE001H
			1	1	1	1	1	1	1	0	1	～	1	1	FEFFFH
	第二组	U7	1	1	1	1	1	1	1	1	0	～	0	0	FF000H
			1	1	1	1	1	1	1	1	1	～	1	0	FFFFEH
		U8	1	1	1	1	1	1	1	1	0	～	0	1	FF001H
			1	1	1	1	1	1	1	1	1	～	1	1	FFFFH

4.5 存储器的管理

8086/8088CPU 中,存储器的组织采取分段管理方式,而在 80x86 及 Pentium 系列的 PC 系统中存储器的管理包括了实地址方式、保护方式和虚拟 8086 方式(V86 方式),计算机的存储器资源可以得到更高效、合理的分配和使用。

4.5.1 PC 的内存

1. IBM PC/XT 中的存储空间分配

IBM PC/XT 计算机中的 CPU 为 8086/8088,寻址 1MB 的内存空间,物理地址范围为 00000H～0FFFFFH。这 1MB 空间按功能分为 3 个区,即 RAM 区、保留区和 ROM 区。各存储空间的分配如表 4.5 所示。

表 4.5 IBM PC/XT 存储器空间分配表

地 址 范 围	名 称	功 能
00000H～9FFFFH	640KB 基本 RAM	用户区
0A0000H～0BFFFFH	128KB 显示 RAM	保留给显示卡
0C0000H～0EFFFFH	192KB 控制 ROM	保留给硬盘适配器和显示卡
0F0000H～0FFFFH	系统板上 64KB ROM	BIOS,BASIC 用

RAM 区为前 640KB 空间,地址范围为 00000H～9FFFFH,每个单元存放一个字节数据,既可以读出,也可以写入,是用户的主要工作区(其中,系统程序占用了一部分空间)。

保留区的空间为 128KB,地址范围为 0A0000H ～0BFFFFH。该空间用作字符/图形显示缓冲器区域。单色显示适配器只使用 4KB 的显示缓存区,而彩色字符/图形显示适配器需要 16KB 空间作为显示缓冲区,但对于高分辨率的显示适配器而言,则需要更大容量的缓冲区。

ROM 区 256KB,地址范围为 0C0000H～0FFFFFH,存放系统高分辨率显示适配器控制及硬盘驱动器控制的 ROM 程序或其他用户要安装固化在 ROM 中的程序,最后 64KB

存储器是基本系统 ROM 区,其中 32KB 为 ROM BASIC,8KB 为基本输入输出系统 BIOS,完成系统的冷启动、热启动、上电自检、基本输入输出驱动、引导 DOS 以及中断管理等。

2. PC 可配置最大内存

PC 系统中,不同的微处理器芯片提供的地址总线根数不同,因而对存储器的最大可寻址范围不同,如表 4.6 所示。目前流行的 PC 已配置 1～8GB 内存。

3. PC 内存的划分

在 PC 系统中内部存储器主要分为常规内存(conventionnal memory)、上位内存(upper memory)和扩展内存(extended memory)。

表 4.6 各型 CPU 的寻址能力

CPU	数据总线	地址总线	寻址范围	支持操作系统
8088	8 位	20 位	1MB	实方式
8086	8 位	20 位	1MB	实方式
80286	16 位	24 位	16MB	实、保护方式
80386	32 位	32 位	4GB	实、保护、V86 方式
80486	32 位	32 位	4GB	实、保护、V86 方式
Pentium	64 位	36 位	64GB	实、保护、V86 方式

注：V86 方式为虚拟 8060 方式。

常规内存空间 640KB,地址 00000H～9FFFFFH,是从 8086 到 Pentium 微机都共用的内存。早期的 PC 应用程序规模较小,用户界面为字符形式,且不需处理现今已很流行的多媒体信息,因而,按当时计算机发展的水平,640KB 的存储容量对一般的应用已经足够了。所以 DOS 程序就只能在这段内存上运行。

上位内存又称内存保留区,共 384KB,地址为 A0000H～FFFFFH。这部分地址空间保留给系统 ROM 和外部设备使用,作为显卡、网卡、硬盘卡等的控制 ROM 和显示缓存,安装在 I/O 卡内而不在 PC 的主板上。

扩展内存 XMS 指地址超过 FFFFFH 的内存空间,进一步可把 100000H～10FFFFH 的 64KB 空间称为高位内存区(high memory aera,HMA),因为通过扩展内存设备驱动程序 HIMEM.SYS 的管理,HMA 可作为常规内存存放设备驱动程序。其余地址高于 1100000H 的存储器都称为扩展内存 EMB,这部分存储空间只能在保护模式下访问。

4.5.2 存储器的管理模式

80386、80486 等微处理器对存储器的管理有 3 种工作模式,即实地址模式、保护模式及虚拟 8086 模式。

1. 实地址模式

实地址模式是 80x86 最基本的工作方式,与 8088/8086 工作方式基本相同,寻址范围只有 1MB,故不能管理和使用扩展存储器。复位时,启动地址为 FFFF0H,此地址通常安排一个跳转指令,转至上电自检和自举程序。地址为 00000H～003FFH 的内存区域保留为中断向量区。实地址方式只使用低 20 位的地址线,寻址 1MB 内存空间,段的最大值依然为 64KB,32 位地址的值必须小于 0000FFFFH。80386(或以上)的指令系统中除了 9 条保护方式指令外，其余均可在实地址方式下运行，操作数的长度默认为16位，通过指令前缀字节，改变后面跟着的那条指令的某些特性，从而允许32位寻址方式和编写32位运算程序。

2. 保护模式

在实地址模式下工作的高性能CPU也只相当于快速的8086，未发挥它们支持多用户系统的特点，即使是单用户，也可支持多任务操作，这就要求采用新的存储器管理机制，即虚地址保护方式，它是基于虚拟存储器(virtual memory)的内存管理方式，包含两类功能：

① 虚拟存储，用它支持分段分页的虚拟存储器，将在4.5.3节中具体介绍。

② 保护功能，实现任务间和特权级的数据与代码保护，这里"保护"有两个含义：一是每一个任务分配不同的虚地址空间，使任务之间完全隔离，实现任务间的保护；二是任务内的保护机制，保护操作系统存储段及其专用处理寄存器不被用户应用程序所破坏。

3. 虚拟8086模式

虚拟8086模式也就是V86方式，这是80386、80486和Pentium的一种新的工作方式，该模式支持存储管理、保护及多任务环境中执行8086程序。它创建了一个在虚拟8086方式下执行8086程序任务的环境，使CPU可同时执行3种任务：以虚拟8086方式执行8086程序；以16位虚拟地址保护模式执行80286程序；以32位虚拟地址保护模式执行80486程序。

4.5.3 虚拟存储技术

1. 虚拟存储器

保护模式下，虚拟存储器是一个由主存和辅存共同组成的程序可占用存储空间，是由附加的硬件装置及操作系统内的存储管理软件组成的一种存储体系。

虚拟存储技术将主存和辅存的地址空间统一编址，提供比实际物理内存大得多的存储空间。在程序运行时，存储器管理软件按虚拟地址将对应的存储区域信息调入内存，使编程人员在写程序时不用再考虑计算机的实际内存容量，而可以用辅存的存储空间来编程。因而虚拟存储器圆满地解决了计算机存储系统对存储容量、单位成本和存取速度的苛刻要求，取得了三者之间的最佳平衡。

在虚拟存储器中要了解如下概念：

① 虚拟地址空间，也就是程序员用来编写程序的地址空间，对应整个虚拟存储器，与此相对应的地址称为逻辑地址或虚拟地址。

② 主存地址空间，是存储、运行程序的空间，其相应的地址称为物理地址或实地址。

③ 辅存地址空间，是磁盘存储器的地址空间，是用来存放程序的空间，相应的地址称为辅存地址或磁盘地址。

虚拟存储器由硬件和操作系统自动实现对存储信息的调度，工作过程如图4.18所示。当应用程序访问虚拟存储器时给出逻辑地址(虚拟地址)，如果要访问的数据在主存中，就进行内部地址转换(过程①)，根据转换所得到的物理地址访问主存储器(过程②)；如果内部地址转换失败，则要根据逻辑地址进行外部地址转换(过程③)，得到辅存地址。与此同时，还需检查主存中是否有空闲区(过程③)，如果没有，就要根据替换算法，把主存中暂时不用的某块数据通过I/O机构调出，送往辅存(过程④)，再把由过程③得到的辅存地址中的数据块通过I/O机构送往主存(过程⑤)；如果主存中有空闲区域，则直接把辅存中有关的数据块通过I/O机构送往主存(过程⑤)。

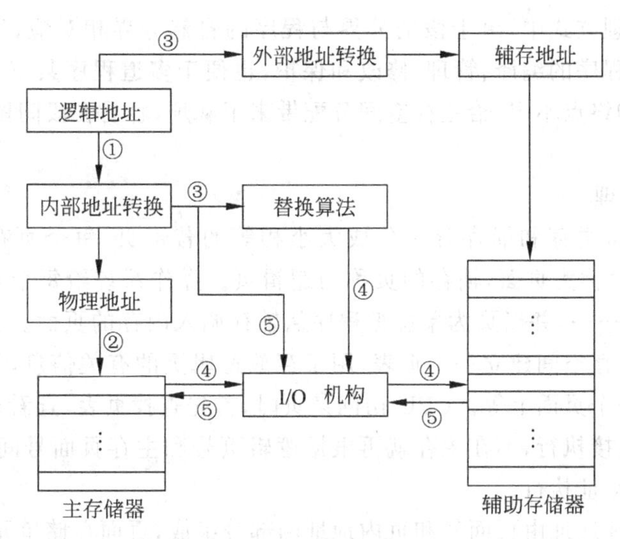

图 4.18 访问虚拟存储器过程

2. 虚拟存储器的管理方式

虚拟存储器管理的目的就是要将存储程序的虚拟存储器的逻辑地址转换为内存的物理地址以使 CPU 执行程序。存储器管理方式有分段式、分页式和段页式 3 种。

1）分段存储管理

分段存储管理按程序的逻辑结构，以段为单位划分，各个段的长度因程序而异；系统为程序建立一个段表，段表由若干段表项组成，每个段表项记录段的若干信息，如段号、段基址、段长度和段装入情况等；段表在内存中的位置由段表地址寄存器定位，段表地址寄存器给出段表的起始地址和段表的长度。

CPU 根据程序给出逻辑地址寻址，逻辑地址由段号（段选择符）和段内偏移地址构成。CPU 通过段表地址寄存器获得段表在内存中的起始地址，再通过段号确定其对应段表项在段表中的具体位置，并从段表项中得到段基址，与逻辑地址中给定的偏移地址相加完成逻辑地址到物理地址之间的转换。工作原理如图 4.19 所示，图中 S、b、W 分别表示段号、段基址、段内地址，表中的信息 1 表示该段已调入内存。

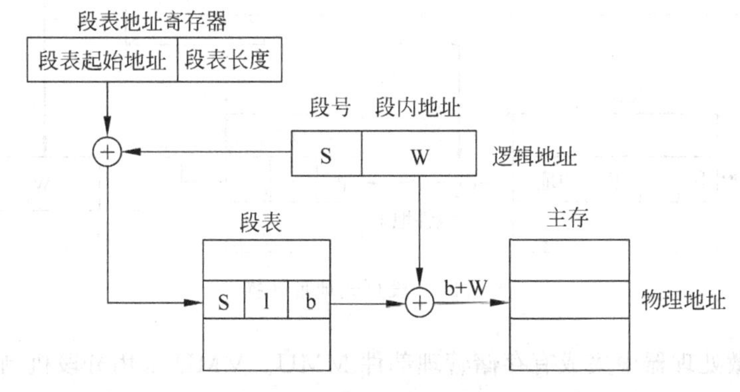

图 4.19 分段式地址转换

在分段存储管理方式中,由于段的分界与程序的自然分界相对应,所以具有逻辑独立性,模块性好,易于程序的编译、管理、修改和保护,也便于多道程序共享。但是因为段的长度参差不齐,起点和终点不定,给主存空间分配带来了麻烦,容易在段间留下不能利用的“零头”,造成浪费。

2) 分页存储管理

分页存储管理将主存和辅存分别分成大小相等的若干页,每个页存放 2^n 字节(例如1KB),常把主存的页称为页面,辅存的页称为逻辑页。操作系统给每个页按顺序指定一个页号,如0页、1页、……,并以页为单位把程序从辅存调入内存的页面。为了明确页之间的对应关系,系统在主存空间建立一个页表,用于存放逻辑页的有关信息,如页号、容量、是否装入主存、存放在哪个页面上等。CPU访问某页时,首先查找页表,查看该页是否已经在主存,若命中主存就直接执行,不在主存就再根据逻辑页号和主存页面号间的对应关系,将逻辑地址转换为物理地址执行。

存储单元的物理地址由页面号和页内地址两部分组成,页面存储单元的物理地址为:

$$物理地址 = 页的大小 \times 页面号 + 页内地址$$

分页管理的主存利用率高且对辅存的管理容易,但模块性能差。

3) 段页存储管理

段页存储管理将分段存储管理和分页存储管理结合,首先将程序按其逻辑结构分为大小不等的逻辑段;其次将每个逻辑段划分为若干个大小相等的页,主存空间也划分为若干个大小相同的页。辅存和主存之间的信息调度以页为基本单位传送。每个程序段对应一个段表,每个段对应一个页表,段表中的段表项给出该段对应页表的起始地址,而页表给出逻辑页和主存页间的对应关系。CPU访问时,首先通过逻辑地址中的段号从段表中获得该段的页表地址;其次由页号通过页表确定对应的主存页面地址;最后与页内地址拼接,确定CPU要访问单元的物理地址。过程示意如图4.20所示。图中S、P、b、W分别表示段号、页号、主存页面基址、页内地址。

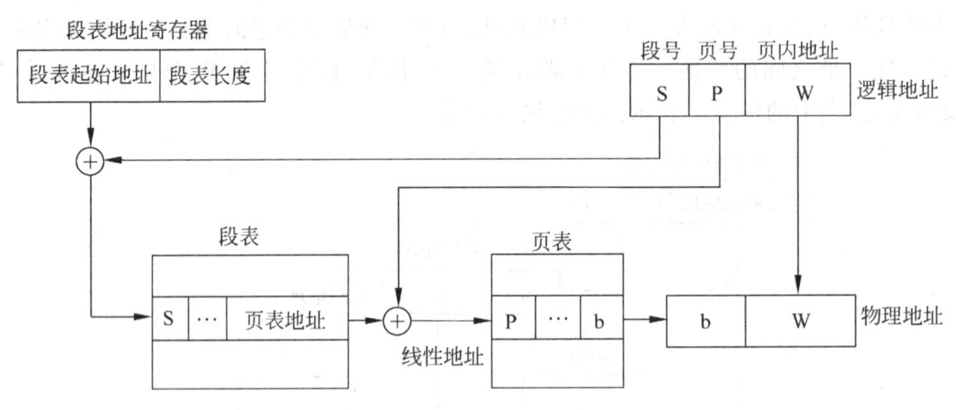

图4.20 段页式地址转换

在80486微处理器中集成有存储管理部件MMU。MMU采用分段机制和分页机制结合的段页式管理实现“虚拟-物理”地址的转换。将虚拟地址空间分成若干大小不等的逻辑段,每个段分为4KB的若干页。如图4.21所示,逻辑地址由16位段选择符和32位段内偏移量两部分组成，16 位段选择符中 14 位表示段号，用于在段表中选定该段号对应的 32 位段基址。根据段基址和 32 位段内偏移地址，分段机制将 48 位逻辑地址转换为 32 位线性地址。线性地址用页号和页内偏移量（页内地址）表示，分页机制以页为单位进行页面映射，将 32 位线性地址转换为 32 位物理地址，于是系统由逻辑地址实现对内存物理单元的寻址。

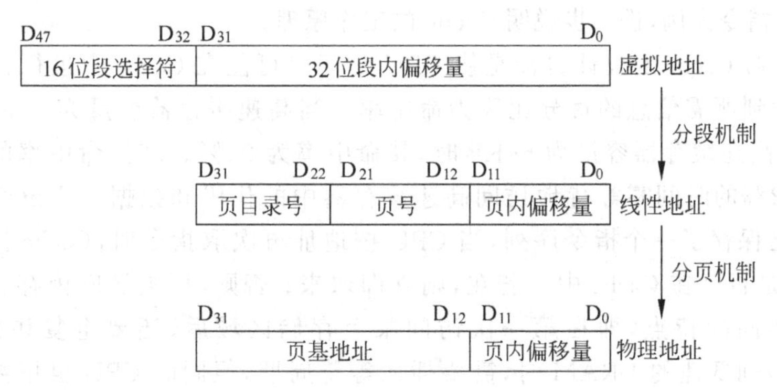

图 4.21 虚拟地址、线性地址和物理地址的关系

由此，分段产生的线性地址空间（即段的最大长度）可达 2^{32}B＝ 4GB，由于系统最多可分段 2^{14} 个，所以 32 位微处理器的虚拟存储空间 $2^{14}\times2^{32}$B＝64TB。

分段、分页的存储管理机制在内存中为任务建立各自的段表和页表转换函数，只允许操作系统访问，所以每个任务既可以利用整个虚拟地址空间又相互隔离，这也是保护模式下系统所具有的功能。

4.6 高速缓存技术

高速缓冲存储器 Cache，简称为高速缓存，是介于内存与 CPU 之间的一种高速小容量的静态存储器 SRAM。在计算机存储体系结构中，Cache 是访问速度最快的层次，少量高速 SRAM 作为高缓冲存储器，用来存放当前最频繁使用的程序块和数据，提高内存的工作速度和微处理器的工作效率。高速缓冲存储器与 CPU 集成在一个芯片内称为内部 Cache，在 CPU 之外采用快速 SRAM 组成，称为外部 Cache。

虽然 SRAM 的存取速度快，但是集成度低、体积大，价格高，所以不宜用作微机系统的主存。DRAM 的集成度高、体积小、价格便宜，因而具有大容量内存的微机系统中多采用 DRAM，但 DARM 的存取速度慢，跟不上 CPU 总线的定时要求，因此采用 Cache 技术弥补。

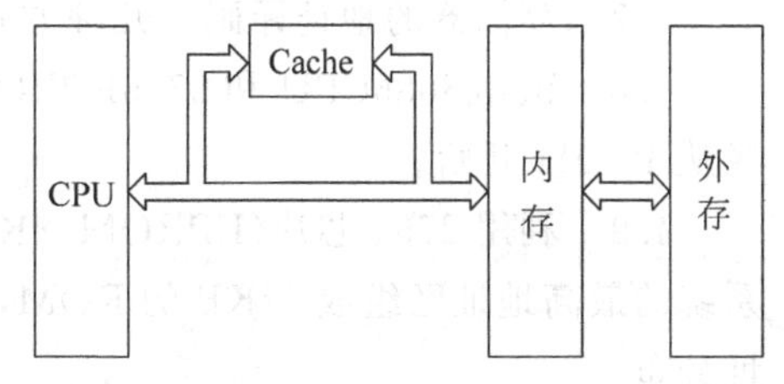

图 4.22 存储器与 CPU 的关系示意图

在硬件逻辑控制下，高速缓存和内存作为一个存储器整体，及时地以接近 CPU 的速度向其提供程序和数据，其与内存、外存、CPU 的关系如图 4.22 所示。当计算机执行某个程序时，该程序和所有数据都存储于内存中，其中一部分副本同时也存放在 Cache 中。当 CPU 执行该程序时，首先检查对应的

内容在 Cache 中是否有副本。若有,则 CPU 直接从 Cache 中存取数据;若没有,CPU 将直接从内存中存取数据,同时还将所存取的数据同时替换写进 Cache 中,以保证下次再访问时能高速操作。由于 CPU 要执行的程序和存取的数据都局限在一个较小的范围内,因此具有 Cache 的存储器在执行程序时的执行速度将会大大加快。统计表明,一级 Cache 可使存储器的存取速度提高 4～10 倍。

下面以取指令为例,进一步说明 Cache 的工作原理。

高速缓存器 Cache 的设计目标是使 CPU 访问尽可能在 Cache 中进行。CPU 访问高速缓存器时找到所需信息的百分比称为命中率。当高速缓存器容量为 32KB 时,其命中率为 86%,当高速缓存器容量为 64KB 时,其命中率为 92%。92%命中率的含义可理解为,CPU 用 92%的时间零等待地访问高速缓存器中的代码和数据。假设经过前面的操作,Cache 中已保存了一个指令序列,当 CPU 按地址再次取指令时,Cache 控制器会先分析地址,看其是否已在 Cache 中。若在,则立即取来;否则,再去访问内存。因为大多数程序有一个共同的特点,即在第一次访问某个存储区域后,还要重复访问这个区域。CPU 第一次访问低速的 DRAM 时,需要插入等待周期,但同时 CPU 也把数据存到高速缓存区。之后,当 CPU 再访问这一区域时,CPU 就可以访问高速缓存区,而不访问低速主存储器。当然高速缓存器容量远小于低速大容量主存储器,所以它不可能包含后者的所有信息。当高速缓存区内容已装满时,需要存储新的低速主存储器位置上的内容,替代旧的位置上的内容。

习题 4

4.1 微型计算机中常用的半导体存储器有哪些类型?它们各有何特点?分别适用于哪些场合?

4.2 存储器体系为什么采用分级结构,主要用于解决存储器中存在的哪些问题?

4.3 静态存储器和动态存储器的最大区别是什么?它们各有什么特点?

4.4 简述 ROM、PROM、EPROM、EEPROM 在功能上各有何特点。

4.5 某 RAM 芯片的存储容量为 1024×8b,该芯片的外部引脚应有几条地址线?几条数据线?若已知某 RAM 芯片引脚中有 13 条地址线,8 条数据线,那么该芯片的存储容量是多少?

4.6 用下列 RAM 芯片组成存储器,各需多少块芯片?

(1) 用 8K×8b 的 RAM 组成 64K×8b 的存储器;

(2) 用 1K×4b 的 RAM 组成 16K×8b 的存储器。

4.7 存储器的地址译码有几种方式?各自的特点是什么?

4.8 试用 8086CPU 和 2716EPROM 画出容量为 8K×8b 的 ROM 连接图,ROM 地址区从 4000H 开始。

4.9 利用 2764 芯片(EPROM,8K×8b)并采用 74LS138 译码器进行全译码,在 8086 系统的最高地址区组成 32KB 的 ROM,请画出这些芯片与系统总线连接的示意图和说明地址分布。

4.10 简述 80486 等 PC 微处理器支持的 3 种存储器管理方式。

4.11 简述80486CPU由逻辑地址寻址物理单元的过程。

4.12 段页式存储管理下,引入线性地址有什么作用?

4.13 什么是虚拟存储器?它的作用是什么?

4.14 什么是高速缓冲存储器?高速缓冲存储器等同CPU内部的寄存器吗?能代替主存吗?

第5章
CHAPTER 5

输入输出接口及中断

输入输出接口(I/O 接口)是计算机和外部输入输出设备之间进行信息交换的中转站，本章主要讨论 I/O 接口与计算机之间的数据传送机制，内容包括 I/O 接口的组成、I/O 端口寻址方式、CPU 与外设之间的数据传送方式等，重点阐述中断方式的概念和过程，并以 8086CPU 的中断系统为例进行详细介绍。

5.1 输入输出接口概述

5.1.1 I/O 接口的组成与功能

计算机通过输入输出设备与外部通信或交换数据称为输入输出。微机系统中使用键盘、鼠标、显示器、打印机等输入输出设备，由于各种外部设备和装置的工作原理、驱动方式、信息格式以及工作速度等各不相同，其数据处理速度也都比 CPU 的处理速度要慢，所以，这些外部设备不能与 CPU 直接相连，而必须经过中间电路的匹配再与系统连接，这部分把外部设备与计算机连接起来并实现数据传送的控制电路称为 I/O 接口电路，简称 I/O 接口。

1. I/O 接口的组成

接口电路通常为外部设备提供一些不同地址的寄存器，每个寄存器称为一个 I/O 端口(port)。如同对存储单元寻址一样，CPU 也可对这些端口寻址，并与之交换信息。I/O 接口内部通常由数据、状态和控制三类寄存器组成，简称为数据口、状态口、控制口。I/O 接口的组成如图 5.1 所示。

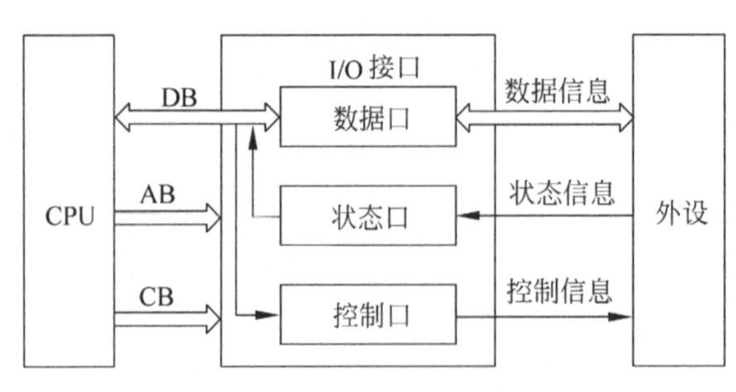

图 5.1 I/O 接口示意图

CPU与I/O端口之间传送的信息通常包括数据信息、状态信息和控制信息。

1) 数据信息

数据信息指外设与计算机间需交换或传送的信息,如待显示的字符等。

2) 状态信息

状态信息主要用来指示外部设备当前的状态。例如Ready(准备就绪)常表示输入设备已准备好输入数据信息;又如当CPU输出数据时,需先查看输出设备是否有空:若有空,则状态信息为Empty(闲);若没空,则状态信息显示为Busy(忙)。

3) 控制信息

控制信息主要是指CPU通过接口向输入或输出设备发出的控制命令信息,如控制外部设备的启动与停止,规定接口电路的工作方式和功能等。

2. I/O接口的功能

接口的基本功能是能够根据系统要求对外部设备进行管理与控制,实现信号逻辑和工作时序的转换,保证CPU与外部设备之间能进行可靠而有效的信息传送。

按照接口的应用范围,接口分类为通用接口和专用接口。通用接口一般是指可编程的并行、串行接口等,应用面广,对不同的外部设备均可使用;专用接口是为某种用途或某类外部设备而专门设计的接口电路,如CRT显示控制器、磁盘控制器、DMA控制器等接口。

从广义角度来讲,微机接口可以具有以下全部或部分功能。

1) 输入输出功能

接口能从总线上接收CPU送来的数据和控制信息发送给输出设备,同时,接口能接收外部设备送来的数据或状态信息并送到总线上传送给CPU或内存。

2) 数据缓冲/锁存功能

由于CPU、存储器以及外部设备之间在速度上存在很大的差异,接口中必须对数据进行缓冲或锁存,以避免数据丢失,实现数据缓冲和速度匹配。

3) 设备选择和寻址功能

微机系统通过接口可以接多台外部设备,每台外设又可有相应的数据、状态、控制口,而CPU在同一时间里只能与一台外部设备进行信息交换,这就要求接口电路中有译码电路,通过译码电路对端口(即外部设备)进行寻址。

4) 电平转换功能

系统总线与外部设备的电源标准可能是不同的,其电平信号也可能不同。因此,利用接口实现电平的转换,使采用不同电源的设备之间能够进行信息传送。

5) 信号转换功能

外设的信息通常包括数字量、模拟量和开关量三种类型,接口将外设的各种信息都要转换为标准的数字量。数字量指二进制形式表示的数,或是以ASCII码表示的数或字符,可以直接传送;模拟量是指在计算机控制系统中,由传感器提供的相应于某种物理量的连续电信号,这些信号不能直接输入至计算机,需先经A/D转换才能输入计算机;同样,计算机对外部设备的控制先必须将数字信号经D/A转换变成模拟量,再经放大等处理后才能去控制执行机构。开关量实际就是数字信号,一般只需1位二进制数即可描述“开”和“关”两种状态,对一个字长为16位的机器,一次输出就可以控制16个这样的开关量。

6）应答功能

CPU 通过读取接口中的状态寄存器的状态信息决定后续的工作过程。同时,外部设备也可以根据有关应答信息进行下一步的工作。

7）复位功能

接口应该能够接收复位信号,从而使接口本身以及所连接的外部设备进行重新启动。接口电路的实现可有两种方案：一种是采用寄存器、缓冲器等通用集成电路构建；一种是采用可编程的集成电路芯片构造,后者通过指令设置工作方式、参数等,使接口功能有较大的灵活性,第 6 章将对此详细介绍。

外部设备和外设接口以及相应的驱动软件组成输入输出系统,实现计算机信息的输入输出功能。一个微机应用系统的研制与设计,很重要的工作就是接口的软硬件研制与设计,例如显示器要完成显示计算机信息的任务,在硬件上要通过接口电路(显卡)实现显示器与计算机之间的连接,在软件上采用 I/O 控制程序和显卡驱动程序控制完成信号的转换和显示；在 Internet 中,计算机之间通过网卡等接口电路组成计算机网络,实现资源共享和信息交互。因此在学习微机接口相关知识时,必须注意其软硬件结合的特点。

5.1.2 I/O 端口的寻址

微处理器与外部设备交换信息就必须访问外设相对应的端口,CPU 访问外设端口的过程称为端口寻址。

1. 微机端口的编址方式

微机端口的编址方式通常有两种模式：存储器映像的 I/O 编址方式和 I/O 端口单独编址方式。

存储器映像的 I/O 编址方式是将 I/O 端口地址与存储器地址统一分配,I/O 端口和存储器共用读写控制信号,CPU 通过对地址的译码信号来区分是访问存储器还是 I/O 端口。如图 5.2 所示,图中采用一根地址线 A_{15},高电平时 I/O 端口寻址,低电平时进行存储器寻址。这种 I/O 寻址方式对端口的操作指令和对存储器一样灵活,读写控制逻辑比较简单,缺点是 I/O 端口要占用存储器的一部分地址空间,使可用的内存空间减少。MC6800/68000 系列采用了这种寻址方式。

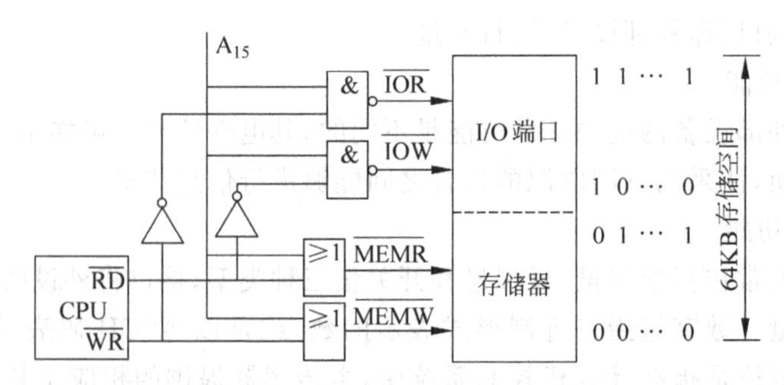

图 5.2 存储器映像的 I/O 端口寻址的连接方式示意图

I/O 端口单独编址方式是 I/O 端口和存储器分开独立编址,微处理器对 I/O 端口的操作采用专用指令,因而对存储器和 I/O 端口的读写控制信号不同。图 5.3 中 I/O 端口和存储器共用地址线和数据线，但当执行I/O端口的读写指令时产生控制信号 $\overline{IOR}$、$\overline{IOW}$，读写存储器时产生控制信号 $\overline{MEMR}$、$\overline{MEMW}$。这种I/O寻址方式下I/O端口的地址不占用存储器地址空间，寻址速度相对较快；但I/O指令较少使得I/O程序设计的灵活性较差，存储器和I/O端口两套控制逻辑增加了控制逻辑的复杂性。

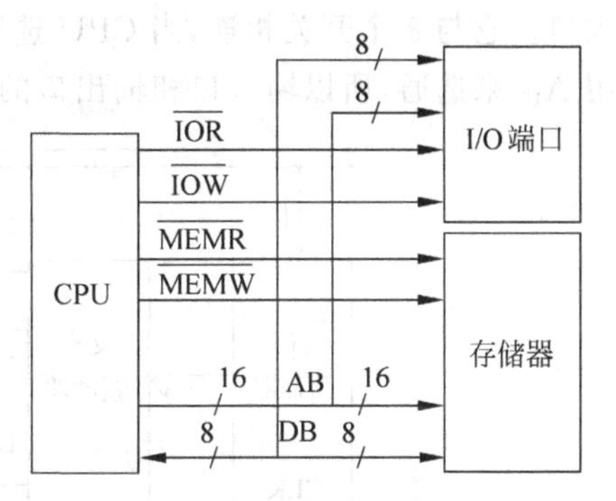

图5.3　I/O端口单独寻址的连接方式示意图

2. 8086端口的寻址

8086/8088 CPU采用了I/O端口单独寻址方式，以 $AD_{15} \sim AD_0$ 作为地址线，最大可寻址的I/O端口个数为64K。

如表5.1所示，若端口地址为00H～FFH，即端口号在0～255之间，可采用直接寻址的I/O指令，表中PORT表示一个字节的端口地址；若端口地址属于0000H～FFFFH中的两字节地址，则需采用间接寻址I/O指令，表中DX为间址寄存器，间接给出端口地址。

例如要从0100H端口读入1字节的数据，可用以下指令实现：

```
MOV DX, 0100H
IN   AL, DX
```

表5.1　输入输出指令

寻址方式	选项	指　　令	含　　义	条　　件
直接端口寻址	输入	IN AL,PORT IN AX,PORT	(PORT)→ AL (PORT+1,PORT)→ AX	端口号：0～255 端口地址：00H～0FFH
	输出	OUT PORT,AL OUT PORT,AX	AL→ (PORT) AX→ (PORT+1,PORT)	
间接端口寻址	输入	IN AL,DX; IN AX,DX	(DX)→ AL (DX+1,DX)→ AX	端口号大于225 端口地址：0000H～0FFFFH
	输出	OUT DX,AL OUT DX,AX	AL→ (DX) AX→ (DX+1,DX)	

5.2　CPU与外设间的数据传送方式

CPU与外部设备之间的信息传输方式，按照传送控制方式的不同，分为无条件传送、查询传送、中断传送以及DMA方式。

5.2.1　无条件传送方式

无条件传送是一种最简单的程序控制传送方式。当程序执行到输入输出指令时，CPU不需了解端口的状态，而直接进行数据的传送。这种传送方式的输入输出接口电路一般只需要设置数据缓冲寄存器和外设端口地址译码器即可，但只限于时刻处于“就绪”状态的I/O设备，也就是说，CPU执行IN指令时，外设的输入信息已准备好，执行OUT指令时外设的寄存器已空。

图 5.4 所示为一个无条件传送的接口电路。其中 8 位锁存器构成输出口。数据的锁存通过时钟信号 CLK 来控制，并经反向驱动器驱动 8 个发光二极管发光。三态缓冲器构成输入口。它与 8 个开关相连，当 CPU 选通三态缓冲器时，读取各开关的状态。两个端口均利用 A_{15} 来选通，所以输入口和输出口的 I/O 地址同为 8000H。

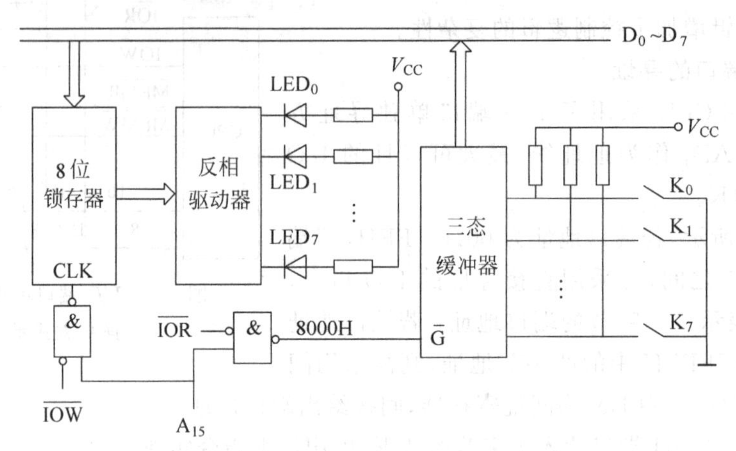

图 5.4　无条件传送的接口电路举例

5.2.2　查询传送方式

程序控制下的查询传送方式，又称异步传送方式。由于大多数外部设备处理数据的速度和提供数据的速度往往比主机慢得多，所以 CPU 需先查询外设是否处于就绪状态，也就是程序读取外设的状态端口信息，判断外设是否准备好，直至准备就绪才通过数据端口传送数据。查询传送方式输入程序的一般流程如图 5.5 所示，查询传送方式输出程序的一般流程如图 5.6 所示。

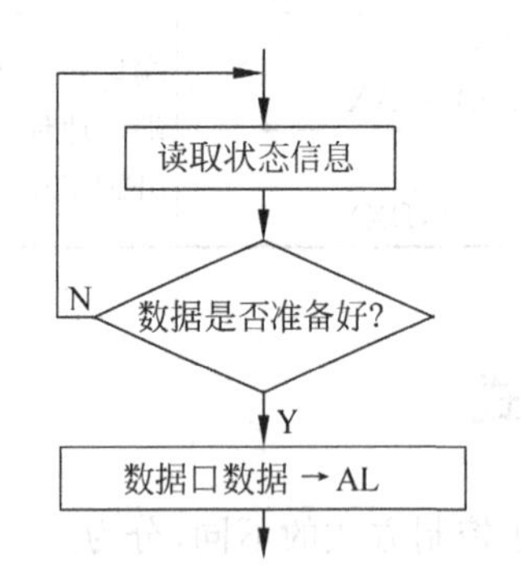

图 5.5　查询传送方式输入流程图

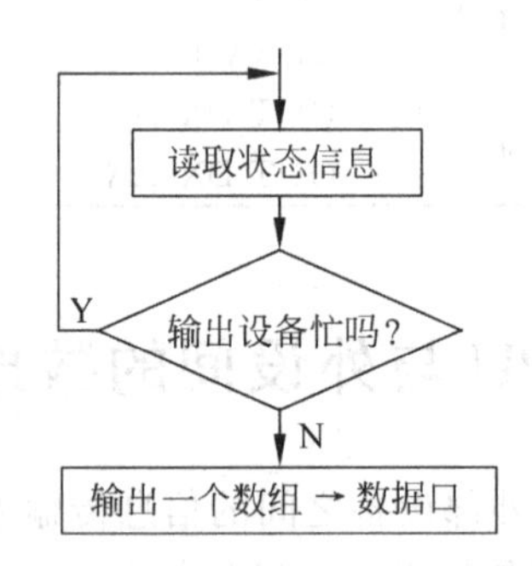

图 5.6　查询传送方式输出流程图

查询传送方式能够使 CPU 配合外设可靠地工作，编程容易，缺点是 CPU 要不断地查询外设状态，工作效率低，只能适于 CPU 任务少、外设不多的情况使用。

例 5.1　查询传送输入接口电路如图 5.7 所示，8 位锁存器与 8 位三态缓冲器构成数据寄存器 DATA_PORT，该接口的输入端连接输入设备，输出端直接与系统的数据总线相连。状态寄存器 STATUS_PORT 由 D 触发器和 1 位三态缓冲器构成。输入设备可通过控制信号对该状态口进行控制，CPU 可通过数据线 D_0 访问该状态口，试编写查询输入控制程序。

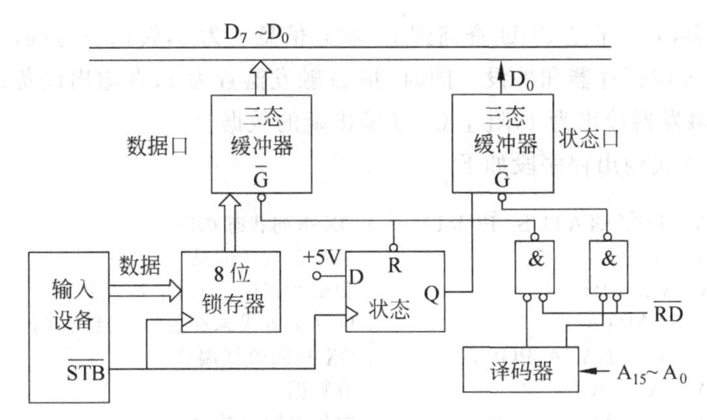

图 5.7 查询传送输入接口电路

解：该接口电路中共有状态和数据两个端口。当输入设备的数据已经就绪后，将数据送入 8 位锁存器，同时触发 D 触发器，使状态信息标志位 $D_0=1$。当 CPU 要求外设输入信息时，先检查状态信息。若数据已经准备好，则输入相应数据，并使状态信息清 0；否则，等待数据准备就绪。

相应的查询方式输入程序段如下：

```
        MOV DX, STATUS_ PORT        ; DX 指向状态端口
START:  IN   AL, DX                 ; 从状态口输入状态信息
        TEST AL, 01H                ; 测试标志位 D0 是否为 1
        JZ START                    ; D0=0,未就绪,继续查询
        MOV DX, DATA_PORT           ; DX 指向数据端口
        IN AL,DX                    ; 从数据端口输入数据
        RET
```

例 5.2 图 5.8 所示接口电路中，8 位锁存器作为数据寄存器 DATA _PORT，其输入端与数据总线相连，输出端连接输出设备。状态寄存器 STATUS _DATA 由 D 触发器和 1 位三态缓冲器构成，CPU 则可利用数据线 D_7 输入该状态口的信息。试编写查询输出控制程序。

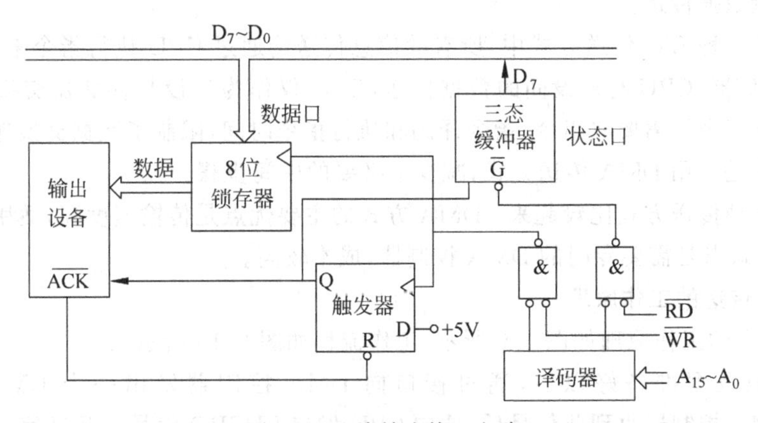

图 5.8 查询输出接口电路

解：该接口电路中共有状态和数据两个端口。当输出设备忙时，触发器输出高电平，所以三态缓冲器的输出 D_7 也为高电平；当输出设备处于空闲状态时，会发出一个应答信号

$\overline{ACK}$,使 D 触发器清 0,于是 CPU 查询到 D_7 状态信息也为 0,转而执行端口输出指令,将新的输出数据送至 8 位锁存器和外设。同时,将 D 触发器置为 1,在输出设备尚未完成输出之前,一直维持 D 触发器输出为 1,阻止 CPU 输出新的数据。

相应的查询方式输出程序段如下:

```
        MOV   DX, STATUS_ PORT      ; DX 指向状态端口
START:  IN AL, DX                   ; 读状态端口信息
        TEST AL, 80H                ; 测试状态标志位 D7 是否为 0
        JNZ   START                 ; D7≠0,外设未准备好,继续查询
        MOV   DX, DATA_PORT         ; DX 指向数据端口
        MOV   AL, BUF               ; 取数据
        OUT   DX, AL                ; 向外设输出数据
        RET
```

5.2.3 中断传送方式

在程序查询传送方式中,CPU 需不断查询输入输出系统的状态。若外设没准备好,CPU 就必须等待,且不能干其他工作,这对 CPU 资源的使用造成很大浪费,对某些数据输入或输出速度很慢的外部设备,如键盘、打印机等更是如此。

为弥补这种缺陷,提高 CPU 的使用效率,在 I/O 传输过程中,可采用中断传输机制。即 CPU 平时可以忙于自己的事务,当外设有需要时可向 CPU 提出服务请求;CPU 响应后,转去执行中断服务子程序;待中断服务子程序执行完毕后,CPU 重新回到断点,继续处理被临时中断的事务。在这种情况下,CPU 与外设可同时工作,大大提高了其使用效率,有关内容将在第 6 章详细讨论。

5.2.4 直接存储器存取方式

直接存储器存取方式(direct memory access,DMA)在外设与存储器间传送数据时,由专门的硬件装置即 DMA 控制器来完成,而不需要通过 CPU 介入,用于存储器与 I/O 设备间高速的批量数据传送。

在前述的几种 I/O 传送方式中,所有的信息传送均通过 CPU 执行指令来完成,指令完成 CPU 与存储器、CPU 与外设间的数据传送,CPU 仅作为外设与存储器交换数据时的中转。由于每条指令均需要取指令、指令译码和执行指令时间,限制了数据交换速度。解决这个问题的方法是采用 DMA 传送方式,减少不必要的中间步骤。

与其他几种传送方式比较起来:DMA 方式的主要优点是传输速度高,适用于高速传输的外部设备;缺点是需要专门的 DMA 控制器,成本较高。

1. DMA 传送的工作原理

DMA 传送的工作原理如图 5.9 所示,工作流程如图 5.10 所示。

当外设把数据准备好以后,通过接口向 DMA 控制器发出一个 DMA 请求信号 DMARQ,DMA 控制器收到此信号后,便向 CPU 发出 BUSRQ 信号;CPU 完成现行的机器周期后相应发出 BUSAK 信号,交出对总线的控制权;DMA 控制器收到此信号后便接管总线,并向 I/O 设备发出 DMA 请求的响应信号 DMAAK,完成外设与存储器的直接连接。而后按事先设置的初始地址和需传送的字节数,在存储器和外设间直接交换数据,并循环检

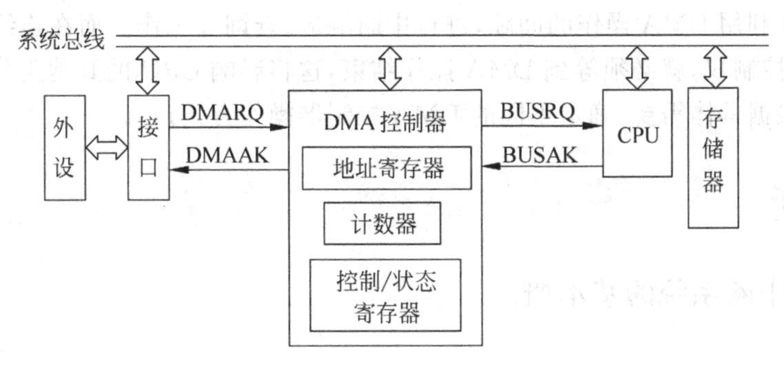

图 5.9 DMA 传送原理图

查传送是否结束,直至数据全部传送完毕。

DMA 传送完成后,自动撤销发向 CPU 的总线请求信号,使总线响应信号 BUSAK 和 DMA 的响应信号 DMAAK 相继失效。此时,CPU 恢复对总线的控制权,继续执行正常操作。

随着大规模集成电路技术的发展,DMA 传送可以应用于存储器与外设间信息交换,并扩展到两个存储器之间或者两种高速外设之间进行信息交换。

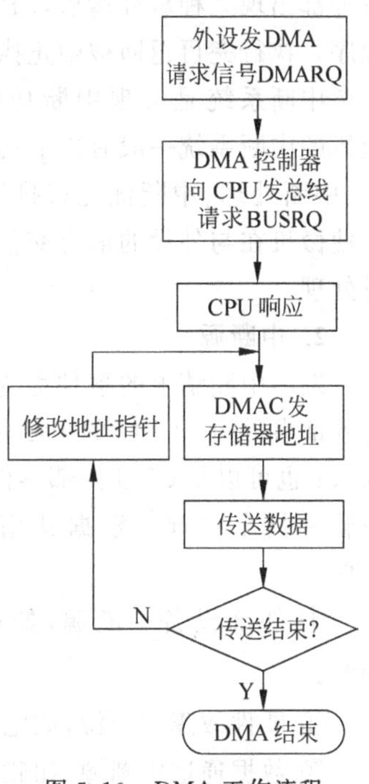

图 5.10 DMA 工作流程

2. DMA 操作方式

DMA 控制器有三种常见的操作方式,即单字节方式、字组方式和连续方式。

1) 单字节方式

在单字节操作方式下,DMA 控制器操作每次均只传送一个字节,即获得总线控制权后,每传送完一个字节的数据,便将总线控制权还给 CPU。按这种工作方式,即使有一个数据块要传送,也只能传送完一个字节后,由 DMA 控制器重新向 CPU 申请总线。

2) 字组方式

字组操作方式又称请求方式或查询方式。这种方式以有 DMA 请求为前提,能够连续传送一批数据。在此期间,DMA 控制器一直保持总线控制权。但当 DMA 请求无效、数据传送结束,或检索到匹配字节以及外加一个过程结束信号时,DMA 控制器便释放总线控制权。

3) 连续方式

连续操作方式是指在数据块传送的整个过程中,不管 DMA 请求是否撤销,DMA 控制器始终控制着总线。除非传送结束或检索到"匹配字节",才把总线控制权交回 CPU。在传送过程中,当 DMA 请求失效时,DMA 控制器将等待它变为有效,却并不释放总线。

上述三种操作方式各有特色:从 DMA 操作角度来看,以连续方式最快,字组方式次之,单字节方式最慢;但如果从 CPU 的使用效率来看,则正好相反,以单字节方式最好,连续方式最差,字组方式居中。因为在单字节方式下,每传送完一个字节,CPU 就会暂时收回总线控制权，并利用 DMA 操作的间隙，进行中断响应、查询等工作。而在连续方式下，CPU 一旦交出总线控制权，就必须等到 DMA 操作结束，这将影响 CPU 的其他工作。因此，在不同应用中，应根据具体需要，确定不同的 DMA 控制器操作方式。

5.3 中断

5.3.1 中断系统的基本概念

1. 中断

中断是 CPU 和外部设备交换数据的一种方式。所谓中断是这样一个过程：CPU 内部或外部出现某种事件请求，CPU 中止正在执行的程序，转去执行事件的处理程序(中断服务程序)，执行完再返回被中止执行的程序，从断点处继续执行，如图 5.11 所示。

中断系统是实现中断功能的软、硬件的集合。微机的中断系统一般有以下功能：中断响应、断点保护、中断处理、中断优先权排队、中断嵌套。中断系统使微机在与外设的信息交换中实现并行处理和实时处理。

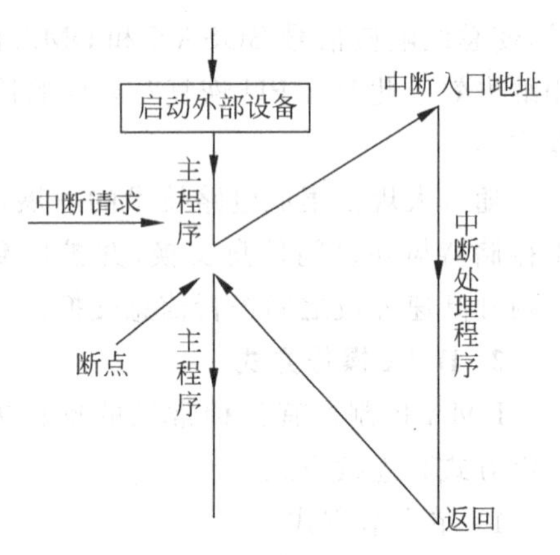

图 5.11 中断处理示意图

2. 中断源

发出中断请求的事件称为中断源。中断源可以是外部事件，由 CPU 的中断请求信号引脚(INTR)输入；也可以是 CPU 内部事件，由 CPU 内部产生或由软件指令引起。根据其用途，一般可分为以下 4 种：

① 外部设备中断源，如键盘、打印机、实时时钟等；

② 硬件故障中断源，如电源掉电、运算结果溢出等；

③ 数据通道中断源，如磁盘、光盘引起的直接存储器操作等；

④ 软件中断源，如断点中断、中断指令等。

根据是否可屏蔽分为以下两种：

① 可屏蔽中断源，即可通过指令确定 CPU 当前是否响应的(外部)中断源；

② 非屏蔽中断源，即一旦发生，CPU 必须响应的(外部)中断源。

3. 中断优先权与中断嵌套

微机系统中有两个以上中断源时，就应按其特点分别给予不同的优先权排队，中断优先权有两重含义：

① 多个中断源同时申请中断时，按中断优先权排队进行中断响应处理；

② 高一级的中断可以中断较低级的中断服务程序，也就是可以进行中断嵌套。

中断嵌套是指中断服务过程中又接受新的中断请求并进行中断服务的情况。中断嵌套过程如图 5.12 所示。

实现中断优先级排队有两种方法，即硬件实现方式和软件查询方式。

1）硬件实现方式

硬件实现方式对中断优先级的判断时间较短，实现方法可采用中断控制器和优先级排队电路。可编程中断控制器是微机中解决中断优先权管理最常用的方法，在第6章中将详细讨论 Intel 8259A 可编程中断控制器的功能、结构、工作方式及编程。

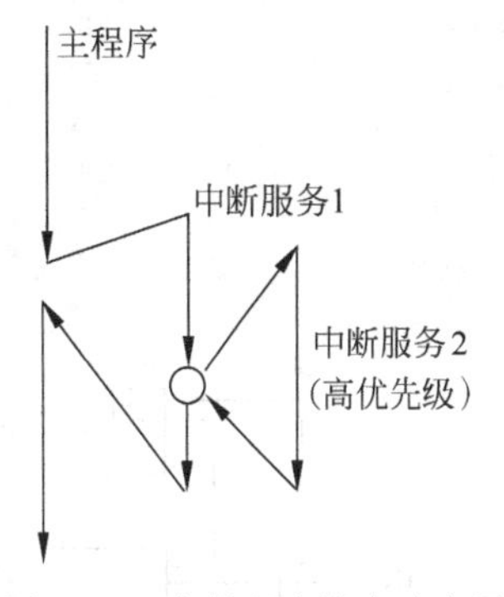

图 5.12　中断程序嵌套示意图

中断优先权排队的电路实现方法常用的有中断优先级编码电路和链式优先级排队电路。这里仅以链式优先级排队电路为例来说明硬件排队方式的中断优先级判断原理。

链式优先级排队电路如图 5.13 所示，任何一个中断源提出中断申请，INTR 端都会出现有效的高电平，CPU 响应中断后，通过 $\overline{INTA}$ 端发出中断响应信号。如果链条前端的外部设备没有发出中断请求信号，那么这一级的逻辑电路就允许中断响应信号原封不动地向后传递，一直传到有中断请求的外部设备，这一级的逻辑电路会将中断响应信号截断，不再后传。截取信号的中断源通过数据总线向 CPU 提供自己的中断类型码。在链式优先级电路中，外部设备的优先级是由其在链中的位置决定的，位于前端的外部设备比后端的外部设备优先级高。

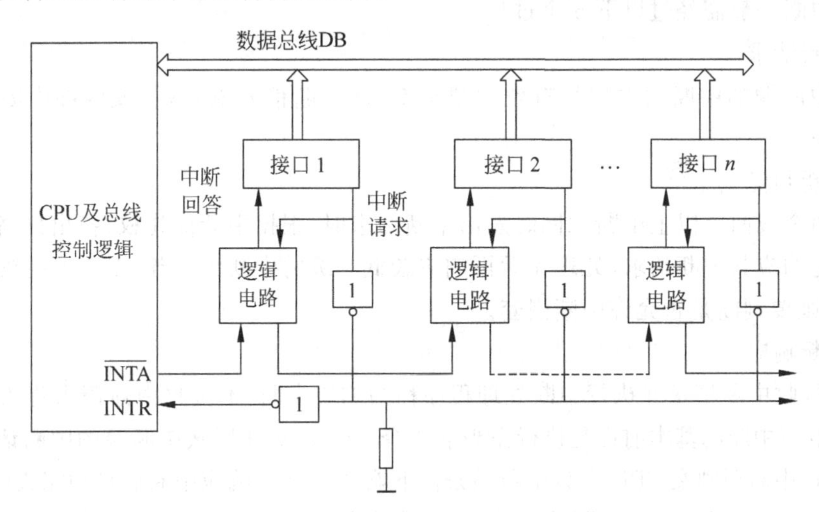

图 5.13　链式优先级排队电路

2）优先级排队软件查询方式

软件查询方式是在 CPU 响应中断后，通过用户编程采用程序查询的方法确定中断源的优先级。为完成查询任务，必须附加外部设备状态输入电路。图 5.14 所示为一个查询优先级接口电路，将各个中断源的中断请求信号相“或”后，作为公共的 INTR 中断请求信号。这样，任一外部设备在中断请求时，INTR 端都会出现有效的高电平，向 CPU 申请中断。CPU 响应 INTR 中断后，将运行一段优先级查询程序，查询的次序反映了各个中断源的优先级，INT_0～INT_7 的中断优先级依次降低。若有中断请求就转到相应的中断服务程序中去，其流程如图 5.15 所示。进入中断服务程序后首先读入锁存器内容，然后对读入内容从 D_0（对应最高优先级）到 D_7（对应最低优先级）进行查询，若判断有中断则转对应的中断服务程序。

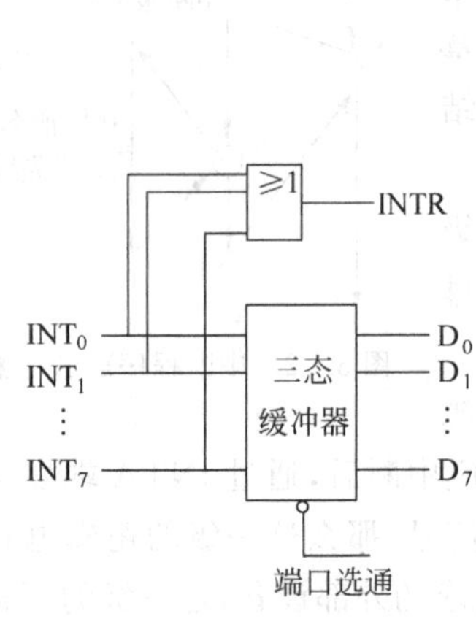

图 5.14 软件查询接口电路

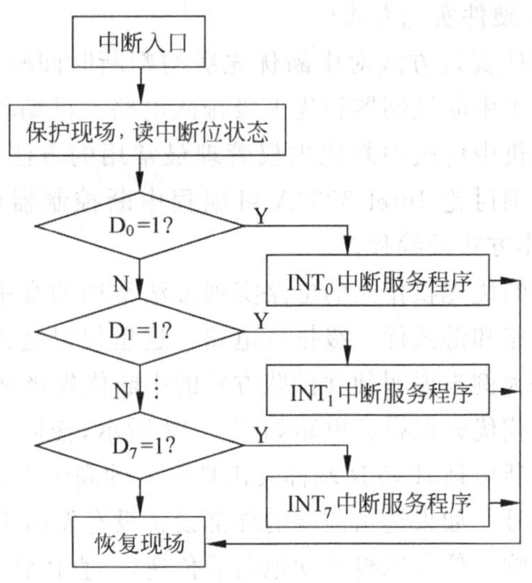

图 5.15 软件优先级查询流程图

4. 中断过程

完成中断一般需经过以下 5 个过程。

1) 中断请求

外部中断源的中断请求信号有效加载至 CPU 中断信号输入端,或内部中断源执行中断请求操作。

2) 中断判优

当有两个或两个以上中断源同时发出中断请求时,根据中断优先权,找出最高级别的中断源。首先响应其中断请求,处理完后再响应较低一级的中断源;当 CPU 正在执行中断服务程序时,则要判断是否允许中断嵌套。

3) 中断响应

CPU 接收中断请求并执行中断处理程序称为响应中断,不接收中断请求称为不响应中断。CPU 响应中断的基本前提是执行完当前指令。CPU 对非屏蔽中断源的中断请求必须响应,对可屏蔽中断源则在 CPU 允许中断的条件下响应。CPU 响应中断后自动完成以下动作:

① 关中断,进行必要的中断处理,以避免其他中断源来打扰;

② 断点保护,为了在中断处理结束时能使 CPU 回到断点处继续执行主程序,需要对被中断程序的断点信息进行保护,如断点地址(段地址、段内偏移地址);

③ 形成中断服务程序的入口地址,以便转向对应的中断服务程序。

4) 中断处理

中断服务程序完成中断处理。中断服务程序一般应由以下几部分组成:

① 保护现场,与断点地址由硬件自动保护不同,保护现场是用入栈指令编程把中断服务程序中要用到的寄存器内容压入堆栈,以便返回后 CPU 能正确运行原程序;

② CPU 开放中断,以便执行中断服务时能响应高一级的中断请求,实现中断嵌套;

③ 执行中断服务程序;

④ CPU 关中断,为恢复现场做准备;

⑤ 恢复现场，用出栈指令把保护现场时进栈的寄存器内容出栈，堆栈指针也应恢复到进入中断处理时的位置；

⑥ CPU 开放中断，以保证返回后仍可响应中断。

5）中断返回

通过指令指示中断结束，CPU 返回去执行被中断的程序。对 8086 CPU 来说就是执行中断返回指令 IRET，断点地址 CS 和 IP 自动出栈，程序返回到断点地址继续执行。

不同的微处理器中断断点返回的内容可能不一样，编写中断服务程序时需要注意。下面是一个 8086 中断服务程序的基本结构：

```
INT_PR PROC FAR           ；中断服务程序 INT_PR
        PUSH AX           ；保存 AX 等用到的寄存器
          ⋮
        PUSH…
        STI               ；开中断，允许中断嵌套
          ⋮               ；中断服务程序主体
        CLI               ；关中断
        POP…              ；恢复寄存器
          ⋮
        POP…
        MOV AL,20H        ；发结束中断命令
        OUT 20H,AL
        STI               ；开中断，允许新中断
        IRET              ；中断返回
        INT_PR  ENDP
```

5.3.2 8086 中断系统

8086 微机的中断系统，采用向量型中断结构，可以处理多达 256 个不同类型的中断请求，对于每个中断源都分配一个编号，称为中断类型或中断向量号，中断类型取值 0～255 或 00H～FFH，它是识别中断源的唯一标志。

8086 CPU 的中断源有两类，即内部中断和外部中断，又称软件中断和硬件中断。图 5.16 所示为 8086 中断源。

1. 8086 的内部中断

内部中断又称软件中断，是由 CPU 内部事件引起的中断，包括溢出中断、除法出错中断、单步中断、断点中断及指令中断共 5 种。

1）溢出中断

程序运行时使得溢出标志 OF 为 1，产生一个类型为 4 的内部中断，溢出中断就是执行溢出中断指令 INT_0。

2）除法出错中断

在执行除法指令（DIV 或 IDIV 指令）时，若除数为 0 或商大于目的寄存器所能表达的范围（对带符号数，单字节数为－128～＋127，双字节数为－32768～＋32767；对无符号数，单字节数为 0～255，双字节数为 0～65535），即产生一个类型号为 0 的内部中断。0 型中断没有相应的中断指令，也不由外部硬件电路引起，故又称“自陷”中断。

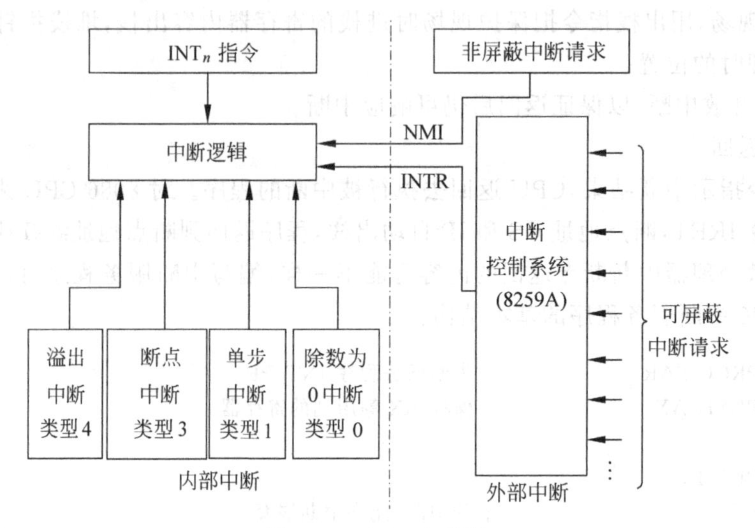

图 5.16　8086 中断源

3）单步中断

单步中断是当标志寄存器 FR 中单步标志位 TF = 1 时，每执行一条指令，CPU 产生类型为 1 的内部中断。单步中断是为调试程序而设置的。如 DEBUG 中的跟踪命令，就是将 TF 置 1。8086 没有直接对 TF 置 1 或清 0 的命令，可修改存放在堆栈中标志内容，再通过 POPF 指令改变 TF 的值。

4）断点中断

断点中断是执行单字节 INT_3 指令的中断，产生一个向量号为 3 的内部中断。断点中断常用于设置断点调试程序，实际上是把指令 INT_3 插入到程序中，CPU 每执行到断点处的 INT_3 指令，便停止正常程序的执行，转去执行类型 3 中断的处理程序。

5）指令中断

指令中断是执行 INT_n 时，产生一个向量号为 n 的内部中断，为两字节指令，INT_3 除外。INT_n 主要用于系统定义或用户自定义的软件中断，如 BIOS 功能调用 INT 10H 和 DOS 功能调用的 INT 21H。

2. 8086 的外部中断

外部中断又称硬件中断，分为非屏蔽中断和可屏蔽中断两种。

1）非屏蔽中断 NMI

8086 CPU 的非屏蔽中断由 NMI 引脚上输入有效的中断请求信号引起，产生一个中断类型号为 2 的中断。NMI 上升沿触发，不可用软件屏蔽，不需要中断响应周期。在 IBM PC 系列机中，NMI 用于处理存储器奇偶检验错、I/O 通道奇偶检验错以及 8087 协处理器异常中断等。

2）可屏蔽中断 INTR

8086 CPU 的可屏蔽中断由 INTR 引脚引入，高电平触发，在每条指令的最后一个时钟周期 CPU 对 INTR 信号采样。对于有效的 INTR 信号，若中断允许标志位 IF=1，CPU 开放中断，作出响应，否则不响应。因此，要响应 INTR 的中断请求，CPU 必须开放中断。

8086 设有对中断标志位 IF 置 1 或清 0 的指令，STI 指令使 IF=1，CPU 开中断；CLI

使 IF=0,CPU 关中断。

PC/XT 系统中,INTR 由中断控制器 8259A 的 INT 输出信号驱动,8259A 与需要请求中断的键盘、定时器等相连。在外设发出中断请求信号时,8259A 根据优先权和屏蔽状态,决定是否发出 INT 信号,因此外设的中断请求是否被传送到 CPU 还可通过中断控制器的中断屏蔽和中断优先级寄存器设置。

3. 8086 中断源的优先级

8086 的中断源优先级由高到低依次为内部中断、非屏蔽中断 NMI、可屏蔽中断 INTR、单步中断。

5.3.3 8086 中断向量表与中断响应过程

1. 中断向量表

每一个中断服务程序都有一个确定的入口地址(段基址:偏移量),该地址称为中断向量。将每个中断源进行编号,该编号称为中断源的中断类型号。把系统中所有中断向量集中起来,按中断类型号从小到大的顺序存放到存储器的某一固定的连续区域内,这个存放中断向量的存储区称为中断向量表,亦即中断服务程序入口地址表。

8086/8088 系统中,在内存的最低 1KB(00000H~003FFH)地址范围建立了一个中断向量表,如图 5.17 所示,每个中断向量占用 4 个存储单元,2 个低地址单元存放的是中断服务程序的偏移地址(IP 的内容);高地址单元存放的是中断服务程序所在段的段基地址(CS 的内容)。

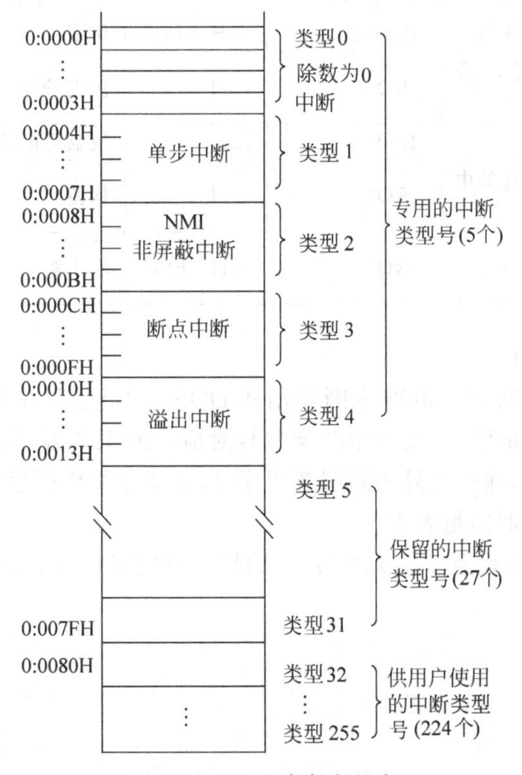

图 5.17 8086 中断向量表

中断向量在表中的位置称为中断向量地址,中断向量地址与中断类型号的关系为

$$中断向量地址=中断类型号\times 4$$

本质上,CPU响应中断就是转入执行中断服务程序,因而首先必须取得中断向量。中断源提出中断请求时,CPU获得相应的中断类型号,通过类型号得到中断向量地址,取出中断向量,从而转去执行中断服务程序。当中断源是外部中断时,类型号送数据总线再由CPU读入。

在中断向量表中,类型号0~4已由系统定义,不允许用户做修改;类型号05H~1FH是系统备用中断,是为软硬件开发保留的,一般也不允许改为他用;DOS中断占用20H~3FH共32个中断类型号(其中A0H~BBH和30H~3FH为DOS保留类型号),如DOS系统功能调用(INT 21H)主要用于对磁盘文件的存储管理;类型号60H~67H供用户自由应用。表5.2给出8086/8088的PC/XT系统中断类型号分配。

表5.2 8086/8088 PC/XT中断类型号分配表

中断号	中断类型	来 源	中断号	中断类型	来 源
00H	零除中断	内部CPU	0CH	串行通信口1	IRQ4
01H	单步中断	内部CPU	0DH	并行通信口2	IRQ5
02H	不可屏蔽中断	NMI	0EH	软盘	IRQ6
03H	断点中断	内部CPU	0FH	并行通信口1(打印机)	IRQ7
04H	溢出中断	内部CPU	10H~6FH	软中断	INT 10H~INT 6FH
05H	边界超越	ROM BIOS	70H	实时时钟	IRQ8
06H	非法操作码	内部CPU	71H	软件重新指向IRQ2	IRQ9
07H	协处理器无效	内部CPU	72H~74H	保留	IRQ10~IRQ12
08H	日时钟(定时器0输出)	IRQ0	75H	协处理器	IRQ13
09H	键盘中断	IRQ1	76H	硬盘适配器	IRQ14
0AH	8259A从片的中断输入	IRQ2	77H	保留	IRQ15
0BH	串行通信口2	IRQ3	78H~FFH	软中断	INT 78H~INT FFH

2. 中断向量的添加

对于系统定义的中断,如BIOS中断调用和DOS中断调用,在系统引导时就自动完成了中断向量表中断向量的装入,也即中断类型号对应中断服务程序入口地址的设置。而对于用户定义的中断调用,除设计好中断服务程序外,还必须把中断服务程序入口地址放置到与中断类型号相应的中断向量表中。

例5.3 编写程序段设置中断类型号60的用户自定义中断,设中断服务程序入口地址为INT_PRO。

解:程序如下:

```
MOV AX,0
MOV ES,AX
MOV BX,60*4
MOV AX,OFFSET INT_PRO                ;取中断服务程序的偏移地址
```

```
MOV ES: WORD PTR [BX], AX
MOV AX, SEG INT_PRO            ;取中断服务程序的段基地址
MOV ES: WORD PTR [BX+2], AX
```

该程序段将中断服务程序 INT_PRO 的入口地址存入中断向量表的 F0H~F3H 单元中。

此外,指令 INT 21H 的 25H 号功能是设置中断向量,具体方法是在执行 INT 21H 前预置 AH 为 25H,AL 为要设置的中断类型号,DS: DX 中预置中断向量,执行 INT 21H 即可。

3. 8086 CPU 中断响应过程

综合以上 8086 中断系统的特点,8086 响应中断可分为四个阶段,即中断请求、中断响应、中断服务、中断返回,流程如图 5.18 所示。

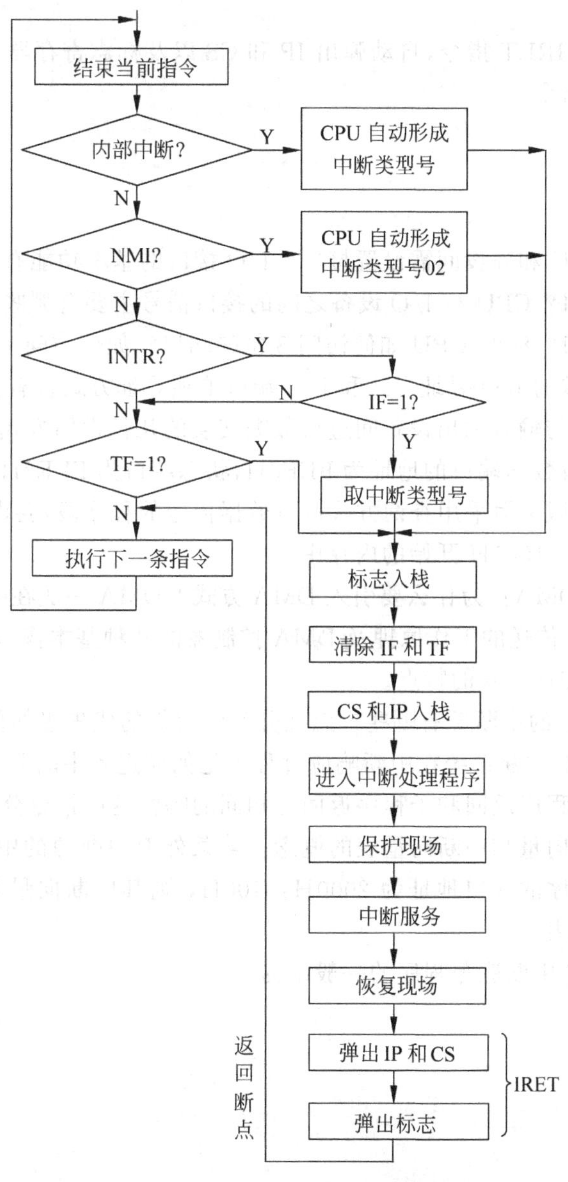

图 5.18　8086 CPU 响应中断的流程

1）中断请求判别

CPU在每条指令执行的最后一个机器周期采样中断请求信号，在执行完当前指令后，进入是否响应中断的判断流程。如果是内部中断或NMI非屏蔽中断，CPU自动形成中断类型号；如果是INTR可屏蔽中断，进入中断响应周期，从数据总线获取中断类型号。

2）中断响应

硬件自动完成标志寄存器FR入栈、中断标志位IF和单步标志位TF清0、断点的CS和IP入栈，根据中断类型号查中断向量表，获得中断服务程序的入口地址。

3）中断服务

在中断服务阶段执行相应的中断服务程序。

4）中断返回

中断返回为执行IRET指令，自动弹出IP和CS以及标志寄存器FR，返回中断前的程序位置，执行下一条指令。

习题5

5.1　为什么CPU和外设间需设置接口？I/O接口的基本功能有哪些？

5.2　什么是接口？CPU与I/O设备之间的接口信号主要有哪些？

5.3　什么是端口？8086 CPU如何访问8位的端口？如何访问16位的端口？

5.4　存储器映像的I/O寻址方式和I/O端口单独寻址方式各有什么特点和优缺点？

5.5　简述CPU与输入输出设备间进行数据交换的几种常用方式。其各有何优缺点？

5.6　设输入设备数据端口的地址为FEE0H，状态端口为FEE2H，当其D_0位为1时表明输入数据准备好。试编写采用查询方式进行数据传送的程序段，要求从该设备读取10字节并输入到从2000H：1000H开始的内存中。

5.7　什么称为DMA？为什么要引入DMA方式？DMA一般在哪些场合使用？

5.8　简述DMA传送的工作原理及DMA控制器的几种基本操作方式。

5.9　简述中断传送方式的特点。

5.10　8086 CPU的中断源有哪些？怎么分类？它们的优先级如何？

5.11　8086/8088中断系统在中断响应过程中是如何进入中断服务程序的？

5.12　中断服务程序返回和子程序返回是相同的吗？返回指令分别是什么？

5.13　简述中断向量和中断向量表的概念。若某外部中断源的中断类型号为10H，中断向量表中断服务程序的入口地址为2000H:0100H，则其中断向量是什么？编程将其入口地址加入中断向量表。

5.14　写出8086中断服务程序的一般结构。

第 6 章
CHAPTER 6

微型计算机常用接口技术

在学习了第 5 章输入输出接口技术基本原理的基础上，本章将进一步介绍实现多种接口功能的可编程接口芯片。目前微机系统中多采用大规模集成电路接口芯片，可编程接口芯片可以在不改变硬件的情况下，通过编程灵活地改变其功能、工作方式。本章主要介绍中断接口、定时/计数器接口、并行和串行数据接口、A/D 和 D/A 转换接口等常用的典型接口电路及其使用方法。本章还介绍了 IBM PC/XT 系统的接口组成，以期读者更好地理解接口芯片在微机系统的作用和应用。

6.1 IBM PC/XT 系统的接口

6.1.1 IBM PC/XT 系统接口的组成

IBM PC/XT 是由美国 IBM 公司选用 Intel 公司的 8088 CPU 和 Microsoft 公司的 MS-DOS 操作系统组建而成的 16 位微机系统，问世以后，由于其精湛的体系结构和稳定的性能受到了计算机界和广大用户的高度评价。近几十年来，个人计算机发生了巨大的变化，但从基本结构原理上看，PC/XT 机的设计思想和技术被 32 位机所继承和兼容，因此其系统结构和接口应用均具有典型性。

1. IBM PC/XT 系统的主板结构

PC/XT 在系统结构上采用灵活的积木式结构，即基本部件加扩展部件的方式，其中扩展部件是一些可供选择的功能部件，可根据用户和应用领域的需要进行不同的配置。

PC/XT 的系统主板上的电路由 CPU 子系统、ROM 子系统、RAM 子系统、各接口芯片构成的 I/O 接口部件子系统以及 I/O 扩展插槽(即 PC 总线)等五个主要功能块组成。主板的原理框图如图 6.1 所示。各 I/O 接口芯片、存储器芯片与 CPU 芯片之间采用三条系统总线(AB、DB、CB)连接构成基本微机系统。为外部适配器和存储器扩充专门设计的一组 I/O 总线，实际上是系统总线的延伸，它以 62 芯 I/O 扩展槽的形式对外提供一组 PC 总线。

2. IBM PC/XT 的接口部件及作用

IBM PC/XT 主板上安装的接口芯片有中断控制器 8259A 一片、DMA 控制器 8237A 一片、计数器/定时器 8253 一片、并行 I/O 接口 8255A 一片，它们构成了 PC/XT 的接口部

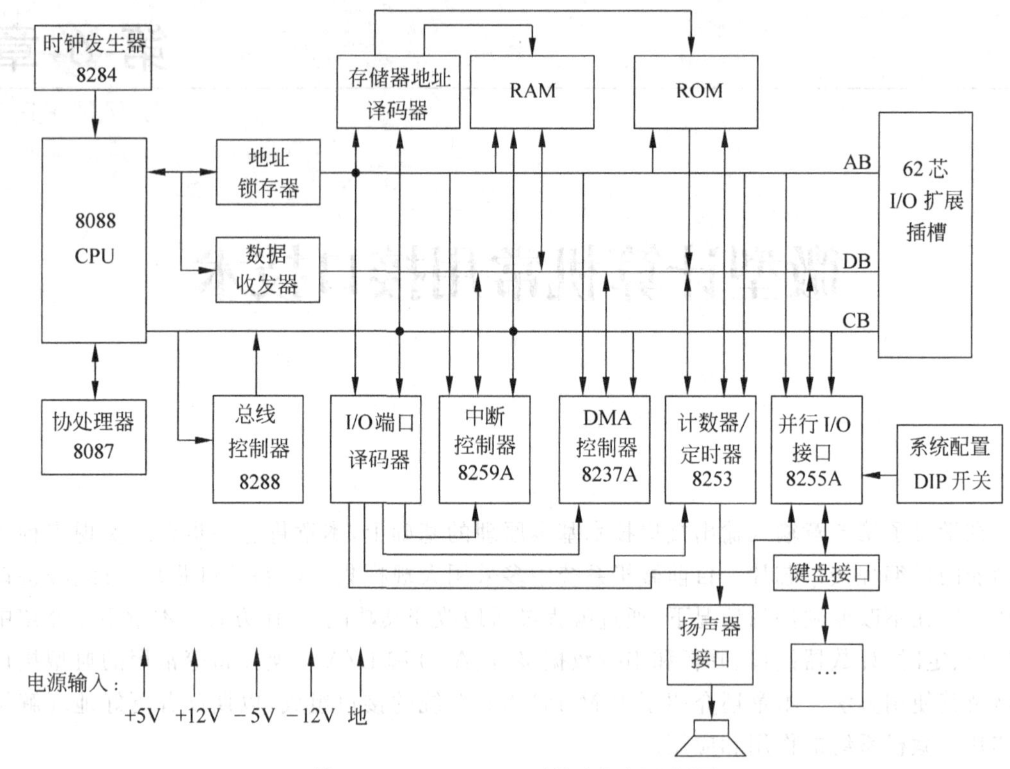

图 6.1　IBM PC/XT 系统主板原理框图

件子系统。

IBM PC/XT 系统采用 8259A 来管理外部的可屏蔽中断请求信号，实现与键盘、串口、并行打印机等外设进行向量中断；利用 DMA 控制器 8237A 实现对动态 RAM 的刷新、软盘或硬盘的数据传输；利用定时/计数器 8253 实现定时控制，用于为系统中的电子钟提供时间基准信号、产生动态 RAM 芯片刷新所需要的定时信号及系统扬声器的音频震荡信号；利用并行 I/O 接口 8255A 读取键盘编码和系统配置的开关状态，控制系统中的扬声器、RAM 奇偶检验、时钟及键盘控制等。

6.1.2　接口地址分配

IBM PC/XT 及其兼容机使用 I/O 端口独立编址方式。使用 $A_0 \sim A_9$ 10 根地址线，可对 $2^{10}=1024$ 个 I/O 端口进行编址，形成独立的 1K 个单字节端口，其中 000H～0FFH(A_9，$A_8=0$)的地址端口由系统板上的 I/O 芯片占用，200H～3FFH 是 I/O 通道上插件板可以占用的地址。IBM PC/XT 中这 1K 个单字节端口的地址分配如表 6.1 所示。由于 A_4 没有参加端口地址的译码，故存在重叠地址。

1. 系统板上 I/O 地址

系统板上占用的 512 个字节 I/O 地址分配给板上的 DMA 控制器 8237A、中断控制器 8259A、计数器/定时器 8253、并行外围接口 8255A 及 NMI 屏蔽寄存器等，除这些芯片占用外，还给 DOS 保留了一部分。对上述芯片的端口寻址，系统板上采用了如图 6.2 所示的片选生成逻辑。

表 6.1 IBM PC/XT 接口地址表

分 类	I/O 设备端口	地址范围（十六进制）	实际使用的地址（$A_4=0$）
主板	DMA 控制器 8237A	000H～01FH	000H～00FH
	中断控制器 8259A	020H～03FH	020H～021H
	计数器/定时器 8253	040H～05FH	040H～043H
	并口接口电路 8255A	060H～07FH	060H～063H
	DMA 页面寄存器	080H～09FH	080H～083H
	NMI 屏蔽寄存器	0A0H～0BFH	0A0H
	保留	0C0H～1FFH	
扩展槽	游戏控制适配器	200H～20FH	
	扩展部件	210H～21FH	
	保留	220H～26FH	
	串行通信接口(COM_2)	2F8H～2FFH	
	实验板	300H～31FH	
	硬盘适配器	320H～32FH	
	并行打印机接口(LPT)	378H～37FH	
	同步数据链路控制(SDLC)通信适配器	380H～38FH	
	保留	3A0H～3AFH	
	单色显示器/打印机适配器	3B0H～3BFH	
	保留	3C0H～3CFH	
	彩色图形显示器适配器(CGA)	3D0H～3DFH	
	保留	3E0H～3EFH	
	软盘适配器	3F0H～3F7H	
	串行通信接口(COM_1)	3F8H～3FFH	

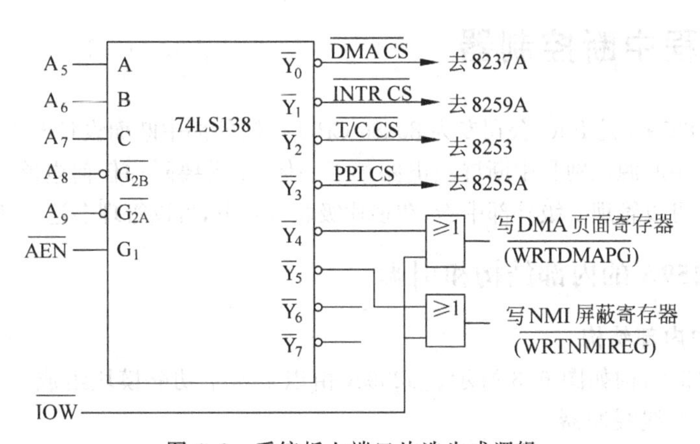

图 6.2 系统板上端口片选生成逻辑

其中 A_9 具有特殊意义：A_9 为 1 时，表示是 I/O 通道上的 512 个端口。系统板上的 I/O 地址采用固定地址法译码逻辑。

例 6.1 由图 6.2 可知计数器/定时器 8253 的片选信号由译码器 LS138 的 $\overline{Y_2}$ 输出，则如何确定 8253 的端口地址？

解：由图 6.2 可知，地址线 A_9、A_8、A_7、A_6、A_5 作为片选地址用于产生片选信号，当 A_9、A_8、A_7、A_6、A_5 取 00010 时译码器 LS138 的 Y_2 输出有效的片选信号送给定时器/计数器 8253；地址线 A_4、A_3、A_2 悬空未用可取任意值×；由 8253 的内部结构可知，地址线 A_1、A_0 用于 8253 的片内端口寻址，当 A_1A_0 从 00 取到 11 时，分别用于选择 8253 内部的四个端口。因此 A_9～A_0 的地址信号为：

A_9	A_8	A_7	A_6	A_5	A_4	A_3	A_2	A_1	A_0
0	0	0	1	0	×	×	×	0	0
									}
0	0	0	1	0	×	×	×	1	1

当悬空未用的地址线 A_4、A_3、A_2 取任意值时，8253 的端口地址范围为：40H～5FH，实际使用时将悬空未用的地址线 A_4、A_3、A_2 取 000，因而 8253 实际使用的端口地址为：40H～43H。

2. IBM PC/XT 的 I/O 通道

系统板上有 8 个 I/O 扩展槽，又称为 I/O 通道。这些 62 线的 I/O 通道是 PC/XT 功能扩展的基本途径。通常，出厂的机器在这些 I/O 通道上已经插有一些功能扩展板，如存储器扩展板、多功能板(包括软盘驱动器管理功能、RS-232C 异步通信功能和打印机驱动功能等)。用户可在空闲的扩展槽上插上自己开发的功能板，但这些功能板的外部引线必须满足 I/O 通道上信号的排列规范。

PC/XT 的 I/O 通道是系统总线的扩充，它不仅具有 CPU 的三总线信号，而且是重新驱动的，具有多路处理、中断和 DMA 操作能力的增强性通道。该通道上的 62 条引线按照 IBM PC 总线标准规范地排列，每条引线上的信号电气性能也满足 IBM PC 总线规范。

PC/AT 除有与 PC/XT 相同的 8 个 62 线 I/O 通道外，还有 5 个 36 线的 I/O 扩展通道，主要用来扩充高位地址 A_{20}～A_{23} 和数据高位字节 D_8～D_{15}，使系统可以通过 I/O 通道访问多达 16MB 的存储空间，并可以为外设和存储器提供 8 位和 16 位的数据总线。

6.2 可编程中断控制器

中断控制器 8259A 是 Intel 公司专为 80x86 CPU 控制外部中断而设计开发的芯片。它将中断源优先权判优、中断源识别和中断屏蔽电路集于一体，不需要附加任何电路，就可以对外部中断进行管理，单片可以管理 8 级外部中断，在多片级联方式下，可以管理多达 64 级的外部中断。

6.2.1 8259A 的内部结构和引脚

1. 8259A 的内部结构

8259A 的内部结构如图 6.3 所示。8259A 由以下八个功能模块组成。

1) 8 位数据总线缓冲器

数据总线缓冲器是双向三态 8 位的寄存器，是 8259A 与系统数据总线的接口。CPU 通过它写入 8259A 控制字，8259A 状态信息通过它读入 CPU。在中断响应周期，8259A 送出的中断矢量也是通过它传给 CPU。

2) 读/写控制逻辑

读/写控制逻辑用来接收来自 CPU 的读/写命令，配合 $\overline{CS}$ 端的片选信号和 A_0 端的地址输入信号完成对 8259A 内部寄存器的读/写操作。

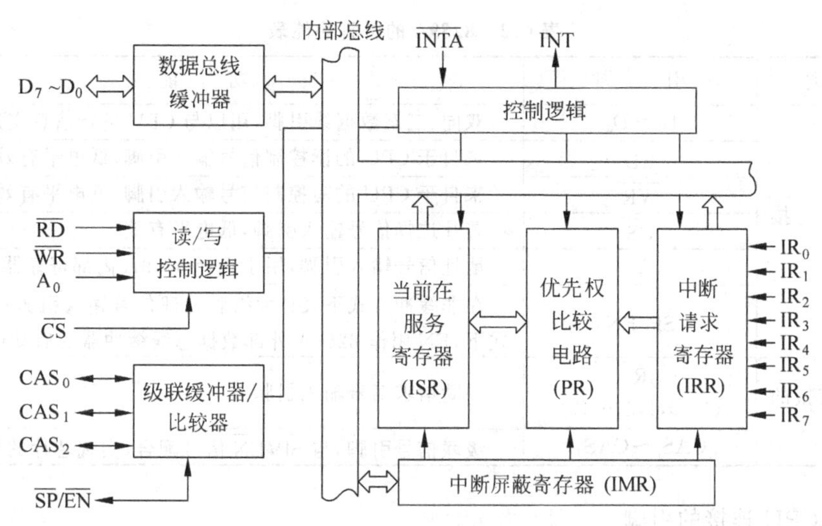

图 6.3 8259A 的内部结构图

3）中断屏蔽寄存器 IMR

IMR 是一个 8 位的寄存器，是用来对外部中断请求线 $IR_0 \sim IR_7$ 上的中断请求信号加以禁止和允许的寄存器。若某位置"1"，与之对应的中断请求即被禁止。

4）中断请求寄存器 IRR

IRR 是一个 8 位的寄存器，用来存放 8 条外部中断请求信号，它的 8 个输入 $D_0 \sim D_7$ 分别与外部中断请求信号线 $IR_0 \sim IR_7$ 相对应，当 IR_i（$i=0,1,2,\cdots,7$）有请求（电平或跳变触发）时，IRR 中的相应位 D_i 置"1"。

5）中断服务寄存器 ISR

ISR 是一个 8 位的寄存器，用来存放所有正在进行服务的中断请求。若某位为"1"，表示正在为相应的中断源服务。

6）优先权比较电路 PR

优先权比较电路 PR 用来确定存放在 IRR 中各个中断请求信号对应中断源的优先级，并可以对它们进行排队判优，以便选出当前中断请求优先权最高级，由中断控制逻辑向 CPU 发出中断请求信号 INT。

7）控制逻辑

中断控制逻辑按照编程设定的工作方式管理中断，负责向片内各部件发送控制信号，向 CPU 发送中断请求信号 INT 和接收 CPU 回送的中断响应信号 $\overline{INTA}$，控制 8259A 进入中断管理状态。

8）级联缓冲器/比较器

级联缓冲器/比较器提供多片 8259A 的管理和选择功能。在级联方式的主从结构中，存放和比较各 8259A 从设备的识别码。

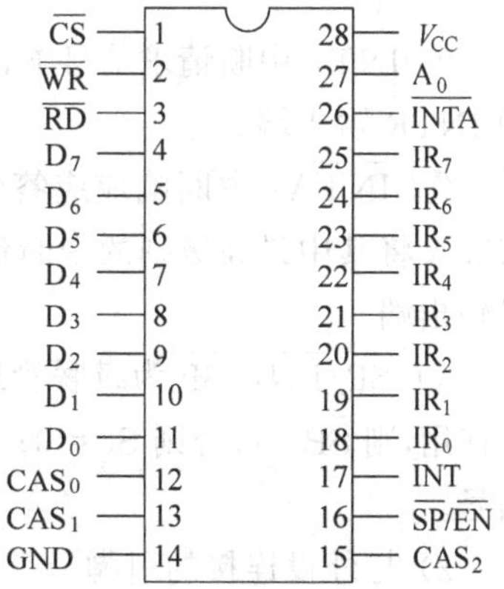

图 6.4 8259A 的引脚图

2. 8259A 的引脚

8259A 是具有 28 个引脚的集成电路芯片，外部引脚分布如图 6.4 所示。引脚功能如表 6.2 所示。

表 6.2 8259A 的引脚功能表

分　类	引　脚	功　能
与 CPU 连接的引脚	$D_7 \sim D_0$	双向、三态数据线引脚,用以与 CPU 进行信息交换
	$\overline{RD}$	来自于 CPU 的读控制信号输入引脚,低电平有效
	$\overline{WR}$	来自于 CPU 的写控制信号输入引脚,低电平有效
	$\overline{CS}$	芯片选择信号输入引脚,低电平有效
	A_0	地址信号输入引脚,用于选择 8259A 内部寄存器
	$\overline{SP}/\overline{EN}$	在非缓冲方式下,$\overline{SP}$ 为级联管理信号输入引脚;在缓冲方式下,$\overline{EN}$ 用作 8259A 外部数据总线缓冲器的启动信号
与外设连接的引脚	IR_i ($i=0,1,2,\cdots,7$)	中断请求信号输入引脚
	$CAS_2 \sim CAS_0$	级联信号引脚,与 $\overline{SP}/\overline{EN}$ 信号配合,实现芯片的级联

1) 与 CPU 连接的引脚

① $D_7 \sim D_0$:双向数据输入输出引脚,用以与 CPU 进行信息交换。

② $\overline{RD}$:读控制信号输入引脚,低电平有效,实现对 8259A 内部寄存器内容的读操作。

③ $\overline{WR}$:写控制信号输入引脚,低电平有效,实现对 8259A 内部寄存器的写操作。

④ $\overline{CS}$:片选信号输入引脚,低电平有效,一般由系统地址总线的高位,经译码后形成,决定了 8259A 的端口地址范围。

⑤ A_0:8259A 两组内部寄存器的选择信号输入引脚,决定 8259A 的端口地址,如表 6.3 所示。

表 6.3 8259A 读写控制逻辑功能表

A_0	$\overline{RD}$	$\overline{WR}$	$\overline{CS}$	功　能
0	0	1	0	读 IRR、ISR、查询字
1	0	1	0	读 IMR
0	1	0	0	写 ICW_1、OCW_2、OCW_3
1	1	0	0	写 OCW_1、OCW_2、ICW_3、ICW_4
×	1	1	0	数据总线为高阻状态
×	×	×	1	数据总线为高阻状态

⑥ INT:中断请求信号输出引脚,高电平有效,用以向 CPU 发中断请求,应接在 CPU 的 INTR 输入端。

⑦ $\overline{INTA}$:中断响应应答信号输入引脚,低电平有效,在 CPU 发出第二个 $\overline{INTA}$ 时,8259A 将其中最高级别的中断请求的中断类型码送出,应接在 CPU 的 $\overline{INTA}$ 中断应答信号输出端。

⑧ $\overline{SP}/\overline{EN}$:$\overline{SP}$ 为级联管理信号输入引脚。在非缓冲方式下,若 8259A 在系统中作主片使用,则 $\overline{SP}=1$,否则 $\overline{SP}=0$;在缓冲方式下,$\overline{EN}$ 用作 8259A 外部数据总线缓冲器的启动信号。

2) 与外设连接的引脚

① $IR_7 \sim IR_0$:8 级中断请求信号输入引脚,规定的优先级为 $IR_0 > IR_1 > \cdots > IR_7$,当有多片 8259A 形成级联时,从片的 INT 与主片的 IR_i 相连。

② $CAS_2 \sim CAS_0$：级联信号引脚。当8259A为主片时，为输出；否则为输入。与 $\overline{SP}/\overline{EN}$ 信号配合，实现芯片的级联，这三个引脚信号的不同组合000～111，刚好对应于8个从片。

3. 8259A的工作过程

① 当有一条或若干条中断请求输入（$IR_7 \sim IR_0$）有效时，则使中断请求寄存器的IRR的相应位置位。

② 若CPU处于开中断状态，则在当前指令执行完之后，响应中断，并且从 $\overline{INTA}$ 发应答信号（两个连续的 $\overline{INTA}$ 负脉冲）。

③ 第一个 $\overline{INTA}$ 负脉冲到达时，IRR的锁存功能失效，对于 $IR_7 \sim IR_0$ 上发来的中断请求信号不予理睬。

④ 使中断服务寄存器ISR的相应位置1，以便为中断优先级比较器的工作做好准备。

⑤ 使寄存器IRR的相应位复位，即清除中断请求。

⑥ 第二个 $\overline{INTA}$ 负脉冲到达时，将中断类型寄存器（ICW_2）中的内容，送到数据总线的 $D_7 \sim D_0$ 上，CPU以此作为相应中断的类型码。

⑦ 若 ICW_4 中的中断结束位为1，那么，第二个 $\overline{INTA}$ 负脉冲结束时，8259A将ISR寄存器的相应位清0；否则，直至中断服务程序执行完毕，才能通过输出操作命令字EOI，使该位复位。

6.2.2　8259A的工作方式

8259A有多种工作方式，这些工作方式，可以通过对命令字编程来设置或改变。8259A的工作方式如表6.4所示。

表6.4　8259A的工作方式

分类	工作方式	功　能	编程实现	备　注
中断请求触发方式	边沿触发方式	中断请求输入端出现的上升沿，作为中断请求信号	ICW_1 ($D_3=0$)	上升沿后相应引脚可以一直保持高电平
	电平触发方式	中断请求输入端出现的高电平作为中断请求信号	ICW_1 ($D_3=1$)	在中断响应之后，高电平必须及时撤除
优先权的管理方式	全嵌套方式	中断优先权固定不变，IR_0 的优先级最高，IR_7 的优先级最低，只允许优先级比它高的中断源的中断请求能被响应	ICW_4 ($D_4=0$)	8259A的默认方式
	特殊全嵌套方式	中断优先权固定不变，与全嵌套方式相同，对同一级中断实现特殊嵌套	ICW_4 ($D_4=1$)	通常应用在有8259A级联的系统中
	优先级自动循环方式	优先级在工作过程中可以动态改变，一个中断源的中断请求被响应之后，优先级自动降为最低，初始默认 $IR_0 \sim IR_7$ 的优先级由高到低排列	OCW_2 ($D_7D_6=10$)	适用于系统有多个中断源优先级相同的情况
	优先级特殊循环方式	初始化的优先级由程序设置，优先级在工作过程中可以动态改变，一个中断源的中断请求被响应之后，优先级自动降为最低	OCW_2 ($D_7D_6=11$；$D_2D_1D_0$ 指明最低优先级)	适用于系统有多个中断源优先级相同的情况

续表

分类	工作方式	功　能	编程实现	备　注
中断源的屏蔽方式	普通屏蔽方式	按 IMR 给出的结果,屏蔽或开放该级中断,只允许高级的中断源中断低级的中断服务程序	OCW_1 ($D_i=1$, $i=0,1,2,\cdots,7$)	8259A 的默认方式
	特殊屏蔽方式	能在中断处理程序中动态地改变系统中的中断优先级结构	OCW_3 ($D_6D_5=11$)	适用于在中断处理程序中需要改变系统的中断优先级结构的情况
中断结束方式	中断自动结束方式	系统在响应中断后,就会使中断服务寄存器 ISR 中相应位复位	ICW_4 ($D_1=1$)	仅适用于只有单片 8259A 的场合
	一般的中断结束方式	发一般中断结束命令 EOI,使中断服务寄存器 ISR 中优先级别最高的位复位	ICW_4 ($D_1=0$) OCW_2 ($D_7D_6D_5=001$)	适用在级联和全嵌套方式下
	特殊的中断结束方式	CPU 结束中断处理之后,向 8259A 发送一个特殊的 EOI 中断结束命令,并指出中断服务寄存器 ISR 中需要复位的位	ICW_4 ($D_1=0$) OCW_2 ($D_7D_6D_5=011$)	适用于在级联和全嵌套方式下 CPU 无法确定当前所处理的是哪级中断的情况
系统总线的连接方式	缓冲方式	通过外部总线驱动器和数据总线相连	ICW_4 ($D_3=1$)	适用在多片 8259A 级联的大系统中
	非缓冲方式	将数据总线直接与系统数据总线相连	ICW_4 ($D_3=0$)	适用于系统中只有一片或几片 8259A 芯片的情况
查询方式	程序查询方式	CPU 用软件查询的方法来确定中断源,从而实现对设备的中断服务	OCW_3 ($D_2=1$)	中断源超过 64 个或中断服务程序被 N 个中断源公用的情况

1. 中断请求触发方式

1) 边沿触发方式

8259A 将中断请求输入端出现的上升沿作为中断请求信号。上升沿过后,相应引脚可以一直保持高电平。

2) 电平触发方式

8259A 将中断请求输入端出现的高电平作为中断请求信号。在这种方式下,必须注意:中断响应之后,高电平必须及时撤除,否则,在 CPU 响应中断后(ISR 相应位置后),会引起第二次不应该有的中断。

2. 优先权的管理方式

1) 全嵌套方式

这是 8259A 默认的优先权设置方式,在全嵌套方式下,8259A 所管理的 8 级中断优先权是固定不变的,其中 IR_0 的中断优先级最高,IR_7 的中断优先级最低。CPU 响应中断后,请求中断的中断源中,优先级最高的中断源在中断服务寄存器 ISR 中的相应位置位,而且把它的中断矢量送至系统数据总线,在此中断源的中断服务完成之前,与它同级或优先级低的中断源的中断请求均被屏蔽,只有优先级比它高的中断源的中断请求才是允许的,从而出现中断嵌套。

2) 特殊全嵌套方式

特殊全嵌套方式与普通全嵌套方式相比,不同点在于执行中断服务程序时不但要响应比本级高的中断源的中断申请，而且要响应同级别的中断源的中断申请。

特殊全嵌套方式一般适用于8259A级联工作时主片采用，主片采用特殊全嵌套工作方式、从片采用普通全嵌套工作方式，可实现从片各级的中断嵌套。

3）优先级自动循环方式

中断源优先级可以动态改变，系统初始优先级由高到低排列为IR_0～IR_7，某一中断请求得到响应后，其优先级降到最低，比它低一级的中断源优先级最高，其余按序循环。例如，若IR_4得到服务，则其优先级变成最低，中断优先级自动变为IR_5、IR_6、IR_7、IR_0、IR_1、IR_2、IR_3、IR_4。

4）优先级特殊循环方式

优先级特殊循环方式与优先级自动循环方式相比，不同点在于它可以通过编程指定初始最低优先级中断源，使初始优先级顺序按循环方式重新排列。如指定IR_3优先级最低，则IR_4优先级最高，初始优先级顺序按IR_3、IR_2、IR_1、IR_0、IR_7、IR_6、IR_5、IR_4由低到高排列。

3. 中断源的屏蔽方式

1）普通屏蔽方式

按IMR给出的结果，屏蔽或开放该级中断，同时允许高级的中断源中断低级的中断服务程序，不允许同级的中断源或低级的中断源中断目前正在执行的中断服务程序。

2）特殊屏蔽方式

特殊屏蔽方式能在一个中断服务程序的运行过程中，动态地改变系统中的中断优先级结构，即在中断处理的一部分，禁止低级中断，而在中断处理的另一部分，又能够允许低级中断。采用了这种方式之后，尽管系统正在处理高级中断，但对外界来讲，只有同级中断被屏蔽，而允许其他任何级别的中断请求。

4. 中断结束处理方式

当中断服务结束时，必须给8259A的ISR相应位清0，表示该中断源的中断服务已结束，使ISR相应位清0的操作称为中断结束处理，包括如下三种方式。

1）自动结束方式

自动结束方式仅适用于只有单片8259A的场合。在这种方式下，系统一旦响应中断，那么CPU在发第二个$\overline{INTA}$脉冲时，就会使中断响应寄存器ISR中相应位复位，这样一来，虽然系统在进行中断处理，但对于8259A来讲，ISR没有相应的指示，就像中断处理结束，返回主程序之后一样。CPU可以再次响应任何级别的中断请求。

2）一般的中断结束方式

一般的中断结束方式适用于全嵌套的情况下，当CPU用输出指令向8259A发一般中断结束命令EOI时，8259A才会使中断响应寄存器ISR中优先级别最高的位复位。

3）特殊的中断结束方式

特殊的中断结束方式与一般的中断结束方式相比，区别在于发中断结束命令的同时，需用软件方法指出中断响应寄存器ISR中需要复位的位。适用于CPU无法确定当前所处理的是哪级中断的情况。

在级联方式下，一般不用自动中断结束方式，而需要用非自动结束中断方式，一个中断处理程序结束时，都必须发两个中断结束EOI命令，一个发往主片，一个发往从片。

5. 系统总线的连接方式

1) 缓冲方式

每片 8259A 都通过总线驱动器与系统数据总线相连,适用于多片 8259A 级联的大系统中。在缓冲方式下,8259A 的 $\overline{SP}/\overline{EN}$ 输出信号作为缓冲器的启动信号,用来启动总线驱动器,在 8259A 与 CPU 之间进行信息交换。

2) 非缓冲方式

每片 8259A 都直接和数据总线相连,适用于单片或片数不多的 8259A 组成的系统中。在这种方式下,8259A 的 $\overline{SP}/\overline{EN}$ 作为输入端设置,主片应接高电平,从片应接低电平。

6. 程序查询方式

当系统中的中断源很多,超过 64 个时,可以使 8259A 工作在查询方式下。在查询工作方式下,8259A 不向 CPU 发 INT 信号,CPU 也不开放中断,但 CPU 不断查询 8259A 的状态,当查到有中断请求时,就根据它提供的信息转入相应的中断服务程序。

设置查询方式的方法是: CPU 关中断(IF=0),写入 OCW_3 查询方式字(OCW_3 的 D_2 位为 1),然后执行一条输入指令,8259A 便将一个查询字送到数据总线上。查询字中,D_7= 1 表示有中断请求,$D_2D_1D_0$ 表示 8259A 请求服务的最高优先级是哪一位。

如果 OCW_3 的 D_2D_1 位=11 时,表示既发查询命令,又发读命令,执行输入指令时,首先读出的是查询字,然后读出的是 ISR(或 IRR)。

查询方式时,不需执行中断响应周期,不用设置中断向量表,响应速度快,占用空间少。

7. 8259A 的级联

微机系统中,可以使用多片 8259A 级联,使中断优先级从 8 级扩大到最多 64 级。级联时,只能有一片 8259A 为主片,其余都是从片,从片最多 8 片。8259A 级联原理图如图 6.5 所示。主-从式 8259A 在级联时需要注意以下几点:

① 主片的 INT 引脚接 CPU 的 INTR 引脚,从片的 INT 引脚分别主片的 IR_i 引脚,使得由从片输入的中断请求,能够通过主片向 CPU 发出。

② 主片的 3 条级联线与各从片的同名级联线引脚对接,主片为输出,从片为输入。主片用以向各从片发出优先级别最高的中断请求的从片代码,各从片用该代码与本片的代码进行比较,若符合,则将本片 ICW_2 中预先设定的中断类型码送数据总线。

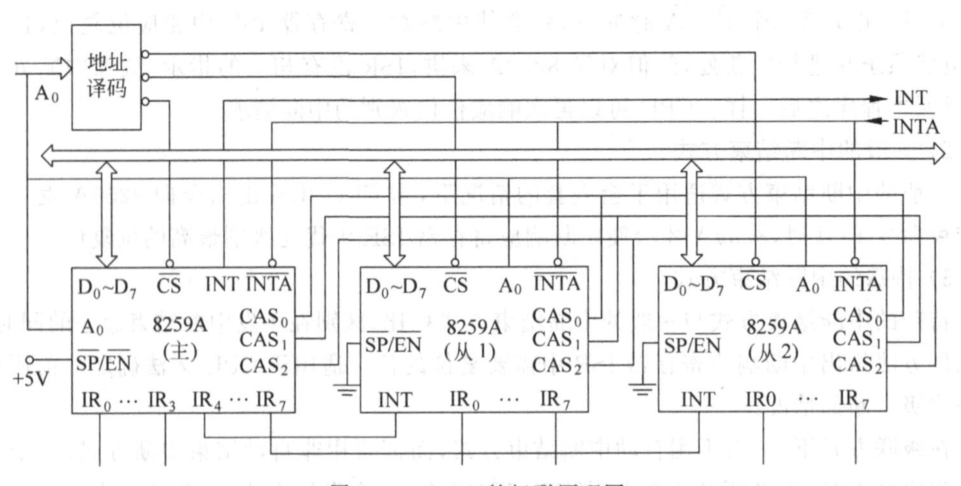

图 6.5 8259A 的级联原理图

③ 主片的 $\overline{SP}/\overline{EN}$ 接+5V,从片的 $\overline{SP}/\overline{EN}$ 接地。

在主从式级联系统中,当从片中任一输入端有中断请求时,经优先权电路比较后,产生INT 信号送主片的 IR 输入端。经主片优先权电路比较后,如允许中断,则主片发出 INT 信号给 CPU 的 INTR 引脚。如果 CPU 响应此中断请求,发出 $\overline{INTA}$ 信号,主片接收后,通过 $CAS_2 \sim CAS_0$ 输出识别码,与该识别码对应的从片则在第二个中断响应周期把中断类型号送数据总线。如果是主片的其他输入端发出中断请求信号并得到 CPU 响应,则主片不发出 $CAS_2 \sim CAS_0$ 信号,主片在第二个中断响应周期把中断类型号送数据总线。

6.2.3 8259A 的编程

8259A 的编程分为初始化命令编程和操作命令编程两种方式。初始化编程是根据工程实际需求,在 8259A 开始工作前对 $ICW_1 \sim ICW_4$ 寄存器进行编程,用于建立 8259A 的基本工作方式。该编程一旦写入,一般在系统运行过程中不再改变。而操作命令编程是为了动态地改变 8259A 对中断处理过程的控制,因此它可在 8259A 工作前写入,也可在工作期间根据需要写入。

1. 8259A 的初始化编程

8259A 的初始化编程是通过 CPU 向 8259A 写入四个初始化命令字来实现的,8259A 初始化编程流程图如图 6.6 所示。由于 8259A 只有一位内部寄存器选择信号 A_0 用于识别 8259A 的内部寄存器,因此必须严格按照初始化流程图的顺序对 $ICW_1 \sim ICW_4$ 寄存器进行初始化编程。其中 ICW_1 和 ICW_2 是必须的,而 ICW_3 和 ICW_4 需根据具体的情况来加以选择。

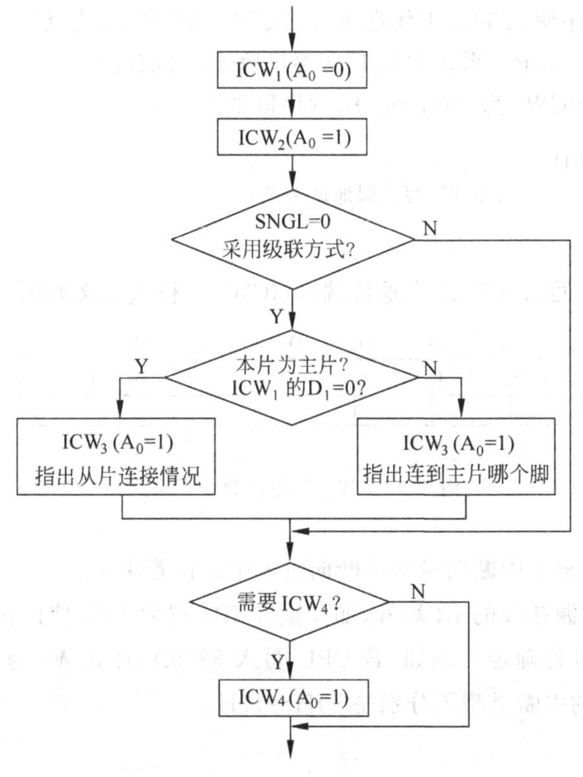

图 6.6 8259A 的初始化流程图

1) ICW_1

初始化命令字1,写入8259A的偶地址端口,ICW_1的格式定义如图6.7所示。

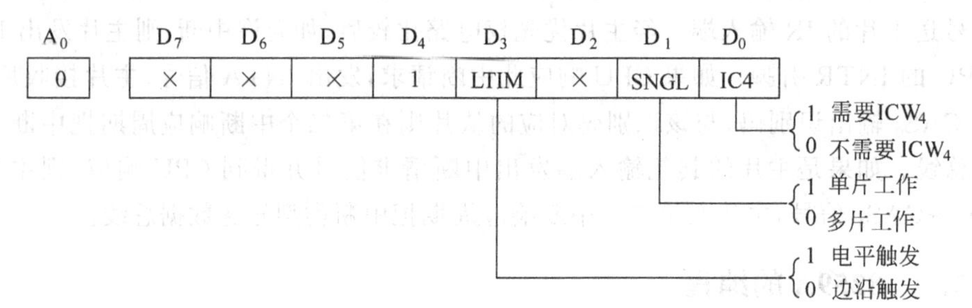

图6.7 ICW_1初始化命令字格式

D_0:用于控制是否在初始化流程中写入ICW_4。若$D_0=1$,则要写ICW_4;若$D_0=0$,则不写ICW_4,8086/8088系统中D_0必须置1。

D_1:用于控制是否在初始化流程中写入ICW_3。$D_1=1$时不写ICW_3,表示本系统中仅使用了一片8259A;$D_0=0$要写ICW_3,表示本系统中使用了多片8259A级联。

D_2:对8086/8088系统不起作用,对8098单片机系统,用于控制每两个相邻中断处理程序入口地址之间的距离间隔值。

D_3:用于控制中断触发方式,$D_3=0$时选择上升沿触发方式,$D_3=1$时选择电平触发方式。

D_4:为特征位,必须为1。

D_7~D_5:对8086/8088系统不起作用,一般设定为0。

例6.2 编制程序使8259A工作在80x86 CPU系统中,工作方式为级联、边沿触发,需要ICW_4。设8259A在CPU系统中的I/O端口地址为20H、21H。

解:由题意可知ICW_1为00010001B,程序段如下:

```
MOV AL, 00010001B
OUT 20H,AL              ; ICW1 写入偶地址端口
```

2) ICW_2

初始化命令字2,写入8259A奇地址端口,ICW_2的格式定义如图6.8所示。

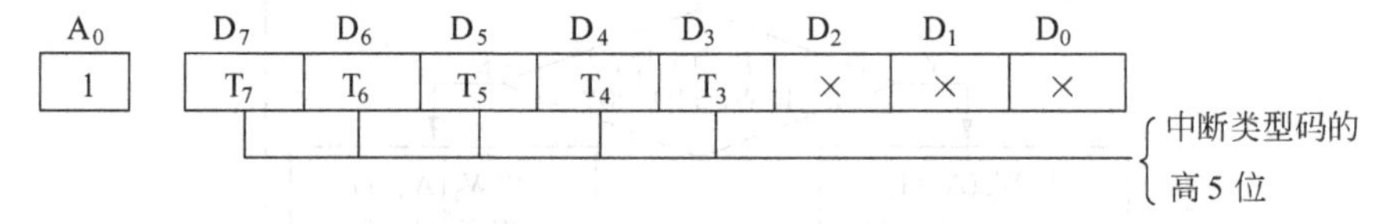

图6.8 ICW_2初始化命令字格式

D_7~D_3:由用户根据中断向量在中断向量表中的位置决定。

D_2~D_0:是中断源挂接的IR端号,如挂接在IR_7端为111,挂接在IR_6端为110,余类推,此三个编码不由软件确定。例如,若CPU写入8259A的ICW_2为45H,则8259A的8个中断源IR_0~IR_7的中断类型码分别是40H~47H。

3) ICW_3

初始化命令字3,写入相应8259A的奇地址端口。

ICW_3 用于 8259A 的级联，8259A 最多允许有一片主片和 8 片从片级联，使能够管理的中断源可以扩充至 64 个。若系统中只有一片 8259A，则不用 ICW_3，若由多片 8259A 级联，则主、从 8259A 芯片都必须使用 ICW_3，主、从 8259A 芯片中的 ICW_3 的使用方式不同。

主 8259A 芯片，ICW_3 的格式如图 6.9 所示。

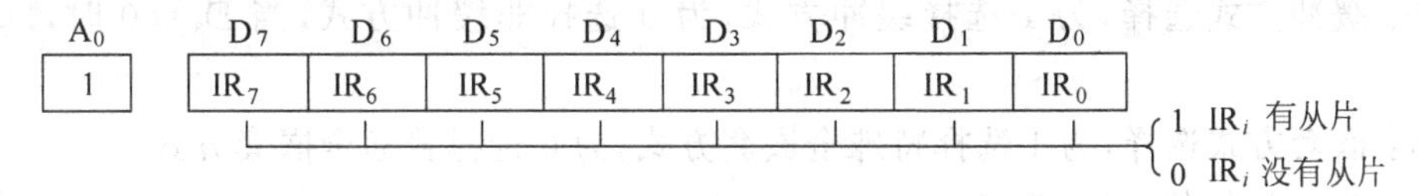

图 6.9 主 8259A 的 ICW_3 初始化命令字格式

主 8259A 芯片的 ICW_3 中每一位对应于一片从 8259A 芯片，若相应引脚上接有从 8259A 芯片，则相应位为 1；否则相应位为 0。例如，若 CPU 写入 8259A 的 ICW_3 为 11100010B，则说明 IR_7、IR_6、IR_5、IR_1 上连有从片。

从 8259A 芯片，ICW_3 的格式如图 6.10 所示。

从 8259A 芯片中的 ICW_3，只用其中的低 3 位来设置该芯片的标识符，高 5 位全为 0。例如，若本从片的 INT 接在主片的 IR_1 引脚上，则从片的 ICW_3 为 01H。

A_0	D_7	D_6	D_5	D_4	D_3	D_2	D_1	D_0
1	×	×	×	×	×	ID_2	ID_1	ID_0

从片识别码

ID_2	ID_1	ID_0	
0	0	0	IR_0
0	0	1	IR_1
0	1	0	IR_2
0	1	1	IR_3
1	0	0	IR_4
1	0	1	IR_5
1	1	0	IR_6
1	1	1	IR_7

图 6.10 从 8259A 的 ICW_3 初始化命令字格式

4) ICW_4

初始化命令字 4，写入 8259A 奇地址端口，ICW_4 的格式定义如图 6.11 所示。

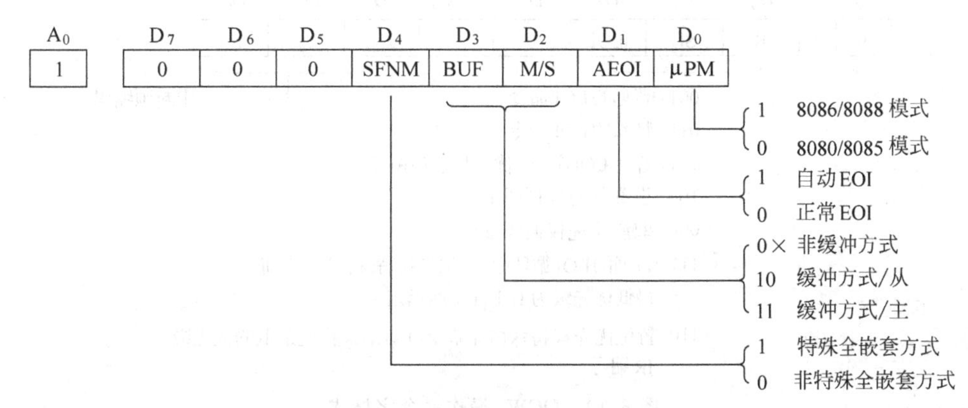

图 6.11 ICW_4 初始化命令字格式

D_0：系统选择，为1选择8086/8088，为0选择8080/8085。

D_1：结束方式选择，为1选择自动结束(AEOI)，为0选择正常结束(EOI)。

D_2：此位与D_3配合使用，表示在缓冲方式下，本片是主片还是从片，为1是主片，为0是从片。

D_3：缓冲方式选择，为1选择缓冲方式，为0选择非缓冲方式，当$D_3=0$时，D_2位无意义。

D_4：嵌套方式选择，为1选择特殊全嵌套方式，为0选择普通全嵌套方式。

$D_7 \sim D_5$：特征位，必须为000。

2. 8259A的操作编程

在8259A的工作期间，CPU也可以通过操作命令字，实现对8259A的操作控制，或者改变工作方式，或者实时读取8259A中某些寄存器的内容。

1) OCW_1

中断屏蔽字，必须写入相应8259A芯片的奇地址端口，OCW_1的格式定义如图6.12所示。

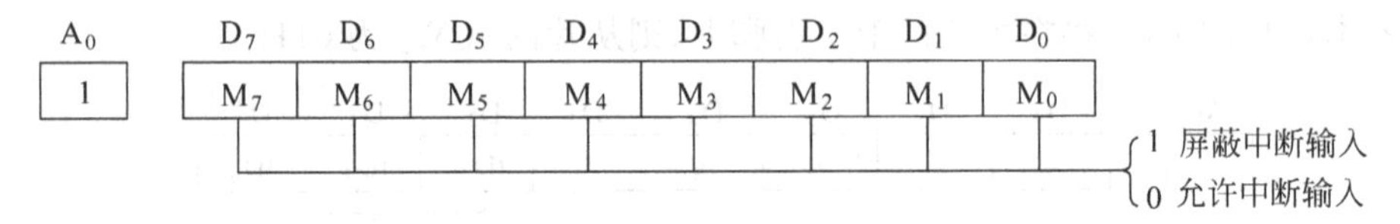

图6.12 OCW_1操作命令字格式

$D_7 \sim D_0$：对应位为1，屏蔽该级中断；对应位为0，开放该级中断。

例6.3 设8259A响应中断输入端IR_2的中断请求，其余中断屏蔽位状态不变。其程序如下：

```
IN  AL,21H        ;读 IMR
AND AL,0FBH       ;允许 IR2 中断请求
OUT 21H,AL        ;A0=1
```

2) OCW_2

必须写入相应8259A芯片的偶地址端口，OCW_2的格式定义如图6.13所示。

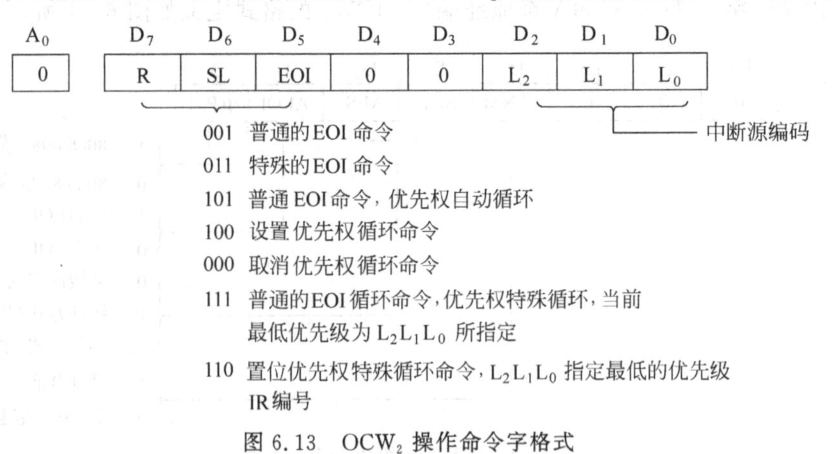

图6.13 OCW_2操作命令字格式

$D_2 \sim D_0(L_2 \sim L_0)$：中断源编码，在特殊 EOI 命令中指明清 0 的 ISR 位，在优先级特殊循环方式中指明最低优先权 IR 端号。

D_4D_3：特征位，必须为 00。

$D_7 \sim D_5$：配合使用用于说明优先级循环和非自动中断结束方式，其中 D_7(R)是中断优先权循环的控制位，为 1 循环，为 0 固定；D_6(SL)是 $L_2L_1L_0$ 有效控制位，为 1 有效，否则无效；D_5 是非自动中断结束方式控制位，$D_5=1$ 为普通中断结束方式，反之为特殊中断结束方式。

3) OCW_3

必须写入相应 8259A 芯片的偶地址端口，OCW_3 的格式定义如图 6.14 所示。

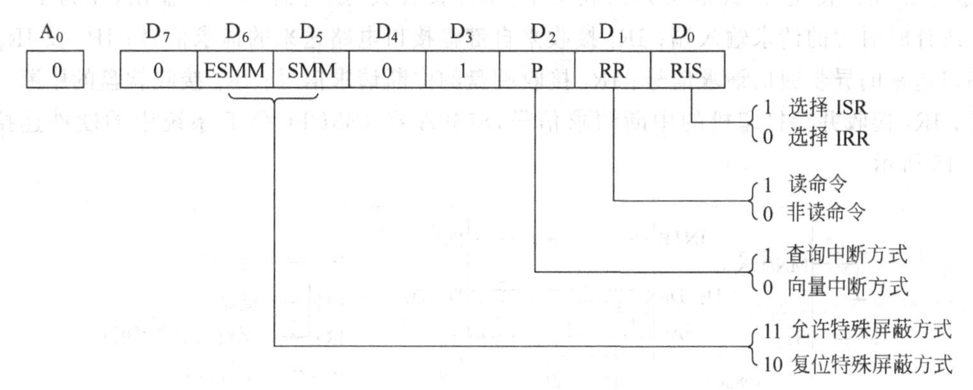

图 6.14 OCW_3 操作命令字格式

D_7：无关位。

D_6D_5：特殊屏蔽方式控制位，为 11 时允许特殊屏蔽方式，为 10 时复位特殊屏蔽方式。

D_4D_3：特征位，必须是 01。

D_2：查询中断方式控制位，$D_2=1$，进入查询中断方式，8259A 将送出查询字；否则为向量中断方式。

D_1：读命令控制位，$D_1=1$ 是读命令，否则不是读命令。

D_0：读 ISR、IRR 选择位，为 1 选择 ISR，反之选择 IRR。

4) 读寄存器状态

CPU 可读出 8259A 内部 IMR、IRR 和 ISR 寄存器中的内容，供分析处理使用。CPU 在执行读 ISR 和 IRR 寄存器前，需对 OCW_3 寄存器的 D_1、D_0 位进行设置，确定所读寄存器。当 A_0 为偶地址时，D_2 位为"0"，D_1、D_0 位为"10"，表示读出的是 IRR 寄存器中的内容；D_1、D_0 位为"11"，表示读出的是 ISR 寄存器中的内容。当 A_0 为奇地址时，D_2 为"0"，读出的是 IMR 寄存器中的内容。

例 6.4 读 IRR、ISR 和 IMR 寄存器，程序如下：

```
MOV   AL,0AH              ; 写 OCW3，设置读 IRR 命令
OUT   20H,AL              ; A0=0
NOP
IN    AL,20H              ; 读 IRR 寄存器
MOV   AL,0BH              ; 写 OCW3，设置读 ISR 命令
OUT   20H, AL             ; A0=0
```

```
NOP
IN     AL,20H          ;读 ISR 寄存器
IN     AL,21H          ;在任何情况下均可执行读 IMR 操作
AND    AL,0F8H         ;撤销 IR0、IR1 和 IR2 的中断屏蔽
OUT    21H,AL          ;写 OCW1
```

6.2.4 中断应用程序举例

1. 8259A 在 IBM PC/XT 中的应用

在 IBM PC/XT 系统中,使用一片 8259A 管理可屏蔽中断,8 个中断请求 IR_0～IR_7 除 IR_2 提供给用户使用外,其他均为系统使用:IR_0 接计数/定时器 OUT_0 输出,作为 PC/XT 的系统计时时钟的请求输入端;IR_1 接收来自键盘接口电路送来的请求信号;IR_3 及 IR_4 接收串口送来的异步通信请求信号;IR_5 接收硬盘的中断请求信号;IR_6 接收软盘的中断请求信号;IR_7 接收并行打印机的中断请求信号,8259A 在 IBM PC/XT 系统中的硬件连接如图 6.15 所示。

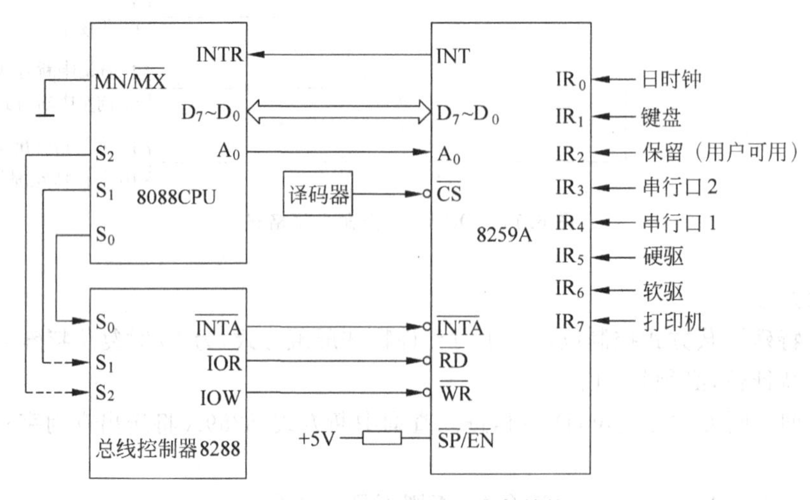

图 6.15 PC/XT 系统中断结构

8259A 的硬件连接比较简单,不需要附加其他电路就可以与 CPU 直接连接。但由于在 PC/XT 系统中,I/O 设备的读写控制信号和中断响应信号由总线控制器 8288 提供,故 8259A 的 $\overline{RD}$、$\overline{WR}$、$\overline{INTA}$ 与 8288 的 $\overline{IOR}$、$\overline{IOW}$、$\overline{INTA}$ 对应连接,片选 $\overline{CS}$ 连至系统的地址译码电路,端口地址为 20H 和 21H。

例 6.5 8259A 应用于 8088 系统,中断类型号为 08H～0FH,它的偶地址为 20H,奇地址为 21H,设置单片 8259A 按如下方式工作:电平触发、普通全嵌套、普通 EOI、非缓冲工作方式,试编写其初始化程序。

解:根据 8259A 应用于 8088 系统,单片工作,电平触发,可得 ICW_1 = 00011011B;根据中断类型号 08H～0FH,可得 ICW_2 = 00001000B;根据普通全嵌套,普通 EOI,非缓冲工作方式,可得 ICW_4 = 00000001B。写入此三字,即可完成初始化,程序如下:

```
MOV AL,1BH         ;00011011B,写入 ICW1
OUT 20H,AL
```

```
MOV AL,08H          ; 00001000B,写入ICW2
OUT 21H,AL
MOV AL,01H          ; 00000001B,写入ICW4
OUT 21H,AL
```

2. 8259A 在主从式中断系统中的应用

例 6.6 8259A 在主从式中断系统中的电路连接如图 6.16 所示。图中 1#8259A 的 $\overline{SP}/\overline{EN}$ 引脚接+5V,确定该片为主片;2#8259A 的 $\overline{SP}/\overline{EN}$ 引脚接地,确定该片为从片。从片的 INT 引脚接到主片的 IR_5 引脚,主片的 INT 向 CPU 发出中断请求。主片的中断类型号为 08H～0FH;从片的中断类型号为 70H～77H。要实现从片级全嵌套工作,试编写其初始化程序。

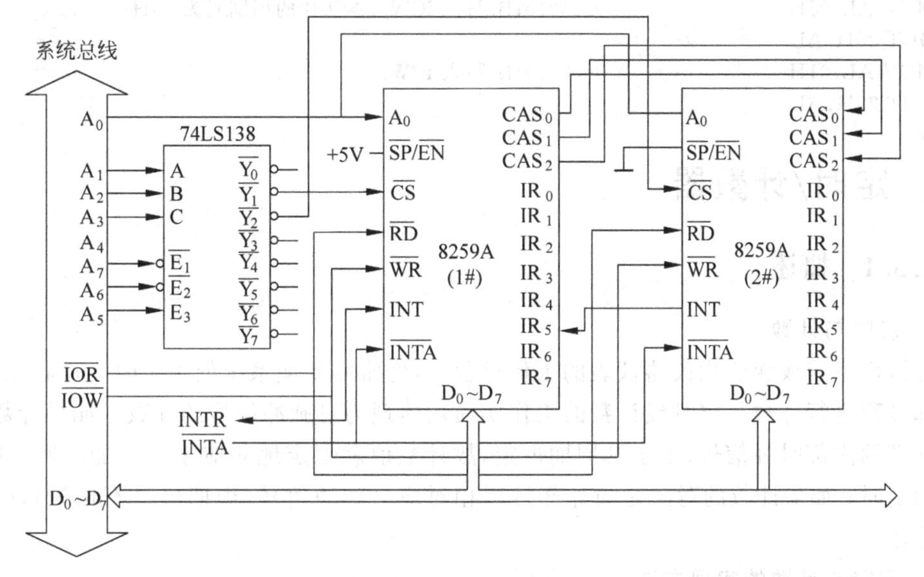

图 6.16 主从式中断系统

解:译码器 74LS138 的 $\overline{Y_1}$、$\overline{Y_2}$ 分别作为主从片的片选信号,地址线 A_0 用于实现 8259A 的端口地址选择,由此可确定主从片的端口地址如表 6.5 所示。

表 6.5 8259A 的端口地址分配

芯片	A_7	A_6	A_5	A_4	A_3	A_2	A_1	A_0	端口地址
主片	0	0	1	×	0	0	1	0	22H
	0	0	1	×	0	0	1	1	23H
从片	0	0	1	×	0	1	0	0	24H
	0	0	1	×	0	1	0	1	25H

要实现从片级全嵌套工作,必须主片采用特殊全嵌套、从片采用普通全嵌套。

主片和从片初始化程序如下:

① 主片初始化程序为

```
MOV AL,19H          ; 00011001B,写入ICW1
OUT 22H,AL
```

```
MOV AL,08H                ; 00001000B,写入ICW2
OUT 23H,AL
MOV AL,20H                ; 00100000B,写入ICW3,在IR5引脚上接有从片
OUT 23H,AL
MOV AL,11H                ; 00010001B,写入ICW4
OUT 23H,AL
```

② 从片初始化程序为

```
MOV AL,19H                ; 00011001B,写入ICW1
OUT 24H,AL
MOV AL,70H                ; 01110000B,写入ICW2
OUT 25H,AL
MOV AL,05H                ; 00000101B,写入ICW3,本从片的识别码为05H
OUT 25H,AL
MOV AL,01H                ; 00000001B,写入ICW4
OUT 25H,AL
```

6.3 定时/计数器

6.3.1 概述

1. 定时与计数

在微机系统或智能化仪器仪表的工作过程中,经常需要使系统处于定时工作状态,或者对外部过程进行计数。定时或计数的工作实质均体现为对脉冲信号的计数。如果计数的对象是标准的内部时钟信号,由于其周期恒定,故计数值就恒定地对应于一定的时间,这一过程即为定时;如果计数的对象是与外部过程相对应的脉冲信号(周期可以不相等),则此时即为计数。

2. 定时与计数的实现方法

1) 硬件法

利用专用多谐振荡器或单稳器件可实现定时与计数,特点是需要花费一定硬件设备,而且当电路制成之后,定时值及计数范围不能改变,使用不方便。

2) 软件法

利用CPU执行指令需要若干时钟周期的原理,通过执行一段延时子程序可实现定时操作。这种方法由于要完全占用CPU的时间,因而降低了CPU的利用率,但硬件开销少,使用灵活。

3) 软、硬件结合法

利用一种专门的具有可编程特性的芯片,可控制定时和计数的操作,而这些芯片具有中断控制能力,定时、计数到设定时能产生中断请求信号,因而定时期间不影响CPU的正常工作。

6.3.2 可编程定时/计数芯片8253及其应用

Intel 8253是8086/8088微机系统常用的定时/计数器芯片,具有定时与计数两大功能,同类型的定时/计数器芯片还有Intel 8254等。8253采用软、硬件技术相结合的方法

实现定时和计数控制，它有三个独立的16位计数器，每个计数器可按二进制或十进制(BCD码)减法计数，由程序设置六种工作方式，计数速率最高可达2MHz，所有输入和输出都与TTL兼容。

1. 8253内部结构

8253的内部结构如图6.17所示，它主要包括以下几个部分：

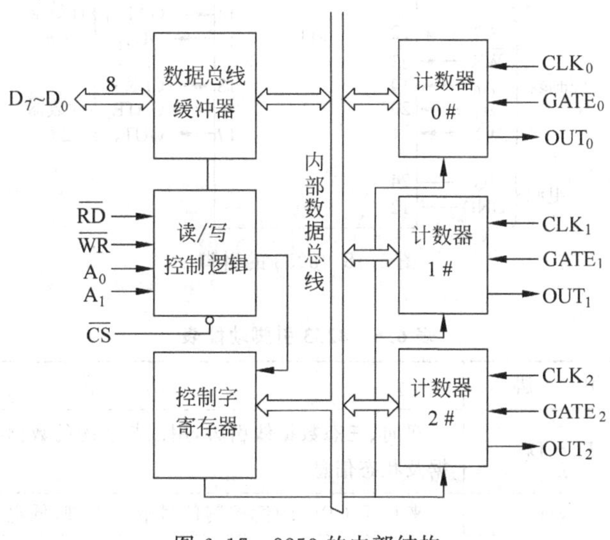

图6.17 8253的内部结构

1) 数据总线缓冲器

8253内部实现与CPU数据总线连接的8位双向三态缓冲器，用以传送CPU向8253的控制信息、数据信息以及CPU从8253读取的状态信息，包括某一芯片某一时刻的实时计数值。

2) 读/写控制逻辑

控制8253的片选及对内部相关寄存器的读/写操作，它接收CPU发来的地址信号以实现片选、内部通道选择以及对读/写操作进行控制。

3) 控制字寄存器

在8253的初始化编程时，由CPU写入控制字，以决定通道的工作方式，此寄存器只能写入，不能读出。

4) 计数通道0、1、2

计数通道0、1、2是三个独立的、结构相同的计数器/定时器通道：一个16位初值寄存器CR用于设置初值；一个16位计数执行单元CE，负责接收CR送来的内容，并执行减1操作；一个16位输出锁存器OL，用于锁存CE的内容，使CPU能从中读出一个稳定的计数值。

2. 8253的外部引脚

8253芯片是具有24个引脚的双列直插式集成电路芯片，其引脚分布如图6.18所示。8253芯片的24个引脚分为两组，一组面向CPU，另一组面向外部设备。各个引脚及其所传送信号的情况、引脚功能如表6.6所示。

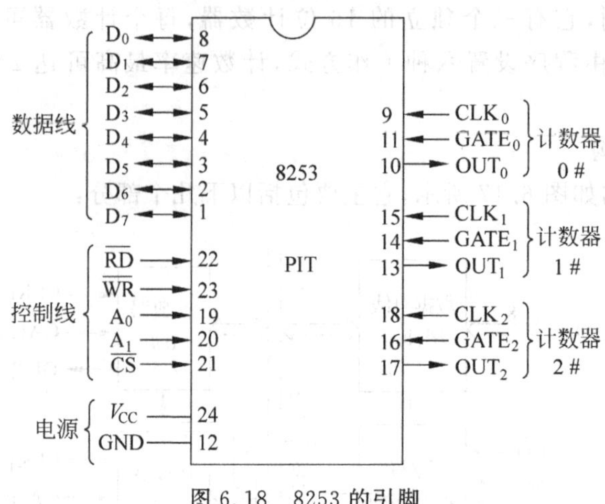

图 6.18　8253 的引脚

表 6.6　8253 引脚功能表

类　型	引　脚	功　能
与 CPU 连接的引脚	$D_7 \sim D_0$	双向、三态数据线引脚，用以与系统的数据线连接，传送控制、数据及状态信息
	$\overline{RD}$	来自于 CPU 的读控制信号输入引脚，低电平有效
	$\overline{WR}$	来自于 CPU 的写控制信号输入引脚，低电平有效
	$\overline{CS}$	芯片选择信号输入引脚，低电平有效
	A_1、A_0	地址信号输入引脚，00 选择通道 0；01 选择通道 1；10 选择通道 2；11 选择控制字寄存器
	V_{CC}、GND	电源和地线
与外设连接的引脚	CLK_i ($i=0,1,2$)	第 i 个通道的计数脉冲输入引脚，输入时钟信号的频率不得高于 2.6MHz
	$GATE_i$ ($i=0,1,2$)	第 i 个通道的门控信号输入引脚，门控信号的作用与通道的工作方式有关
	OUT_i ($i=0,1,2$)	第 i 个通道的信号输出引脚，输出信号的形式由通道的工作方式确定，此输出信号可用于触发其他电路工作，或作为向 CPU 发出的中断请求信号

1）与 CPU 连接的引脚

① $D_7 \sim D_0$：双向、三态数据线引脚，用以与系统的数据线连接，传送控制、数据及状态信息。

② $\overline{RD}$：来自于 CPU 的读控制信号输入引脚，低电平有效。

③ $\overline{WR}$：来自于 CPU 的写控制信号输入引脚，低电平有效。

④ $\overline{CS}$：芯片选择信号输入引脚，低电平有效。

⑤ A_1、A_0：地址信号输入引脚，一般接 CPU 地址总线的 A_1、A_0 位，用以选择 8253 芯片的通道及控制字寄存器。8253 的读/写操作如表 6.7 所示。

表 6.7 8253 的读/写操作功能表

$\overline{CS}$	$\overline{RD}$	$\overline{WR}$	A_1	A_0	操　作
0	0	1	0	0	读计数通道 0
0	0	1	0	1	读计数通道 1
0	0	1	1	0	读计数通道 2
0	1	0	0	0	计数初值装入计数通道 0
0	1	0	0	1	计数初值装入计数通道 1
0	1	0	1	0	计数初值装入计数通道 2
0	1	0	1	1	写控制字寄存器

⑥ V_{CC}、GND：电源和地线。

2）与外设连接的引脚

① CLK_i（$i=0,1,2$）：第 i 个通道的计数脉冲输入引脚。8253 规定，加在 CLK 引脚的输入时钟信号的频率不得高于 2.6MHz，即时钟周期不能小于 380ns。

② $GATE_i$（$i=0,1,2$）：第 i 个通道的门控信号输入引脚，门控信号的作用与通道的工作方式有关。

③ OUT_i（$i=0,1,2$）：第 i 个通道的定时/计数信号输出引脚，输出信号的形式由通道的工作方式确定，此输出信号可用于触发其他电路工作，或作为向 CPU 发出的中断请求信号。

3. 8253 的工作方式

8253 共有六种工作方式，每种工作方式的工作状态是不同的，输出的波形也不同，六种方式的输出信号波形如图 6.19 所示。门控信号 GATE 的变化对计数器工作有直接影响，图 6.20 给出了六种工作方式下门控信号对输出波形的影响。

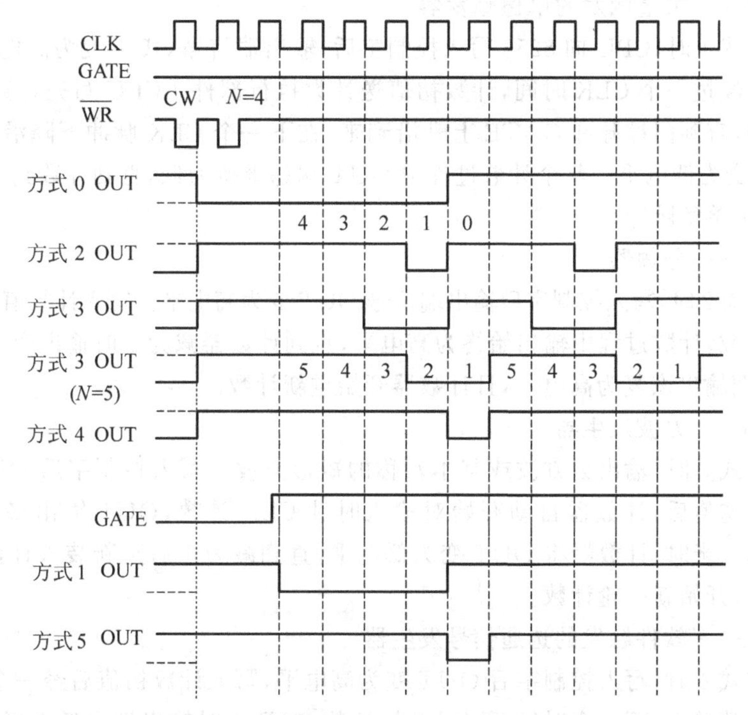

图 6.19 计数器正常工作时的输出信号波形图

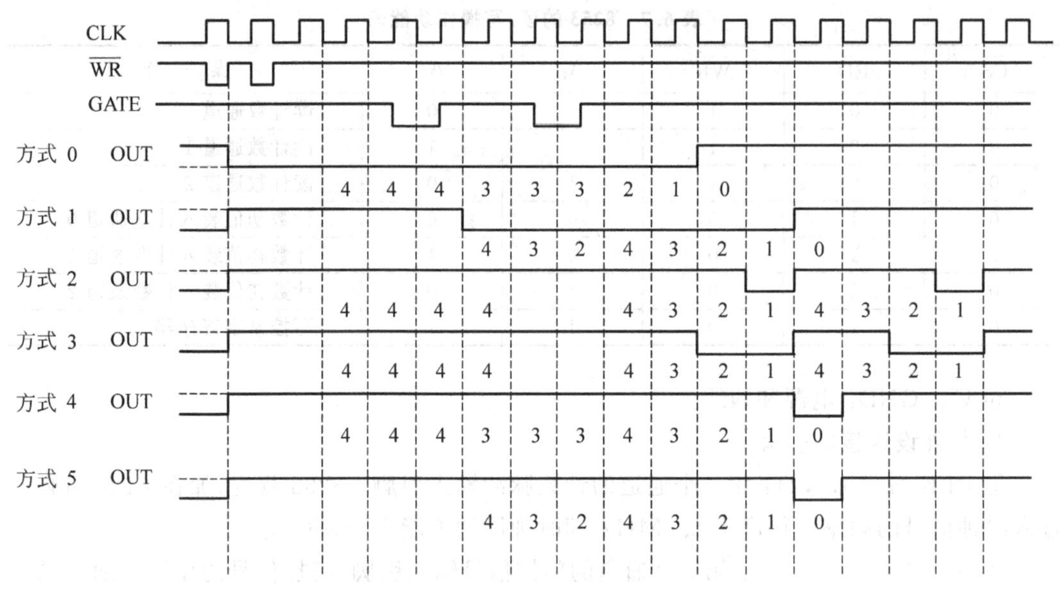

图 6.20 计数器门控信号对输出波形的影响

1) 方式 0——计数结束产生中断

工作在方式 0 时,CPU 向 8253 写入控制字后,输出端 OUT 变为低电平,计数初值装入该计数器后计数器开始计数,输出仍为低电平。以后 CLK 引脚上每输入一个时钟信号计数器内容就减 1,减为 0 时计数结束,输出变为高电平,且一直保持到该通道重新装入计数值或重新设置工作方式为止。

2) 方式 1——可重触发的单稳触发器

工作在方式 1 时,CPU 向 8253 写入控制字后,输出端信号 OUT 变为高电平,计数初值装入计数器后经过一个 CLK 时间,计数初值送计数执行部件。CPU 写完计数值后计数器并不开始计数,直到门控脉冲 GATE 上升沿到来,在下一个 CLK 脉冲下降沿开始计数,同时 OUT 输出变为低电平。整个计数过程中 OUT 端都维持为低,直到计数到 0 输出才变为高电平,为一个单稳脉冲。

3) 方式 2——分频器

工作在方式 2 时,写入控制字后输出端信号 OUT 变为高电平。写入计数值后,GATE＝1 计数器开始计数,计数过程中输出始终为高电平,直到计数器减为 1 时输出变为低电平。经一个 CLK 周期输出恢复为高电平,且计数器开始重新计数。

4) 方式 3——方波发生器

工作在方式 3 时,输出为方波或基本对称的矩形方波。写入控制字后 OUT 变为高电平。写完计数初值后,计数器自动开始对输入时钟 CLK 计数,OUT 输出将保持高电平。计数初值减到一半时,计数器将 OUT 变为低电平,直到减为 1 后重新装入计数初值,OUT 端变为高电平,开始新一轮计数。

5) 方式 4——软件触发的选通信号发生器

工作在方式 4 时,写入控制字后 OUT 变为高电平,写入计数初值后经一个时钟周期计数初值送入计数单元,下一个时钟下降沿开始计数,减到 0 时输出端变低电平,持续一个时钟周期，然后自动恢复为高电平。该方式必须重新写入计数值才能启动下次计数，不能自动循环。

6）方式5——硬件触发选通信号发生器

工作在方式5时，由GATE端引入的触发信号控制定时和计数。CPU写入控制字后OUT变为高电平，写入计数初值后并不开始计数。当GATE上升沿到来后，在下一个时钟周期下降沿将计数初值写入CE，然后开始对CLK脉冲减1计数。计数器减到0，OUT变为低电平。持续一个时钟周期又变为高电平并一直保持高电平，直至下一个GATE的上升沿的到来。所以，方式5可循环计数，并且计数初值可自动重装但不计数。计数过程的进行靠门控信号触发，OUT输出低电平持续时间仅一个时钟周期，可作为选通信号。

7）六种工作方式的比较

8253的工作方式较多，加上要考虑门控信号的作用和改变计数初值对计数过程的影响，使得情况比较复杂，为此表6.8对这六种工作方式作了对比，以便更好地掌握它们之间的联系和区别。

表6.8 8253六种工作方式的总结

工作方式	功能	门控信号GATE的作用				初值 N 与输出波形的关系	写入新初值产生的影响
		高电平	低电平	下降沿	上升沿		
0	计完最后一个数中断	允许	禁止	暂停	继续	写入初值后经 $N+1$ 个时钟周期输出变高	立即有效
1	硬件再触发单拍脉冲	不影响	不影响	不影响	开始或重新开始	输出宽度为 N 个时钟周期的单次负脉冲	门控信号触发后有效
2	分频器	允许	禁止	停止	重新开始	输出周期为 N 个时钟周期、宽度为一个时钟周期的连续负脉冲	下次有效或门控信号触发后有效
3	方波发生器	允许	禁止	停止	重新开始	输出周期为 N 个时钟周期的连续方波	下次有效或门控信号触发后有效
4	软件触发选通信号发生器	允许	禁止	停止	重新开始	写入初值后经 N 个时钟周期后输出宽度为一个时钟周期的单次负脉冲	立即有效
5	硬件触发选通信号发生器	不影响	不影响	不影响	开始或重新开始	门控信号触发后经 N 个时钟周期后输出宽度为一个CLK的单次负脉冲	门控信号触发后有效

4. 8253的控制字

计数器的工作方式由控制字确定，8253的控制字的格式定义如图6.21所示。

D_0：用来选择计数格式。$D_0=0$ 时，按二进制格式计数，计数范围为0000H～FFFFH；$D_0=1$ 时，按BCD码格式计数，计数范围为0000～9999。

D_3、D_2、D_1：用来选择工作方式。8253有六种不同的工作方式，每种工作方式下的输出波形不同。

D_5、D_4：用来选择读/写格式。

D_7、D_6：用来选择计数通道。

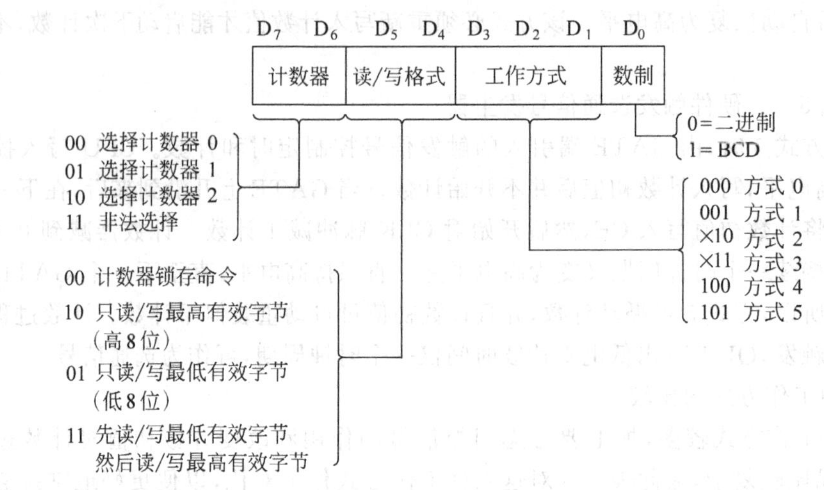

图 6.21　8253 的控制字

5. 8253 的编程

1) 初始化编程

要使用 8253,必须首先进行初始化编程。初始化编程包括设置通道控制字和送通道计数初值两个方面。控制字写入 8253 的控制字寄存器,而初始值则写入相应通道的计数寄存器中。每个计数通道都必须由 CPU 写入控制字和计数初值后才开始工作。

初始化编程步骤如下:

① 写入控制字,规定通道的工作方式。

② 写入计数值。若规定只写低 8 位,则高 8 位自动置 0;若规定只写高 8 位,则低 8 位自动置 0。若为 16 位计数值,则分两次写入,先写低 8 位,后写高 8 位。用 D_0 确定计数数制。

例 6.7　设 8253 的端口地址为 04H～07H,要使计数器 1 工作在方式 0,仅用 8 位二进制计数,计数值为 128,试进行初始化编程。

解:控制字为 01010000B＝50H。

初始化程序如下:

```
MOV AL,50H         ; 计数器 1,方式 0, 只写低 8 位,二进制计数
OUT 07H,AL         ; 写入控制字
MOV AL,80H         ; 初值为 128
OUT 05H, AL        ; 写入初值到计数器 1
```

2) 8253 的读操作编程

为了对计数器的计数值进行实时显示、实时检测或对计数值进行数据处理,有时需要读回计数器的当前计数值。8253 有两种读计数值的方法:

① 读之前先停止计数,即先利用 GATE 信号停止计数器工作,再用 IN 指令读取计数值。

② 读之前先送计数器锁存命令,即先用 OUT 指令写入锁存控制字到控制寄存器,然后用 IN 指令读取被锁存的计数值,锁存计数值在读取完成之后,自动解锁。这种方法是在计数过程中读当前计数值,不影响当时正在进行的计数。

例 6.8　在某微机系统中，8253 的端口地址为 F8H～FBH，如要读通道 1 当前的 16 位计数值，则编程如下：

```
MOV AL,40H
OUT 0FBH,AL          ;锁存计数值
IN AL, 0F9H          ;读计数值的低 8 位
MOV CL, AL
IN AL,0F9H           ;读计数值的高 8 位
MOV CH, AL
```

6. 8253 的应用举例

1）8253 定时功能的应用

例 6.9　8253 在 IBM PC/XT 机的应用如图 6.22 所示。在 IBM PC/XT 机中，8253 主要提供系统时钟中断、动态 RAM 的刷新定时及扬声器发声控制等功能。8253 在 IBM PC/XT 中的端口地址为 40H～43H。试对 8253 进行初始化编程。

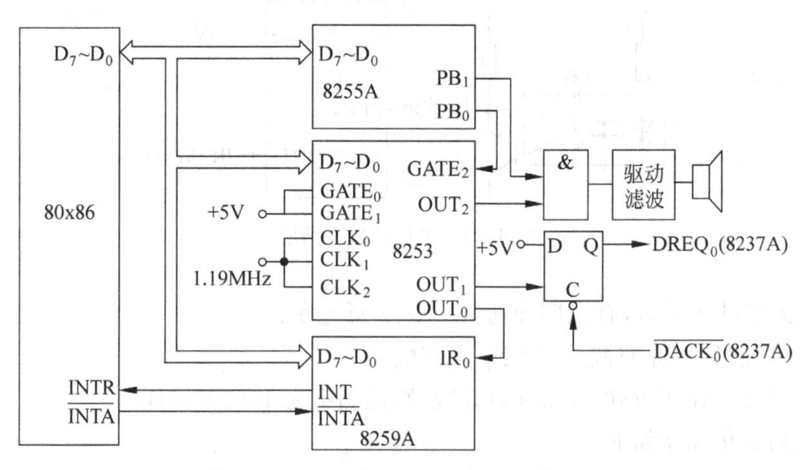

图 6.22　8253 在 IBM PC/XT 机的应用

解：① 计数器 0 用于定时中断（约 55ms）。

OUT_0（f＝1.19318MHz/65536＝18.2Hz 的方波）经系统板上的 IRQ_0 送到 8259 的 IR_0，使计算机每秒产生 18.2 次的中断（即每隔 55ms 申请一次），CPU 可以此作为时间基准。如计 65536 次中断就为 1h，程序段如下：

```
MOV AL,36H           ;计数器 0，方式 3，写两字节，二进制计数
OUT 43H,AL           ;写入控制字
MOV AL,0             ;计数值为最大值
OUT 40H, AL          ;写入初值低 8 位到计数器 0
OUT 40H,AL           ;写入初值高 8 位到计数器 0
```

② 计数器 1 用于定时（15μs）DMA 请求。

8253 通道 1 每隔 15μs 请求一次 DMA 读操作。f＝1/(15μs)＝66666.67Hz，故分频系数＝ 1193180Hz/66666.67Hz＝18（即初值），程序段如下：

```
MOV AL,54H           ;计数器 1，方式 2，只写低 8 位，二进制计数
OUT 43H,AL           ;写入控制字
```

```
MOV AL,12H          ; 初值为 18
OUT 41H, AL         ; 写入初值到计数器 1
```

③ 计数器 2 用于产生约 900Hz 的方波送至扬声器,程序段如下:

```
MOV AL,0B6H         ; 计数器 2,方式 3,写两字节,二进制计数
OUT 43H,AL          ; 写入控制字
MOV AL,33H
OUT 42H, AL         ; 写入初值的低 8 位到计数器 2
MOV AL,05H
OUT 42H, AL         ; 写入初值的高 8 位到计数器 2
```

2) 8253 计数功能的应用

例 6.10 流水线上对工件进行计数,电路如图 6.23 所示,要求当计满 100 个工件就向 CPU 提出中断请求。假设 8253 的端口地址范围为 300H~303H,试编写其初始化程序。

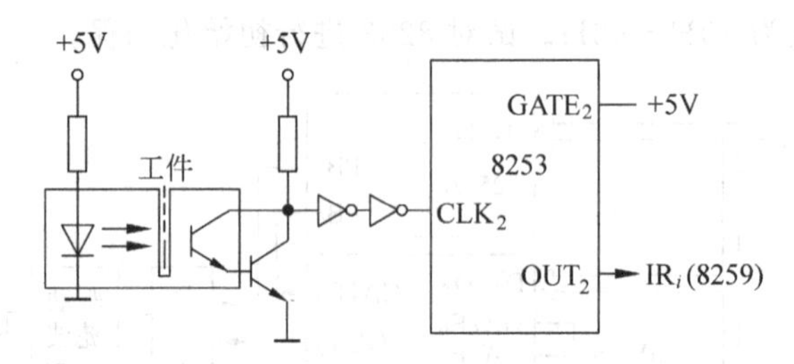

图 6.23 工件计数电路图

解:① 无工件通过时,有光照导通,CLK_2 为低电平。

② 有工件通过时,光照截止,CLK_2 为高电平。

③ 计数器 2 工作于方式 0,二进制计数,则控制字为 10010000B。

8253 的初始化程序如下:

```
MOV DX,303H
MOV AL,90H          ; 10010000B,计数器 2,写入 8 位初值,方式 0,二进制计数
OUT DX,AL           ; 写入控制字
MOV DX,302H
MOV AL,64H
OUT DX,AL           ; 写初值 100 到计数器 2
```

3) 8253 计数通道的级联使用

例 6.11 已知某 8253 占用 I/O 空间地址为 320H~323H,如图 6.24 所示,输入其 CKL_1 端的脉冲频率为 1MHz。要求用 8253 连续产生 10s 的定时信号,试编写其初始化程序。

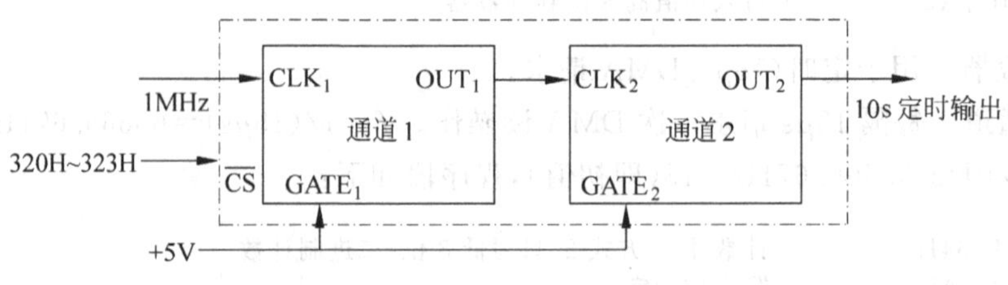

图 6.24 8253 通道的级联

解：8253的一个通道的最大计数范围为65536，本例中要求输出10s定时信号，则计数初值 $N=10/10^{-6}=10^7$，超过了8253一个通道的最大计数值，此时可以使用两个8253通道级联方式来实现。若级联前两个通道的初值为 N_1 和 N_2，则级联后作为一个整体的计数值为 $N=N_1\times N_2$。

设计数器初值 $N_1=500=1F4H$，$N_2=20000=4E20H$，使用方式2，二进制计数，则通道1、2的初始化程序如下：

```
MOV DX,323H
MOV AL,74H          ; 01110100B,通道 1,写入 16 位初值,方式 2,二进制计数
OUT DX,AL           ; 写入通道 1 方式字
MOV DX,321H
MOV AL,  0F4H
OUT DX,AL           ; 写入初值 500 的低 8 位到通道 1
MOV AL,01H
OUT DX,AL           ; 写入初值 500 的高 8 位到通道 1
MOV DX,323H
MOV AL,0B4H         ; 10110100B,通道 2,写入 16 位初值,方式 2,二进制计数
OUT DX,AL           ; 写入通道 2 方式字
MOV DX,322H
MOV AL, 20H
OUT DX,AL           ; 写入通道 2 初值 20000 的低 8 位
MOV AL,4EH
OUT DX,AL           ; 写入通道 2 初值 20000 的高 8 位
```

6.4 并行通信接口

6.4.1 概述

微机系统的信息交换有两种方式，即并行通信方式和串行通信方式。并行通信是以微机的字长，通常是8位、16位或32位为传输单位，一次传送一个字长的数据。它把一个字符的各位同时用几根线进行传输，传输速度快，信息率高；但需要的电缆较多，随着传输距离的增加，电缆的开销会成为突出的问题。所以，并行通信用在传输速率要求较高，而传输距离较短的场合。

实现并行通信的接口称为并行接口。一个并行接口可设计为只作为输入或输出接口，还可设计为既作为输入接口又作为输出接口，即双向输入输出接口。

6.4.2 可编程的并行接口8255A及其应用

Intel 8255A是一个通用的可编程的并行接口芯片，它有三个并行I/O口，又可通过编程设置多种工作方式，价格低廉，使用方便，可以直接与Intel系列的芯片连接使用，在中小系统中有着广泛的应用。

1. 8255A的内部结构

8255A的内部结构如图6.25所示，由以下几部分组成。

1) 三个数据端口A,B,C

8255A芯片具有24个可编程输入输出引脚，分成三个8位端口。其中，端口A包含一

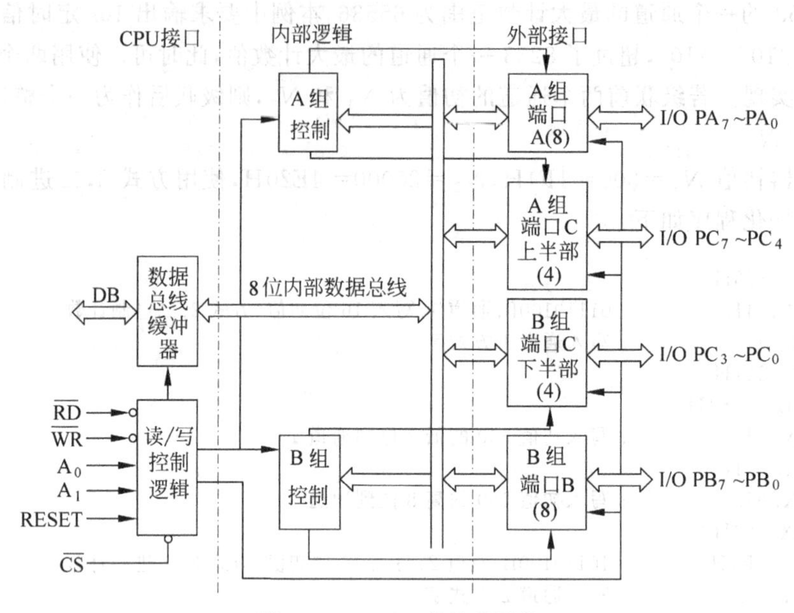

图 6.25 8255A 的编程结构

个 8 位数据输出锁存/缓冲寄存器和一个 8 位数据输入锁存器；端口 B 包含一个 8 位数据输入输出、锁存/缓冲寄存器和一个 8 位数据输入缓冲寄存器；端口 C 包含一个输出锁存/缓冲寄存器和一个输入缓冲寄存器。必要时端口 C 可分成两个 4 位端口，分别与端口 A 与端口 B 配合工作。通常将端口 A 和端口 B 定义为输入输出的数据端口，而端口 C 可作为状态或控制信息的传送端口。

2）A 组和 B 组的控制电路

A 组和 B 组的控制电路是两组根据 CPU 命令控制 8255A 工作方式的电路，这些控制电路内部设有控制寄存器，可以根据 CPU 送来的编程命令来控制 8255A 的工作方式，也可以根据编程命令来对 C 口的指定位进行置位/复位的操作。

A 组控制电路用来控制 A 口及 C 口的高 4 位，B 组控制电路用来控制 B 口及 C 口的低 4 位。

3）数据总线缓冲器

数据总线缓冲器是 8 位双向的三态缓冲器。作为 8255A 与系统总线连接的界面，输入输出的数据、CPU 的编程命令以及外设通过 8255A 传送的工作状态等信息，都是通过它来传输的。

4）读/写控制逻辑

读/写控制逻辑电路负责管理 8255A 的数据传输过程。它接收片选信号 $\overline{CS}$ 及系统读信号 $\overline{RD}$、写信号 $\overline{WR}$、复位信号 RESET，还有来自系统地址总线的口地址选择信号 A_0 和 A_1。

2. 8255A 的引脚功能

引脚信号可以分为两组：一组是面向 CPU 的信号，一组是面向外设的信号。8255A 的引脚分布见图 6.26，引脚功能见表 6.9。

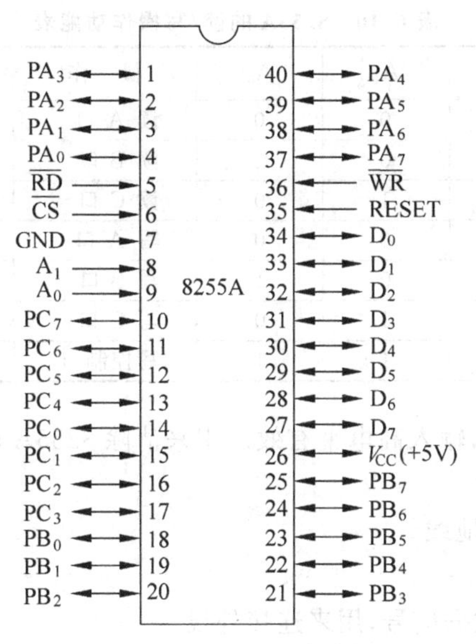

图 6.26 8255A 的引脚

表 6.9 8255A 的引脚功能

分 类	引 脚	功 能
与 CPU 连接的引脚	$D_7 \sim D_0$	双向、三态数据线引脚,用以与系统的数据线连接,传送控制、数据及状态信息
	$\overline{RD}$	来自于 CPU 的读控制信号输入引脚,低电平有效
	$\overline{WR}$	来自于 CPU 的写控制信号输入引脚,低电平有效
	$\overline{CS}$	芯片选择信号输入引脚,低电平有效
	A_1、A_0	地址信号输入引脚,00 选择端口 A; 01 选择端口 B; 10 选择端口 C; 11 选择控制字寄存器
	RESET	输入复位信号,高电平有效,用来清除 8255A 的内部寄存器,并置 A 口、B 口、C 口均为输入方式
	V_{CC}、GND	电源和地线
与外设连接的引脚	$PA_0 \sim PA_7$	A 组数据信号,用来连接外设
	$PB_0 \sim PB_7$	B 组数据信号,用来连接外设
	$PC_0 \sim PC_7$	C 组数据信号,用来连接外设或者作为控制信号

1）与 CPU 连接的引脚

① $D_0 \sim D_7$：8 位、双向、三态数据线,用来与系统数据总线相连。

② $\overline{CS}$：片选输入,用来决定芯片是否被选中。

③ $\overline{RD}$：读信号,输入,控制 8255A 将数据或状态信息送给 CPU。

④ $\overline{WR}$：写信号,输入,控制 CPU 将数据或控制信息送到 8255A。

⑤ A_1、A_0：地址信号输入引脚。这两个引脚上的信号组合决定对 8255A 内部的哪一个端口或寄存器进行操作。

8255A 的读/写操作功能如表 6.10 所示。

表 6.10 8255A 的读/写操作功能表

$\overline{CS}$	$\overline{RD}$	$\overline{WR}$	A_1	A_0	操 作	数据传送方式
0	0	1	0	0	读 A 口	A 口数据 → 数据总线
0	0	1	0	1	读 B 口	B 口数据 → 数据总线
0	0	1	1	0	读 C 口	C 口数据 → 数据总线
0	1	0	0	0	写 A 口	数据总线数据 → A 口
0	1	0	0	1	写 B 口	数据总线数据 → B 口
0	1	0	1	0	写 C 口	数据总线数据 → C 口
0	1	0	1	1	写控制口	数据总线数据 → 控制口

⑥ RESET：复位信号，输入高电平有效。用来清除 8255A 的内部寄存器，并置 A 口、B 口、C 口均为输入方式。

⑦ V_{CC}、GND：电源和地线。

2）与外设连接的引脚

① $PA_0 \sim PA_7$：A 组数据信号，用来连接外设。

② $PB_0 \sim PB_7$：B 组数据信号，用来连接外设。

③ $PC_0 \sim PC_7$：C 组数据信号，用来连接外设或者作为控制信号。

3. 8255A 的工作方式

8255A 有三种工作方式，端口 A 可工作在方式 0、方式 1 和方式 2，端口 B 只能工作在方式 0 和方式 1。各工作方式的特点如表 6.11 所示。

表 6.11 8255A 工作方式总结表

工作方式	功能	适用端口	C 口联络线	输入		输出	
				联络信号	信号定义	联络信号	信号定义
方式 0	基本输入输出	端口 A 端口 B	$PC_7 \sim PC_0$	I/O	数据线	I/O	数据线
方式 1	选通输入输出	端口 A	PC_7	I/O	数据线	$\overline{OBF_A}$	输出缓冲器满
			PC_6	I/O	数据线	$\overline{ACK_A}$	外设收到数据应答
			PC_5	IBF_A	输入缓冲器满	I/O	数据线
			PC_4	$\overline{STB_A}$	外设输入选通	I/O	数据线
			PC_3	$INTR_A$	中断请求	$INTR_A$	中断请求
		端口 B	PC_2	$\overline{STB_B}$	输入选通	$\overline{ACK_B}$	外设收到数据应答
			PC_1	IBF_B	输入缓冲器满	$\overline{OBF_B}$	输出缓冲器满
			PC_0	$INTR_B$	中断请求	$INTR_B$	中断请求
方式 2	双向传输方式	端口 A	PC_7	$\overline{OBF_A}$	空闲	$\overline{OBF_A}$	输出缓冲器满
			PC_6	$\overline{ACK_A}$	空闲	$\overline{ACK_A}$	外设收到数据应答
			PC_5	IBF_A	输入缓冲器满	IBF_A	空闲
			PC_4	$\overline{STB_A}$	外设输入选通	$\overline{STB_A}$	空闲
			PC_3	$INTR_A$	中断请求	$INTR_A$	中断请求
			PC_2	I/O	数据线或端口 B 联络线	I/O	数据线或端口 B 联络线
			PC_1	I/O	数据线或端口 B 联络线	I/O	数据线或端口 B 联络线
			PC_0	I/O	数据线或端口 B 联络线	I/O	数据线或端口 B 联络线

1）方式 0（基本输入输出方式）

方式 0 是一种基本输入输出工作方式，又称无条件输入输出方式。A、B 和 C 三个端口均可采用这种工作方式，方式 0 下的任一端口可独立实现数据的输入或输出。输入输出的方向由方式选择控制字分别定义。要特别强调的是，只能把 C 口的高 4 位为一组或低 4 位为一组同时输入或输出，不能再把 4 位中一部分作输入而另一部分作输出。

方式 0 不设置专用联络信号，不能采用中断和 CPU 交换数据，只能用于简单（无条件）传送。若要进行应答传送，可利用 C 口的高半字节（A 组）、低半字节（B 组）自行定义控制输出或状态输入，无固定搭配的限制，此时 A、B 两端口可分别以查询方式工作。

2）方式 1（选通输入输出方式）

方式 1 是一种选通输入输出工作方式，A 口和 B 口皆可独立设置成该方式，C 口贡献出六个固定位，分别与 A 口、B 口搭配，充当它们在传送数据时所必需的联络信号。此外，C 口的两个剩余位仍可作为输入或输出。这种方式通常用于查询（条件）传送或中断传送，数据的输入输出都有锁存能力。

当 A 口和 B 口定义为方式 1 输入时，C 口传递的联络信号定义如下：

① $\overline{STB}$——选通信号。由外设输入，低电平有效。

$\overline{STB}$ 有效时，将外设输入的数据锁存到所选端口的输入锁存器中。对 A 组来说，指定端口 C 的 PC_4 用来接收向端口 A 输入的 $\overline{STB}$ 信号；对 B 组来说，指定端口 C 的 PC_2 用来接收向端口 B 输入的 $\overline{STB}$ 信号。

② IBF——输入缓冲存储器满信号。向外设输出，高电平有效。

IBF 有效时，表示由输入设备输入的数据已占用该端口的输入锁存器，它实际上是对 $\overline{STB}$ 信号的回答信号，待 CPU 执行 IN 指令时，$\overline{RD}$ 有效，将输入数据读入 CPU，其上升沿将 IBF 置“0”，表示输入缓冲存储器已空，外部设备可继续输入后续数据。对 A 组来说，指定端口 C 的 PC_5 作为从端口 A 输出的 IBF 信号；对 B 组来说，指定端口的 PC_1 作为从端口 B 输出的 IBF 信号。

③ INTR——中断请求信号，高电平有效。

INTR 在 $\overline{STB}$、IBF 均为高时被置为高电平，也就是说，当选通信号结束、已将一个数据送进输入缓冲存储器中，并且输入缓冲区满信号已为高电平时，8255A 向 CPU 发出中断请求信号，即将 INTR 端置为高电平。在 CPU 响应中断读取输入缓冲存储器中的数据时，由 $\overline{RD}$ 的下降沿将 INTR 置为低电平。

④ INTE——中断允许信号。

INTE 是 8255A 为控制中断而设置的内部控制信号。当 INTE＝1 时，允许中断；当 INTE＝0 时，禁止中断。这要通过向 C 口写入按位置位/复位命令来设置。具体来说，PC_4 置 1，则使端口 A 的 INTE 为 1；PC_4 置 0，则使端口 A 的 INTE 为 0。与此类似，PC_2 置 1，则使端口 B 的 INTE 为 1；PC_2 置 0，则使端口 B 的 INTE 为 0。

当 A 口和 B 口定义为方式 1 输出时，C 口传递的联络信号定义如下：

① $\overline{OBF}$——输出缓冲存储器满信号。向外设输出，低电平有效。

$\overline{OBF}$ 有效时，表示 CPU 已将数据写入该端口正等待输出。当 CPU 执行 OUT 指令，$\overline{WR}$ 有效时，表示将数据锁存到数据输出缓冲器，由 $\overline{WR}$ 的上升沿将 $\overline{OBF}$ 置为有效。对于 A 组，规定 PC_7 用作从端口 A 输出的 $\overline{OBF}$ 信号，对于 B 组，规定 PC_1 用作从端口 B 输出的

$\overline{\text{OBF}}$信号。

② $\overline{\text{ACK}}$——外设应答信号。由外设输入,低电平有效。

$\overline{\text{ACK}}$有效,表示外部设备已收到由8255A输出的8位数据,它实际上是对$\overline{\text{OBF}}$信号的回答信号。对于A组,指定PC_6用来接收向端口A输入的ACK信号;对于B组,指定PC_2用来接收向端口B输入的$\overline{\text{ACK}}$信号。

③ INTR——中断请求信号。高电平有效。

当输出设备从8255A端口中提取数据,从而发出$\overline{\text{ACK}}$信号后,8255A便向CPU发出新的中断请求信号,以便CPU再次输出数据,因此ACK变为高电平且OBF也为高电平时,INTR被置为高电平。而当写信号$\overline{\text{WR}}$的下降沿来到时,INTR变为低电平。

④ INTE——中断允许信号。

INTE为1时,使端口处于中断允许状态;INTE为0时,则使端口处于中断屏蔽状态。INTE的状态可通过软件设置,具体来说,PC_6置1,则使端口A的INTE为1,PC_6置0,则使端口A的INTE为0。与此类似,PC_2置1,则使端口B的INTE为1,PC_2置0,则使端口B的INTE为0。

3) 方式2(双向传输方式)

方式2是一种双向选通输入输出工作方式,仅用于A口,可用来连接双向I/O设备或用于在两台处理器之间实现双机并行通信等。A口工作于方式2时,B口可工作在方式0或者方式1,C口的PC_7~PC_3为A口的握手联络信号,PC_2~PC_0用于B口在方式1时的握手联络信号。

A口工作在方式2时既可发送数据,也可接收数据,所需的握手联络信号和A口在方式1下的输入或输出时的握手联络信号分别相对应,输入输出时的中断请求共用PC_3。

4. 8255A的控制字

8255A可以通过设置控制字来决定它的工作方式,其控制字有两种,即方式控制字和端口C按位置位/复位控制字。

1) 方式控制字

方式控制字要写入8255A的控制口,写入方式控制字之后,8255A才能按指定的工作方式工作。

8255A的方式控制字格式与各位的功能如图6.27所示。

例6.12 某系统要求使用8255A的A口方式0输入,B口方式0输出,C口高4位方式0输出,C口低4位方式0输入。设8255A的端口地址为60H~63H,则控制字为10010001,即91H,初始化程序为

```
MOV AL,91H
OUT 63H,AL
```

2) C口的置位/复位控制字

只对C口才有效,端口C的任一位可用该控制字来置位或复位,而其他位不变。置位/复位的控制字格式如图6.28所示。C口的这个功能可用于设置方式1的中断允许,可以设置外设的启/停等。

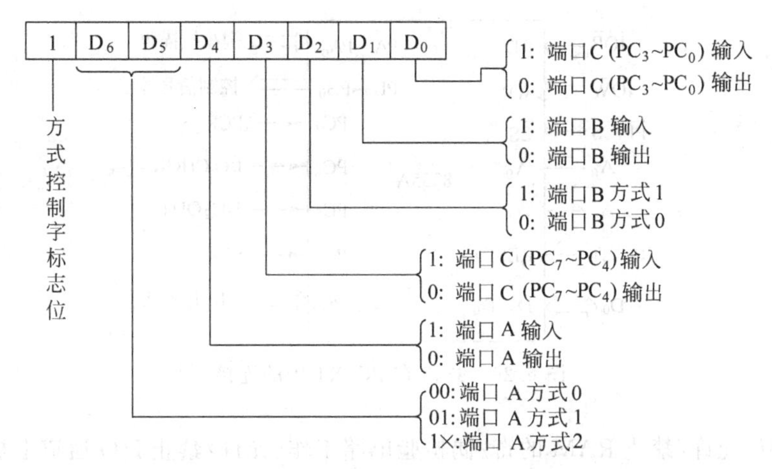

图 6.27 8255A 工作方式控制字格式

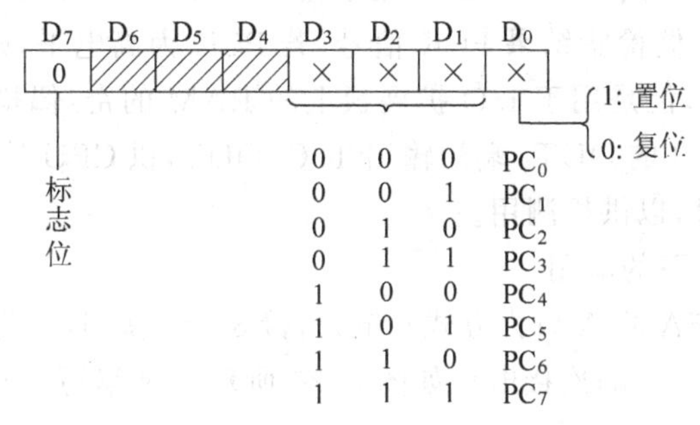

图 6.28 8255A 置位/复位控制字格式

例 6.13 8255A 的 A 口工作在方式 2,要求发两个中断允许,即 PC_4 和 PC_6 均需置位。B 口工作在方式 1,要求使 PC_2 置位来开放中断。设 8255A 的端口地址为 60H～63H,初始化程序如下：

```
MOV   AL,0C4H
OUT 63H,AL          ; 设置工作方式
MOV   AL,09H
OUT 63H,AL          ; PC4 置位,A 口输入允许中断
MOV AL,ODH
OUT 63H,AL          ; PC6 置位,A 口输出允许中断
MOV   AL, 05H
OUT 63H,AL          ; PC2 置位,B 口输出允许中断
```

5. 8255A 的应用

1) 8255A 在 PC/XT 中的连接和应用

8255A 的 A、B、C 三个端口在 PC/XT 系统中均工作于方式 0,即基本 I/O 方式。图 6.29 为 8255A 在 PC/XT 中的连接示意图。

由图 6.29 可见,8255 的 A 口工作在输入方式,用作接收 PC/XT 键盘接口电路送来的 8 位键盘扫描码,并传送给 CPU,以供其识别按键用。

B 口工作在输出方式,用于输出一些控制信号,在软件的安排下可以用来：启动/关闭

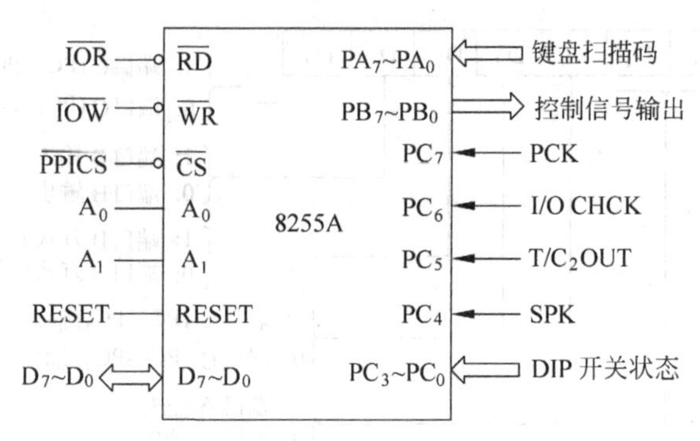

图 6.29　8255 在 PC/XT 中的连接

扬声器的发声、允许/禁止 RAM 的奇/偶检验电路工作、允许/禁止 I/O 通道上扩展的 RAM 的奇/偶检验以及控制键盘的工作等。

C 口工作在输入方式，其中 $PC_3 \sim PC_0$ 用于输入系统配置开关 DIP 的状态信息；PC_7 输入系统板上 RAM 的奇/偶检验结果 PCK 信号，若 PCK 为高电平，则产生一个 NMI 中断；PC_6 与 PC_7 的作用类似，但是用于 I/O 扩展板上的 RAM 的奇/偶检验结果 I/O CHCK 信号的输入；PC_5 输入 8253 的 OUT_2 端的输出 T/C_2 OUT，供 CPU 检测时用；PC_4 用于读取扬声器的状态 SPK 信号，以供检测用。

2) 8255A 在方式 0 下的应用

例 6.14　要求 8255A 的 A 口为方式 0 输入，接 8 个开关，B 口为方式 0 的输出，接 8 个发光二极管指示灯。8255A 的连接电路如图 6.30 所示。试编写一程序实现当开关闭合时对应的发光二极管亮。

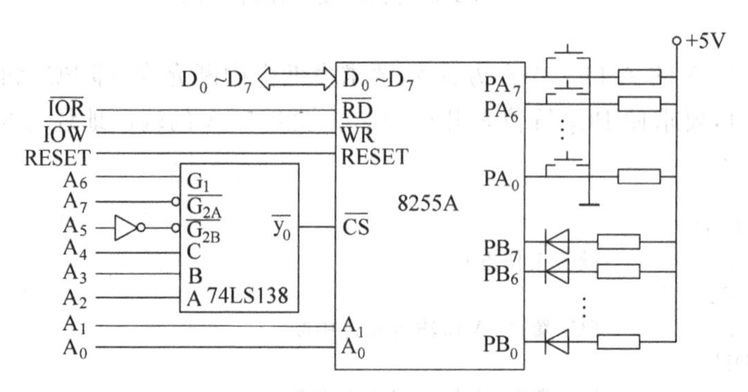

图 6.30　8255A 在方式 0 下的应用

解：由图可知 8255A 的端口地址为 60H～63H，方式控制字为 10010000B，程序如下：

```
MOV AL,90H
OUT 63H,AL          ；写 8255A 方式控制字
IN AL,60H           ；读入开关状态
OUT 61H,AL          ；送 B 口显示
```

可利用仿真软件 PROTEUS 进行仿真，过程说明如下：

(1) 在 PROTEUS 中绘制硬件电路，如图 6.31 所示。

(2) 在 EMU8086 中编辑控制程序 8255.asm，编译运行后得到 8255.exe 文件。

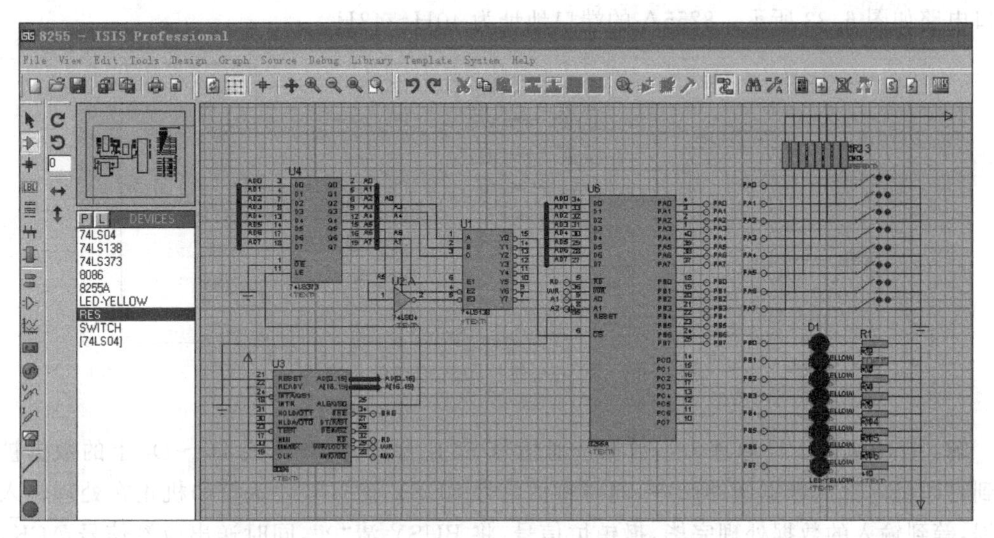

图 6.31　PROTEUS 中 8255A 的应用电路

(3) 在 PROTEUS 中将控制程序 8255.exe 加载到微处理器 8086 中运行。

① 选择 8086 单击右键,选择 Edit Properties 选项单击进入属性编辑;

② 在编辑窗口的 Program File 中选择前面编译完成的控制程序 8255.exe 加载,然后单击 OK,关闭对话窗口;

③ 最后单击屏幕左下角的仿真键,就可以在电路中运行程序观看结果。

(4) 将图中第一个开关闭合,可看到下面第一个 LED 灯点亮,仿真结果如图 6.32 所示。

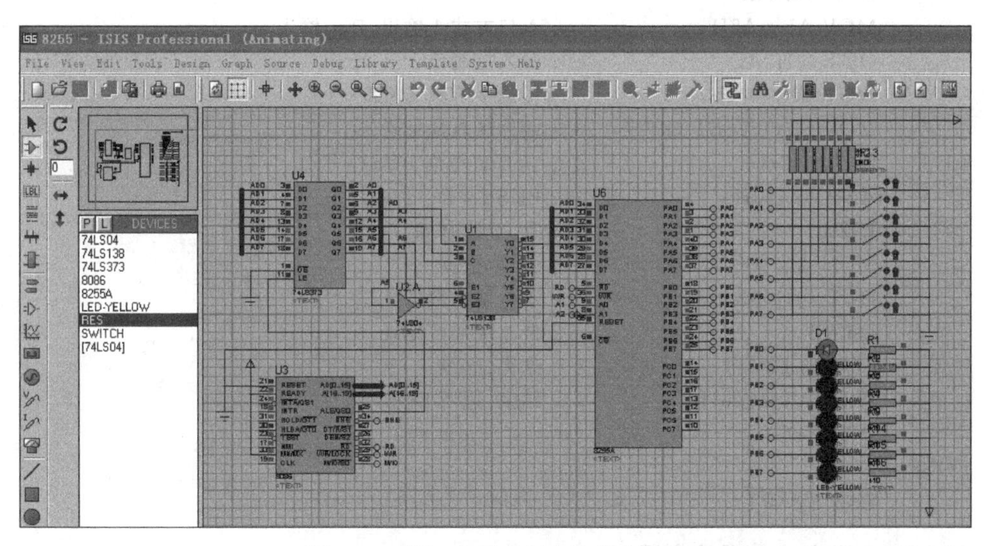

图 6.32　第一个开关闭合的仿真结果

3) 8255A 在方式 1 下的应用

例 6.15　8255A 作为并行打印机的接口。用 8255A 的 A 口连接打印机,工作于方式 1 输出,用查询方式将内存输出缓冲区 OBUF 中的 100H 个字节数据送打印机输出,打印机接口电路如图 6.33 所示。8255A 的端口地址为 40H～43H。

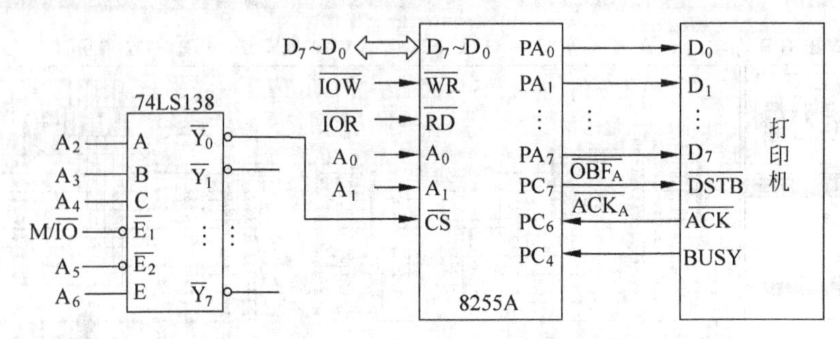

图 6.33 8255A 与打印机接口的示意图

解：打印机的工作原理为当数据选通信号 $\overline{\text{STB}}$ 有效时，数据线 $D_0 \sim D_7$ 上的数据被锁存到打印机内部的数据缓冲区中，同时将忙信号 BUSY 置“1”，表示打印机正在处理输入的数据，等到输入的数据处理完毕，撤销忙信号，将 BUSY 清“0”，同时送出应答信号 $\overline{\text{ACK}}$，表示一个字符已经输出完毕。

参考程序如下：

```
DADT   SEGMENT
OBUF DB 100H DUP(?)
DADT   ENDS
CODE   SEGMENT
ASSUME   CS:CODE,DS:DATA
START:MOV AX,DATA
       MOV DS,AX
       MOV AL,0A8H              ;A 口方式 1 输出,PC4 输入
       OUT 43H,AL               ;写入控制口
       MOV CX,100H              ;传送字节数送 CX
       MOV SI,OFFSET OBUF       ;缓冲区首地址送 SI
L1:    IN AL,42H                ;读 C 口查询 BUSY
       AND AL,10H               ;BUSY=1?
       JNZ L1                   ;是,继续查询
       MOV AL,[SI]              ;否,取数据
       OUT 40H,AL               ;A 口输出数据
       INC SI                   ;修改缓冲区地址
       LOOP L1                  ;未完,继续
       MOV AX,4C00H             ;结束,返回 DOS
       INT 21H
CODE   ENDS
       END START
```

4) 8255A 在方式 2 下的应用

例 6.16 8255A 作为双机并行通信的接口，通信接口电路如图 6.34 所示。主机一侧的 8255A 工作于方式 2，用中断方式传送数据，从机一侧的 8255A 工作于方式 0，用查询方式传送数据，设主机发送数据块的起始地址为 1000H，接收数据块的起始地址为 3000H，传送数据块的字节数为 256 个，试编制主机的接发送通信程序。

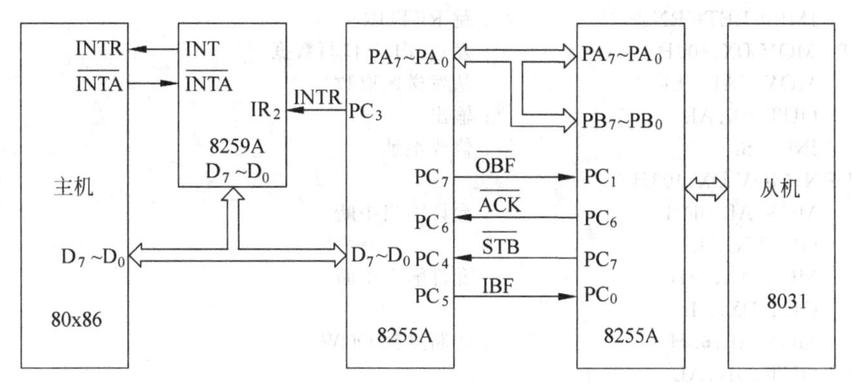

图 6.34 双机并行通信接口示意图

解：主机通信程序编制如下：

```
        ...
        MOV DX,403H
        MOV AL,0C0H                 ; 8255A 初始化
        OUT DX,AL
        MOV AX,09H                  ; 置位 PC4,使 INTE2=1, 允许中断
        OUT DX,AL
        MOV AX,0DH                  ; 置位 PC6,使 INTE1=1,允许中断
        OUT DX,AL
        MOV SI,1000H                ; 发送数据块的首地址
        MOV DI,3000H                ; 接收数据块的首地址
        MOV CX,256                  ; 数据块字节数
        ...                         ; 8259A 初始化及中断向量设置(省略)
NEXT:  STI                          ; 开中断
       HLT                          ; 等待中断
       CLI                          ; 关中断
       DEC CX                       ; 字节数减 1
       JNZ NEXT                     ; 未完,继续
       MOV AX,4C00H                 ; 已完,退出
       INT 21H                      ; 结束,返回 DOS
INTP   PROC                         ; 中断服务程序
       MOV DX,403H                  ; 8255A 控制口
       MOV AL,08H                   ; 复位 PC4,使 INTE2=0,禁止中断
       OUT DX,AL
       MOV AL,0CH                   ; 复位 PC6,使 INTE1=0,禁止中断
       OUT DX,AL
       CLI                          ; 关中断
       MOV DX,402H
       IN AL,DX                     ; 读 C 口状态信息,查中断源
       MOV AH,AL
       AND AL,20H                   ; 检查状态位 IBF=1?输入
       JZ   OUTP                    ; 不是,则输出 OUTP
INP :  MOV DX,400H                  ; 是,则从 A 口读数据
       IN   AL,DX
       MOV [DI],AL                  ; 存入接收区
       INC  DI                      ; 修改地址
```

```
        JMP   RETURN             ; 跳 RETURN
OUTP: MOV DX,400H                ; 发送,向 A 口写数据
        MOV   AL,[SI]            ; 从发送区取数
        OUT DX,AL                ; 输出
        INC   SI                 ; 修改地址
RETURN:MOV DX,403H
        MOV AL,0DH               ; 允许输出中断
        OUTDX,AL
        MOV AL,09H               ; 允许输入中断
        OUT DX,AL
        MOV AL,62H               ; 中断结束 OCW2
        OUT 20H,AL
        IRET                     ; 中断返回
INTP    ENDP
```

6.5 DMA 控制器

Intel 8237A 是一种高性能可编程 DMA 控制器,允许 DMA 传输速度高达 1.6MB/s,广泛应用于微型计算机系统中。一片 8237A 内部有 4 个独立的 DMA 通道,每个通道一次 DMA 传送的最大长度可达 64KB,4 个通道可以分时地为 4 个外部设备实现 DMA 传送,也可以同时使用其中的通道 0 和通道 1 实现存储器到存储器的直接传送,还可以用多片 8237A 进行级联,从而构成更多的 DMA 通道。

6.5.1 8237A 的内部结构及引脚

1. 内部结构

8237A 的内部结构如图 6.35 所示,8237A 的内部结构由数据总线缓冲器、读写控制逻辑、控制逻辑单元、优先选择逻辑单元、内部寄存器和 4 个计数通道组成。

1) 数据总线缓冲器

数据总线缓冲器包括 I/O 缓冲器 1、I/O 缓冲器 2 和一个输出缓冲器,通过这三个缓冲器把 8237A 的数据线、地址线和 CPU 的系统总线相连。

I/O 缓冲器 1 是 8 位、双向、三态地址/数据缓冲器,作为 8 位数据 BD7～BD0 输入输出和高 8 位地址 A15～A8 输出缓冲。

I/O 缓冲器 2 是 4 位地址缓冲器,作为地址 A3～A0 输出缓冲。

输出缓冲器是 4 位地址缓冲器,作为地址 A7～A4 输出缓冲。

2) 控制逻辑单元

控制逻辑单元的主要功能是根据 CPU 传送来的有关 DMAC 的工作方式控制字和操作方式控制字,在定时控制下,产生 DMA 请求信号、DMA 传送以及发出 DMA 结束的信号。

3) 优先选择逻辑单元

优先选择逻辑单元用来裁决各通道的优先级顺序,解决多个通道同时请求 DMA 服务时,可能出现的优先级竞争问题。优先级顺序是指通道 0 优先级最高,其次是通道 1,通道 3 的优先级最低。循环时四个通道的优先级不断变化,即本次循环执行 DMA 操作的通道,到下一次循环为优先级最低,不论优先级别高还是低,只要某个通道正在进行 DMA 操作,其

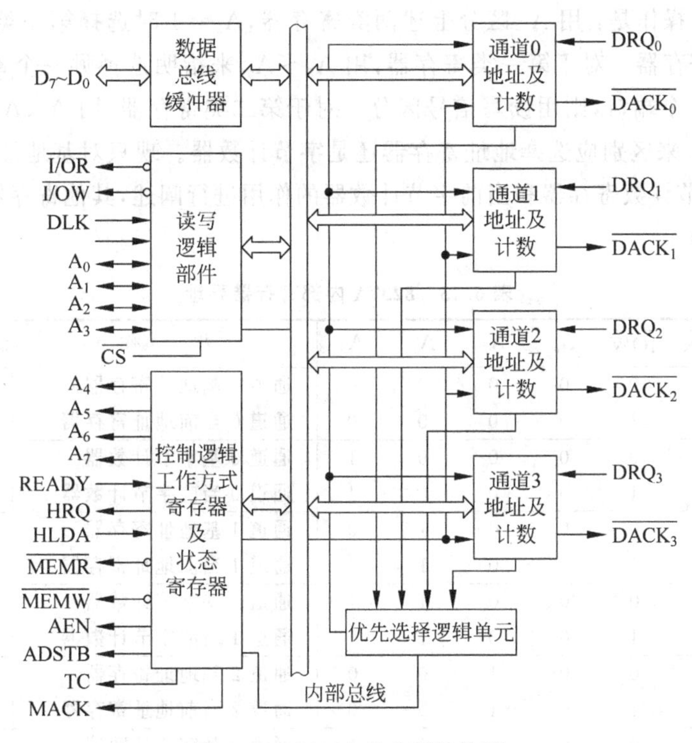

图 6.35 8237A 的内部结构图

他通道无论级别高低，均不能打断当前的操作。当前操作结束后，再根据级别的高低，响应下一个通道的 DMA 操作申请。

4）内部寄存器

8237A 内部寄存器可以分成两类。一类是通道寄存器，即每个通道都有的当前地址寄存器、当前字节计数寄存器、基地址寄存器和基字节计数寄存器，这些都是 16 位寄存器。另一类是控制和状态寄存器。如表 6.12 列出了 8237A 的内部寄存器。

表 6.12 8237A 的内部寄存器

寄存器名称	位 数	数 量	CPU 访问方式
基地址寄存器	16	4	只写
基字节计数寄存器	16	4	只写
当前地址寄存器	16	4	可读可写
当前字节计数寄存器	16	4	可读可写
命令寄存器	8	1	只写
工作方式寄存器	6	4	只写
屏蔽寄存器	4	1	只写
请求寄存器	4	1	只写
状态寄存器	8	1	只读
暂存寄存器	8	1	只读

这两类寄存器在寻址时由最低 4 位地址 A_3～A_0 区分，如表 6.13 所示。CPU 对 8237A 内部寄存器的访问是在 8237A 作为一般的 I/O 设备时，通过 A_3～A_0 的地址译码选择相应

的寄存器。具体操作是：用 A_3 区分上述两类寄存器，$A_3=1$ 时选择第一类寄存器，$A_3=0$ 时选择第二类寄存器。对于第一类寄存器，用 $A_2 \sim A_0$ 来指明选择哪一个寄存器。若有两个寄存器共用一个端口，则用读写信号区分。对于第二类寄存器，用 A_2、A_1 来区分选择哪一个通道，用 A_0 来区别应选择地址寄存器还是字节计数器。现只对基地址寄存器、当前地址寄存器、基字节计数寄存器和当前字节计数器的作用进行阐述，其他寄存器的作用将在控制字设置中讲解。

表 6.13　8237A 内部寄存器寻址

	$\overline{CS}$	$\overline{IOR}$	$\overline{IOW}$	A_3	A_2	A_1	A_0	操　　作	低 4 位地址	
通道寄存器的寻址	0	1	0	0	0	0	0	通道 0 基地址寄存器	只写	0H
	0	0	1	0	0	0	0	通道 0 当前地址寄存器	可读写	
	0	1	0	0	0	0	1	通道 0 基字节计数器	只写	1H
	0	0	1	0	0	0	1	通道 0 当前字节计数器	可读写	
	0	1	0	0	0	1	0	通道 1 基地址寄存器	只写	2H
	0	0	1	0	0	1	0	通道 1 当前地址寄存器	可读写	
	0	1	0	0	0	1	1	通道 1 基字节计数器	只写	3H
	0	0	1	0	0	1	1	通道 1 当前字节计数器	可读写	
	0	1	0	0	1	0	0	通道 2 基地址寄存器	只写	4H
	0	0	1	0	1	0	0	通道 2 当前地址寄存器	可读写	
	0	1	0	0	1	0	1	通道 2 基字节计数器	只写	5H
	0	0	1	0	1	0	1	通道 2 当前字节计数器	可读写	
	0	1	0	0	1	1	0	通道 3 基地址寄存器	只写	6H
	0	0	1	0	1	1	0	通道 3 当前地址寄存器	可读写	
	0	1	0	0	1	1	1	通道 3 基字节计数器	只写	7H
	0	0	1	0	1	1	1	通道 3 当前字节计数器	可读写	
控制和状态寄存器	0	1	0	1	0	0	0	命令寄存器	只写	8H
	0	0	1	1	0	0	0	状态寄存器	只读	
	0	1	0	1	0	0	1	写请求标志	只写	9H
	0	1	0	1	0	1	0	写单个通道屏幕标志位	只写	AH
	0	1	0	1	0	1	1	工作方式寄存器	只写	BH
	0	1	0	1	1	0	0	清除字节指示器(软命令)	只写	CH
	0	0	1	1	1	0	1	读暂存寄存器	只写	DH
	0	1	0	1	1	0	1	主清除命令(软命令)	只读	
	0	1	0	1	1	1	0	清除屏蔽标志位(软命令)	只写	EH
	0	1	0	1	1	1	1	写所有通道屏蔽位	只写	FH

(1) 基地址寄存器、当前地址寄存器

这两个寄存器都用来存放 DMA 操作时将要访问的存储器的地址，是 16 位的寄存器，每个通道都有。

基地址寄存器的内容是初始化编程时由 CPU 写入，整个 DMA 操作期间不再变化。若在工作方式控制字中设置 D_4 位等于 1，采用自动预置方式，那么 DMA 操作结束，自动将基地址寄存器的内容写入当前地址寄存器。该寄存器的内容只能写入，不能读出。

当前地址寄存器的作用是在 DMA 操作期间，通过加 1 或减 1 的方法不断修改访问存储器的地址指针，指出当前正访问的存储器地址。当前地址寄存器地址值的输入方法，可在初始化时写入，也可在DMA操作结束时由基地址寄存器写入。该寄存器的内容可通过执行两次输入指令读入CPU中。

(2) 基字节计数寄存器、当前字节计数寄存器

这两个寄存器都用来存放进行DMA操作时传送的字节数，是16位寄存器，每个通道都有。

基字节计数寄存器的数据是在初始化时写入的，整个DMA操作中不变。若将工作方式控制字中的D_4位置1，采用自动预置方式，那么DMA操作结束，自动将基字节计数寄存器的内容写入当前字节计数寄存器。该寄存器的内容只能写入，不能读出。

当前字节计数寄存器的作用是在DMA传送操作期间，每传送一个字节，字节计数寄存器减1，当由0减到FFFFH时，产生DMA操作结束信号。

当前字节计数寄存器的内容可在初始化命令写入，也可通过在DMA传送结束时由基字节计数寄存器写入。该寄存器的内容既能写入也能通过执行两次输入指令读入CPU。

5) 内部DMA计数通道

8237A内部有4个独立通道，每个通道都有4个寄存器即基值地址寄存器、当前地址寄存器、基值字节计数寄存器和当前字节计数寄存器，另外还有5个通道公用的工作方式寄存器、命令寄存器和状态寄存器，以及对DRQ信号的屏蔽寄存器和DMA服务请求寄存器。通过对这些寄存器的编程，可实现8237A的三种DMA操作类型和操作方式，2种工作时序，2种优先级排队，自动预置传送地址和字节数，以及实现存储器-存储器之间的传送等一系列操作功能。

每个通道都有独立的与相应外设接口相联系的信号，四个通道共享与CPU相连的控制信号、地址信号、数据信号，并且还可以用级联的方来扩充更多的信道，它允许在外部设备与系统存储器以及系统存储器与存储器之间交换信息，其数据传输率可达1.5MB/s。它提供了多种控制方式和操作类型，可大大增强的系统的性能。

2. 8237A引脚

Intel 8237A控制器是一个40引脚的双列直插式组件，引脚如图6.36所示。由于它既是主控者又是受控者，故其外部引脚设置也具有特色，如它的I/O线(IOR,IOW)和部分地址线(A_0～A_3)都是双向的。另外，还设置了存储器读写线(MEMR, MEMW)和16位地址输出线(DB_0～DB_7，A_0～A_7)。这些都是其他I/O接口芯片所没有的。下面对各引脚功能进行说明。

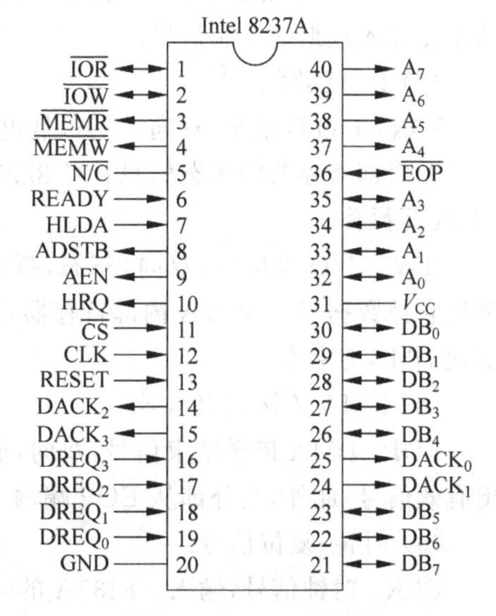

图6.36 8237A引脚图

(1) 数据信号

BD_7～BD_0为8位数据线，双向，三态。作用有三：第一是当8237A空闲，即CPU控制总线时，BD_7～BD_0作为双向数据线，由CPU读/写8237A内部寄存器。第二是当8237A控制总线时，BD_7～BD_0输出被访问存储器单元的高8位地址信号

A_{15}～A_8,并由ADSTB信号将这些地址信息存入地址锁存器。第三是在进行DMA操作时,读周期经DB_7～DB_0线把源存储器的数据送入数据缓冲器保存,在写周期时再把数据缓冲器保存的数据经DB_7～DB_0传送到目的存储器。

(2) 地址信号

CS:CPU初始化8237A或读8237A状态时所需的片选信号。

A_7～A_0(输出):8237A访问存储器的地址信号的低8位。

A_3～A_0(输入):CPU初始化8237A或读8237A状态时,用于寻址8237A内部寄存器。

(3) 请求/应答信号

$DREQ_3$～$DREQ_0$:外设接口电路向8237A的请求信号。

$DACK_3$～$DACK_0$:8237A对外设接口电路的应答信号。

HRQ:8237A向CPU申请总线的信号(连至CPU的HOLD)。

HLDA:CPU向8237A传送的允许使用总线信号。

(4) 地址允许信号

AEN:地址允许信号,输出,高电平有效。访问DMA时AEN=1,访问外设时AEN=0。当AEN=1时,它把外部地址锁存器中的高8位地址送入地址总线,与8237A芯片输出的低8位地址组成16位地址。

(5) 地址选通信号

ADSTB:地址选通信号,输出,高电平有效。8237A作为主控时,ADSTB=1,用于启动地址锁存器,将保存在8237A缓冲器的高8位地址信号传送到片外地址锁存器形成存储器地址的A_{15}～A_8。

(6) 存储器读写信号

$\overline{MEMR}$:存储器读信号,输出,三态,低电平有效。在DMA操作时,作为从选定的存储单元读出数据的控制信号。

$\overline{MEMW}$:存储器写信号,输出,三态,低电平有效。在DMA操作时,作为向选定的存储单元写入数据的控制信号。

(7) I/O读写信号

$\overline{IOR}$:I/O读信号,双向,三态,低电平有效。当CPU控制总线时,为输入信号,CPU读8237A内部寄存器的状态信息;当8237A控制总线时,为输出信号,与$\overline{MEMW}$配合实现DMA写操作。

$\overline{IOW}$:I/O写信号,双向,三态,低电平有效。当CPU控制总线时,为输入信号,CPU利用它把数据写入8237A内部寄存器;当8237A控制总线时,为输出信号,与$\overline{MEMR}$配合实现DMA读操作。

(8) DMA传输结束信号

EOP:DMA传送结束信号,双向,低电平有效。任一通道DMA传送结束时,从此端发出有效信号,此外,当外部从$\overline{EOP}$端输入有效信号时,也能强迫DMAC终止传送过程。

(9) 时钟、复位信号

CLK:时钟信号,输入。8237A的时钟频率为3MHz,用于控制芯片内部定时和数据传送速率。

RESET：复位信号，输入，高电平有效。当芯片被复位时，屏蔽寄存器被置 1，其余寄存器置 0，8237A 处于空闲状态，即 4 个通道的 DMA 请求被禁止，仅作为一般 I/O 设备。

(10) 准备就绪信号

READY：准备就绪信号，输入，高电平有效。当进行 DMA 操作，存储器或外部设备的速度较慢，来不及接收或发送数据时，外部电路使 READY 为低电平，这时 DMA 控制器会在总线传送周期，自动插入等待周期，直到 READY 变成高电平。

(11) 电源信号

V_{CC}：电源＋5V。

GND：接地。

6.5.2 8237A 的编程及应用

1. 8237A 的控制字

1) 工作方式控制字

8237A 每个通道都有一个工作方式控制字，工作方式控制字为 8 位，通过编程的方法写入工作方式寄存器。工作方式寄存器为 6 位，共 4 个，每个通道 1 个。工作方式控制字的格式及定义如图 6.37 所示，各位的说明如下。

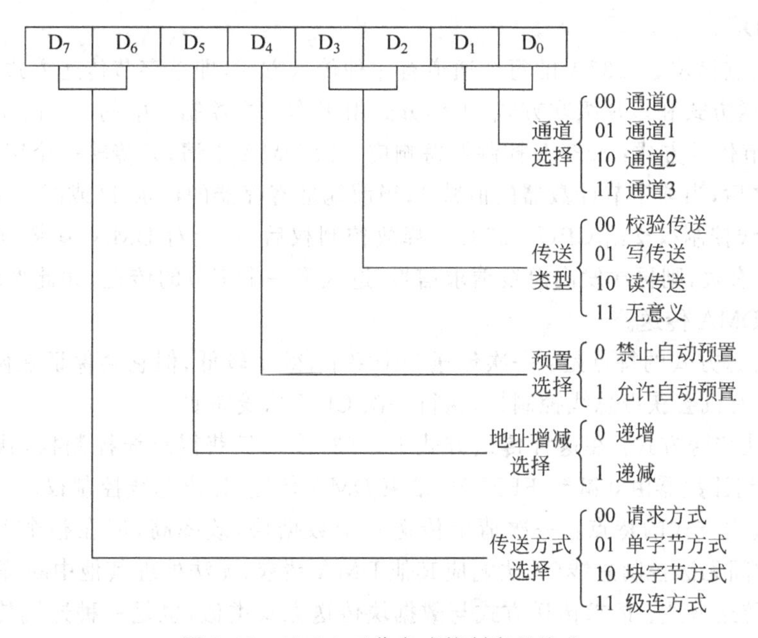

图 6.37 8237A 工作方式控制字的格式

(1) D_1、D_0

通道选择位。根据 D_1、D_0 位的值决定工作方式控制字写入到哪一个通道的工作方式寄存器中。由于每个通道内的工作方式寄存器为 6 位，所以 8 位的方式控制字写入 6 位的工作方式寄存器时，只将 D_7～D_2 位写入，D_1、D_0 位不写入。

(2) D_3、D_2

传送类型选择位。8237A 有三种传送类型，分别是 DMA 读传送、DMA 写传送和

DMA 校验传送。三种传送类型是根据数据传送的方向定义的,由 D_3、D_2 两位决定。

DMA 读传送: 把存储器的数据读出传送至外设,操作时若 $\overline{MEMR}$ 有效则从存储器读出数据,若 $\overline{IOW}$ 有效则把数据写入外设。

DMA 写传送: 把外设输入的数据写至存储器中,操作时若 $\overline{IOR}$ 有效则从外设读出数据,若 $\overline{MEMW}$ 有效,则把数据写入存储器。

DMA 校验传送:这种传送方式实际上不传送数据,主要用来对 DMA 读传送或 DMA 写传送功能进行校验。在校验传送时 8237A 保留对系统总线的控制权,但不产生对 I/O 接口和存储器的读写信号,只产生地址信号,计数器进行减 1 计数,响应 $\overline{EOP}$ 信号。

(3) D_4

自动预置功能选择位。当 $D_4=1$ 时,允许自动预置,每当 DMA 传送结束,基地址寄存器自动将保存的存储器数据区首地址传送给当前地址寄存器,基字节计数寄存器自动将保存的传送数据传送给当前字节寄存器,进入下一轮数据传输过程。当 $D_4=0$ 时,禁止自动预置。需要注意的是,如果一个通道被设置为自动预置方式,那么这个通道的对应屏蔽位应置 0。

(4) D_5

地址增减选择位。当 $D_5=1$ 时,每传送一个字节,当前地址寄存器的内容减 1; 当 $D_5=0$ 时,每传送一个字节,当前地址寄存器的内容加 1。

(5) D_7、D_6

传送方式选择位。8237A 的每个通道有 4 种传送方式,即单字节传送方式、数据块传送方式、请求传送方式和多片级联方式,工作方式由工作方式控制字中的 D_7、D_6 位决定。

① 单字节传送方式: 8237A 控制器每响应一次 DMA 申请,只传输一个字节的数据,传送一个字节之后,当前字节计数器的值减 1,当前地址寄存器的数加 1(或减 1),8237A 释放系统总线,总线控制权交给 CPU。8237A 释放控制权后,马上对 DMA 请求 DREQ 进行测试,若 DREQ 有效,则再次发出总线请求信号,进入下一个字节的传送,如此循环,直至计数值为 0,结束 DMA 传送。

单字节传送方式的特点是: 一次传送一个字节,效率较低,但它会保证在两次 DMA 传送之间,CPU 有机会获得总线控制权,执行一次 CPU 总线周期。

② 数据块传送方式: 在这种传送方式下,8237A 一旦获得总线控制权,就会连续地传送数据块,直到计数器由 0 减到 FFFFH,结束 DMA 传送,让出总线控制权。

数据块传送方式的特点: 一次请求传送一个数据块,效率高,但在整个 DMA 传送期间,CPU 长时间无法控制总线(无法响应其他 DMA 请求,无法处理其他中断等)。

① 请求传送方式: 请求传送方式与数据块传送方式类似,也是一种连续传送数据的方式。只是在请求传送方式下,每传送一个字节就要检测一次 DREQ 信号是否有效。若有效,则继续传送下一个字节; 若无效,则停止数据传送,结束 DMA 过程,让出总线控制权。但 DMA 的传送现场全部保持(当前地址寄存器和当前字节计数器的值),待请求信号 DREQ 再次有效时,再次申请总线控制权,申请成功后,8237A 接着原来的计数值和地址继续进行数据传送,直到当前字节计数器减到 0 或由外设产生 $\overline{EOP}$ 信号时,终止 DMA 传送,释放总线控制权。

请求传送方式的特点是: DMA 操作可由外设利用 DREQ 信号控制数据传送的过程。

④ 级联传送方式: 当一片 8237A 通道不够用时,可通过多片级联的方式增加 DMA 通

道,第二级的 HRQ 和 HLDA 信号连到第一级某个通道的 DREQ 和 DACK 上;第二级芯片的优先权等级与所连通道的优先权相对应;第一级只起优先权网络的作用,实际的操作由第二级芯片完成;还可由第二级扩展到第三级等。

级联方式的特点是:可扩展多个 DMA 通道。

例如,使用 8237A 的通道 0,把内存中的数据输出到外设,禁止自动初始化,存储器地址自动加 1,单字节传送方式,设置工作方式控制字的指令如下:

```
MOV   AL,01001000B
OUT   0BH,AL                          ;写入模式寄存器
```

2) 操作命令控制字

操作命令控制字在初始化时写入 8 位命令寄存器,4 个通道共用,各位格式及定义如图 6.38 所示,各位的说明如下。

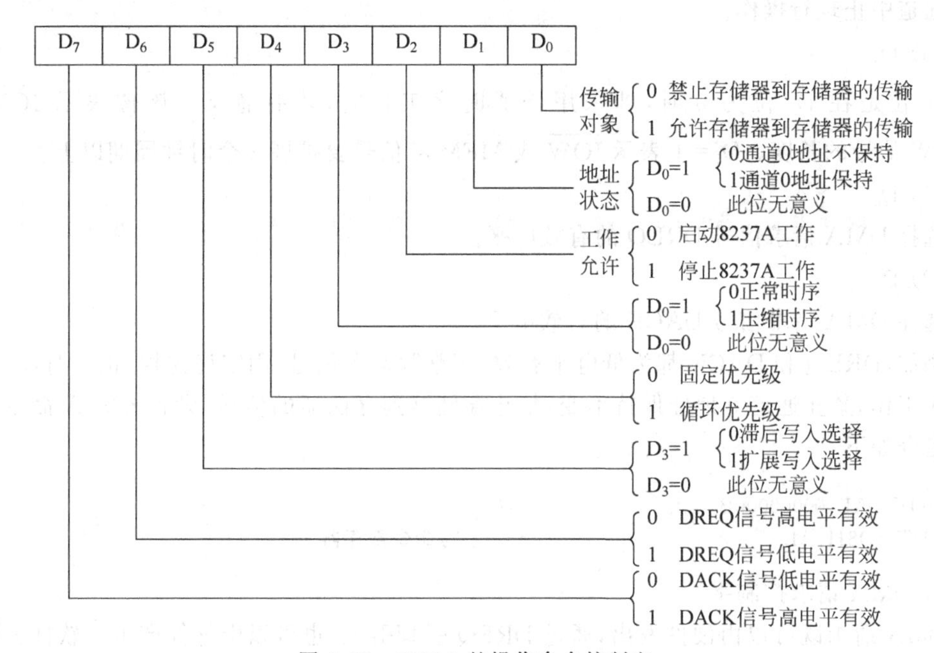

图 6.38 8237A 的操作命令控制字

(1) D_0

允许或禁止存储器到存储器的传送操作。当 $D_0=1$ 时,允许存储器到存储器的传送;当 $D_0=0$ 时,禁止存储器到存储器的传送。

(2) D_1

设定在存储器到存储器传送过程中,源地址保持不变或改变。当 $D_1=0$ 时,传送过程中源地址是变化的,当 $D_1=1$ 时,整个传送过程中,源地址保持不变。当 $D_0=0$ 时,不允许存储器到存储器传送,此时 D_1 位无意义。

(3) D_2

类似一个开关位。当 $D_2=0$ 时,启动 8237A 工作;当 $D_2=1$ 时,停止 8237A 工作。

(4) D_3

时序类型选择位。$D_3=0$ 时为正常时序,每进行一次 DMA 传送一般用 3 个时钟周期;

$D_3=1$ 时为压缩时序,在大多数情况下仅用 2 个时钟周期完成一次 DMA 传送,仅当 $A_{15} \sim A_8$ 发生变化时需用 3 个时钟周期。

(5) D_4

优先权方式选择位。$D_4=0$ 时,采用固定优先级;$D_4=1$ 时,采用循环优先级。

固定优先级方式,其优先级次序是通道 0 优先级最高,通道 1 和通道 2 的优先级依次降低,通道 3 的优先级最低。

循环优先级方式,通道的优先级依次循环,假如最初优先级次序为 0—1—2—3,当通道 2 执行 DMA 操作后,优先级次序变为 3—0—1—2。由于采用了循环优先级方式,避免了某一通道独占总线。

DMA 方式的优先级不要同中断的优先级混淆。中断方式的优先级是高级中断源可以打断低级中断源的中断服务。DMA 方式的优先级是当低级通道进行 DMA 操作时,不允许高级通道中止现行操作。

(6) D_5

D_5 位是在 D_3 位为 0 时,即采用普通时序工作时,才有意义。该位表示 $\overline{IOW}$ 或 $\overline{MEMW}$ 信号的长度。$D_5=1$ 表示 $\overline{IOW}$ 或 $\overline{MEMW}$ 信号要扩展 2 个时钟周期以上。

(7) D_6

选择 DMA 请求信号 DREQ 的有效电平。

(8) D_7

选择 DMA 请求信号 DACK 的有效电平。

例如,DREQ 和 DACK 都为低电平有效,正常写命令信号,固定优先权,正常时序,启动 8237A 工作,禁止通道 0 地址保持不变,禁止存储器到存储器的传送,设置 8237A 命令寄存器。指令如下:

```
MOV   AL,00000000B
OUT   08H,AL                         ;写命令寄存器
```

3) DMA 请求控制字

DMA 请求既可以由硬件发出,通过 DREQ 引脚引入,也可以由软件产生。软件方法是通过 CPU 设置 DMA 请求控制字的方法来设置或撤销 DMA 请求。请求标志的设置是通过 D_1、D_0 来指明通道号,D_2 位用来表示是否对相应通道设置 DMA 请求。当 $D_2=1$ 时,使相应通道的 DMA 请求触发器置 1,产生 DMA 请求,当 $D_2=0$ 时,清除该通道的 DMA 请求。DMA 请求控制字的格式如图 6.39 所示。

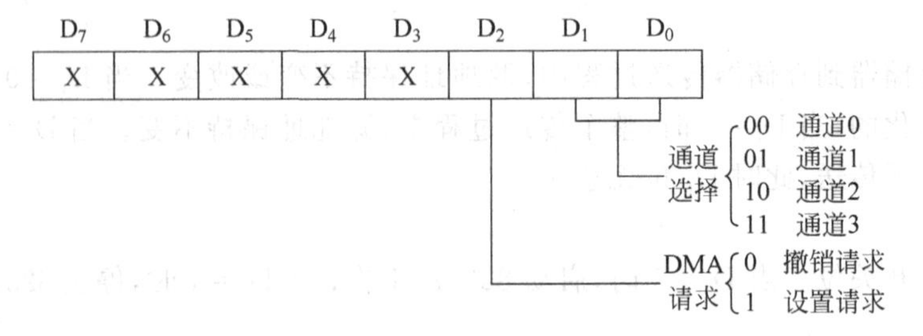

图 6.39 8237A 的 DMA 请求控制字的格式

例如，设置 8237A 的通道 0，发软件请求 DREQ。指令如下：

```
MOV   AL,00000100B
OUT   09H,AL                          ;写入请求寄存器
```

4）屏蔽控制字

屏蔽控制字是记录各个通道的 DMA 请求是否允许的控制字，该控制字保存在屏蔽寄存器内，各位的定义如图 6.40 所示。

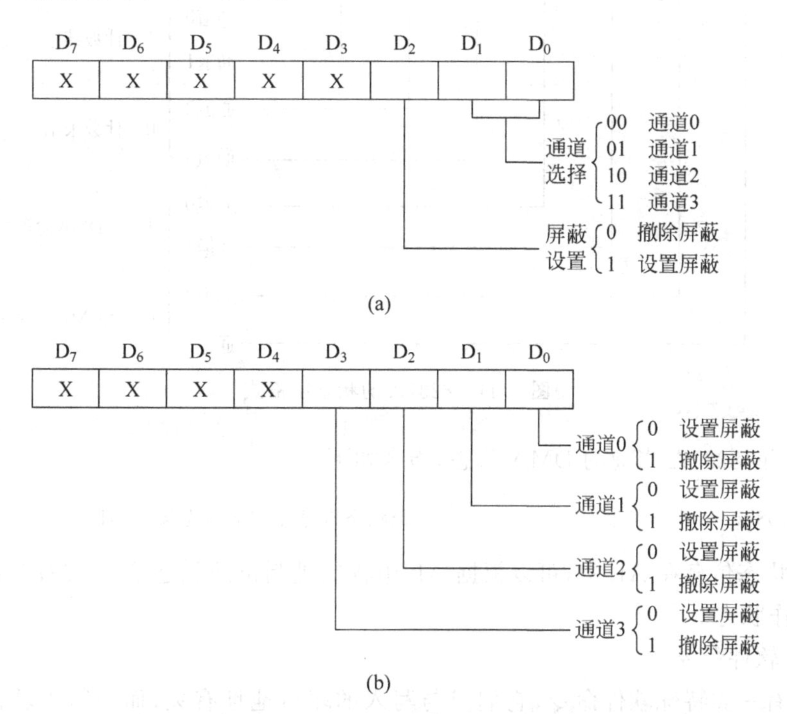

图 6.40　8237A 的屏蔽控制字的格式

屏蔽字的格式有两种，分别如图 6.40(a)、(b)所示。图(a)是单通道的屏蔽字，只能完成单个通道的屏蔽设置，其中 D_1、D_0 指出通道号。当 $D_2=1$ 时，对相应的通道设置 DMA 屏蔽；当 $D_2=0$ 时，则清除该通道的屏蔽字。图(b)是综合屏蔽字，可以同时完成对 4 条通道的屏蔽设置，当 $D_3 \sim D_0$ 某一位为 1 时，可以对对应的通道屏蔽位置 1，使其设置为屏蔽。

例如，禁止 8237A 通道 3 的 DMA 请求，设置单屏蔽位。指令如下：

```
MOV   AL,00000111B
OUT   0AH,AL                          ;写单屏蔽位
```

例如，禁止 8237A 通道 0、通道 2 的 DMA 请求；允许通道 1、通道 3 的 DMA 请求，设置所有屏蔽位。指令如下：

```
MOV   AL,00000101B
OUT   0FH,AL                          ;写所有屏蔽位
```

5）状态字

状态字反映了8237A当前4条通道DMA操作是否结束，是否有DMA请求。其中低4位反映了读命令这个瞬间每条通道是否计数结束，高4位反映了每条通道有没有DMA请求，它的状态字的格式如图6.41所示。

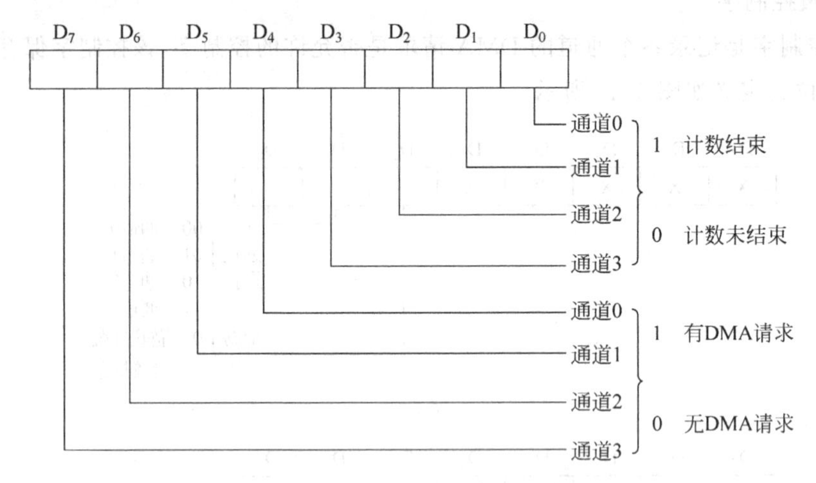

图6.41 8237A的状态字格式

例如，读取8237A当前的DMA状态，指令如下：

```
IN  AL,08H                  ;把状态寄存器中的状态读入AL
```

读入的状态信息在AL中，可以根据AL中各二进制位的状态了解8237A各通道当前的DMA工作状态。

6）特殊软件命令

8237A有一类特殊软件命令，它们只与写入的端口地址有关，而与写入软件命令时数据总线上的内容无关，即这些命令是8237A直接对地址（$A_3 \sim A_0$）和CS、IOW信号的译码产生的，并不使用数据总线，也就是说，在输出特殊软件命令时，只要往指定端口实施写入操作即可，而无须通过数据总线输出特定格式的控制字。

（1）主清除命令

该软件命令与硬件的Reset信号作用相同，即它使命令、模式、状态、请求、暂存器以及内部的高/低触发器清零，而使屏蔽寄存器置为全“1”。执行主清除命令后，使8237A进入空闲周期，以便对其编程。

（2）清除字节指示器命令

8237A内部有一个高/低触发器，用以控制读写16位字节计数寄存器的低字节和高字节。若该触发器为“0”，则读写低字节；为“1”，则读写高字节。每次复位后，此触发器被清零。每当对16位字节计数寄存器进行一次读写操作，则此触发器改变一次状态。

用户可以用此软件命令使高/低触发器强制清零，以保证对16位字节计数寄存器的读写是从低字节开始。

（3）清除屏蔽标志位命令

允许各个通道接受DMA请求。

2. 8237A 的初始化编程及应用

1）初始化编程的步骤

① 输出主清除命令；

② 写入基地址与当前地址寄存器；

③ 写入基字节与当前字节计数寄存器；

④ 写入工作方式寄存器；

⑤ 写入屏蔽寄存器；

⑥ 写入命令寄存器；

⑦ 写入请求寄存器。

若用软件方式发 DMA 请求，则应向指定通道写入命令字，即进行①～⑦的编程后，就可以开始 DMA 传送的过程。若无软件请求，则在完成①～⑥的编程后，由通道的 DREQ 启动 DMA 传送过程。

2）在 PC 中的应用

在 PC/XT 机中，8237A 的通道 0 用来对动态 RAM 进行刷新，通道 2 和通道 3 分别用来进行软盘驱动器和内存之间、硬盘和内存之间的数据传送，通道 1 用来提供其他传送功能，比如网络通信功能。系统采用固定优先级，即动态 RAM 刷新的优先权最高。4 个 DMA 请求信号中，只有 $DREQ_0$ 是和系统板相连的，$DREQ_1$～$DREQ_3$ 几个请求信号都接到总线扩展槽的引脚上，由对应的软盘接口板和网络接口板提供。同样，DMA 应答信号 $DACK_0$ 送往系统板，而 $DACK_1$～$DACK_3$ 信号则送往扩展槽。

由于 8237 只能输出 16 位地址，所以在其控制下进行的 DMA 传送的最大寻址空间为 2^{16}，对于更大的 DMA 传送地址空间，则必须设法提供除此 16 位地址以外的高位地址。例如在 IBM PC/XT 微机系统中，内存地址为 20 位（A_{19}～A_0），所以高 4 位地址（A_{19}～A_{16}）不能由 8237A 提供，为此，系统中专门为每个 DMA 通道增设了一个 4 位 I/O 端口，在数据块传送之前可单独对其编程，用以提供高 4 位地址，这 4 位 I/O 端口也称 DMA 页面寄存器。

IBM PC/XT 的页面寄存器由一个寄存器堆（74LS670）构成，内含 4 个 4 位寄存器，可用来存放 4 个 DMA 通道的高 4 位地址 A_{19}～A_{16}。它与 8237A 送出的 16 位地址一起形成 20 位地址 A_{19}～A_0，用这 20 位地址信息即可寻址全部 1MB 存储单元。IBM PC/XT 中分配的页面寄存器的端口地址为：通道 1：83H；通道 2：81H；通道 3：82H。由于在 IBM PC/XT 系统中 8237A 的通道 0 是用于对动态 RAM 刷新操作，而动态 RAM 刷新时不需要使用页面寄存器，因而也就不需要分配通道 0。

例 6.17 在 IBM PC 系统中，试利用 8237A 通道 1，将内存 8000H：0000H 开始的 16KB 数据传送至磁盘（地址增量传送）。要求采用块传送方式，传送完不自动预置，DREQ 和 DACK 均为高电平有效，固定优先级，普通时序，不扩展写信号。要求采用块传送方式，传送完不自动预置，DREQ 和 DACK 均为高电平有效，固定优先级，普通时序，不扩展写信号。设系统中 8237 的端口地址为 00H～0FH，通道 1 页面寄存器的端口地址为 83H。

解：1）先确定各控制字

• 工作方式字：10001000B=88H

• 命令字：10000000B=80H
• 屏蔽字：00000001B=01H

2）初始化程序：

```
OUT   0DH,AL            ；输出主清除命令
MOV   AL,08H            ；置通道1"页面寄存器"
OUT   83H,AL
MOV   AL,00H            ；写入当前地址低8位
OUT   02H,AL
MOV   AL,00H            ；写入当前地址高8位
OUT   02H,AL
MOV   AL,00H            ；写入当前字节计数寄存器低8位
OUT   03H,AL
MOV   AL,40H            ；写入当前字节计数寄存器高8位
OUT   03H,AL
MOV   AL,89H            ；输出工作方式字
OUT   0BH,AL
MOV   AL,80H            ；输出命令字
OUT   08H,AL
MOV   AL,01H            ；输出屏蔽字
OUT   0AH,AL
```

6.6 串行通信接口

6.6.1 串行通信的基本概念

并行通信是以微机的字长，通常是8位、16位或32位为传输单位，一次传送一个字长的数据，串行通信则是将要传送的数据一位一位地依次顺序传送，利用一对传输线可传送多位长度的数据，从而降低了传输线路的成本。并行通信适用于两设备在较短距离情况下进行通信，若两设备通信距离为几十米到几千米时，此时并行通信已显得无能为力，但串行通信可实现从几十米到几千米的通信，因而特别适用于长距离数据传送。

1. 串行通信的分类

1）按数据传送方向分类

(1) 全双工

全双工有两条传输信号线，因此通信双方可以同时发射或接收。

(2) 半双工

半双工只有一条传输线，通信双方不能同时发射或接收。

(3) 单工

单工方式仅允许数据按一个固定不变的方向传送，发射方只能发射，接收方只能接收。

2）按数据格式分类

(1) 异步传送方式

异步传送的数据以字符为传输单位，传送时，各个字符可以是连续传送的，也可以是间断传送的，这完全由发送方根据需要来决定。异步传送中双方各自用自己的时钟源来控制

发送和接收。

由于字符的发送是随机进行的，对于接收方来说，需要判别何时是一个新的字符开始。因而在异步通信时，必须对字符规定一定的格式。异步通信字符格式如图 6.42 所示。

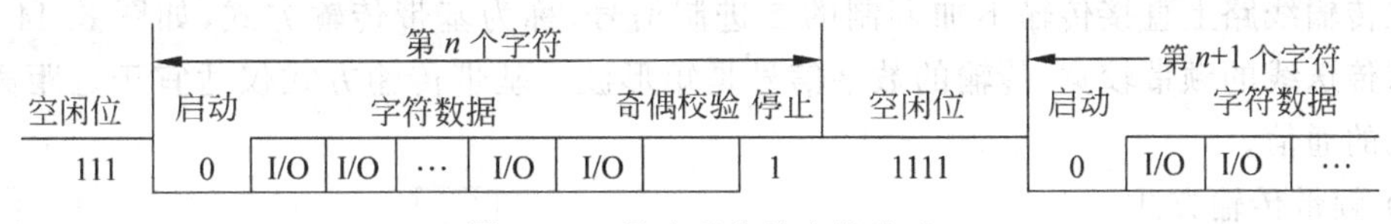

图 6.42 异步通信的字符格式

由图可见，异步传送方式中的每个字符由起始位、数据位、奇偶校验位和停止位四个部分组成。首先是起始位，为逻辑 0，占 1 位，接着传送 5～8 位数据位，1 位奇偶校验位和停止位，其中停止位可以是 1 位、1 位半或两位。一个字符由起始位开始，停止位结束。两个字符之间为空闲位。

(2) 同步传送方式

同步传送方式以许多字符或许多位组成的数据块为传送单位，是一种连续传送数据的方式。通信开始以后，发送端连续发送字符，接收端也连续接收字符，直到一个数据块传送结束。同步传送时，字符与字符之间没有间隙，也不用起始位和停止位，仅在数据块开始时用同步字符 SYNC 来指示，其数据格式如图 6.43 所示。

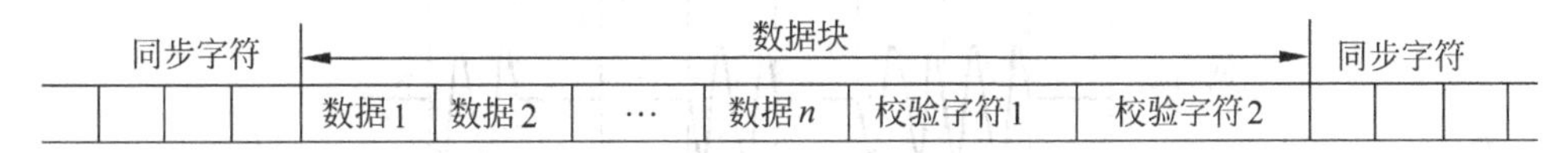

图 6.43 同步通信的数据格式

2. 比特率与收/发时钟

1) 比特率

计算机串行通信中常用比特率来表示数据传输率，比特率的单位是 bit/s，也可简写为 b/s，即每秒所传送的二进制位数。常用的标准值有 110，300，600，1200，2400，4800，9600，19200b/s 等。例如，某异步通信中，采用 1200b/s 传送，一个字符包含 7 个信息位、一个校验位、一个起始位、一个终止位，则每秒传输字符为 1200/(7＋3)＝120 个。

也可用位时间(T_d)来表示传输率，它是比特率的倒数，表示每传送一位二进制位所需要的时间。例如某异步通信中每秒传送 960 个字符，而每个字符由 10 位(1 个起始位、7 个数据位、1 个奇偶校验位、1 个停止位)组成，则传送的比特率为

$$f_d = 10 \times 960\text{b/s} = 9600\text{b/s}$$

传送一位的时间为

$$T_d = (1/9600)\text{s} = 0.104\text{ms}$$

2) 接收/发送时钟

异步通信中，大多数串行端口发送和接收的比特率均可分别设置，由发送器和接收器各用一个时钟来确定，分别称为发送时钟和接收时钟。为了有利于收发双方同步，以及提高抗干扰的能力，这两个时钟频率 f_c 一般不等于比特率 f_d，两者之间的关系为

$$f_c = kf_d$$

式中,k 称为比特率系数,其取值可为16,32或64。

3. 信号传输方式

1) 基带传输方式

在传输线路上直接传输不加调制的二进制信号,称为基带传输方式,如图6.44所示。它要求传送线的频带较宽,传输的数字信号是矩形波。基带传输方式仅适宜于近距离和速度较低的通信。

2) 频带传输方式

指传输经过调制的模拟信号。在长距离通信时,发送方要用调制器把数字信号转换成模拟信号,接收方则用解调器将接收到的模拟信号再转换成数字信号,这就是信号的调制解调。

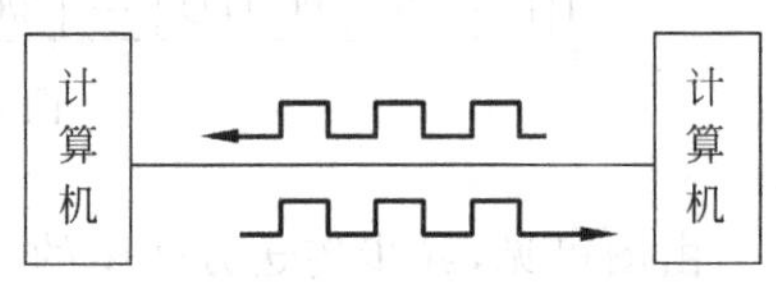

图6.44 基带传输方式

实现调制和解调任务的装置称为调制解调器(Modem)。采用频带传输时,通信双方各接一个调制解调器,将数字信号寄载在模拟信号(载波)上加以传输。因此,这种传输方式又称载波传输方式。这时的通信线路可以是电话交换网,也可以是专用线。

常用的调制方式有三种,即调幅、调频和调相,如图6.45所示。

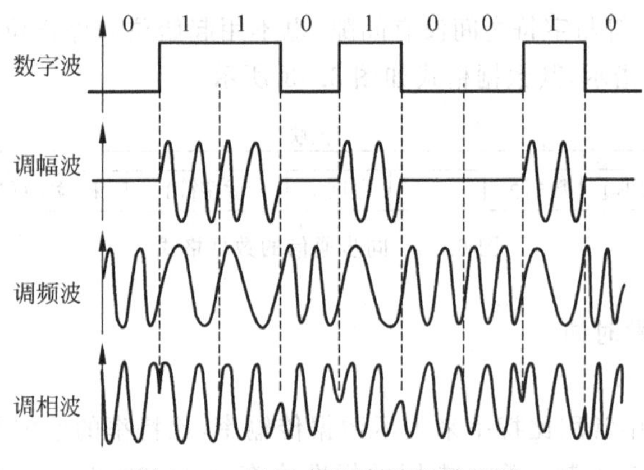

图6.45 调幅、调频和调相波形图

6.6.2 串行通信的接口标准

目前串行通信均采用由美国电子工业协会(EIA)制定的串行标准接口,常用的有RS-232C,RS-422A和RS-485等。

1. RS-232C接口标准

RS-232C标准是目前普遍采用的一种串行通信标准,它是美国电子工业协会(EIA)在1969年公布利用公用电话网进行数据通信的标准。这个标准定义了接口中的信号功能、信号的电气特征和接口的机械结构。该标准最初是为远程通信连接数据终端设备(DTE)和数据通信设备(DCE)之间进行通信而制定的,它规定了DTE和DCE间信号的连接功能,以及规范信号传输的电压等,目前该标准已作为计算机串行通信接口标准。

1）引脚信号定义

RS-232C 是一种标准接口，D 型插座，采用 25 芯引脚或 9 芯引脚的连接器，如图 6.46 所示。

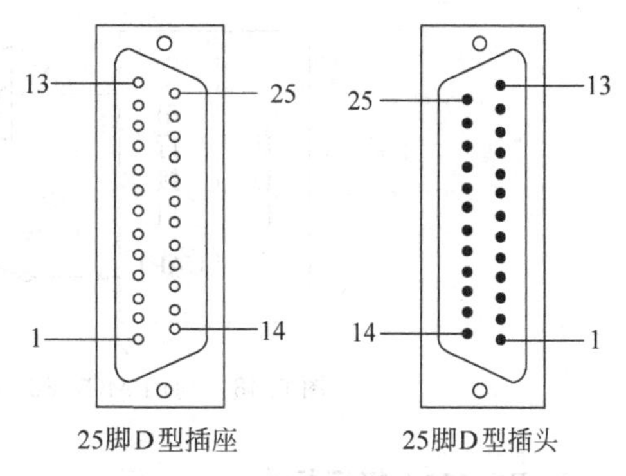

图 6.46 RS-232C 插座和插头

RS-232C 标准规定接口有 25 根连线，只有 9 个信号经常使用，引脚和功能分别如下：

① TXD（第 2 脚）：发送数据线，输出。发送数据到 Modem。

② RXD（第 3 脚）：接收数据线，输入。接收数据到计算机或终端。

③ $\overline{\text{RTS}}$（第 4 脚）：请求发送，输出。计算机通过此引脚通知 Modem，要求发送数据。

④ $\overline{\text{CTS}}$（第 5 脚）：允许发送，输入。发出 $\overline{\text{CTS}}$ 作为对 $\overline{\text{RTS}}$ 的回答，计算机才可以进行发送数据。

⑤ $\overline{\text{DSR}}$（第 6 脚）：数据通信装置就绪（即 Modem 准备好），输入。表示调制解调器可以使用，该信号有时直接接到电源上，这样当设备连通时即有效。

⑥ CD（第 8 脚）：载波检测（接收线信号测定器），输入。表示 Modem 已与电话线路连接好。

⑦ RI（第 22 脚）：振铃指示，输入。Modem 若接到交换台送来的振铃信号，就发出该信号来通知计算机或终端。

⑧ $\overline{\text{DTR}}$（第 20 脚）：数据终端就绪，输出。计算机收到 RI 信号以后，就发出 $\overline{\text{DTR}}$ 信号到 Modem 作为回答，以控制它的转换设备，建立通信链路。

⑨ GND（第 7 脚）：地。

微型计算机之间的串行通信是按照 RS-232C 标准设计的接口电路实现的。如果使用一根电话线进行通信，那么计算机和 Modem 之间的连线就是根据 RS-232C 标准连接的，其连接及通信原理如图 6.47 所示。

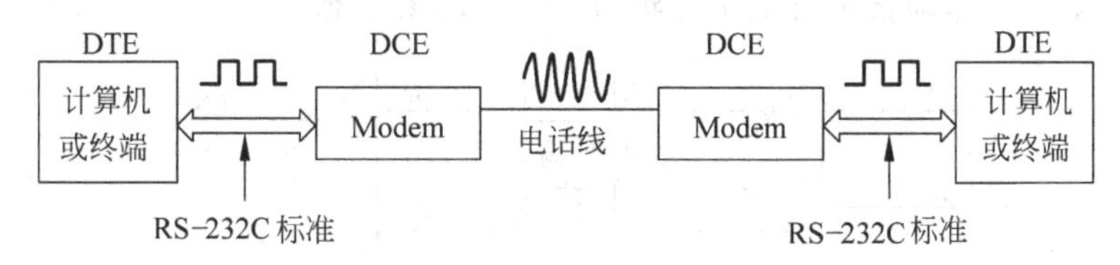

图 6.47 通信原理图

2）逻辑电平

RS-232C 标准采用 EIA 电平。

规定："1"的逻辑电平在－3～－15V 之间，"0"的逻辑电平在＋3～＋15V 之间。由于 EIA 电平与 TTL 电平完全不同，显然为了让计算机能利用 RS-232C 与外界连接，则必须在 RS-232C 与 TTL 电路之间进行电平转换。目前广泛采用的是利用集成电路转换器件实现这种电平转换，图 6.48 所示为利用 MC1488、MC1489 实现 TTL 与 RS-232C 间电平转换的连接电路图。其中 MC1488 完成 TTL 电平到 EIA 电平的转换，MC1489 完成 EIA 电平到 TTL 电平的转换。

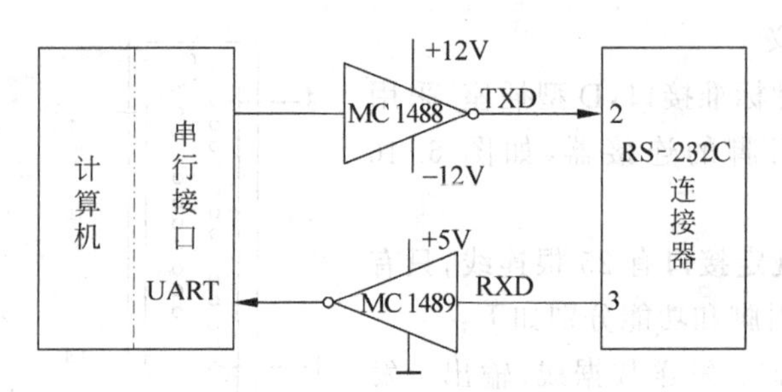

图 6.48　利用 MC1488/MC1489 的 TTL→RS 电平转换

2. RS-422A 接口标准

RS-422A 和 RS-222C 接口功能相似，差异是 RS-422A 接口采用平衡差分接收方式，发送器和接收器的信号不共地，接收器输入有一端与发送器的信号地相连，这样接收器与发送器接地端所存在的电位差不影响信号的接收。由于接收器为差分输入，所以对传输线上的共模干扰(共模电压可达 7V)具有较高的抑制能力，将传输过程中叠加的干扰噪声相互抵消，保证接收端接收到的信号不受干扰的影响。

RS-422A 允许驱动器输出电压为＋2V～＋6V，接收器输入电平灵敏度为＋0.2V；采用 4 根线传输信号(2 根用于发送，2 根用于接收)，可以实现多站互联通信，但标准规定电路中只有一个发送器，可以有多达 10 个接收器。RS-422A 的最大传输速率可达 10Mb/s(当传输距离为 15m 时)，最大传输距离可达 1200m(当传输率为 90kb/s 时)，适合远距离传输。

3. RS-485 接口标准

RS-485 的电气特性：逻辑“1”以两线间的电压差为＋2～＋6V 表示；逻辑“0”以两线间的电压差为－2～－6V 表示。

RS-485 的工作方式如图 6.49 所示，发送驱动器 A、B 之间的正电平为＋2～＋6V，是一个逻辑状态“1”，负电平为－6～－2V，是另一个逻辑状态“0”。还有一个信号地 C，“使能”端用于控制发送驱动器与传输线的切断与连接。当“使能”端起作用时，发送驱动器处于高阻状态，称为“第三态”，即它是有别于逻辑“1”与“0”的第三态。

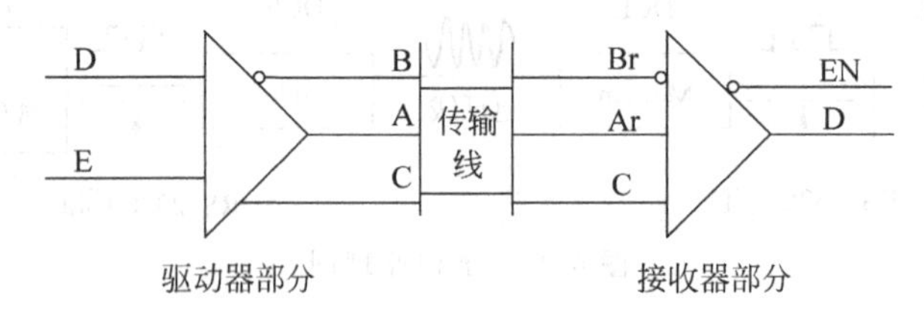

图 6.49　RS-485 的工作方式示意图

接收器也作与发送端相对的规定，收、发端通过平衡双绞线将 AA 与 BB 对应相连。当在接收端 AB 之间有大于＋200mV 的电平时，输出正逻辑电平；小于－200mV 时，输出负逻辑电平。接收器接收平衡线上的电平范围通常为 200mV～6V。

RS-485 接口完全兼容 RS-422A 接口电气性能，同时又解决了 RS-422A 总线不具备多节点的功能，RS-485 接口允许多个驱动器和多个接收器接在平衡传输线(双绞线)的任意位置，实现了多节点总线结构，并且各节点均可作为收/发器。

RS-485 接口是采用平衡驱动器和差分接收器的组合，抗共模干扰能力增强，即抗噪声干扰性好。因为 RS-485 接口组成的半双工网络，一般只需二根连线（我们一般称之为 AB 线），所以 RS-485 接口均采用屏蔽双绞线传输。

RS-485 接口具有良好的抗噪声干扰性，长的传输距离和多站能力等优点使其成为首选的串行接口。RS-485 最高传输速率可达 10Mb/s(15m)，首级 Modem 传输速率为 100kb/s 时，传输距离可达 1.2km。若传输速率降低，则传输距离可更远，信号传输幅值变化小(±0.2V)。

6.6.3 串行通信接口的基本结构与功能

串行通信接口主要用于计算机与计算机之间、计算机与外围设备之间进行串行数据传送和通信时的连接。串行通信分为异步传送及同步传送两种通信方式，相应地支持这两种传送方式的接口电路在结构与功能上也分为异步串行接口与同步串行接口两种。

1. 异步串行通信接口的基本结构与功能

串行通信接口的基本功能是既能发送串行数据，又能接收串行数据，可以实现串行和并行数据格式之间的转换。在串行输入时，从一条输入线上逐位接收串行数据，并把串行数据转换成并行数据，然后存放在输入缓冲寄存器中，准备让 CPU 来读取；在串行输出时，则需把由 CPU 送入的并行数据转换成串行数据，由一条输出线逐位发送出去。为了实现这种串/并转换功能，在接口中需设置数据移位寄存器和数据缓冲寄存器。

典型的异步串行通信接口电路基本结构如图 6.50 所示，接口各部件的功能如下。

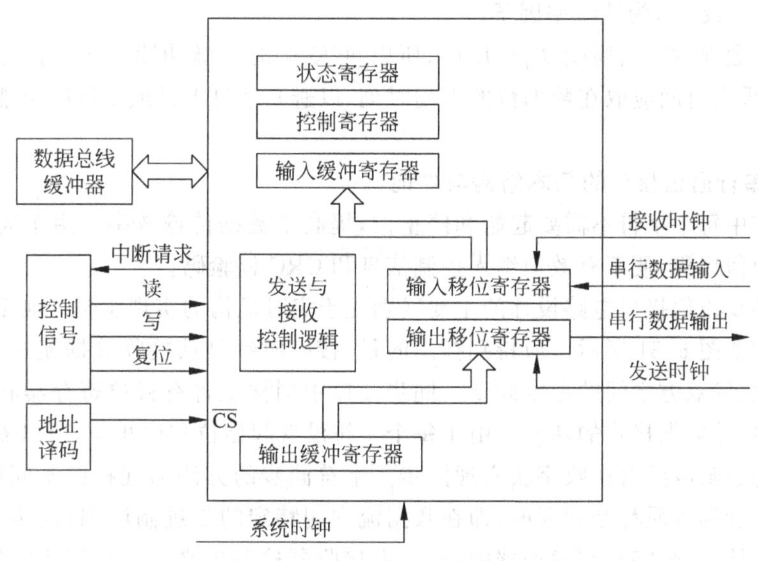

图 6.50 异步串行通信接口的基本结构

(1) 输出缓冲寄存器：接收 CPU 从数据总线送来的并行数据并保存。

(2) 输出移位寄存器：接收从输出缓冲寄存器送出的并行数据，以发送时钟的速率把数据逐位移出。

(3) 输入移位寄存器：以接收时钟的速率把出现在串行数据输入线上的数据逐位移入。当数据装满后，并行送往输入缓冲寄存器中。

(4) 输入缓冲寄存器：从输入移位寄存器并行接收数据，然后由 CPU 取走。

(5) 控制寄存器：接收由 CPU 送入的控制字，由控制字的内容决定通信时的数据格式以及传输方式等。

(6) 状态寄存器：用于存放着各种状态标志信息，根据通信过程中的状态，接口中的状态检测逻辑将状态寄存器的相应位置“1”，可供 CPU 查询。

异步串行通信接口发送数据的过程是：CPU 把要输出的数据写入输出缓冲寄存器，然后由接口电路中的发送控制逻辑根据预先写入控制字的内容对数据格式化，即加上起始位、奇偶校验位和停止位等成帧信息。格式化后的数据由输出移位寄存器按选定的传输速率逐位移出，由串行数据输出线输出。接收数据的过程是：串行口允许接收后，接收控制电路不断监视串行数据输入线上的电平，一旦出现持续一个位周期的低电平，则开始采样有效数据位，并逐位移入移位寄存器中。采样重复进行，直至采样规定的停止位，然后再将有效数据并行送至输入缓冲寄存器，并由接口电路中的差错检测逻辑对输入数据进行校验，再根据校验结果置状态寄存器相应标志位。如传送数据正确，则由 CPU 读取数据。

在异步通信时，发送接收端都要用发送/接收时钟来决定每一信息位对应的时间宽度，发送/接收时钟(统称为外部时钟)的频率可以是位传输率的 16 倍、32 倍和 64 倍。这个倍数称为波特率因子。

若设每一位信息所占的时间为 T_d，外部时钟周期为 T_c，则有如下关系：

$$T_c = \frac{T_d}{K}$$

其中 $K=16$、32 或 64，为波特率因子。

由于每个数据位时间周期 $T_d = KT_c$，所以每 K 个时钟脉冲读一次数据。为保证采集数据的正确，采集时间应取在数据位的中间时刻，以避开信息上升或下降时可能产生的不稳定状态。

2. 同步串行通信接口的基本结构与功能

同步通信中每个字符不需要起始和停止位，提高了数据传输效率。由于同步通信是基于数据块的通信规程，便于有效地编入控制信息和 CRC 校验码。

同步和异步通信接口电路设计的主要区别在于定时机构的实现逻辑。典型的同步串行通信接口结构如图 6.51 所示。应特别指出的是，接收时钟是从接收数据流中分离出来的，从而可实现收、发双方之间的稳定同步。同步接口中同样也含有移位寄存器和数据缓冲寄存器以实现串/并数据格式的转换。由于每个字符没有起始位和停止位，所以需要采用同步检测和比较的逻辑电路对接收字块实现同步。字符同步的方法随规程的不同而不同，但从同步的基本概念和本质都是相同的，即在数据流中用特定的二进制序列(同步字符)表示一个数据块的开始，同步字符在发送器中插入，由接收器检测出来。一旦同步字符被检出，接收器就能在正确的边界点把随后的数据位分割为一个个字符，达到字符同步。由于同步字符总是出现在数据块的开始，所以能够在建立字符与字符同步的同时达到块与块的同步。

为了对输入和输出数据的进行缓冲，在同步接口中一般都使用多个缓冲寄存器，典型的方法是将 3 个寄存器排成一组先进先出(first in first out，FIFO)寄存器组，数据自动地通过 FIFO。FIFO 寄存器组与输出移位寄存器相接，输入移位寄存器与输入 FIFO 寄存器组相接，如图 6.51 中所示。每当有一个新字符发送时，输出移位寄存器就从与它相接的 FIFO 输出端寄存器获取。由于有了 FIFO 寄存器组，CPU 就可一次将几个字符预先装入 FIFO

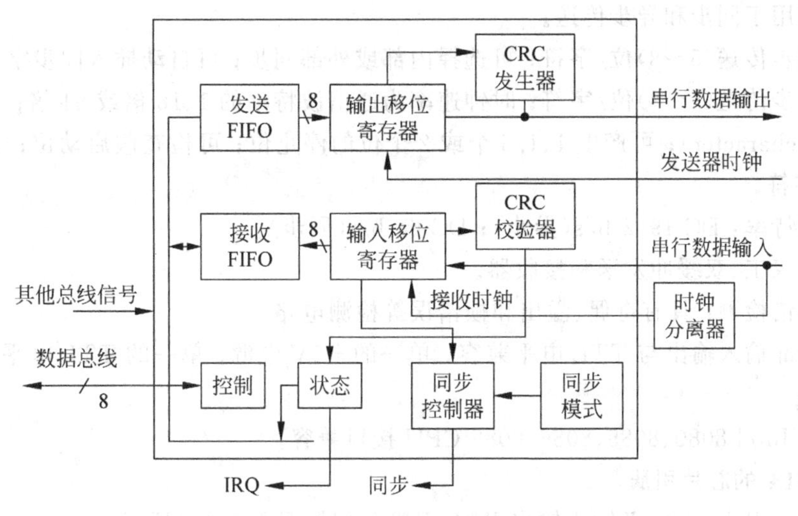

图 6.51 同步串行通信接口的基本结构

寄存器中，以实现字符流恒定的输出。同样，接收 FIFO 寄存器允许 CPU 一次取走几个字符。FIFO 中寄存器的个数可以为 1、2 或更多，这就是所谓 FIFO 的深度。

另外，为了进行 CRC 校验，在发送部分要有 CRC 发生器，在接收器部分要有 CRC 检测器。

典型的通用串行通信接口有 Motorola 的 ACIA、Intel 的 8251 和 Zilog 的 SIO 接口芯片。

6.6.4 可编程串行通信接口芯片 8251A 及其应用

1. 8251A 的功能结构

8251A 内部的结构方框如图 6.52(a)所示，它主要由 5 部分组成：接收器(含接收控制电路及接收缓冲器)、发送器(含发送控制电路及发送缓冲器)、数据总线缓冲器、读写控制逻辑电路、调制/解调控制。各部分之间通过内部总线相互联系及通信。8251A 主要性能如下：

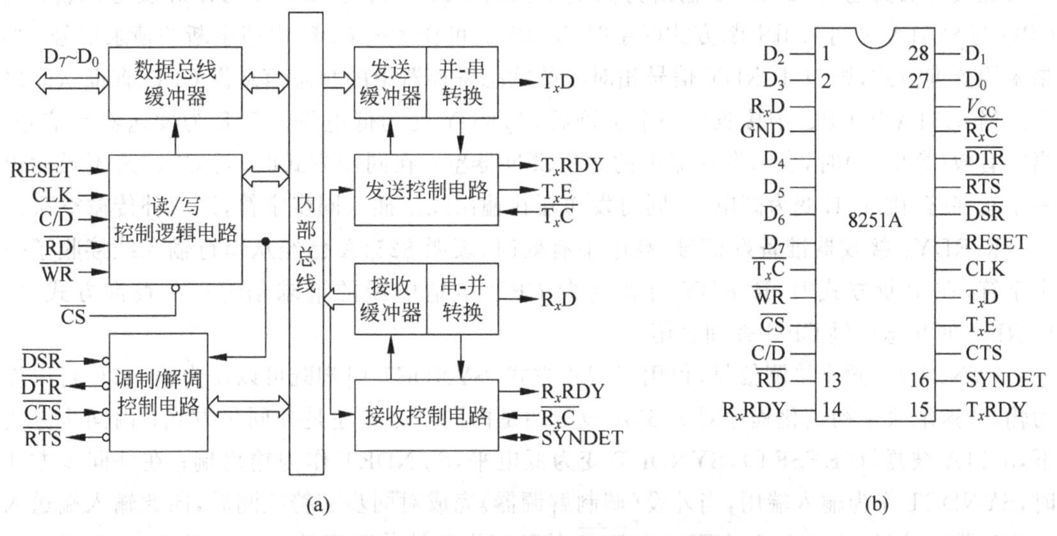

图 6.52 8251A 的结构框图与引脚图

(a) 结构框图；(b) 引脚图

(1) 可用于同步和异步传送。

(2) 同步传送(5～8)位/字符；可选择内部或外部同步；可自动插入同步字符。

(3) 异步传送(5～8)位/字符；时钟速率为通信波特率的1、16倍或64倍；可产生中止字符(beak character)；可产生1、1.5个或2个位的停止位；可检查假启动位；自动检测和处理中止字符。

(4) 波特率：DC-19.2 b/s(异步)；DC-64 b/t(同步)。

(5) 全双工、双缓冲发送和接收器。

(6) 出错检测：具有奇偶、溢出和帧错误等检测电路。

(7) 全部输入输出与TTL电平兼容；单一的+5V电源；单一的TTL电平，28脚双列直插式封装。

(8) 与Intel 8080、8085、8086、8088 CPU接口兼容。

2. 8251A的芯片引脚

8251A芯片共有28条输入输出引脚，引脚分配如图6.52(b)所示。

(1) 8251A与CPU之间的数据及控制信号

D_0～D_7：双向数据信号，与CPU的数据总线对应相连。

$\overline{RD}$：读数据信号，低电平有效，当CPU要从8251A中的读取数据或状态字时产生此低电平有效信号。

$\overline{WR}$：写数据信号，低电平有效，当CPU要向8251A写入数据或命令字时产生此信号。

$\overline{CD}$：控制/数据端，CPU向8251A送数据信息时为低电平，在送控制字或读取状态字时此端为高电平。80x86系统中，此端通常连接到CPU地址总线的A_1端。

$\overline{CS}$：片选信号，低电平有效，表示8251A被CPU选中。

(2) 8251A与CPU之间的收发联络信号

T_xRDY：发送准备好信号，当8251A处于允许发送状态(T_xEN=“1”，$\overline{CTS}$=“0”)，而且发送缓冲器为空时，T_xRDY输出为高电平，通知CPU当前8251A已作好发送准备；当CPU与8251A之间采用中断方式联系时，T_xRDY可作为向CPU申请中断的请求信号；如果采用查询方式，则与T_xRDY信号相对应的状态寄存器中的状态信息供CPU查询状态之用。当8251A从CPU中接收到一个字符后，T_xRDY变为低电平。T_xE为发送器空信号：当它有效(高电平)时，表示发送器中的并行缓冲器空；在同步方式时，若CPU来不及输出一个新字符，则T_xE变为高电平，同时发送器在输出线上插入同步字符，以填补传输空隙。

R_xRDY：接收器准备好信号，高电平有效时，表明8251A已经从串行输入线接收了一个字符，在中断方式时，R_xRDY可作为向CPU申请中断的请求信号；在查询方式时，R_xRDY的状态位供CPU查询之用。

SYNDET：同步检测信号，仅用于同步方式，SYNDET引脚既可以作为输入，也可以作为输出，这取决于初始化程序对8251A设置的是内同步方式还是外同步方式；内同步方式下，8251A被复位(RESET)，SYNDET变为低电平，SYNDET作为输出端；在外同步方式时，SYNDET作为输入端用，当外设(调制解调器)完成对同步字符检测后，向此输入端送入一个正跳变信号，使8251A在下一个$\overline{R_xC}$的下降沿开始装配字符。此时要求SYNDET的高电平至少应维持一个$\overline{R_xC}$周期，直到下一个$\overline{R_xC}$的下降沿的出现。

(3) 8251A与外部设备(调制解调器)之间的接口信号

$\overline{DTR}$：数据终端准备好，输出、低电平有效，当CPU对8251A输出命令字使控制寄存器D_1位置“1”，从而使$\overline{DTR}$变为低电平，以通知外设CPU当前已准备就绪。

$\overline{RTS}$：请求发送，输出、低电平有效，此信号等效于$\overline{DTR}$，CPU通过将控制寄存器的D_5置“1”，可使$\overline{RTS}$低电平有效，以通知外设(调制解调器)CPU已准备好发送。

T_xD：发送器发送数据传输线。

$\overline{DSR}$：数据装置准备好，输入、低电平有效，是由外设(或调制解调器)送入8251A的信号，用以表示调制解调器或外设的数据已准备好。当$\overline{DSR}$端出现低电平时，会在8251A的状态寄存器的D_7位反映出来。

$\overline{CTS}$：清除发送，输入、低电平有效，这是由外设(或调制解调器)送往8251A的低电平有效信号，它是对$\overline{RTS}$的响应信号。$\overline{CTS}$有效表示允许8251A发送数据。

R_xD：接收器接收数据的传输线。

$\overline{R_xC}$：接收器接收时钟输入端，低电平有效，它控制8251A接收字符的速度，接收器在R_xC的上升沿采样数据。在同步方式时，它由外设(或调制解调器)提供，R_xC的频率等于波特率；在异步方式时，R_xC由专门的时钟发生器提供，其频率是波特率(数据速率)的1、16或64倍，可由初始化时方式选择字设定。实际上，$\overline{R_xC}$和$\overline{T_xC}$往往连在一起，用同一个时钟源。

$\overline{T_xC}$：发送器发送数据速率时钟输入端，$\overline{T_xC}$的频率与波特率之间的关系同$\overline{R_xC}$，数据在$\overline{T_xC}$的下降沿由发送器移位输出。

8251A与8086CPU及外设间信号的连接方法如图6.53所示。8251A左侧是与CPU之间的接口信号，右侧是和外部设备(调制解调器)之间的接口信号。

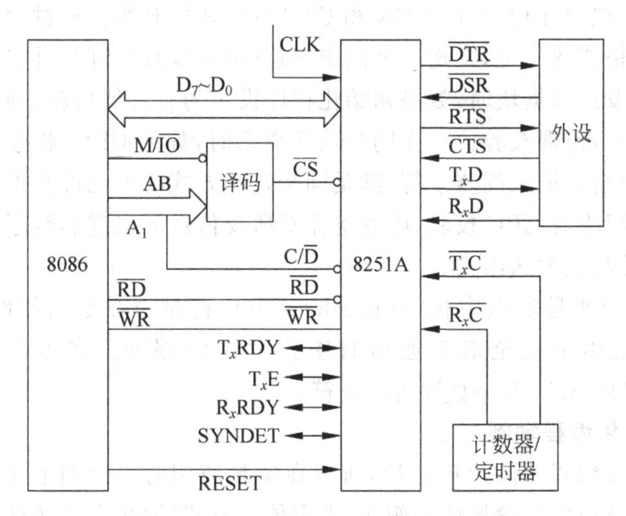

图6.53 8251A与CPU及外设的连接

3. 8251A接收/发送工作原理

1) 接收

接收在芯片R_xD引脚上出现的串行数据并按规定格式转换成并行数据，存放在接收缓冲器中，以待CPU取走此数据。

当8251A工作于异步方式时，接收器监视R_xD线上的电平变化。没有数据传送时，R_xD线上为高电平。当发现有低电平出现时，则认为有可能是某一字符起始位的到来，但还不能确定它就是真正的起始位，因为有可能是干扰脉冲造成的假起始位信号。为检测是否是真的起始位信号，在R_xD线上发现有低电平后，接收器启动一个内部计数器用作接收时钟，其波特因子可选16、32或64，当计数到相当于一个数据位宽度的一半(如选择$K=16$倍，则为计数到第8个脉冲)时，如果采样到的R_xD仍为低电平，就确认是真正的起始位出现了，否则认为是假起始位信号。当真正的起始位出现以后，8251A接收器同样以内部计数器的接收时钟频率每隔16个时钟脉冲周期采样一次R_xD，然后将采样的数据送至移位寄存器，经过移位操作，并经奇偶校验检测和去掉停止位，于是得到了换成并行格式的数据，存入接收缓冲寄存器。同时输出R_xRDY状态信号，表示已经收到一个可用的数据字符，CPU可以到缓冲器取走数据。对于少于8位的数据字符，8251A将它们的高位填“0”。

在同步接收方式下，8251监视R_xD线，每出现一个数据位就把它移位接收进移位寄存并与同步字符(由初始化程序设定)寄存器内容相比较：若不等则8251A重复执行上述过程；若相等，则输出SYNDET信号，表示已找到同步字符。实现同步后，接收器与发送器之间开始进行数据的同步传输。接收器不断对R_xD线进行采样，并把收到数据位送到移位寄存器中。每当收到的数据达到设定的一个字符的位数时，就将移位寄存器中的数据并行送到接收缓冲寄存器中，并输出R_xRDY信号。

2) 发送

在异步方式下，只有当程序设置了允许发送T_xEN和外设对CPU请求发送信号的响应信号$\overline{CTS}$有效时，才能开始发送过程。发送器接收CPU送来的并行数据，加上成帧信息起始位、校验位，最后加上相应的停止位，由T_xD输出线发送出去。

在同步方式下，也要在程序置T_xEN和$\overline{CTS}$有效才能开始发送过程。发送器首先根据初始化程序对同步格式的设定，发送一个同步字符(单同步)或者两个同步字符(双同步)，然后发送数据块。在发送数据块时，如果初始化程序设定为有奇偶校验，则发送器会对数据块中每个数据字符加上奇/偶校验位。在同步发送数据时，如果CPU来不及把新的数据提供给8251A，发送器会自动插入同步字符，满足同步发送方式时不允许数据字符之间存在间隙的要求。如通信规程中有CRC校验，则发送器对所要传送的二进制码序列按特定的规则产生相应的校验码，并将其发送出去。

发送器的另一功能是发送中止符(Break)。中止符是由在通信线路上连续的空白符(space)组成。它是用来在全双工通信时中止发送终端的。在8251A的命令寄存器D_1(SBRK)位为“1”时，8251A一直发送中止符。

4. 8251A初始化编程举例

8251A是一个可编程通信接口芯片，所以在实际使用时必须对它进行初始化编程，以确定它的工作方式及通信传输特性。例如，规定传输方式(同步方式还是异步方式)、字符格式、传输率等。

1) 控制及状态字

8251A有两组程序可访问的内部寄存器：数据寄存器和控制命令与状态寄存器。数据寄存器又分为数据输出寄存器和数据输入寄存器；控制命令与状态寄存器包括方式寄存器、控制寄存器以及状态寄存器，对应的内容为方式选择字、控制命令字和状态字。

(1) 方式选择字

方式选择字规定 8251A 的工作方式，具体格式如图 6.54 所示。

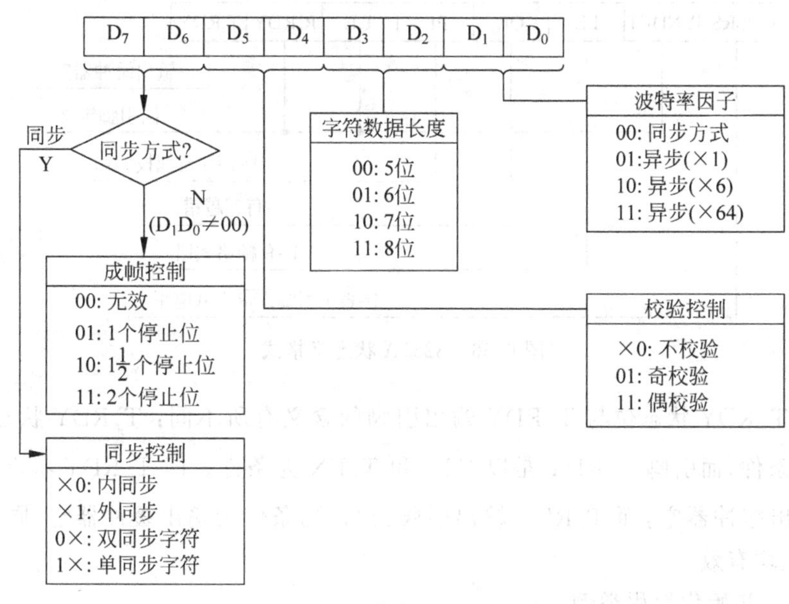

图 6.54 工作方式选择字格式

(2) 控制命令字

控制命令字使得 8251A 进入规定的工作状态，例如发送启动或接收启动状态，如图 6.55 所示。

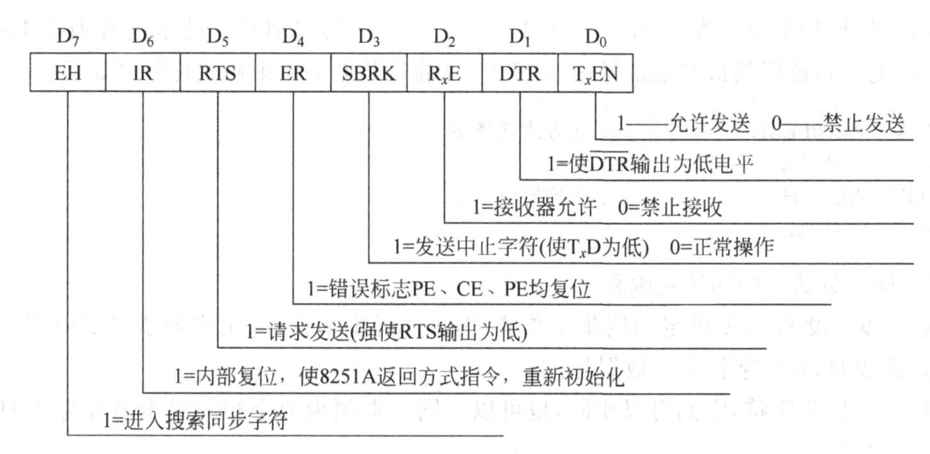

图 6.55 8251A 控制命令格式

(3) 状态字

CPU 可以通过读取状态字来检测外设及接口的状态。如图 6.56 所示，状态位 FE 为“1”时，表示出现“帧格式错”。所谓帧格式错是指：在异步方式下当一个字符结束而没有检测到规定的停止位时的差错，此标志不禁止 8251A 的工作，它由控制命令字中的 ER 位来复位。OE 为“1”时，表示出现“超越错误”。所谓超越错误是指，当 CPU 尚未读完一个字符而下一个字符已到来时，OE 标志被置“1”。同样，它也由控制命令字中的 ER 位来复位，它不禁止 8251 的工作，但当发生此错误时，上一个字符已经丢失。

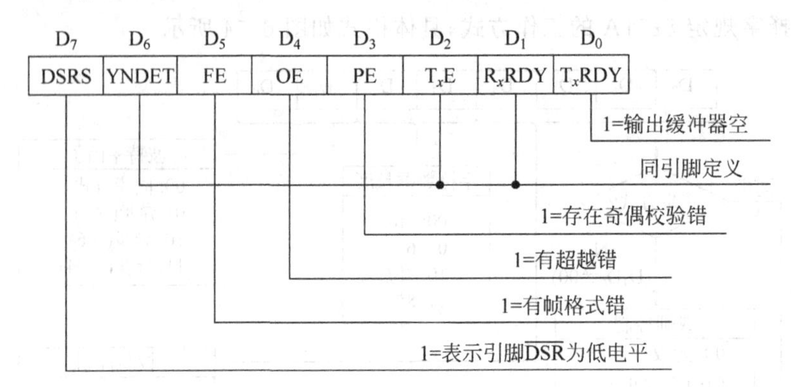

图 6.56 8251A 状态字格式

应指出 T_xRDY 状态位与 T_xRDY 输出引脚的含义有所不同：T_xRDY 状态不以 $\overline{CTS}$ 和 T_xEN 为条件，而引脚 T_xRDY 是以 $\overline{CTS}$ 和 T_xEN 为条件。即 T_xRDY 状态位为“1”的条件仅是输出缓冲器空，而 T_xRDY 输出引脚为“1”的条件为输出缓冲器空，同时 $\overline{CTS}=0$ 与 $T_xEN=1$ 均有效。

2) 8251A 初始化编程举例

(1) 异步方式下的初始化编程

例 6.18 设定 8251A 为异步工作方式，波特率因子(发送、接收数据的时钟速率)为 64，每字符有 7 个数据位，为偶校验，有 2 位停止位，全双工模式。

解：根据上述通信方式，其方式选择字为 1111111B(FBH)；使接收发送启动，并使错误标志复位，故控制命令字为 00010101(15H)。设 8251A 的控制端口的地址号为 52H($C/\overline{D}$ 端口为高电平)，数据端口的地址号为 50H($C/\overline{D}$ 端为低电平)，则初始化程序如下：

```
MOV   AL,0FEBH          ; 送方式选择字
OUT   52H,AL            ;
MOV   AL,15H            ; 送控制命令字
OUT   52H,AL
```

(2) 同步方式下的初始化编程

例 6.19 设 8251A 设定为同步工作方式，2 个同步字符，采用内同步，SYNDET 为输出引脚，偶校验，每个字符 7 个数据位。

解：2 个同步字符，它们可以相同，也可以不同。本例为两个相同同步字符为 23H。初始化编程如下：

```
MOV   AL,38H            ; 设置工作方式、双同步字符偶校验、每字符 7 个数据位
OUT   12H,AL            ;
MOV   AL,23H            ; 连续输出两个同步字符 23H.
OUT   52H,AL            ;
OUT   52H,AL            ;
MOV   AL,97H            ; 送控制命令字,使接收器和发送器启动,使状态寄存器中的 3 个
                        ; 出错标志位复位,通知调制解调器 CPU 已准备数据传输
OUT   52H,AL
```

6.7 模/数和数/模转换器

在工业生产控制系统中，被控对象大都是随时间连续变化的模拟量信号，如温度、压力、流量、速度、湿度等，为此，需要把传感器检测到的模拟量转换成便于计算机存储和加工的数字量，这一转换过程称为模/数(Analog to Digit，A/D 或 ADC)转换。相反地，把经过计算机处理后的数字量转换成模拟量的过程，称为数/模(Digit to Analog，D/A 或 DAC)转换。A/D 转换器和 D/A 转换器是模拟量输入和模拟量输出通路中的核心部件，它是计算机与外设之间很重要的接口电路，在现代计算机检测和控制系统中有广泛的应用，如图 6.57 所示。

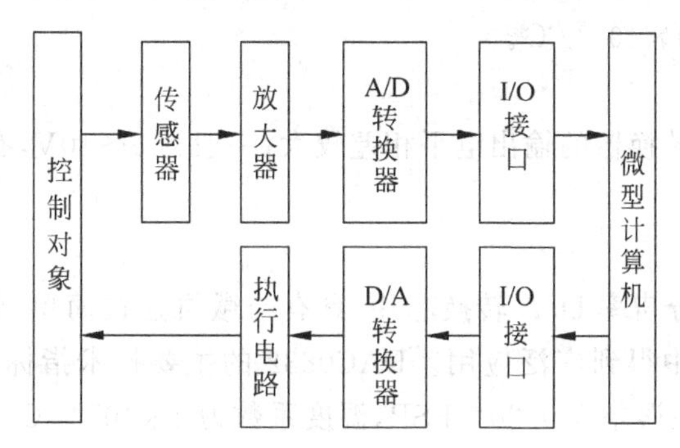

图 6.57 A/D 和 D/A 转换器在控制系统中的应用

6.7.1 D/A 转换器

1. D/A 转换器的工作原理和主要参数

1) D/A 转换器的工作原理

数字量是由一位一位的数位构成的，每个数位都代表一定的权，为了把一个数字量变为模拟量，必须把每一位的数码按照权来转换为对应的模拟量，再把各模拟量相加，这样得到的总模拟量便对应于给定的数据。

D/A 转换器是用电阻解码网络将 N 位数字量逐位转换成模拟量并求和，通常是由输入的二进制数的各位控制一些开关，通过电阻网络，在运算放大器的输入端产生与二进制数各位的权成比例的电流，经过运算放大器相加和转换而成为与二进制数成比例的模拟电压。

D/A 转换器的模拟量输出与参考量及二进制数成比例关系，可表示为

$$X = K \times (V_{REF} \times B)/2^n \tag{6.2}$$

式中，X 为模拟量输出；K 为比例常数；V_{REF} 为参考量(电压或电流)；B 为待转换的二进制数；n 为数字量的位数。

2) D/A 转换器的主要性能参数

(1) 分辨率

分辨率表明 DAC 对模拟量的分辨能力，它是最低有效位(LSB)所对应的模拟量，它确定了能由 D/A 转换产生的最小模拟量的变化。通常用二进制数的位数表示 DAC 的分辨

率，如分辨率为 8 位的 D/A 转换能给出满量程电压的 $1/2^8$ 的分辨能力，显然 DAC 的位数越多，则分辨率越高。

(2) 线性误差

D/A 转换器的实际转换值偏离理想转换特性的最大偏差与满量程之间的百分比称为线性误差。

(3) 建立时间

这是 D/A 转换器的一个重要性能参数，定义为：在数字输入端发生满量程码的变化以后，D/A 转换器的模拟输出稳定到最终值(±1/2)LSB 时所需要的时间。

(4) 温度灵敏度

温度灵敏度是指数字输入不变的情况下，模拟输出信号随温度的变化。一般 D/A 转换器的温度灵敏度为$\pm 50\times 10^{-6}$/℃。

(5) 输出电平

不同型号的 D/A 转换器的输出电平相差较大，一般为 5～10V，有的高压输出型的输出电平高达 24～30V。

2. D/A 转换芯片

DAC0832 是 8 位分辨率 D/A 转换芯片，具有与微机连接简单、转换控制方便、价格低廉等优点，在微机系统中得到广泛应用。DAC0832 的主要技术指标是：分辨率为 8 位，转换时间约为 1μs，非线性误差为 0.20%FSR，温度系数为 2×10^{-6}/℃，逻辑输入与 TTL 电平兼容，功耗 20mW，单电源供电。

1) DAC0832 的内部结构及引脚

DAC0832 是美国国家半导体公司生产的 8 位 D/A 转换芯片，其内部结构如图 6.58 所示。DAC0832 内部有两个数据缓冲锁存器，即 8 位输入锁存器和 8 位 DAC 锁存器，其转换结果以一组差动电流 I_{OUT1} 和 I_{OUT2} 输出，转换器的基准电压输入端 V_{REF} 一般在 −10～+10V 范围内。

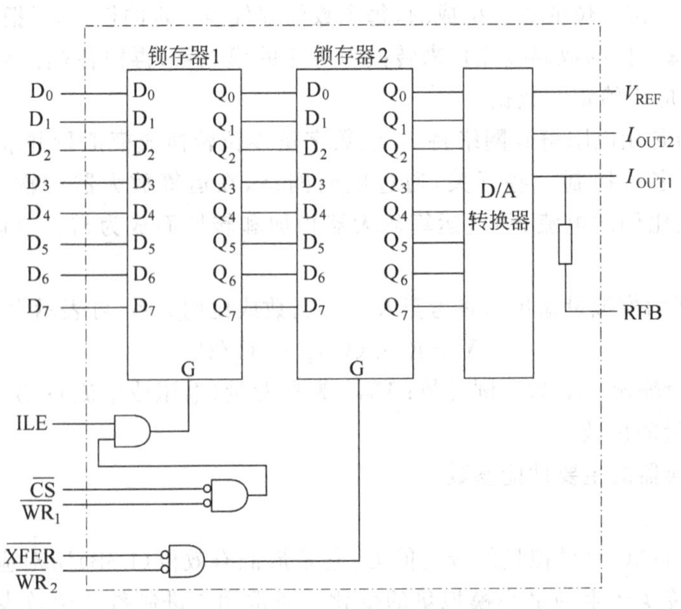

图 6.58 DAC0832 的内部结构图

DAC0832 具有双缓冲功能，输入数据可分别经过两个锁存器保存。第一个是 8 位输入锁存器，输入锁存器的输入端可直接与 CPU 的数据线相连接；第二个是 8 位 DAC 锁存器，与 D/A 转换器相连。两个数据缓冲锁存器的工作状态受门控端 G 控制，当门控端 G=1 时，数据进入锁存器；而当 G=0 时，数据被锁存。

DAC0832 的一对模拟输出端 I_{OUT1} 和 I_{OUT2} 用于输出跟输入数字量成正比的电流信号，一般外部连接由运算放大器组成的电流/电压转换电路。

DAC0832 共有 20 个引脚，引脚分布如图 6.59 所示，各引脚功能如表 6.14 所示。

表 6.14 DAC0832 的引脚功能表

分　类	引　脚	功　能
与 CPU 连接的引脚	$D_7 \sim D_0$	双向、三态数据线引脚，用以输入 8 位数字量信息
	$\overline{CS}$	片选信号输入端
	$\overline{WR_1}$、$\overline{WR_2}$	两个写入命令输入端，低电平有效
	$\overline{XFER}$	传送控制信号，低电平有效
	V_{CC}	工作电源输入端
	A_{GND}	模拟地，模拟电路接地点
	D_{GND}	数字地，数字电路接地点
与外设连接的引脚	I_{OUT1}、I_{OUT2}	互补的电流输出端
	RFB	参考电压输入

2) DAC0832 的工作模式

DAC0832 内部有两个锁存器，能实现直通、单缓冲和双缓冲三种工作模式。

(1) 直通方式

当 $\overline{CS}$、$\overline{WR_2}$、$\overline{XFER}$、$\overline{WR_1}$ 信号接地，ILE 信号接高电平时，两个锁存器的控制信号都开通，数字量送到数据输入端 $D_0 \sim D_7$ 后立即进入 D/A 转换器。在此种方式下，DAC0809 不能直接和数据总线相连接。

(2) 单缓冲方式

单缓冲方式是使两个锁存器中任一个处于直通状态，另一个工作于受控锁存器状态或两个锁存器同步受控。如 $\overline{WR_2}$、$\overline{XFER}$ 接地，锁存器 2 直通，ILE 接高电平，$\overline{CS}$、$\overline{WR_1}$ 信号有效时数据直通到锁存器 1，$\overline{WR_1}$ 信号变高时数据锁存；又如 $\overline{WR_1}$ 接地，ILE 接高电平，$\overline{CS}$ 为低电平，锁存器 1 直通，$\overline{XFER}$ 接地，$\overline{WR_2}$ 信号有效时数据直通到锁存器 2，$\overline{WR_2}$ 变高时数据锁存到锁存器 2。

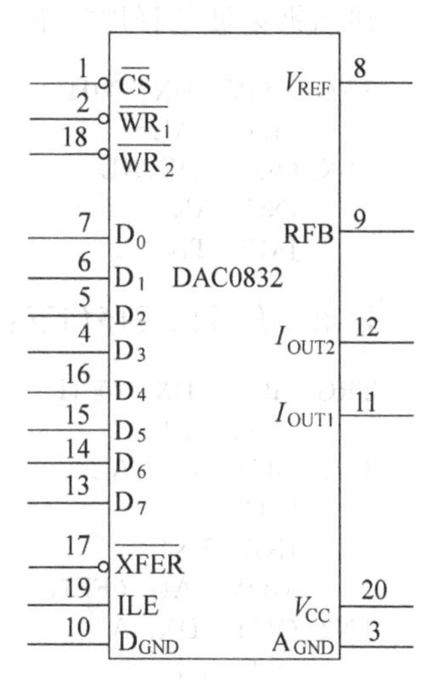

图 6.59 DAC0832 引脚图

(3) 双缓冲方式

在双缓冲方式下，两个锁存器分别受到控制，利用锁存器 1 暂存数据，实现多路数字量同步转换输出。此时，ILE 接高电平，$\overline{CS}$ 和 $\overline{WR_1}$ 信号有效时，$\overline{WR_1}$ 信号由低变高数据锁存到锁存器 1；$\overline{XFER}$ 接地，$\overline{WR_2}$ 信号有效时锁存器 1 的数据直通到锁存器 2，$\overline{WR_2}$ 信号变高时锁存器 2 将数据锁存。

3) DAC0832 的应用

例 6.20 设计函数波形发生器，通过 DAC0832 产生任意波形，如锯齿波、三角波等，DAC0832 与 CPU 的连接电路如图 6.60 所示。

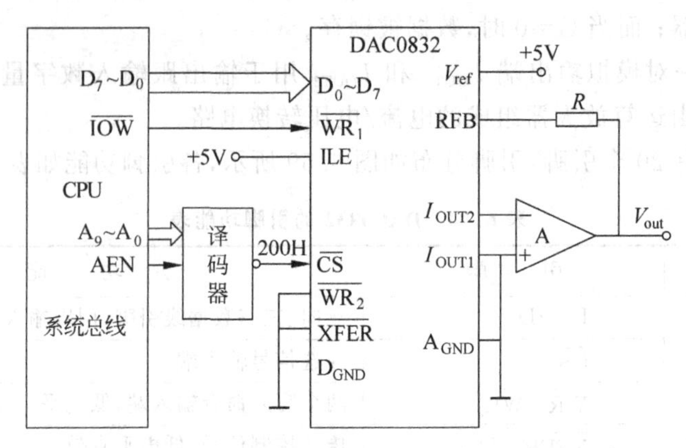

图 6.60 DAC0832 与 CPU 的单缓冲方式连接电路

解：① 由图 6.60 可知，DAC0832 的 $\overline{WR_2}$、$\overline{XFER}$ 接地，锁存器 2 直通，ILE 接高电平，$\overline{CS}$、$\overline{WR_1}$ 信号控制锁存器 1 的状态，故 DAC0832 工作在单缓冲方式下。

② 用软件产生按某一函数的规律变化的数字量，作为 DAC0832 的输入数据，则输出端即可得到需要的波形。

输出锯齿波的程序如下：

```
TRG:MOV   DX,200H
    MOV   AL,0
 TN:OUT   DX,AL
    INC   AL
    JMP   TN
```

输出三角波的程序如下：

```
TRG:MOV   DX, 200H
    MOV   AL, 0                     ; 输出数据从 0 开始
TN1:OUT   DX, AL
    INC   AL
    JNZ   TN1                       ; 未达到最大值继续
    MOV   AL, 0FEH                  ; 从 0FEH 开始逐步降低
TN2:OUT   DX, AL
    DEC   AL
    JNZ   TN2                       ; 未到 0 继续
    JMP TN1
```

6.7.2 A/D 转换器

1. A/D 转换器的主要性能参数

1) 分辨率

分辨率表明 A/D 对模拟信号的分辨能力，由它确定能被 A/D 辨别的最小模拟量变化。一般来说，A/D 转换器的位数越多，其分辨率则越高。实际的 A/D 转换器，通常为 8、10、

12、16 位等。

2) 量化误差

量化误差指在 A/D 转换中由于整量化产生的固有误差，量化误差在(±1/2)LSB(最低有效位)之间。

例如，一个 8 位的 A/D 转换器，它把输入电压信号分成 $2^8=256$ 层，若它的量程为 0～5V，那么，量化单位 q 为

$$q=\frac{\text{电压量程范围}}{2^n}=\frac{5.0\text{V}}{256}\approx 0.0195\text{V}=19.5\text{mV} \tag{6.3}$$

式中，q 正好是 A/D 转换器输出的数字量中最低位 LSB=1 时所对应的电压值。因而，这个量化误差的绝对值是转换器的分辨率和满量程范围的函数。

3) 转换时间

转换时间是 A/D 转换器完成一次转换所需要的时间。一般转换速度越快越好，常见有高速(转换时间＜1μs)、中速(转换时间＜1ms)和低速(转换时间＜1s)等。

4) 绝对精度

对于 A/D 转换器，绝对精度指的是对应于一个给定量，A/D 转换器的误差，其误差大小由实际模拟量输入值与理论值之差来度量。

5) 相对精度

对于 A/D 转换器，相对精度指的是满度值校准以后，任一数字输出所对应的实际模拟输入值(中间值)与理论值(中间值)之差。例如，对于一个 8 位 0～5V 的 A/D 转换器，如果其相对误差为 1LSB，则其绝对误差为 19.5mV，相对误差为 0.39%。

2. A/D 转换器 ADC0809

A/D 转换的方法有很多种，常见的 A/D 转换方法有计数式、逐次逼近式、双积分式和并行式。其中计数式 A/D 转换电路比较简单，但转换速度慢，现已很少用；双积分式 A/D 转换精度高、速度慢，多用于精度要求高的场合；并行式 A/D 转换则速度快，用于要求转换速度快的场合；逐次逼近式 A/D 转换既照顾了一定精度，又具有一定的速度，是目前应用较多的一种。

ADC0809 是 CMOS 工艺制作的 8 通道 8 位逐次逼近式 ADC，有 8 路模拟开关，输出有三态锁存和缓冲能力，易于和微处理器相连，适用于对精度和采样速度要求不高的场合或一般的工业控制领域。

ADC0809 的主要性能指标如下：

① 电源电压： 5V

② 分辨率： 8 位

③ 时钟频率： 640kHz

④ 转换时间： 100μs

⑤ 未经调整误差： (1/2)LSB 和 1LSB

⑥ 模拟量输入电压范围：0～5V

⑦ 功耗： 15mW

1) ADC0809 的内部结构和引脚

图 6.61 所示为 ADC0809 转换器的内部结构。

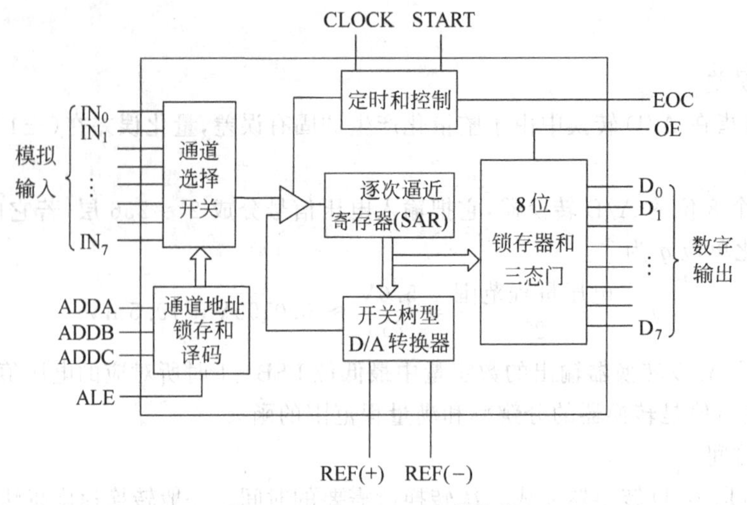

图 6.61　ADC0809 内部结构

ADC0809 内部各单元的功能如下：

① 通道选择开关，为八选一模拟开关，实现分时采样 8 路模拟信号。

② 通道地址锁存和译码，通过 ADDA、ADDB、ADDC 三个地址选择端及译码作用来控制通道选择开关。

③ 逐次逼近 A/D 转换器，包括比较器、8 位开关树型 D/A 转换器、逐次逼近寄存器。转换的数据从逐次逼近寄存器传送到 8 位锁存器后经三态门输出。

④ 8 位锁存器和三态门。当输入允许信号 OE 有效时，打开三态门，将锁存器中的数字量经数据总线送到 CPU。由于 ADC0809 具有三态输出，因而数据线可直接挂在 CPU 数据总线上。

引脚号	引脚	引脚	引脚号
17	D_0	REF(+)	12
14	D_1	REF(−)	16
8	D_2	V_{CC}	11
15	D_3	GND	13
18	D_4	IN_0	26
19	D_5	IN_1	27
20	D_6	IN_2	28
21	D_7	IN_3	1
25	ADDA	IN_4	2
24	ADDB	IN_5	3
23	ADDC	IN_6	4
7	EOC	IN_7	5
9	OE	CLOCK	10
22	ALE		
6	START		

ADC0809

图 6.62　ADC0809 的引脚图

图 6.62 所示为 ADC0809 转换器的引脚图。表 6.15 给出了该芯片的引脚功能说明。

表 6.15　ADC0809 的引脚功能表

分　类	引　脚	功　能
与 CPU 连接的引脚	$D_7 \sim D_0$	双向、三态数据线引脚，用以输出 8 位数字量信息
	START	启动转换命令输入端，高电平有效，要求信号宽度＞100ns，下降沿启动 A/D 转换
	ALE	地址锁存允许信号
	EOC	A/D 转换结束信号输出，高电平有效。转换完成时，EOC 的正跳变可用于向 CPU 申请中断，也可供 CPU 查询
	OE	输出允许信号，高电平有效
	ADDA、ADDB、ADDC	地址输入线，用于选通 8 路模拟输入中的一路进入 A/D 转换。ADDA 是 LSB 位，这三个引脚上所加电平的编码为 000～111，分别对应 $IN_0 \sim IN_7$，例如当 ADDC＝0，ADDB＝1，ADDA＝1 时，选中 IN_3 通道
	CLOCK(CLK)	时钟脉冲输入端，要求时钟频率不高于 640kHz
	V_{CC}、GND	电源和地线

续表

分类	引脚	功能
与外设连接的引脚	IN_i（$i=0\sim7$）	8路模拟输入通道
	REF(＋)、REF(－)	基准电源正负端，一般REF(－)接0V或－5V，REF(＋)相应接＋5V或0V

2）ADC0809与CPU的连接

ADC0809与CPU的连接，主要是正确处理数据输出线（$D_0\sim D_7$）、启动信号START和转换结束信号EOC与系统总线的连接问题。图6.63所示为ADC0809与CPU的典型连接图。

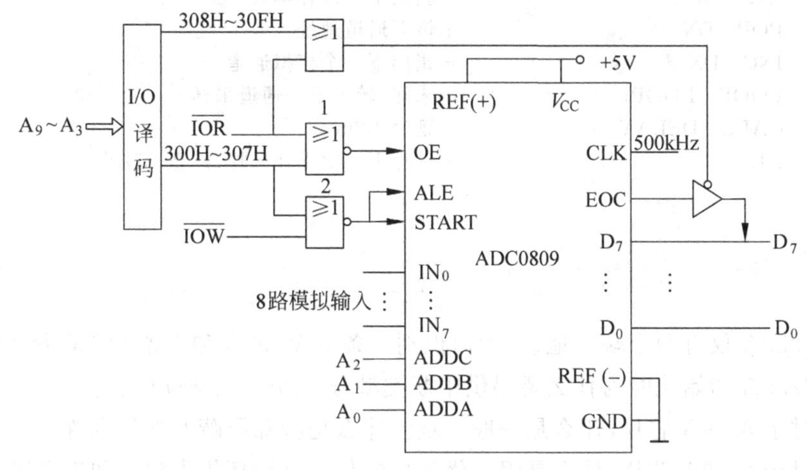

图6.63 ADC0809与CPU的连接图

图6.63中，地址线$A_9\sim A_3$经I/O地址译码器形成端口地址300H～307H及308H～30FH片选信号，地址线$A_2\sim A_0$选择8路模拟量输入通道。CLK信号可由系统时钟分频获得。ADC的数据输出线与CPU的数据总线相连。当CPU执行输出到300H～307H的OUT指令时，300H～307H和$\overline{IOW}$有效（均为低电平），或非门2输出高电平脉冲，加在START和ALE脚上，启动A/D转换，同时还将$A_2\sim A_0$的编码送入地址锁存器以选择指定的输入通道上的模拟信号进行转换。EOC引脚通过一个三态门接到数据总线中的D_7构成一个状态口，它的I/O端口地址为308H。

例6.21 编写图6.63中的A/D转换程序，具体要求如下：

① 顺序采样$IN_0\sim IN_7$八个输入通道的模拟信号；

② 结果依次保存在ADDBUF开始的八个内存单元中；

③ 上述采样每隔100ms循环一次，设DELAY是一延时100ms子程序。

解：① 模拟输入通道$IN_0\sim IN_7$由$A_0\sim A_2$决定其端口地址，分别为300H～307H，与$\overline{IWO}$相配合，可启动ADC0809进行转换；

② 查询端口和读A/D转换结果寄存器的地址分别为308H和300H。

③ 相应的采集程序如下：

```
    AD: MOV   CX,0008H             ; 通道计数单元CX赋初值
        MOV   DI, OFFSET ADDBUF    ; 寻址数据区,结果保存在ADDBUF存储区
 START: MOV   DX,300H              ; 取IN0启动地址
 LOOP1: OUT   DX,AL                ; 启动A/D转换,AL可为任意值
        PUSH  DX                   ; 保存通道地址
        MOV   DX,308H              ; 取查询EOC状态的端口地址
 WAIT:  IN    AL,DX                ; 读EOC状态
        TEST  AL,80H               ; 测试A/D转换是否结束
        JZ    WAIT                 ; 未结束,则跳到WAIT处
        MOV   DX,300H              ; 取读A/D转换结果寄存器的端口地址
        IN    AL,DX                ; 读A/D转换结果
        MOV   [DI],AL              ; 保存转换结果
        INC   DI                   ; 指向下一保存单元
        POP   DX                   ; 恢复通道地址
        INC   DX                   ; 指向下一个模拟通道
        LOOP  LOOP1                ; 未完,转入下一通道采样
        CALL  DELAY                ; 延时100ms
 JMP    AD                         ; 进行下一次循环采样,跳至AD处
```

习题6

6.1　8259A仅有两个端口地址,如何识别4条ICW命令和3条OCW命令?

6.2　8259A初始化时为什么要提供中断类型号?CPU怎样读取它?

6.3　对于8259A芯片,什么是一般屏蔽?什么是特殊屏蔽?如何设置?

6.4　对于8259A芯片,什么是固定优先权?什么是循环优先权?如何设置?

6.5　某系统使用一片8259A管理中断,中断请求由IR_2引入,采用电平触发、完全嵌套、普通EOI结束方式,中断类型号为42H,端口地址为80H和81H,试画出8259A与CPU的硬件连接图,并编写初始化程序。

6.6　某系统使用两片8259A管理中断,从片的INT连接到主片的IR_2请求输入端。设主片工作于边沿触发、特殊完全嵌套、非自动结束和非缓冲方式,中断类型号为70H,端口地址为80H和81H;从片工作于边沿触发、完全嵌套、非自动结束和非缓冲方式,中断类型号为40H,端口地址为20H和21H,要求:

(1) 画出主、从片级联图;

(2) 编写主、从片初始化程序。

6.7　说明8253可编程定时器/计数器的组成。简述8253的六种工作方式及其功能。

6.8　试比较8253方式0与方式4,方式1与方式5有什么区别。

6.9　利用8253的通道1,产生500Hz的方波信号。设输入时钟频率CLK_1=2.5MHz,端口地址为FFA0H~FFA3H,试编制初始化程序。

6.10　某系统使用8253的通道0作为计数器,计满1000,向CPU发中断请求,试编写初始化程序(端口地址自设)。

6.11　用8253的通道0产生周期为10ms的方波信号,设输入时钟的频率为100MHz,8253的端口地址为38H~3BH,试编写初始化程序。

6.12 假设系统已提供1MHz的时钟信号，现利用8253构成一个电动机转速测量装置。电动机每转一周，转速传感器送出4个脉冲，电动机的最高转速为3600r/min。画出硬件原理图，并编写8253的初始化程序(提示：可利用8253的一个通道定时，另一个通道计数，定时时间到即产生中断，CPU读取计数值)。

6.13 8255A芯片有哪几个端口？有几种工作方式？各端口在不同方式下的作用有何区别？

6.14 8255A两组都定义为方式1输入，则方式控制字是什么？此时，方式控制字中D_3、D_0两位的作用是什么？

6.15 假定8255A的端口A为方式1输入，端口B为方式1输出，则读取端口C的各位是什么含义？

6.16 对8255A的控制口写入B0H，则其端口C的PC_3引脚是什么作用的信号线？

6.17 试对8255A进行初始化编程：

(1) 设端口A、端口B和端口C均为基本I/O方式；

(2) 设端口A为选通输出方式，端口B为基本输入方式，端口C剩余位为输出方式，允许端口A中断；

(3) 设端口A为双向方式，端口B为选通输出方式，且不允许中断；

(4) 设端口A为选通输入方式1，端口B为选通输出方式，将端口C剩余两位中PC_7置1，PC_6清0允许中断。

6.18 试编写程序，将从8255A的端口A输入的数据随机向端口B输出，并对输入的数据加以判断；当大于等于80H时，置位PC_5和PC_2，否则复位PC_5和PC_2。

6.19 试说明单工、半双工和全双工通信线路是如何定义的。

6.20 在串行通信中，信息传输方式分为几类？各有什么特点？

6.21 异步串行通信的数据格式是什么？

6.22 什么是比特率？假设异步传输的一帧信息由1位起始位、7位数据位、1位检验位和1位停止位构成，传送的比特率为9600b/s，则每秒能传输的字符个数是多少？

6.23 RS-232C的逻辑电平是如何定义的？它与计算机连接时，为什么要进行电平转换？

6.24 什么是A/D和D/A转换？各应用在什么场合？

6.25 设某DAC具有14位二进制数，试问它的分辨率是多少？

6.26 DAC0832具有哪三种工作方式？各有何特点？

6.27 如何将DAC0832接成直通工作方式和双缓冲工作方式？画图说明如何连接。

6.28 A/D转换器与系统连接时应考虑哪些问题？

6.29 ADC中的转换结束信号(EOC)起什么作用？

6.30 设被测温度变化范围为0～100℃，如果要求测量误差不超过0.1℃，应选用分辨率为多少位的ADC？

6.31 若8251A的收发时钟频率为38.4kHz，它的RTS和CTS脚相连，工作在半双工异步通信。每帧字符数据位数7，停止位1，偶校验，波特率600b/s，处于发送状态。写出初始化程序。设端口地址02c0h，02c1h。

6.32 8237A只有8条数据线为什么可以完成16位的数据DMA传送？

6.33 8237A单字节DMA传送与数据块DMA传送有什么不同？

第7章
CHAPTER 7

总线技术

计算机系统及计算机应用系统通常由主机、输入输出接口、人-机接口设备、通信设备和过程仪表组成，各个模块之间的互连常采用标准总线结构。总线定义了各引线的信号、电气及机械特性，为计算机与各模块之间、模块与模块之间或计算机各系统之间提供了标准的公共信息通路。采用标准总线连接工业计算机控制系统，使控制系统的设计由面向 CPU 变为面向总线，便于系统的扩充和升级。由于符合同一总线的产品可以互相兼容，用户可以根据生产需要，方便地用标准总线将不同生产厂家生产的各种型号的模块连接起来，构成需要的计算机控制系统。

本章主要就总线标准的主要特性、分类方法、性能指标以及总线的一些基本操作进行讨论，并简要介绍当前较为常用的一些系统总线和通信总线。

7.1 总线的基本概念

7.1.1 总线及总线标准的定义

1. 总线的定义

总线是一组信号线的集合，它定义了引线的信号、电气、机械特性，使计算机内部各组成部分之间、不同的计算机之间建立信号联系，进行信号传送及通信。各种总线中有不同的信号线定义、逻辑关系、时序要求、信号表示方法、电路驱动和抗干扰能力。

2. 总线标准

总线标准是指芯片之间、插板之间及系统之间，通过总线进行连接和传输信息时，应遵守的一些协议和规范。总线标准包括硬件和软件两个方面，如总线工作时钟频率、总线信号线定义、总线系统结构、总线仲裁机构与配置机构、电气规范、机械规范和实施总线协议的驱动与管理程序。通常说的总线，实际上指的是总线标准。不同的标准，就形成了不同类型和同一类型不同版本的总线。

3. 总线标准的特性

一般情况下有两类标准，即正式公布的标准和实际存在的工业标准。

正式公布的标准由 IEEE（电气电子工程师学会）或 CCITT（国际电报电话咨询委员会）

等国际组织正式确定和承认,并有严格的定义。

实际的工业标准首先由某一厂家提出,然后得到其他厂家广泛使用。这种标准可能没有经过正式、严格的定义,也可能经过一段时间后提交给有关组织讨论而被确定为正式标准。总线标准具有以下 4 个特性:

1) 物理特性

物理特性是指总线物理连接的方式,包含总线的根数、总线的插头及插座的形状、引脚的排列等内容。例如,IBM PC/XT 机的总线共有 62 根线,分两排编号。当插件板插到槽中后,左面是 B 面,引脚排列顺序是 $B_1 \sim B_{31}$;右面是 A 面,引脚排列顺序是 $A_1 \sim A_{31}$,A 面是元件面。

总线常做成标准的插槽形式,插槽的每个引脚都定义了一根总线的信号线(数据、地址或控制信号线),并按一定的顺序排列,我们把这种插槽称为总线插槽。微机系统内的各种功能模块(插板)就是通过总线插槽连接的。

2) 功能特性

功能特性描述的是这组总线中每一根线的功能。从功能上看,总线分成 3 组,即地址总线、数据总线和控制总线。地址总线的宽度指明了总线能够直接访问的存储器的地址范围。数据总线的宽度指明了访问一次存储器或外部设备最多能够交换的数据的位数,而控制总线则包括 CPU 与外界联系的各种控制命令,如输入输出读写信号、存储器读写信号、外部设备与主机同步匹配信号、中断信号和 DMA 控制信号等。例如,IBM PC/XT 系统总线的功能如下:地址总线 20 根,编号为 $A_0 \sim A_{19}$,可访问 1MB 的存储器空间;数据总线 8 根,编号 $D_0 \sim D_7$,主机与存储器或 I/O 设备每次只能交换 1B 的信息;XT 总线提供 4 种电源线,分别是+5V、−5V、+12V、−12V,与地线一起共占用 8 个引脚;剩下的 26 根线,均为控制总线。

3) 电气特性

电气特性定义每一根线上信号的传递方向及有效电平范围。一般规定送入 CPU 的信号为 IN(输入信号),从 CPU 送出的信号为 OUT(输出信号)。例如,XT 总线的地址线 $A_0 \sim A_{19}$ 为输出线,数据线 $D_0 \sim D_7$ 为双向信号线,既可以作为数据输入线又可作为数据输出线。总线规范中,有些是低电平有效,有些是高电平有效,有些地址线和数据线都是高电平有效。例如,在 ISA 总线中,中断请求信号 IRQ 是高电平有效,外设读写信号 $\overline{IOR}$ 和 $\overline{IOW}$ 是低电平有效。

4) 时间特性

时间特性包括信号有效的时机、有效持续时间等。这就要求什么时间可以使用总线上的信号或者用户需要在什么时候将信号提供给总线,从而保证数据传输的正确性。

经过上述标准化以后,总线结构具有如下优势:

① 技术和工程角度:简化硬件设计、易于扩充;

② 用户的角度:具有“易获得性”;

③ 厂商的角度:易于生产并降低了生产成本。

7.1.2 总线的分类

总线的分类方法比较多,按照不同的分类方法,总线有不同的名称。

1. 按照总线上信息传输的性质分类

总线据此可以分为数据总线、地址总线、控制总线和电源总线。数据总线用于传送数据信息,地址总线专门用来传送地址。控制总线包括控制、时序和中断信号线,用于传递各种控制信息。控制总线是最能体现总线特色的信号线,根据不同的使用条件,一种总线标准与另一种总线标准最大的不同就在于控制总线上,而它们的数据总线、地址总线可以相同或相似。电源总线PB决定总线使用的电源种类及地址总线分布和用法。ISA、EISA采用±12V和±5V,PCI采用+5V或+3.3V,PCMCIA采用+3.3V。这表明计算机系统有着向低电源发展的趋势,电源种类已在向3.3V,2.5V和1.7V方向发展。

2. 按照总线在系统结构中的层次位置分类

1) 片内总线

片内总线是在集成电路的内部,用来连接各功能单元的信息通路。这类总线一般由芯片生产厂家设计,计算机系统设计者并不关心。但随着微电子学的发展,出现了ASIC技术,用户也可以按照自己的要求借助于适当的EDA工具,选择适当的片内总线,设计自己的芯片。

2) 系统总线

系统总线是指计算机内部各功能模块间进行通信的总线,又称系统总线。它是构成完整计算机系统的内部信息枢纽。工业控制计算机采用系统总线母板结构,母板上各插槽的同座引脚都连接在一起,组成计算机系统的多功能模板插入接口插槽,由系统总线完成系统内各模板之间的信息传送,从而构成完整的计算机系统。

系统总线是微机系统中最重要的总线,人们平常所说的微机总线就是指系统总线,如STD总线、PC总线、ISA总线、PCI总线等。在计算机内部,微机主板以及其他一些插件板、卡(如各种I/O接口板/卡)本身就是一个完整的子系统,板/卡上包含有CPU、RAM、ROM、I/O接口等各种芯片,这些芯片间也是通过总线来连接的。通常把各种板、卡上实现芯片间相互连接的总线称为片总线或元件级总线。相对于一台完整的微型计算机来说,各种板/卡只是一个子系统,是一个局部,故又把片总线称为局部总线。因此,可以说局部总线是微机内部各外围芯片与处理器之间的总线,用于芯片一级的互连;而系统总线是微机中各插件板与系统板之间的总线,用于插件板一级的互连。

各种标准的系统总线数目不同,但按各部分性质可以分为数据总线、地址总线、控制总线和电源总线,完成对存储器或外设数据等的寻址与传送。

采用系统总线母板结构,母板上各插座的同号引脚连在一起,组成计算机系统的各功能模板插入插座内,由总线完成系统内各模板间的信息传送,从而构成完整的计算机系统。系统总线标准的机械要素包括模板尺寸、接插件尺寸和针数,电气要素包括信号的电平和时序。

3) 通信总线

通信总线通常用于微机系统外部设备(如打印机、磁盘设备)之间以及处理器系统和仪器仪表之间的通信通道,如RS-232C总线、IEEE 488总线等。通信总线标准的机械要素包括接插件型号和电缆线,电气要素包括发送与接收信号的电平和时序,功能要素包括发送和接收双方的管理能力、控制功能和编码规则等。通信总线一般采用电子工业领域已有的标准,并非计算机领域专用。

图 7.1 给出了一般计算机总线结构示意图。可以看出，计算机过程控制系统的构成除了需要各种功能模板之外，还需要系统总线将各种功能相对独立的模板有机地连接起来，以完成系统内部各模板之间的信息传送。计算机系统与系统之间通过通信总线进行信息交换和通信，以便构成更大的系统。

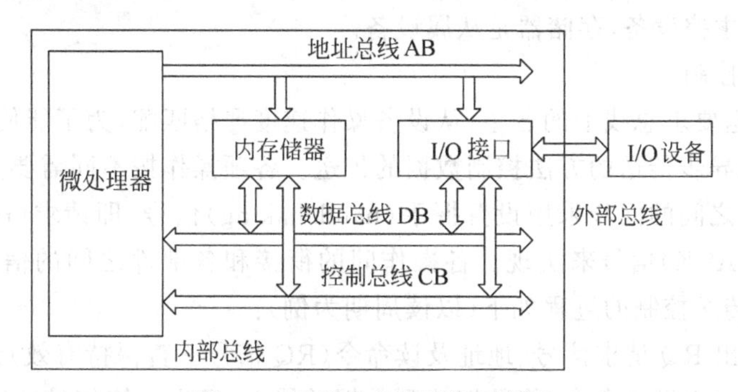

图 7.1 计算机总线结构示意图

3. 按照总线的数据传输方式分类

总线可以分为串行总线和并行总线，计算机的系统总线一般都是并行总线，而计算机的通信总线通常分为并行总线和串行总线两种。并行总线的优点是信号线各自独立，信号传输快，接口简单；缺点是电缆数多。串行总线的优点是电缆线数少，便于远距离传送；缺点是信号传输慢，接口复杂。

7.1.3 总线的性能指标

尽管各种总线在设计上有许多不同之处，但从总体原则上，一种总线性能的高低是可以通过一些性能指标来衡量的。一般从如下几个方面评价一种总线的性能高低。

1. 总线时钟频率

总线时钟频率指总线的工作频率，单位为 MHz，它是影响总线传输速率的重要因素之一。

2. 总线宽度

总线宽度又称总线位宽，是总线可同时传输的数据位数，单位为 bit（简记为 b，位），如 8b、16b、32b 等。显然，总线的宽度越大，它在同一时刻能够传输的数据越多。

3. 总线传输速率

总线传输速率又称总线带宽，是指在总线上每秒传输的最大字节数，一般用 MB/s 表示。影响总线传输速率的因素有总线宽度、总线频率等。一般有如下关系：

$$\text{总线带宽(MB/s)} = 1/8 \times \text{总线宽度} \times \text{总线频率} \tag{7.1}$$

如果总线工作频率为 8MHz，总线宽度为 8 位，则最大传输速率为 8MB/s。如果工作频率为 33.3MHz，总线宽度为 32 位，则最大传输速率为 133MB/s。若用 Mb/s 作为总线带宽的单位，式(7.1)计算数值应乘以 8。

4. 总线数据传输的握手方式

主模块与从模块之间总线数据传输过程的握手方式主要有同步方式、异步方式及半同步方式等传递控制方式。

1) 同步传送控制

同步传送时采用精确稳定的系统时钟，作为各模块动作的基准时间。模块间通过总线完成一次数据传送即为一个总线周期。每次传送一旦开始，主、从设备都必须按严格的时间规定完成相应的动作。例如，IBM PC/XT 机的存储器读/写的总线周期就是一种同步传送方式。CPU 作为主控设备，存储器是从属设备。

2) 异步传送控制

由于同步传送要求总线上的各主、从设备操作速度严格匹配，为了能使不同速度的设备组成系统，可采用异步传送的方法控制数据的传送。各项操作按不同需要安排时间，不受统一时序控制，设备之间的同步采用设置握手(handshaking)信号，即请求(request，RQ)和响应(acknowledge，ACK)信号来实现。各操作间的衔接和各部件之间的信息交换采用异步应答方式。异步传送控制的过程如下(以读周期为例)：

① 主设备发出 RQ 请求信号、地址及读命令(RQ 信号一直保持有效)到从设备；

② 从设备收到主设备命令，将数据放到数据总线上，发出应答信号 ACK 到主设备；

③ 主设备收到 ACK，采样数据总线(读数据)，将 RQ 信号变为无效；

④ 从设备检测到 RQ 信号无效，停止驱动数据总线，将 ACK 变为无效。

上述过程可用图 7.2 所示的一个读周期的时序图来表示。显然，异步传输过程特别适合于不同速度的设备之间通信。

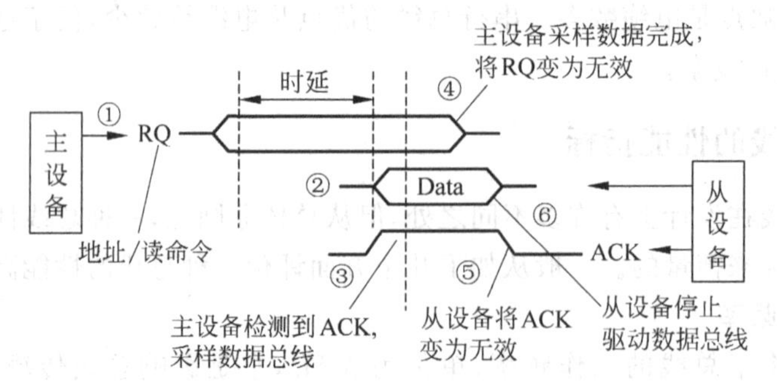

图 7.2 异步传送控制的读周期时序

3) 半同步传送控制

半同步传送保留了同步传送的基本特点，即地址、命令和数据等信号的发出时间，都严格参照系统时钟的某个前沿时刻，而对方在接收和判断时，又都采用系统时钟脉冲的后沿时刻进行识别，以此保证总线上的一切操作都被时钟“同步”。

半同步传送方式为了能像异步传送那样，允许不同速度的模块组成系统，而设置了一条“等待”(wait)或“准备就绪”(ready)信号线。因此，在半同步传送系统中，对于快速设备就如同同步传送一样，严格按时钟沿一步步地传送地址、命令和数据；而对于慢速设备，则借助 Ready 线强制使主控设备延迟整个系统时钟间隔。

半同步传送方式适合于系统速度不高，但系统中包含速度差异较大的设备的情况。例如，8086CPU 可以插入等待状态 T_w 的总线周期，就是半同步传送的一个实例。

5. 总线控制方式

包括传输方式(猝发方式)、并发工作、设备自动配置、中断分配及仲裁方式等。

6. 负载能力

一般采用“可连接的扩增电路板的数量”来表示负载能力。其实这并不严密,因为不同电路插板对总线的负载是不一样的,即使是同一电路插板在不同工作频率的总线上,所表现出的负载也不一样,但它基本上反映了总线的负载能力。

7. 信号线数

信号线数表明总线拥有多少信号线,是数据线、地址线、控制线及电源线的总和。信号线数与性能不成正比,但与复杂度成正比。

8. 其他性能

如电源电压等级是5V还是3.3V,能否扩展总线宽度等指标。

表7.1给出了几种流行总线的性能参数,从表中可以看出微机总线技术的发展。

表7.1 几种微型计算机总线性能参数

名　称	PC/XT	ISA (PC-AT)	EISA	STD	VISA (VL-BUS)	MCA	PCI
适用机型	8086PC	80286,386,486系列PC	IBM系列386,486,586计算机	Z80,V20,V40,IBM-PC系列机	IBM 486,PC-AT兼容PC	IBM PC,工作站	P5PC,工作站
最大传输速率/(MB/s)	4	16	33	2	266	40	133
总线宽度/b	8	16	32	8	32	32	32
总线工作频率/MHz	4	8	8.33	2	66	10	20～33.3
同步方式	半同步	半同步	同步	异步	同步	异步	同步
地址宽度/b	20	24	32	20	—	—	32/64
负载能力/个	8	8	6	无限制	6	无限制	3
信号线数目/个	62	98	143	56	90	109	120
64位扩展	不可以	不可以	无规定	不可以	可以	可以	可以
自动配置	无	无	—	无	—	—	可以
并发工作	—	—	—	—	可以	—	可以
猝发方式	—	—	—	—	可以	—	可以
多路复用	非	非	非	非	非	—	是

7.1.4 总线的层次化结构

现代微机系统中,总线的层次化结构发展十分迅速。层次化总线结构主要分三个层次,即微处理器总线(或称 host bus)、局部总线(以PCI总线为主)、系统总线(如ISA总线)。三级总线中,微处理器总线提供了系统原始的控制、命令等信号,以及与系统中各功能部件传输代码的最高速度的通路,以印制电路的形式分布在主板上微处理器周围。局部总线 PCI 和系统总线 ISA 均是作为输入输出设备接口与系统互连的扩展总线,其终端是两种不同的边缘接触型插座。实际上,PCI 总线是为了适应高速 I/O 设备的需求而产生的一个总线层次,而 ISA 总线是为延续老的、低速 I/O 设备接口卡的寿命而保留的一个总线层次。由于 PCI 总线的高性能价格比及跨平台特点,它今后将成为不同平台的 PC 乃至工作站的标准系统总线。

随着 PCI 总线的推出和应用,在计算机系统中允许多种总线共同工作。因此,在继多处理器、多媒体概念之后,又出现了多总线的概念。图 7.3 表示了一个 PC 微机的主板用 3 个层次的总线使系统中的各个功能模块实现互连的多层次总线结构。3 个层次总线的频宽不同,控制协议不同,在实现互连时层与层之间必须有“桥梁”过渡。总线之间的“桥”是一个总线转换器和控制器,它实现各类微处理器总线到 PCI 总线、各类标准总线到 PCI 总线的连接,并允许它们之间相互通信。因此,桥的两端必有一端与 PCI 总线连接,另一端可接不同的微处理器总线或标准总线,可见,桥是不对称的。桥的内部包含有一些相当复杂的兼容协议以及总线信号和数据的缓冲电路,以便把一条总线映射到另一条总线上。桥可以是一个独立的单元电路,也可以与内存控制器或外设控制器包装在一起。实现这些总线桥接功能的是一组大规模专用集成电路,称为 PCI 总线芯片组(chipset)或 PCI 总线组件。随着微处理器性能的迅速提高及产品种类增多,在保持 PC 主板的组织结构不变的前提下,只改变这些芯片组的设计,即可以使系统适应不同微处理器的要求。

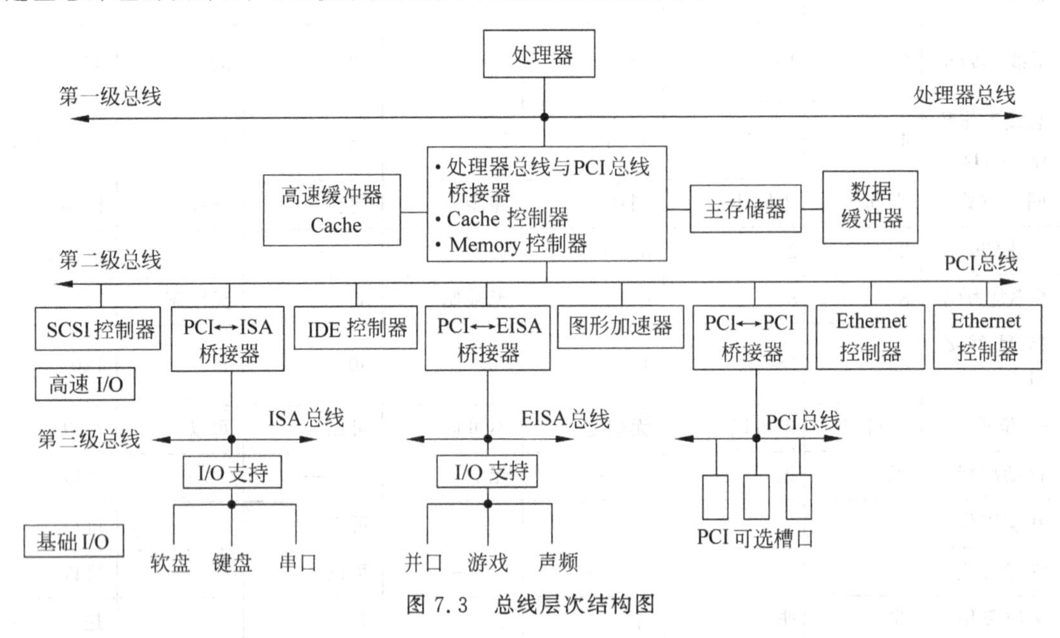

图 7.3 总线层次结构图

为使高速外设能直接与 PCI 总线桥接,一些外设专业厂商开发和推出了一大批新的 PCI 总线的外设控制器大规模集成芯片。以这些芯片为基础生产出许多 PCI 总线外设插卡,如视频图像卡、高速网络卡、多媒体卡以及高速外存储设备卡(SCSI 控制器、IDE 控制卡)等。这些局部总线提供了各种性能优越的服务,大大提高了系统的性能。

7.1.5 总线的控制与总线传输

1. 总线控制

由于在总线上存在多个设备或部件同时申请占用总线的可能性,为保证同一时刻只能有一个设备获得总线使用权,需要对请求使用总线的设备或部件设置优先级。总线上所连接的各类设备,按其对总线有无控制功能可分为主设备和从设备两种。主设备对总线享有控制权,从设备只能响应由主设备发来的总线命令。总线上信息的传送是由主设备启动的,如某个主设备欲与另一个设备(从设备)进行通信,首先由主设备发出总线请求信号。若多个主设备同时要使用总线时,就由总线控制器的判优、仲裁逻辑按一定的优先等级顺序,确定哪个主设备能使用总线。只有获得总线使用权的主设备才能开始传送数据。

总线判优控制可分集中式和分布式两种。前者将控制逻辑集中在一处(如在CPU中),后者将总线控制逻辑分散在与总线连接的各个部件或设备上。集中控制是单总线、双总线和三总线结构计算机主要采用的方式,常见的集中控制方式主要有链式查询方式、计数器定时查询方式和独立请求总线控制方式。

2. 总线传输

系统总线的最基本任务就是传送数据,这里的数据包括程序指令、运算处理的数据、设备的控制命令、状态字以及设备的输入输出数据等。在系统中,众多部件共享总线,在争夺总线使用权时,只能按各部件的优先等级来解决。总线上的数据在主模块的控制下进行传送,从模块没有控制总线的能力,但它可对总线上传来的地址信号进行译码,并接收和执行总线主模块的命令。而在总线传输时间上,按分时方式来解决,即哪个部件获得使用,此刻就由它传送,下一部件获得使用,接着在下一时刻传送。一般来说,总线在完成一次传输周期时,可分为以下四个阶段。

(1) 申请分配阶段

由需要使用总线的主模块(或主设备)提出申请,经总线仲裁机构决定在下一传输周期是否能获得总线使用权。

(2) 寻址阶段

取得了使用权的主模块,通过总线发出本次打算访问的从模块(或从设备)的存储地址或设备地址及有关命令,启动参与本次传输的从模块。

(3) 数据传输阶段

主模块和从模块进行数据交换,数据由源模块发出并经数据总线流入目的模块。

(4) 结束阶段

主模块的有关信息均从系统总线上撤除,让出总线使用权。

总线通信控制主要解决通信双方如何获知传输开始和传输结束,以及通信双方如何协调与配合。一般常用的4种传送方式为同步通信、异步通信、半同步通信和分离式通信。

7.2 常用系统总线

系统总线是计算机内部各功能模板之间进行通信的通道,是构成完整的计算机系统的内部信息枢纽。由于历史原因,目前存在有多种总线标准,国际上已正式公布或推荐的总线标准有 STD 总线、PC 总线、VME 总线、MULTIBUS 总线、UNIBUS 总线等。这些总线标准都是在一定的历史背景和应用范围内产生的。目前应用较多的系统总线有 STD 总线、PC 系列总线和 PCI 总线。在此我们只对部分常用的总线标准进行简要介绍。

7.2.1 STD总线

STD 总线是由 ProLog 公司和 Mostek 公司共同设计,于 1978 年 12 月推出的 8 位工业微型计算机总线,STD 是 standard 的缩写。该总线以小尺寸的模板结合大规模集成电路技术,建立了一种用功能模块来进行控制系统设计的方法,使任何一种模板都可装于一块母板上,并且在其任一插槽上工作。1989 年,Iiatech 公司引入了一个新的工业总线标准 STD32,使得 8 位 STD 产品可与 16 位、32 位 STD 产品一起工作,并使 STD 总线进入 32 位总线领域,广泛用于工业控制的各个方面,通常包括自动化、机械设备控制、过程控制、工厂控制检测与测试、数据采集与数学计算等,还可用于分散型控制系统中。

另外该总线支持多机系统,当用于多机系统控制时,采用了一种串行仲裁(判优)的方式。在每一块 STD 总线卡上,设置有用于仲裁的 PCI(优先级输入)和(优先级输出)PCO 信号,其系统连接方式如图 7.4 所示,在需要仲裁的情况下,主控使连接的 PCI 端为 1。

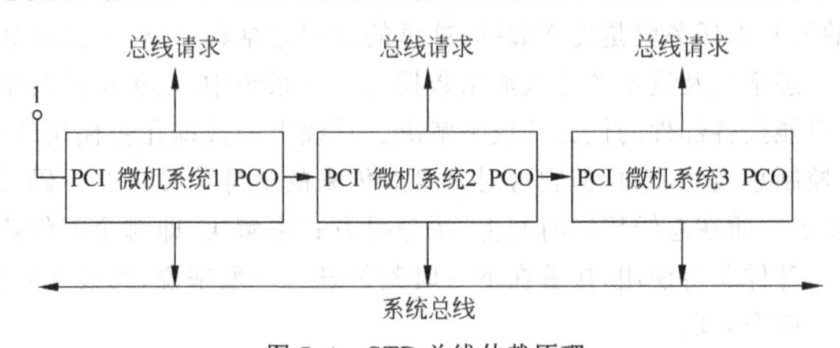

图 7.4 STD 总线仲裁原理

仲裁的过程如下:

① 每个 STD 控制器提出请求的前提是 PCI 为“1”;

② 一个 STD 控制器的 PCI 为“1”,且未提出总线请求,则它的 PCO 为“1”;

③ 如果 PCI 为“1”,且提出总线请求,则 PCO 为“0”;

④ 如果 PCI 为“0”,则该 STD 不能提出总线请求,且它的 PCO 为“0”。

由此可以看出,STD 的判优方式是,连接在系统总线前面(从左到右)的设备优先级高于其后面的设备。

7.2.2 PC 系列总线

PC 总线是 IBM PC 总线的简称,PC 总线因 IBM 及其兼容机的广泛普及而成为全世界用户承认的一种事实上的标准。PC 系列总线是在以 8088/8086 为 CPU 的 IBM/XT 及其兼容机的总线基础上发展起来的,从最初的 XT 总线发展到 PCI 局部总线。由于 PC 系列总线包括 XT 总线、ISA 总线、MCA 总线、EISA 总线、PCI 总线等多种总线结构,在此仅对产生重要影响及目前正在使用的主要总线进行简要介绍。

1. PC/XT 总线

IBM 公司于 1981 年推出了以 8088 为 CPU 的新一代个人计算机,为增加扩充能力设计了该总线，称为 PC 或 PC/XT 总线，是 PC 总线的第一次创新。总线工作频率 $f=4.77$MHz，总线宽度 $W=1$B，传送一次数据所需时钟周期数 $N=2$，所以总线传输率 $Q=4.77\times1/2=2.38$MB/s。

PC/XT 总线是一种开放式结构的计算机总线，该底板总线有 60 个引脚，支持 8 位双向数据传输和 20 位寻址空间，有 8 个接地和电源引脚、25 个控制信号引脚、1 个保留引脚。总线底板上有 5 个系统插槽，用于 I/O 设备与 PC 连接。该总线的特点是将 CPU 视为总线的唯一主控设备，其余外围设备均为从属设备。PC/XT 总线具有可靠简便、使用灵活等优点，但总线布置较为混乱，对信号完整性以及频率方面考虑不够，总线频宽也较低。

2. ISA 总线

ISA(industry standard architecture)总线是在 PC/XT 总线基础上增加 1 个 36 线插座形成的，总线插头座具有 98 个引脚，包括接地和电源引脚 10 个、数据线 16 个引脚、地址线 27 个引脚、各控制信号引脚 45 个，有时又称 PC/AT 总线。从 1982 年以后，ISA 总线逐步成为 IBM 公司工业标准体系结构。与 PC/XT 总线相比，ISA 总线不仅增加了数据线宽度和寻址空间，还加强了中断处理(新增了 7 个中断级别)和 DMA(新增了 3 个 DMA)传输能力，并且具备了一定的多主功能。所以 ISA(AT)总线特别适合于控制外设和进行数据通信的功能模块。归纳起来，ISA 总线的主要特点如下：

① 16 条数据线、24 条地址线；

② 支持 15 级中断请求、8 个 DMA 通道请求；

③ 提供存储器和 I/O 设备的奇偶校验出错指示；

④ 未提供支持多机系统的总线仲裁机制；

⑤ 频率 $f=8$MHz，总线宽度 $W=2$B，传送一次数据所需周期数 $N=2$，所以总线传输率为 $Q=8\times2/2=8$MB/s。

3. EISA 总线

在 CPU 性能不断提高的情况下，由于 ISA 标准的限制，使系统总的性能没有根本改变。系统总线上的 I/O 和存储器的访问速度没有很大的提高，因而在强大的 CPU 处理能力与低性能的系统总线之间形成了一个瓶颈。在 80386 处理器诞生后，计算机制造厂商和 IBM 公司为了达到提高机器速度，增大可用内存，管理 4GB 实际内存和 64TB 虚拟内存，以及增加多处理能力等要求，重新设计了系统总线。EISA(extended industry standard architecture)总线就是其中的一种，它有 2 个主要设计目标：为提高数据传输率用一个专门猝发式 DMA 策略使 32 位总线能达到 33MB/s；在功能、电气、物理上保持与 PC/XT、PC/AT 总线兼容。EISA 总线的主要技术特点归纳如下：

① 支持新一代智能总线主控技术，使外设控制卡可以控制系统总线；

② 可以实现 32 位内存寻址，实现对 CPU、DMA 和总线控制器的 32 位数据传送；

③ 支持猝发式传输访问，最高数据传输速率为 33MB/s；

④ 支持多处理器和自动配置；

⑤ 采用开方式结构，ISA 的扩展板可以用于 EISA 插槽。

图 7.5 给出了在一个 EISA 系统中各种总线及各种设备之间的逻辑关系。

为了保持与 ISA 标准兼容，EISA 总线槽的物理尺寸与 ISA 相同。EISA 采用了纵向加深方法，针脚分为两层：上层为 ISA 兼容结构，连接脚的信号定义与 ISA 完全相同，使得

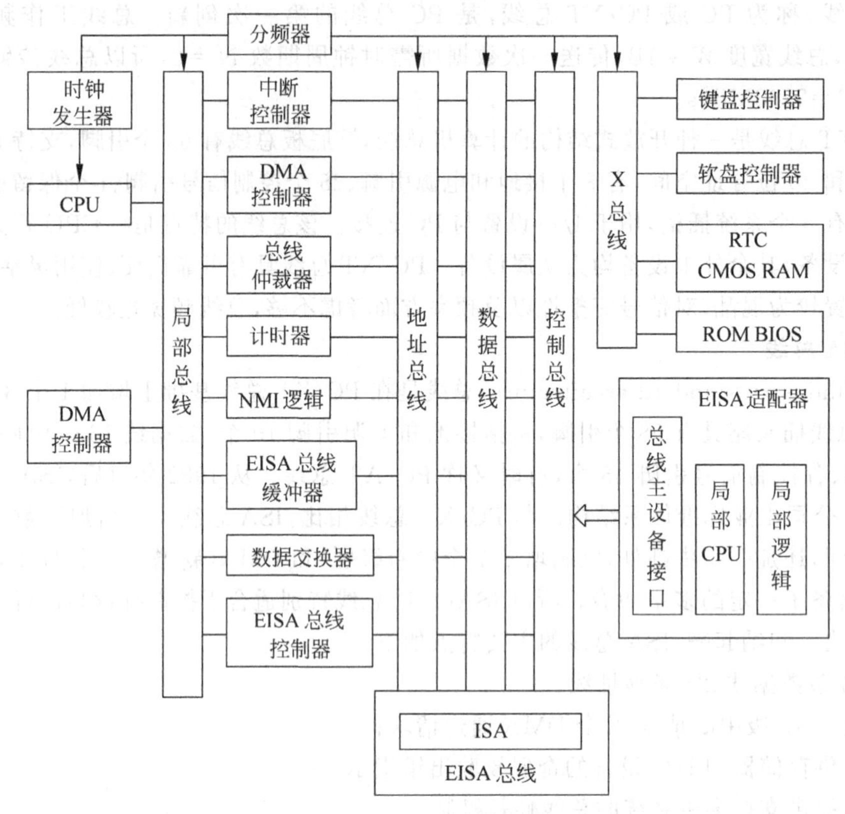

图 7.5　EISA 总线结构

ISA 扩展卡很方便地用在 EISA 系统中；下层用于扩展方式，包含全部新增的 EISA 信号，这些信号在横向位置上错开 ISA 信号，在下层某些地方设置了几个卡键(称为 position stop 定位器)。用来阻止 ISA 扩展卡滑入到深处的 EISA，而 EISA 扩展卡在 position stop 相对位置有一个称为 access notch 的缺口，使 EISA 扩展卡不受定位器阻挡而能插入到下层深处，使槽中的上下两排针完全与卡上的两排引脚相接触，保持了扩展性。

正是由于 EISA 保持了与 ISA 总线的兼容性，从而保护了人们在 ISA 总线微机硬件和软件上的巨大投资。EISA 适合于对总线使用要求较高的系统软件，如 Windows、UNIX、OS/2 等，也适用于要求数据传输速率高及数据传输量大的应用场合，如高速图形处理、LAN 管理和文件服务应用软件等。

7.2.3　PCI 总线

PCI(peripheral component interconnect)总线是一种同步并且独立于处理器的 32 位(V2.1 支持 64 位)局部总线，它除了适用于 Intel 公司的芯片外，还适用于其他型号(如 DEC 公司的 Alpha)的微处理器芯片。它能够实现即插即用(P&P)，即在加电时 BIOS 可以自动检测机器配置，给各个外围设备分配中断请求信号、存储器的缓冲区等，从而避免了 IRQ(中断请求)、DMA(直接存储器存取)和 I/O 通道之间的冲突。

PCI V1.0 支持 33MHz 工作频率，最大传输率为 132MB/s，而工作在 V2.1 支持的 66MHz 频率时，其传输率为 264MB/s 或 528MB/s。

1. PCI 总线的主要特点

(1) PCI 总线提供 4 种规格,可定义 32 位和 64 位两种数据通道,以及 5V/3.3V 两种电压等级信号,并可以进行两种环境的转换,扩大了它的适用范围。

(2) PCI 支持猝发传送方式。它是指在一次寻址后,就将周围的单元同时选通,而不必再在附近区域重新寻址。也就是说,周围的数据无须进一步寻址就可以直接传输。这样在一次突发周期只要寻址一次就可以传送一个数据块,极大地加快了数据传输速度。

(3) 采用与处理器无关设计。PCI 总线称为中间总线,它采用独立于 CPU 的结构设计,形成了一种独特的中间缓冲器设计,可以将 CPU 子系统与外设分开。这种通过缓冲器的设计,能够允许用户随意增设多种外设,扩展计算机系统。

(4) 总线带宽高。PCI 总线在 32 位数据模式下传送的最高速度为 133MB/s,64 位数据传送的最高速度为 266MB/s,能提高硬盘、网络界面卡的性能;充分发挥影像、图形及各种高速外围设备的性能。

(5) PCI 总线允许扩展卡和元件自动配置,即实现了扩展卡的"即插即用(plug&play)"。在扩展卡内的 256B 缓存提供自动匹配信息,进行如存储地址、端口地址、中断优先级、定时信息等自动分配。

(6) PCI 总线能够适应多种机型,兼容各类总线。除了适应台式计算机外,还可以用于服务器、笔记本式计算机。在服务器环境下,PCI 总线的分级式外设支援,可使一个 PCI 总线接口支援一组级联的 PCI 局部总线。

2. PCI 总线的系统结构

在 PCI 总线体系结构中,关键技术是 PCI 总线控制器(或称 PCI 桥)。它独立于处理器,形成了一种独特的中间缓冲器设计。并且将中央处理器子系统与外围设备分开,使 CPU 脱离了对 I/O 的直接控制。CPU 与 PCI 总线上的设备交换信息时,通过 PCI 总线控制器进行传输,使得 PCI 总线控制器成为中央处理器和高速外围设备之间的一道桥梁,所以称为 PCI 桥。例如,CPU 需要访问 PCI 总线上的设备,它可以把一批数据快速写入 PCI 缓冲器中。在此过程中,CPU 可以去执行其他的操作,使 PCI 总线上的外设与 CPU 并发工作,从而提高了整体性能。

图 7.6 给出了一个基于 PCI 总线的系统结构。由图中可以看出,处理器、Cache、存储器之间的数据传输通过 CPU 系统总线进行,它的数据传输速率高于 PCI 总线;而处理器、Cache、存储器子系统通过"PCI 总线控制器",即 PCI 桥与 PCI 总线连接。这个桥提供了一个低延迟的访问通路,使处理器能够访问 PCI 设备,PCI 主设备也能访问主存储器。

在 PCI 总线的系统结构中,还存在另一类桥用于生成"多级总线结构",如图 7.6 中的 EISA/PCI 桥。多级总线把不同传输速度、不同传输方式的设备分门别类地连接到各自"适合"的总线上,使得不同类型的设备共存于一个系统中,合理地分配资源,协调地运转,这样类型的桥还有如 PCI/PCI 桥、USB/PCI 桥等。

3. PCI 总线信号

PCI 总线的主要信号线包含地址线、数据线、接口控制线、仲裁线、系统信号线、中断请求线、高速缓存支持、出错报告等信号线,共 188 根。

(1) 系统信号线

系统信号线包括时钟信号线 CLK 和复位信号线 $\overline{\text{RST}}$。

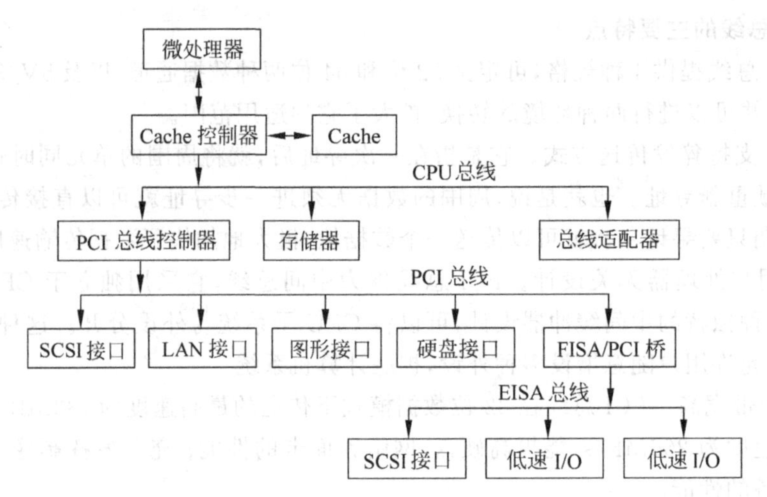

图 7.6 PCI 总线系统结构

CLK 信号是 PCI 总线上所有设备的一个输入信号,它为所有 PCI 总线上设备的 I/O 操作提供同步定时。$\overline{\text{RST}}$ 使各信号线的初始状态处于系统规定的初始状态或高阻态。

(2) 分时复用的信号线

分时复用的信号线包括地址/数据总线 $AD_0 \sim AD_{31}$,复用线:"命令/字节使能"信号 $C/\overline{BE}_0 \sim C/\overline{BE}_3$。

在传输数据阶段,它们指明所传输数据的各个字节的通路;在传送地址阶段,这四条线决定了总线操作的类型,这些类型包括 I/O 读、I/O 写、存储器读、存储器写、存储器多重写、中断响应、配置读、配置写和双地址周期等。为了实现即插即用功能,PCI 部件内都有配置寄存器,配置读和配置写命令用于系统初始化时,对这些寄存器进行读写操作。PAR 信号为检验信号,用于对 $AD_0 \sim AD_{31}$ 和 $C/\overline{BE}_0 \sim C/\overline{BE}_3$ 进行偶校验。

(3) 接口控制信号

接口控制信号包括成帧信号 $\overline{\text{FRAME}}$、目标设备就绪信号 $\overline{\text{TRDY}}$、始发设备就绪信号 $\overline{\text{IRDY}}$、停止传输信号 $\overline{\text{STOP}}$、初始化设备选择信号 IDSEL、资源封锁信号 $\overline{\text{LOCK}}$ 和设备选择信号 $\overline{\text{DEVSEL}}$。

PCI 引脚信号线如图 7.7 所示。

4. PCI 总线的基本传输

(1) 基本传输方式

PCI 总线的数据传输采用猝发方式(burst),支持对存储器和 I/O 地址空间的猝发传输,以保证总线始终满载的数据传输。这是因为外设与内存的数据传输往往是成块进行的,即从某一个地址起读写大量的数据。猝发方式能减少无谓的地址作业,提高传输效率。PCI 猝发长度可选,如读数据总线传输可以是内存读 32 位(1 个双字节)、存储器高速缓存行读(2~4 个双字)、存储器连续读(4 个以上双字)等。猝发传输的长度越大,总线传输率越高。

(2) 基本传输规则

PCI 总线的数据传输操作主要有 3 个信号控制,即 $\overline{\text{FRAME}}$、$\overline{\text{IRDY}}$、$\overline{\text{TRDY}}$。

$\overline{\text{FRAME}}$ 由总线控制者驱动,表示一次传输的开始。$\overline{\text{IRDY}}$ 总线控制者驱动,表示总线

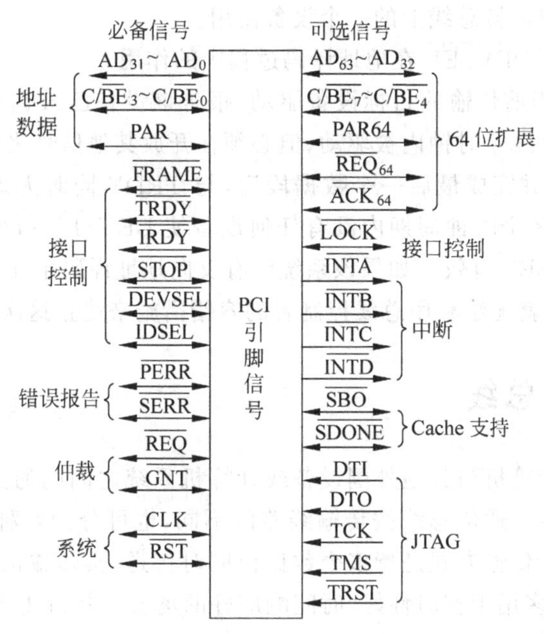

图 7.7 PCI引脚信号线

控制者准备好,可以在总线上继续操作。当读操作时,已准备好接收数据;当写操作时,表示数据总线上的数据有效。$\overline{\text{TRDY}}$ 由目标设备驱动,表示目标设备准备好,可以在总线上继续操作。

当 $\overline{\text{FRAME}}$ 和 $\overline{\text{IRDY}}$ 均无效时,表示要发起传输的设备其总线接口处于"空闲"状态,$\overline{\text{FRAME}}$ 有效后的第一个时钟沿总线进入地址传送阶段,用第一个时钟传送地址和总线指令编码。下一个时钟开始,总线进入一个或多个数据传送阶段。此时只要 $\overline{\text{IRDY}}$ 和 $\overline{\text{TRDY}}$ 都有效,总线控制者和目标设备之间就可由时钟沿同步连续传送数据。传输过程中,只要 $\overline{\text{IRDY}}$ 和 $\overline{\text{TRDY}}$ 两者中任何一个无效,都将使总线自动插入 1 个等待周期,以完成数据的传送。

由 $\overline{\text{FRAME}}$ 无效和 $\overline{\text{IRDY}}$ 有效来表示最后 1 个数据传输开始,当 $\overline{\text{TRDY}}$ 有效时,最后 1 个数据传输结束。总线接口恢复到 IDLE 状态,此时 $\overline{\text{FRAME}}$ 和 $\overline{\text{IRDY}}$ 均无效。

5. PCI 总线的寻址空间

(1) 地址空间定义

PCI 总线采用独立寻址方式,定义了 3 个相互独立的物理寻址空间,即存储器空间、I/O 空间和配置地址空间。配置地址空间是为支持 PCI 硬件设备配置而定义的。PCI 总线上的每一个目标设备都有一个基地址寄存器,用来存取该设备的其他内部寄存器和功能部件信息。操作系统的配置软件利用基地址寄存器就能知道设备所需的地址空间。

(2) 地址译码

PCI 总线上的地址译码是在每一个设备上分别进行的。PCI 支持两种类型的设备地址译码,即正向译码和反向译码。由于每个设备只在分配给它的地址范围内进行译码操作,所以正向译码速度较快;而反向译码速度较慢,它要接收所有不被其他单元译码的操作,然后作出反应。反向译码只能被总线上的一个设备使用。

(3) 设备选择信号 $\overline{\text{DEVSEL}}$ 在地址译码过程中的作用

$\overline{\text{DEVSEL}}$ 信号由当前传输的目标设备驱动，报告该设备已被选中。允许 $\overline{\text{DEVSEL}}$ 信号可在地址段后的 1、2、3 个时钟内被驱动，但必须在开放其他信号之前有效，且始终保持有效，直到 $\overline{\text{FRAME}}$ 无效并完成最后一个数据段后，与 $\overline{\text{TRDY}}$ 同时无效，终止总线操作。如果在 $\overline{\text{FRAME}}$ 有效的 3 个时钟周期内没有任何设备使 $\overline{\text{DEVSEL}}$ 有效，此时作反向地址译码的设备就应使 $\overline{\text{DEVSEL}}$ 有效。如果该系统没有反向地址译码单元，总线控制者就不能获知有效的 $\overline{\text{DEVSEL}}$，也就无法利用总线控制者的容错措施来终止这次传输。

7.3 常用通信总线

通信总线是连接计算机与其他外围设备或计算机系统之间的通路，在连接计算机与外设时也可称为外设总线。通信总线按传输线路的不同，也可分为两种方式：并行传输方式和串行传输方式。并行传输方式是指多个数据位同时传送，其传输的高速度及高效率是串行传输所无法比拟的，多用于实时性好、时间响应好的场合。并行传送的数据宽度可以是 1～128b，但其所需数据线多，因而成本高，并行传输的距离通常小于 30m，这也是限制其应用的主要因素。

串行传输比并行传输复杂，通常与串行接口连接的设备需要将串行传输转换成并行数据才能使用，串行传输是按位顺序进行传递的，因此它具有很多并行传输所不具备的优点：

(1) 串行传输只需要一根传输线即可，在成本上可以有一定的节约；

(2) 它的传输距离长，有的可达到几千米，在长距离内串行数据传送速率会比并行数据传送速率快，同时串行通信的时钟频率很容易提高；

(3) 抗干扰能力极强，同一根电缆线的数据传输可以不受其他线路的干扰，这也是串行传输应用极广的原因之一。

7.3.1 外部存储器接口总线

计算机系统的正常运行除了需要 RAM 的支持外，还需要有 ROM 进行数据和指令的存储。不管是硬盘、光驱还是早期的软盘，都是相对缓慢的机械设备，与计算机的数据存储速度相差甚远，而外部存储器的接口总线解决了高速的 CPU 与低速外部存储器之间的数据交换问题。

1. IDE 总线

IDE(integrated drive electronics 或 intelligent drive electronics)总线是 Compaq 公司联合 Western Digital 公司专门为主机和硬盘连接而设计的外部总线，也适用于光驱和软驱的连接，IDE 也称为 ATA(Advanced Technology Attachment)接口。

IDE 是把硬盘控制器和盘体集成在一起的硬盘驱动器，它通过 40 芯扁平电缆将磁盘驱动器或光盘驱动器连接到主机系统上。IDE 采用 16 位并行传输。其中，除了数据线外，还有 DMA 请求和应答信号、中断请求信号、输入输出读、写信号和复位信号等。一个 IDE 接口可连两个硬盘。硬盘的连接有三种模式：只连接一个硬盘时为 Spare 单盘模式，连接两个硬盘时，其中一个为 Master 主盘模式，另一个为 Slave 从盘模式。使用时，模式可随需要而改变,只要按盘面上的指示图改变跨接线即可。当前大多数微机系统中设置了两个 IDE 接口,可连接 4 个硬盘或光驱。IDE 接口引脚名称及含义如表 7.2 所示。

表 7.2 IDE 接口引脚名称及含义

引脚号	名 称	功能描述
1	Reset	复位硬盘(就是硬盘重启)
2	Ground	接地
3~18	Data	这几个接口传输数据信号
19	Ground	接地
20	空	空,什么也不接
21	DMARQ	DMA Request——DMA 请求信号
22	Ground	接地
23	I/O write	写选通信号
24	Ground	接地
25	I/O read	读选通信号
26	Ground	接地
27	IOCHRDY	I/O Channel Ready——设备就绪信号
28	Cableselect	主从设备选择
29	DMAACK	DMA Acknowledge——DMA 响应信号
30	Ground	接地
31	IRQ	Interrupt request——中断请求信号
32	IOCS16	为 I/O 片选 16
33	Addr1	地址 1
34	GPIODMA66Detect	Passed diagnostics——通过诊断
35	Addr0	地址 0
36	Addr2	地址 2
37	ChipselectIP	命令寄存器组选择信号
38	Chipselect3P	控制寄存器组选择信号
39	Activity	一般是作为检测硬盘是否在运行指令的信号针脚。通常,这个针脚和+5V 之间串联 300Ω 电阻和 LED 发光二极管,作为硬盘指示灯

增强型 IDE(即 EIDE)在 IDE 基础上进行了多方面的改进,尤其是采用了双沿触发技术(即上升沿和下降沿都作为有效触发信号),获得双数据率(double data rate,DDR),EIDE 的传输速率为 18MB/s。EIDE 后来称为 ATA-2,在此基础上改进为 ATA-3,在 ATA-3 的基础上,不久又推出了传输率更高的 ATA33 和 ATA66,它们的传输速率分别达 33MB/s 和 66MB/s。

2. SATA 总线

SATA 是 Serial ATA 的缩写,即串行 ATA。2001 年,由 Intel、APT、Dell、IBM、希捷、迈拓这几大厂商组成的 Serial ATA 委员会正式立了 SerialATA 1.0 规范,2002 年确立了 Serial ATA 2.0 规范。Serial ATA 采用串行连接方式,串行 ATA 总线使用嵌入式时钟信号,具备了更强的纠错能力,还具有结构简单、支持热插拔的优点,目前已经成了桌面硬盘的主力接口。SATA 接口需求的电压大幅度减低至 250mV(最高 500mV),较传统并行 ATA

接口的5V少90%～95%。因此，厂商可以给Serial ATA附上高级的硬盘功能，如热插拔等。更重要的是，在连接形式上，除了传统的点对点(point-to-point)形式外，SATA还支持星形连接。在实际的使用中，SATA的主机总线适配器(host bus adapter，HBA)就好像网络上的交换机一样，可以实现以通道的形式和单置的每个硬盘通信，即每个SATA硬盘都独占一个传输通道，所以不存在像并行ATA那样的主/从控制问题。

串行硬盘驱动器接口SATA将硬盘的传输速率提高到了150MB/s，比目前最新的并行ATA的最高传输速率还高，SATA接口的传输速率还可提高到600MB/s。SATA接口非常小巧，仅为7针插座，排线也很细，有利于机箱内部空气流动从而加强散热效果。在主板上标有SATA1、SATA2标志的7针插座就是SATA硬盘的数据线接口，通过扁平SATA数据线，即可与SATA硬盘连接。每个SATA接口只能连接一块SATA硬盘。

3. SCSI总线

SCSI(small computer system interface)是一种专门为小型计算机系统设计的存储单元接口，它是在1979年由美国施加特(Shugart)公司(希捷的前身)研发并制订，并于1986年获得ANSI(美国标准协会)承认。SCSI从发明到现在已经有了十几年历史，它的强大性能表现吸引了许多对性能要求非常严格的计算机系统采用。SCSI是一种特殊的总线结构，可以对计算机中的多个设备进行动态分工操作，对于系统同时要求的多个任务可以灵活机动地分配，动态完成。

SCSI是一个高速智能接口，可以作各种磁盘、光盘、磁带机、打印机、扫描仪条码阅读器以及通信设备的接口。SCSI是处于主适配器和智能设备控制器之间的并行输入输出接口，一块主适配器可以连接7台具有SCSI接口的设备。

SCSI可以采用单级和双级两种连接方式。单级连接方式就是普通连接方式，最大传输距离可达6m；双级连接方式则是通过两条信号线传送差分信号，有较高的抗干扰能力，最大传输距离可达25m。

为了提高数据传输率，改善接口的兼容性，20世纪90年代又陆续推出了SCSI-2和SCSI-3标准，扩充了SCSI的命令集，提高了时钟速率和数据线宽度，使其最高数据传输率可达40MB/s。另外，还推出了串行SCSI，使串行数据传输率达到640MB/s(电缆)或1GB/s(光纤)。

SCSI外置数据线，有以下几种规格：

(1) Apple SCSI，共25针，分为两排，8位，常用于Mac机和旧式Sun工作站；

(2) Sun Microsystem的DD-50SA，共50针，分为三排；

(3) SCSI-2，共50针，分为两排，8位；

(4) Centronics，共50针，分为两排，8位，有点像并行口，它可以连接的设备数目最多；

(5) SCSI-3和WideSCSI-2，共68针，分为两排，16位。

SCSI总线是一种规范的总线逻辑接口，总线访问时的主设备称为启动设备，从设备称为目标设备，总线上访问过程中的总线裁决、信息传输等都是通过总线上相关的信号线按协议完成的。

7.3.2 传统输入设备接口——PS/2

传统的鼠标和键盘都是通过PS/2接口与主机之间实现通信的，但是随着USB技术的发展，目前大多数计算机的输入设备都转向采用USB总线技术实现与计算机系统的通信，PS/2接口技术逐渐被淘汰。

PS/2通信协议是一种双向同步串行通信协议。通信的两端通过Clock(时钟脚)同步，并通过Data(数据脚)交换数据。任何一方如果想抑制另外一方通信时，只需要把Clock(时钟脚)拉到低电平。如果是PC和PS/2键盘间的通信，则PC必须做主机，也就是说，PC可以抑制PS/2键盘发送数据，而PS/2键盘则不会抑制PC发送数据，也即主机在总线上有优先权。一般两设备间传输数据的最大时钟频率是33kHz，大多数PS/2设备工作在10～20kHz，推荐值在15kHz左右，也就是说，Clock(时钟脚)高、低电平的持续时间都为40μs。每一数据帧包含11～12个数据位，各数据位具体含义如下表7.3所示。

表7.3　PS/2帧各位数据的含义

数据位	具体含义	数据位	具体含义
1个起始位	总是逻辑0	1个停止位	总是逻辑1
8个数据位	(LSB)低位在前	1个应答位	仅用在主机对设备的通信中
1个奇偶校验位	奇校验		

当通信的时钟频率为10～16.7kHz时，从时钟脉冲上升沿到一个数据转变的时间至少要有5μs。数据变化到时钟脉冲下降沿的时间至少要有5μs，并且不大于25μs。主机可以在第11个时钟脉冲停止位之前把时钟线拉低，使设备放弃发送当前字节。在停止位发送后，设备在发送下个包前至少应该等待50μs，因为主机需要处理接收到的字节，会抑制发送(主机在收到每个包时通常自动进行)。在主机释放抑制后，设备至少应该在发送任何数据前等50μs。

7.3.3　显示设备接口

显示器作为计算机系统主要的输出设备，其接口类型也经历了不断的发展和进步，下面就简要的介绍几种常见显示设备的接口总线。

1. VGA接口

VGA(video graphics array)接口，也叫D-Sub接口，是计算机显示器上最主要的接口，从CRT显示器时代开始，VGA接口就被使用，并且一直沿用至今。VGA接口是计算机与显示器之间的桥梁，它负责向显示器输出相应的图像信号。CRT显示器因为设计制造上的原因，只能接收模拟信号输入，这就需要显卡能输出模拟信号。VGA接口就是显卡上输出模拟信号的接口，虽然液晶显示器可以直接接收数字信号，但很多低端产品为了与VGA接口显卡相匹配，仍然采用VGA接口。

VGA接口是一种D型接口，上面共有15针孔，分成三排，每排五个。其中除了2根NC(not connect)信号、3根显示数据总线和5个GND信号外，比较重要的是3根RGB彩色分量信号、2根扫描同步信号HSYNC和VSYNC针。

VGA工业标准显示模式要求：行同步和场同步脉冲都为负脉冲，且行时序和场时序都需要同步脉冲(Sync a)、显示后沿(Back porch b)、显示时序段(Display interval c)和显示前沿(Front porch d) 4部分构成。行同步脉冲是数据行的结束标志，同时也是下一行的开始标志。在同步脉冲之后为显示后沿，在显示时序段显示器亮，RGB数据驱动一行上的每一个像素点，从而显示一行。在一行的最后为显示前沿。在显示时间段之外没有图像投射到屏幕时插入消隐信号。同步脉冲、显示后沿和显示前沿都是在行消隐间隔内(horizontal blanking interval)，当消隐有效时，RGB信号无效，屏幕不显示数据。

VGA的场时序与行时序基本一样，每一帧的负极性脉冲是一帧的结束标志，同时也是下一帧的开始标志。显示数据是一帧的所有行数据。分辨率为800×600，640×480的显示器VGA接口标准要求行、场同步信号各个部分以像素时钟周期为单位的时间间隔数如表7.4所示。

表7.4 VGA接口行、场同步信号像素时钟周期要求举例

分辨率	信号类型	同步脉冲a	显示后沿b	显示时序c	显示前沿d	一个周期
800×600	行同步	128像素	88像素	800像素	40像素	1056像素
	场同步	4行	23行	600行	1行	628行
640×480	行同步	96像素	48像素	640像素	16像素	800像素
	场同步	2行	29行	480行	10行	521行

对于LCD液晶显示器和传统的CRT显示器，分辨率都是重要的参数之一。传统CRT显示器所支持的分辨率较有弹性，而LCD的像素间距已经固定，所以支持的显示模式不像CRT那么多。LCD的最佳分辨率，也叫最大分辨率，在该分辨率下，液晶显示器才能显现最佳影像。

LCD显示器呈现分辨率较低的显示模式时，有两种方式进行显示。第一种为居中显示，例如在分辨率1024×768的屏幕上显示分辨率800×600的画面时，只有屏幕居中的800×600个像素被呈现出来，其他没有被呈现出来的像素则维持黑暗，目前该方法较少采用。另一种称为扩展显示，即在显示低于最佳分辨率的画面时，各像素点通过差动算法扩充到相邻像素点显示，从而使整个画面被充满，这样也使画面失去原来的清晰度和真实的色彩。

2. DVI接口

DVI(digital video interface)，即数字视频接口。它是1999年由Silicon Image、Intel(英特尔)、Compaq(康柏)、IBM、HP(惠普)、NEC、Fujitsu(富士通)等公司共同组成数字显示工作组(digital display working group，DDWG)推出的接口标准。

DVI是基于转换最小差分信号(transition minimized differential signaling，TMDS)技术来传输数字信号，TMDS运用先进的编码算法把8b数据(R、G、B中的每路基色信号)通过最小转换编码为10b数据(包含行场同步信息、时钟信息、数据DE、纠错等)，经过DC平衡后，采用差分信号传输数据。它和LVDS、TTL相比有较好的电磁兼容性能，可以用低成本的专用电缆实现长距离、高质量的数字信号传输。数字视频接口(DVI)是一种国际开放的接口标准，在PC、DVD、高清晰电视(HDTV)、高清晰投影仪等设备上有广泛的应用。

DVI接口有3种类型5种规格，端子接口尺寸为39.5mm×15.13mm。3大类包括：DVI-Analog(DVI-A)接口，DVI-Digital(DVI-D)接口，DVI-Integrated(DVI-I)接口。5种规格包括：DVI-A(12+5)、单连接DVI-D(18+1)、双连接DVI-D(24+1)、单连接DVI-I(18+5)、双连接DVI-I(24+5)。

(1) DVI-Analog(DVI-A)接口(12+5)只传输模拟信号，实质就是VGA模拟传输接口

规格。当要将模拟信号 D-Sub 接头连接在显卡的 DVI-I 插座时,必须使用转换接头。转换接头连接显卡的插头,就是 DVI-A 接口。早期的大屏幕专业 CRT 中也能看见这种插头。

(2) DVI-Digital(DVI-D)接口(18+1 和 24+1)是纯数字的接口,只能传输数字信号,不兼容模拟信号。所以,DVI-D 的插座有 18 个或 24 个数字插针的插孔加上 1 个扁形插孔。

(3) DVI-Integrated(DVI-I)接口(18+5 和 24+5)是兼容数字和模拟接口的,所以,DVI-I 的插座就有 18 个或 24 个数字插针的插孔+5 个模拟插针的插孔(就是旁边那个四针孔和一个十字花)。比 DVI-D 多出来的 4 根线用于兼容传统 VGA 模拟信号。基于这样的结构,DVI-I 插座可以插 DVI-I 和 DVI-D 的插头。DVI-I 兼容模拟接口并不意味着模拟信号的接口 D-Sub 插头可以直接连接在 DVI-I 插座上,它必须通过一个转换接头才能连接使用。一般采用这种接口的显卡都会带有相关的转换接头。考虑到兼容性问题,目前显卡一般会采用 DVI-I 接口,这样可以通过转换接头连接到普通的 VGA 接口。而带有两个 DVI 接口的显示器一般使用 DVI-D 类型。而带有一个 DVI 接口和一个 VGA 接口的显示器,DVI 接口一般使用带有模拟信号的 DVI-I 接口。

3. HDMI 接口

HDMI(high definition multimedia interface)即为高清晰度多媒体接口。2002 年 4 月,日立、松下、飞利浦、Silicon Image、索尼、汤姆逊、东芝共 7 家公司成立了 HDMI 组织,开始制定新的专用于数字视频/音频传输标准。2002 年岁末,高清晰数字多媒体接口 HDMI 1.0 标准颁布。

HDMI 在针脚上和 DVI 兼容,只是采用了不同的封装。与 DVI 相比,HDMI 可以传输数字音频信号,并增加了对 HDCP 的支持,同时提供了更好的 DDC 可选功能。HDMI 支持 5Gb/s 的数据传输率,最远可传输 15m,足以应付一个 1080p 的视频和一个 8 声道的音频信号。而因为一个 1080p 的视频和一个 8 声道的音频信号需求的传输速率少于 4GB/s,因此 HDMI 还有很大余量。这允许它可以用一个电缆分别连接 DVD 播放器、接收器和 PRR。此外 HDMI 支持 EDID、DDC2B,因此具有 HDMI 的设备具有即插即用的特点,信号源和显示设备之间会自动进行"协商",自动选择最合适的视频/音频格式。对消费者而言,HDMI 技术不仅能提供清晰的画质,而且由于音频/视频采用同一电缆,大大简化了家庭影院系统的安装。

一般情况下,HDMI 连接由一对信号源和接收器组成,有时候一个系统中也可以包含多个 HDMI 输入或者输出设备。每个 HDMI 信号输入接口都可以依据传输标准,接收连接器的信息,同样,信号输出接口也会携带所有的信号信息。HDMI 数据线和接收器包括三个不同的 TMDS 数据信息通道和一个时钟通道,这些通道支持视频、音频数据和附加信息,视频、音频数据和附加信息通过三个通道传送到接收器上。而视频的像素时钟则通过 TMDS 时钟通道传送,接收器接收这个频率参数之后,再还原另外三个数据信息通道传递过来的信息。每一个 TMDS 通道中包含 2 位的控制数据、8 位的视频数据和 4 位的数据包。

HDMI 的数据传输过程可以分成三个部分:视频数据传输期、岛屿数据传输期和控制数据传输期。

(1) 视频数据传输期,HDMI 数据线上传送视频像素信号,视频信号经过编码,生成 3 路(即 3 个 TMDS 数据信息通道,每路 8 位)共 24 位的视频数据流,输入到 HDMI 发射器中。24 位像素的视频信号通过 TMDS 通道传输,将每通道 8 位的信号编码转换为 10 位,在每个10位像素时钟周期传送一个最小化的信号序列，视频信号被调制为TMDS数据信号传送出去，最后到接收器中接收。

(2) 岛屿数据传输期，TMDS通道上将出现音频数据和辅助数据，这些数据每4位为一组，构成一个上面提到的4位数据包，数据包和视频数据一样，被调制为10位一组的TMDS信号后发出。视频数据传输期和岛屿数据传输期均开始于一个Guard Band保护频带，Guard Band由2个特殊的字符组成，这样设计的目的在于在明确限定控制数据传输期之后的跳转是视频数据传输期。

(3) 控制数据传输期，在上面任意两个数据传输周期之间，每一个TMDS通道包含2位的控制数据，3个TMDS数据信息通道则有6位的控制数据，分别为HSYNC(行同步)、VSYNC(场同步)、CTL0、CTL1、CTL2和CTL3。

岛屿数据和控制数据的传输是在视频数据传输的消隐期，这意味着在传输音频数据和其他辅助数据的时候，并不会占据视频数据传输的带宽，并且也不要一个单独的通道来传输音频数据和其他辅助数据，这也正是一根HDMI数据线可以同时传输视频信号和音频信号的原因。

7.3.4 USB总线

通用串行总线(universal serial bus，USB)接口是由Compaq、IBM、Microsoft等多家公司于1994年底联合推出的接口标准，用于取代逐渐不适应外设需求的传统串、并口。USB接口是一个包含四条金手指引脚的扁平接口。如果剖开USB外设的数据线，可以发现内部共有四条线，其中两条负责供电而另外两条负责数据的传输，它既可用于低速的外部设备，如键盘、鼠标等，也可用于中速装置，如打印机、数码相机、调制解调器、扫描仪等。

1. USB接口的性能特点

(1) 热插拔，使用方便

USB接口真正实现了热插拔，在安装硬件时不再需要像串口或并口这样经过关机→连接→开机→安装驱动程序→重启的繁琐过程，实现了开机状态下的即插即用。此外，USB接口都有自己的单独保留中断号(由USB驱动程序自动分配，并在USB设备拔出后自动收回)，不会和其他设备竞争有限的资源，免去许多配置的麻烦。

(2) 带宽大，速度快

USB 1.1协议允许1.5Mb/s和12Mb/s两种数据传送速度规格，大约是标准串口的100倍(115Kb/s)以及标准并口的10倍，而新的USB 2.0协议已经可以提供速率为480Mb/s的高速传输(注：1Mb/s=0.125MB/s)。表7.5给出了USB协议提供的三种速率及其适用范围。

表7.5 USB传输速率及其适用范围

传输模式	速　率	适用类别	特　性	应　用
低速	10Kb/s～1.5Mb/s	交互设备	低价格、热插拔、易用性	键盘、鼠标、游戏杆
全速	500Kb/s～12Mb/s	电话、音频、压缩视频	低价格、热插拔、易用性、限定带宽和延迟	ISDN、PBX、POTS
高速	25Mb/s～480Mb/s	视频、磁盘	高带宽、限定延迟、易用性	音视频处理、磁盘

(3) 可连接的设备多

USB 接口理论上可以通过 USB HUB 采用菊花链的形式扩展连接 127 个设备，节点间的有效距离为 5m，而通过 USB HUB 可以将有效距离延长至 30m。但注意采用 USB HUB 扩展接口时最多允许 5 个 HUB 级联而且有 30m 的有效距离限制。

(4) 简单的网络互连功能

可以利用 USB 接口实现双机互连以交换简单的数据资料，组建最简单的对等网。

必须指出的是，USB 2.0 功能的实现要求硬件和软件同时支持，包括主板的 USB 主控芯片和操作系统都需要对 USB 2.0 提供支持。对目前主流的 Windows 操作系统而言，只有 Windows 2000 和 Windows XP 能够提供对 USB 2.0 的完整支持，在其他系统下虽然系统可以识别 USB 2.0 设备，但无法以高速模式运行，而包括 Linux、Mac OS 和 BEOS 在内的非主流操作系统目前也开始提供对 USB 2.0 的支持。

2. USB 设备及其体系结构

USB 总线是一种串行总线，支持在主机与各式各样即插即用的外设之间进行数据传输。它由主机预定传输数据的标准协议，在总线上的各种外设上分享 USB 总线带宽。当总线上的外设和主机在运行时，允许自由添加、设置、使用以及拆除一个或多个外设。

USB 总线系统中的设备可以分为三种类型。一是 USB 主机，在任何 USB 总线系统中，只能有一个主机。主机系统中提供 USB 总线接口驱动的模块，称作 USB 总线主机控制器。二是 USB 集线器(HUB)，类似于网络集线器，实现多个 USB 设备的互连，主机系统中一般整合有 USB 总线的根(节点)集线器，可以通过次级的集线器连接更多的外设。三是 USB 总线的设备，又称 USB 功能外设，是 USB 体系结构中的 USB 最终设备，如打印机、扫描仪等，接受 USB 系统的服务。USB 设备和 USB 集线器总数不超过 127 个。USB 系统的拓扑结构如图 7.8 所示。

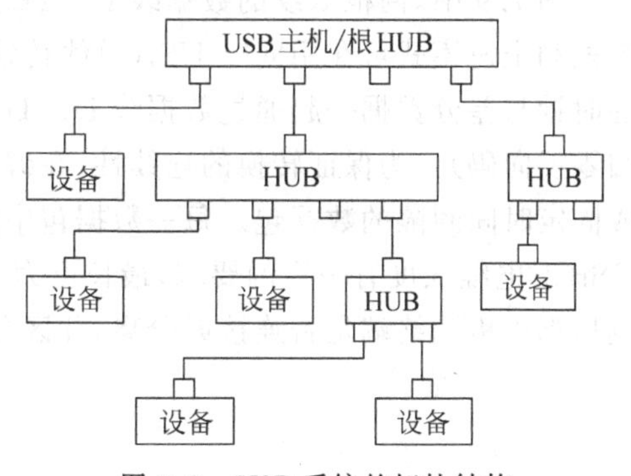

图 7.8 USB 系统的拓扑结构

3. USB 的传输方式

针对设备对系统资源需求的不同，在 USB 规范中规定了 4 种不同的数据传输方式。

(1) 控制(control)传输方式

控制传输方式用来配置和控制主机到 USB 设备的数据传输方式和类型。设备控制指令、设备状态查询及确认命令均采用这种传输方式。当 USB 设备收到这些数据和命令后，将依据先进先出的原则处理到达的数据。

(2) 中断(interrupt)传输方式

虽然中断传输方式传送的数据量很小，但这些数据需要及时处理，以达到实时效果。此方式主要用在键盘、鼠标以及操纵杆等设备上。

(3) 同步(isochronous)传输方式

同步传输方式用来连接需要连续传输数据且对数据的正确性要求不高，而对时间极为敏感的外部设备，如麦克风、喇叭以及电话等。同步传输方式以固定的传输速率，连续不断地在主机与 USB 设备之间传输数据，在传送数据发生错误时，USB 并不处理这些错误，而是继续进行新数据的传送。

(4) 批(bulk)传输方式

批传输方式用来传输要求正确无误的大批量的数据。通常打印机、扫描仪和数码相机以这种方式与主机连接。

4. USB设备的电气连接

USB接口的连接线有两种形式，通常我们将其与计算机接口连接的一端称为“A”连接头，而将连接外设的接头称为“B”连接头。USB连接分为上行连接和下行连接。所有USB外设都有一个上行的连接，上行连接采用A型接口，而下行连接一般则采用B型接口，这两种接口不可简单地互换，这样就避免了集线器之间循环往复的非法连接。一般情况下，USB集线器输出连接口为A型口，而外设及HUB的输入口均为B型口。所以USB电缆一般采用一端A口、一端B口的形式。USB电缆中有四根导线：一对互相绞缠的标准规格线，用于传输差分信号D_+和D_-，另有一对符合标准的电源线VBUS和GND，用于给设备提供+5V电源。USB连接线具有屏蔽层，以避免外界干扰。USB连接线定义见表7.6。

表7.6 USB连接线定义

连接序号	信号名称	典型连接线
1	VBUS(电源正)	红
2	D_-(负差分信号)	白
3	D_+(正差分信号)	绿
4	GND(电源地)	黑
外层	屏蔽层	—

图7.9中，两根双绞的数据线D_+、D_-用于收发USB总线传输的数据差分信号。低速模式和全速模式可在用同一USB总线传输的情况下自动地动态切换。数据传输时，调制后的时钟与差分数据一起通过数据线D_+、D_-传输出去，信号在传输时被转换成NRZI码(不归零反向码)。为保证转换的连续性，在编码的同时还要进行位插入操作，这些数据被打包成固定时间间隔的数据包。每一数据包中附有同步信号，使得收方可还原出总线时钟信号。USB对电缆长度有一定的要求，最长可为5m。终端设备位于电缆的尾部，在集线器的每个端口都可检测终端是否连接或分离，并区分出高速或低速设备。

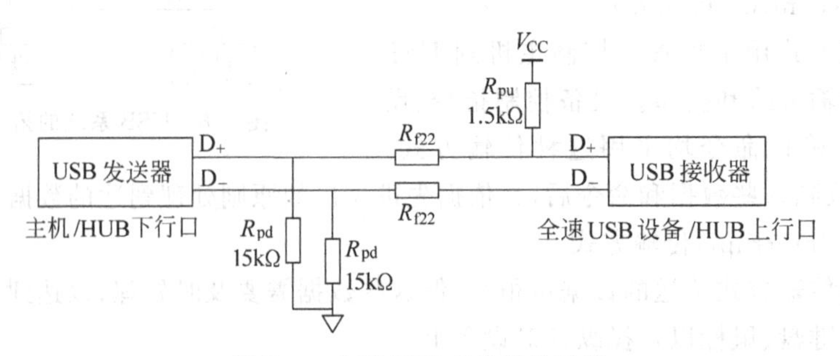

图7.9 全速USB总线设备连接

图7.9和图7.10分别给出了USB 1.1中全速USB设备、低速USB设备与USB主机的连接方法。全速和低速连接方法的主要区别在于设备端。全速连接法需要在D_+上接一个1.5kΩ的上拉电阻，而低速接法是将此电阻接到D_-上。在进行信息传输之前，数据无论

是发送给USB设备还是来自给定的USB设备，主机软件首先都必须检测USB设备是否存在，同时还要检测该设备是一个全速设备还是一个低速设备。USB集线器通过监视差分数据线来检测设备是否已连接到集线器的端口上，当没有设备连接到USB端口时，D_+和D_-通过下拉电阻R_{pd}电平都是近地的。而USB设备必须至少在D_+和D_-线的任意一条上有一个上拉电阻R_{pu}。由于R_{pu}的阻值为1.5kΩ，R_{pd}的阻值为15kΩ，所以当USB设备连接到集线器上时，数据线上会有90%的V_{CC}电压，当集线器检测到一条数据线电压接近V_{CC}时，而另一条保持近地电压，并且这种情况超过2.5μs时，就认为设备已经连接到该端口上。集线器再通过检测是哪根数据线电压接近V_{CC}来判别是哪一类USB设备连接到其端口上。如果D_+电平接近V_{CC}，D_-近地，则所连设备为全速设备；而如果D_-电平接近V_{CC}，D_+近地，则所连设备为低速设备。当D_+和D_-的电压都降到0.8V以下，并持续2.5μs以上时，就认为该设备已经断开连接。

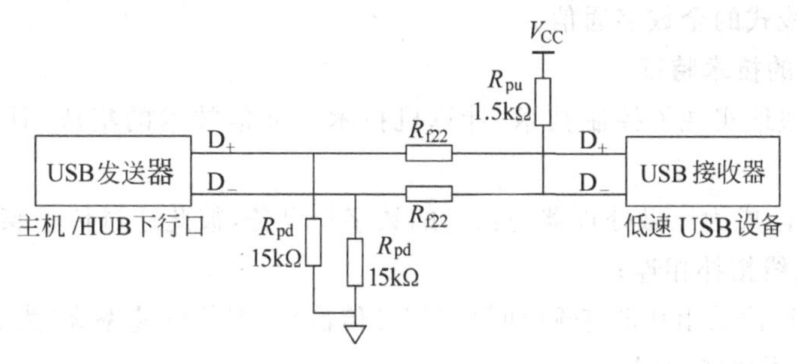

图7.10 低速USB总线设备连接

5. USB协议的发展

现在使用USB的外设越来越多，例如可移动硬盘、各种U盘、MP3播放器、数码相机、数码摄像机、机顶盒、数码录音笔等，并且厂商对于USB硬件和软件的支持也越来越完备，现在开发一个USB外设产品，所需投入的时间和成本大为降低。但是，随着USB应用领域的扩大，人们对于USB的期望也越来越高。希望USB设备能够摆脱协议中居于核心地位的主机控制，直接进行两个USB设备的互连。鉴于这种需求，早在2001年就正式推出了USB On-The-Go协议1.0版本，简称OTG 1.0。USB OTG协议是对USB 2.0的补充协议，基本上符合USB 2.0规范。与以前USB协议所不同的是符合USB OTG协议的设备完全抛开了PC，既可以作为主机，也可以作为外设使用，与另一个符合OTG协议的设备直接实现点对点的通信。相信随着USB协议的不断完善，其功能将更加强大，应用领域也必将更加广阔。

7.3.5 现场总线简介

在现代工业控制中，由于被控对象、测控装置等物理设备的地域分散性，以及控制与监控等任务对实时性的要求，工业控制内在地需要一种分布实时控制系统来实现控制任务。在分布式实时控制系统中，不同计算设备之间的任务交互是通过通信网络，以信息传递的方式实现的：为了满足任务的实时要求，要求任务之间的信息传递必须在一定的通信延迟时间内。工业通信网络的采用，不仅为实现过程分布控制提供了现实可行的条件，而且对系统的实时性提出了强烈的要求。为了满足工业控制中对时间限制的要求，通常采用具有确定的、有限排队延迟的专用实时通信网络。典型的实时通信网络就是现场总线，它是应用在生产现场、在微机化测量控制设备间实现双向串行多节点的数字通信系统，又称为开放式、数字化、多点通信的低层控制网络，被誉为自动化领域的计算机局域网。它把各个分散的测量控制设备转换为网络节点，以现场总线为纽带，连接成为可以互相通信、沟通信息、共同完成自控任务的网络化控制系统。

现场总线控制系统FCS作为新一代控制系统，一方面突破了集散控制系统DCS系统采用通信专用网络的局限，采用了基于公开化、标准化的解决方案，克服了封闭系统所造成的缺陷；另一方面把DCS的集中与分散相结合的集散系统结构，变成了新型全分布式结构，把控制功能彻底下放到现场。可以说，开放性、分散性与数字通信是现场总线系统最显著的特征。根据国际电工委员会IEC和美国仪表协会ISA的定义，现场总线是连接智能现场设备和自动化系统的数字式、双向传输、多分支结构的通信网络。它的关键标志是能支持双向、多节点、总线式的全数字通信。

1. 现场总线的技术特征

现场总线完整地实现了控制技术、计算机技术与通信技术的集成，具有以下几项技术特征：

① 现场设备已成为以微处理器为核心的数字化设备，彼此通过传输媒体(双绞线、同轴电缆或光纤)以总线拓扑相连；

② 网络数据通信采用基带传输(即数字信号传输)数据传输速率高(为Mb/s或10Mb/s级)，实时性好，抗干扰能力强；

③ 废弃了集散控制系统(DCS)中的I/O控制站，将这一级功能分配给通信网络完成；

④ 分散的功能模块，便于系统维护、管理与扩展，提高可靠性；

⑤ 开放式互连结构，既可与同层网络相连，也可通过网络互连设备与控制级网络或管理信息级网络相连；

⑥ 互操作性，在遵守同一通信协议的前提下，可将不同厂家的现场设备产品统一组态，构成所需要的网络。

2. 现场总线的优点

现场总线的以上特点，使得控制系统的设计、安装、投运到正常生产运行及其检修维护，都体现出优越性。

(1) 节省硬件数量与投资

由于现场总线系统中分散在设备前端的智能设备能直接执行多种传感、控制、报警和计算功能，因而不再需要单独的控制器、计算单元等，也不再需要DCS系统的信号调理、转换、隔离技术等功能单元及其复杂接线，还可以用工控PC作为操作站，从而节省大笔硬件投资。

(2) 节省安装费用

现场总线系统的接线十分简单，由于一对双绞线或一条电缆上通常可挂接多个设备，当需要增加现场控制设备时，无须增设新的电缆，可就近连接在原有的电缆上，既节省了投资，也减少了设计、安装的工作量。

(3) 节省维护开销

现场控制设备具有自诊断与简单故障处理的能力，且用户可以通过现场总线查询所有设备的运行状态和维护信息，便于分析和排除故障，且由于系统结构简化、连线简单而减少了维护工作量。

(4) 用户具有高度的系统集成主动权

用户可以自由选择不同厂商所提供的设备来集成系统，而不会为系统中不兼容的协议、接口而一筹莫展。

(5) 提高了系统的准确性和可靠性

由于现场总线设备的智能化、数字化，使得测量与控制的准确性提高了，且简化的结构及设备与连线的减少提高了系统的工作可靠性。此外，现场总线系统的设备标准化和功能模块化，使其具有设计简单、易于重构等优点。

国际上发达国家的厂商看到了现场总线的广阔前景，于是纷纷投入很大的人力、物力进行研究开发。他们首先立足于总线标准，即总线协议的制定，而后力图发展其应用领域以扩张自己的营运范围。目前已经出现了四十多种现场总线，各发展各的势力，各做各的生意，已形成了目前多种现场总线并存的、各不相让相互竞争的局面。多种总线并存，就意味着有多种标准，这就严重束缚了总线的应用和发展，国际电工协会(IEC)于 1999 年认定通过了 8 种现场总线为现行的现场总线标准，而目前较为流行的现场总线标准主要有以下 5 种：

① 基金会现场总线(foundation fieldbus，FF)；

② 局部操作网(local operating networks，LonWorks)；

③ 过程现场总线(process fieldbus，Profibus)；

④ 可寻址远程传感器数据通路(highway addressable remote transducer，HART)；

⑤ 控制器局域网(control area network，CAN)。

习题 7

7.1 为什么要制定计算机总线标准？

7.2 总线标准主要包括哪些特性？

7.3 计算机总线可以分为哪些类型？

7.4 评价总线的性能指标有哪些？

7.5 什么是总线、系统总线和通信总线？

7.6 简述 STD 总线的仲裁过程。

7.7 常用的 PC 总线有哪些？各有什么特点？

7.8 简述 PCI 总线的性能特点。

7.9 常用的通信总线有哪些？

7.10 IEEE 488 总线有哪几种工作方式？并简述各方式的工作过程。

7.11 USB 协议中是如何区分高速设备和低速设备的？

7.12 简述 IEEE 1394 总线的性能特点及其与 USB 总线的区别。

7.13 USB 总线有几种类型设备？它们在 USB 系统体系结构中各起何种作用？

7.14 现场总线具有哪些优点？流行的现场总线标准有哪些？

第 8 章
CHAPTER 8

操作系统与软件接口

正如霍夫(Hoff)的思想,微型计算机的出现使得人们通过外部软件的操纵以简单的指令实现复杂的工作。微型计算机的应用系统,缺少了软件系统的支持,就无法完成任何期望的工作。而且,在大多数的微型计算机应用中,硬件部分都可以选用市场上现有的产品,而更多的工作则集中在软件的设计实现上。因此,了解微型计算机的软件体系对于掌握微型计算机的应用方法有着重要的作用。

在当前的个人计算机市场上,微软的 Windows 操作系统占据了大部分的份额。因此在大多数的微型计算机系统中,大都采用微软的 Windows 操作系统作为应用平台。本章将主要以 Windows 系统为例,介绍 PC 的软件体系结构,以及应用软件的开发原理和方法。

8.1 操作系统概述

8.1.1 操作系统的概念

操作系统(operating system,OS)是一管理计算机硬件与软件资源的程序,同时也是计算机系统的内核与基石。操作系统身负诸如管理与配置内存、决定系统资源供需的优先次序、控制输入与输出设备、操作网络与管理文件系统等基本事务。操作系统是管理计算机系统的全部资源,包括硬件资源、软件资源及数据资源,控制程序运行,改善人机界面,为其他应用软件提供支持等,使计算机系统所有资源最大限度地发挥作用,为用户提供方便的、有效的、友善的服务界面的一个庞大管理控制程序。目前微机上常见的操作系统有 DOS、OS/2、UNIX、XENIX、Linux、Windows、Netware 等。

对于操作系统而言,其必须完成两个主要目标:

① 与硬件部分相互作用,为包含在硬件平台上的所有低层可编程部件提供服务。这是一个艰难的目标,其复杂性就在此,也就是文件系统和设备驱动的职责。

② 为运行在计算机系统上的应用程序(即所谓用户程序)提供执行环境。这就是服务的本性,进程调度,内存管理就是为此目标的。

1. 操作系统的功能

操作系统是控制其他程序运行、管理系统资源并为用户提供操作界面的系统软件的集合。其主要具有如下 5 个方面的管理功能：

(1) CPU 管理

CPU 管理即进程与处理器的管理。操作系统通过选择一个合适的进程占有 CPU 来实现对 CPU 的管理，因此，对 CPU 的管理归根结底就是对进程的管理。操作系统有关进程方面的管理任务很多，主要有进程调度、进程控制、进程同步与互斥、进程通信、死锁的检测与处理等。

(2) 存储管理

存储管理的任务是对要运行的作业分配内存空间。当一个作业运行结束时要收回其所占用的内存空间。为了使并发运行的作业相互之间不受干涉，不能有意或无意地存取自己作业空间之外的存储区，从而干扰、破坏其他作业的运行，操作系统要对每一个作业的内存空间和系统内存空间实施保护。

(3) 设备管理

设备管理的实质是对硬件设备的管理，其中包括对输入输出设备的分配、启动、完成和回收。计算机系统的外围设备种类繁多、控制复杂、价格昂贵，相对 CPU 来说，运转速度又比较慢，如何提高 CPU 和设备的并行性，充分利用各种设备资源，便于用户和程序对设备的操作和控制，长期以来一直是操作系统要解决的主要任务。

(4) 文件管理

文件是计算机中信息的主要存放形式，也是用户存放在计算机中最重要的资源或财富。文件管理的主要目的是将文件长期、有组织、有条理地存放在系统之中，并向用户和程序提供方便的建立、打开、关闭、撤销等存取接口，便于用户共享文件。文件管理的主要功能有文件存储空间的分配和回收、目录管理、文件的存取操作与控制、文件的安全与维护、文件逻辑地址与物理地址的映像、文件系统的安装、拆除和检查等。

(5) 用户接口

操作系统内核通过系统调用向应用程序提供了很友好的接口，方便用户程序对文件和目录的操作，申请和释放内存，对各类设备进行 I/O 操作，以及对进程进行控制。此外，操作系统还提供了命令级的接口，向用户提供了几百条程序命令，使用户方便地与系统交互。这些程序有的通过系统调用或系统调用的组合完成更为复杂的功能，有的不必与系统的核心交互，它们都极大地丰富了操作系统的软件库，方便交互用户操作文件和设备，以及控制作业运行。

2. 操作系统的分类

操作系统种类繁多，很难用单一标准统一分类。

按照工作方式分类，有批处理系统(如 MVX、DOS/VSE)，分时系统(如 Windows、UNIX、XENIX、Mac OS)，实时系统(如 iEMX、VRTX、RTOS，RT Linux)，网络操作系统(如 Netware、Windows NT、OS/2 warp)和分布式系统(如 Amoeba)。

按照架构分类，有单内核系统、微内核系统、超微内核系统及外核等。

按照用途分类，有通用操作系统、专用操作系统和嵌入式操作系统。

通用操作系统是面向一般没有特定应用需求的操作系统，如 Windows 操作系统。

专用操作系统是面向专用应用需求的操作系统，如智能 IC 卡操作系统。

嵌入式操作系统是面向嵌入式系统应用需求的操作系统，如 μC/OS 操作系统。

3. 操作系统的特征

作为区分一个系统软件是否是操作系统的重要依据,所有的操作系统都具有以下四个基本特征:

(1) 并发性

并发性是指从宏观上(这种"宏观"也许不到一秒的时间)看多个程序的运行活动,这些程序在串行地、交错地运行,由操作系统负责这些程序之间的运行切换,人们从外部宏观上观察,有多个程序都在系统中运行。

(2) 共享性

共享性是指多个用户或程序共享系统的软、硬件资源。共享可以提高各种系统设备和系统软件的使用效率。在合作开发某一项目时,同组用户共享软件和数据库可以大大提高开发效率和速度。

(3) 虚拟

操作系统向用户提供了比直接使用裸机简单方便得多的高级的抽象服务,从而为程序员隐藏了硬件操作复杂性。这就相当于在原先的物理计算机上覆盖了一至多层系统软件,将其改造成一台功能更强大而且易于使用的扩展机或虚拟机。例如,分时系统就是把一个计算机系统虚拟为多台逻辑上独立、功能相同的系统。

(4) 不确定性

不确定性指的是使用同样一个数据集的同一个程序在同样的计算机环境下运行,每次执行的顺序和所需的时间都不相同。产生这种现象是由于多道程序环境下的操作系统内部的活动是极其复杂的,这些活动之间又有错综复杂的联系。系统内活跃作业数量的变化及它们之间复杂的联系、程序的输入输出请求、从外部设备发出的中断等大量事件的发生时间都是不可预测的,外部设备的速度也存在细微的不确定的变化,因此,作业就在不可预测的次序中前进,即程序的执行过程是不可预测的。

操作系统是一种大型软件。为了更好地利用操作系统,应该了解它的体系结构。也就是要弄清楚如何把这一大型软件划分成若干较小的模块以及这些模块间有着怎样的接口。在操作系统中,有些模块需要使用另一些模块内的数据,而系统的某些功能又需要若干模块协同工作来实现。

8.1.2 常用操作系统——从PC到移动终端

随着集成电路技术的飞速发展,PC作为推动微型计算机技术发展的先锋已不能独领风骚。移动终端借助操作系统和嵌入式系统强大的处理能力,正在从简单的通信工具变为一个综合信息处理平台,给微型计算机的发展带来了质的改变,移动信息平台正在成为新的微型计算机代表。与此同时,不同操作系统也在移动终端平台展开了激烈竞争。本节简单介绍PC以及移动终端中的典型操作系统。

1. Windows 操作系统

1) Microsoft Windows

Microsoft Windows是微软公司推出的一系列操作系统。它问世于1985年,起初是MS-DOS之下的桌面环境,其后续版本逐渐发展成为主要为个人计算机和服务器用户设计的操作系统,并最终获得了世界个人计算机操作系统的垄断地位。此操作系统可以在几种不同类型的平台上运行，如个人计算机(PC)、移动设备、服务器(Server)和嵌入式系统等，其中在个人计算机的领域应用内最为普遍。

早期版本的 Windows 通常被看作仅仅是运行于 MS-DOS 系统中的一个图形用户界面，不是操作系统。主要因为它们在 MS-DOS 上运行并且被用作文件系统服务。不过，即使最早的 16 位版本的 Windows 也已经具有了许多典型的操作系统的功能，包括拥有自己的可执行文件格式以及为应用程序提供自己的设备驱动程序(计时器、图形、打印机、鼠标、键盘以及声卡)。与 MS-DOS 不同，Windows 通过协作式多任务允许用户在同一时刻执行多个图形应用程序。最后，Windows 还实现了一个设计精良的、基于存储器分段的软件虚拟内存方案，使其能够运行大于物理内存的应用程序。代码段和资源在内存不足的时候进行交换，并且当一个应用程序释放处理器控制时，特别是等待用户输入的时候，数据段会被移入内存。后续的 Windows 9x 系列仍然需要依赖 16 位的 DOS 基层程序才能运行，不算是真正意义上的 32 位操作系统，由于使用 DOS 代码，架构也与 16 位 DOS 一样，核心属于单核心，但也引入了部分 32 位操作系统的特性，具有一定的 32 位的处理能力。

Windows NT 体系结构操作系统，不同于依然需要 DOS 基层程序的混合 16/32 位的 Windows 9x，是为更高性能需求的商业市场而编写的纯 32 位操作系统。而后，随着 CPU 技术的发展，Windows 也开发了 64 位的操作系统以支持 64 位的 CPU。在历史上微软曾对两种不同的 64 位架构提供支持，其一是 Intel 公司和 HP 联合开发后来被放弃的 Itanium 家族架构，或称之为 IA-64；现在保留的是微软和 AMD 公司开发后进化的 x86-64 架构，在微软的词汇中称为 x64。

2) 移动终端上的 Windows

2012 年，微软发布 Windows Phone 8，摒弃了前任 Windows Phone 7 基于 Windows CE 的体系，而采用 Windows NT 内核，与 Windows 8 共享包括文件系统(NTFS)、网络协议、安全元素、图形引擎(DirectX)、驱动和硬件抽象层的架构。2014 年，微软初步推出了“通用应用”的概念，在 Windows 8.1 创建的应用，可以移植到 Windows Phone 8.1 和 Xbox One。用户数据和许可证、应用程序也可以在多个平台之间共享。2014 年 7 月，微软新任首席执行官 Satya Nadella 说，公司计划将使三个版本的 Windows 操作系统精简为一个单一的聚合操作系统屏幕，统一 Windows、Windows Phone、Windows 嵌入式系统在一个共同的架构和统一的应用生态系统。

2014 年 9 月 30 日，微软推出了 Windows 10。微软称 Windows 10 为“有史以来最全面的操作系统”及“至今最好的 Windows”。Windows 10 恢复类似 Windows Vista、Windows 7 的传统开始按钮，在细节上参考 Windows 8 和 Windows 8.1 的微软“Modern 瓷砖”设计。Windows 10 也覆盖大部分受支持的尺寸和品类的 Windows 设备，可在微型计算机(如 Intel Galileo 类型的开发板)、手机(ARM 芯片)、平板(ARM 和 x86 芯片)、二合一设备、桌面计算机及服务器间进行无缝切换。Windows 10 贯彻微软官方所宣称的设计思路——“移动为先，云为先”，多个平台共用一个应用商店，对应用进行跨设备统一更新和购买。微软认为，Windows 10 是最为跨平台的操作系统。

Windows 10 Mobile 是 Windows 10 操作系统的分支版本。此版本是专为屏幕尺寸低于 8 寸的智能手机和平板电脑而设。Windows 10 Mobile 是 Windows Phone 8.1 的后继程序，它与台式机共享一些用户界面元素和应用程序。Windows 10 重视不同设备之间的同步对于智能手机尤其如此，Windows 10 的 Runtime 应用程序可以移植到 Windows 10 Mobile，并分享共同的代码库。Windows 10 Mobile 与个人计算机版本分享同样的用户界面元素，但与桌面版本不同的是，不会有多用户登录功能。

2. Mac OS X 与 iOS

苹果公司由斯蒂夫·乔布斯(Steve Jobs)和斯蒂夫·沃兹尼亚克(Steve Wozniak，简称沃兹(Woz))于 1976 年创立。随后在 20 世纪 80 年代的个人计算机的发展大潮中与 IBM 的 PC 各领风骚，发展成为个人计算机的两大体系之一。苹果公司为自己的微型计算机体系编制了 Mac OS 系列操作系统，与微软为 PC 配备的 Windows 系统相抗衡。而随着移动终端平台的发展，苹果公司也紧随时代脚步，推出了基于 Mac OS X 的 iOS 移动平台操作系统，从而成功地占领了移动终端平台的市场份额。

1) Mac OS X

作为首个在商用领域成功的图形用户界面操作系统，Mac OS 是一套运行于苹果 Macintosh 系列电脑上的操作系统。现行的最新的系统版本是 OS X 10.12，且网上也有在 PC 上运行的 Mac 系统，简称 Mac PC。

Mac 系统也是基于 UNIX 内核的图形化操作系统，由苹果公司自行开发。苹果机的操作系统已经到了 OS 10，代号为 Mac OS X(X 为 10 的罗马数字写法)，这是 MAC 计算机诞生 15 年来最大的变化。Mac OS X 非常可靠，它的许多特点和服务都体现了苹果公司的理念。而由于 Mac 的架构与 Windows 不同，所以很少受到病毒的袭击，安全性能较 Windows 系统更高。Mac OS X 操作系统界面非常独特，突出了形象的图标和人机对话功能。苹果公司不仅自己开发系统，也涉及到硬件的开发。最新的 Mac OS High Sierra 10.13.4 正式版增强了对外接 eGPU 的支持。

和前辈 OS 9 相比，OS X 算是一个技术奇迹。整个操作系统从内至外全部重新设计了，而且改头换面成为了目前最具创新性的操作系统。不论是图形用户界面(GUI)还是底层的编程 API 接口，OS X 的很多特性都仍然算是创新的，而且很多特性正在快速地向 Windows 和 Linux 移植。

苹果的官方 OS X 和 iOS 文档将其架构分成 4 个层次：

(1) 用户体验层，包括 Aqua、Dashboard、Spotlight 和辅助功能(accessibility)等。在 iOS 中，用户体验层包括 SpringBoard，同时还支持 Spotlight。

(2) 应用框架层，包括 Cocoa、Carbon 和 Java。而在 iOS 中只有 Cocoa(严格地说应该是 Cocoa 的衍生品 Cocoa Touch)。

(3) 核心框架，有时候称为图形和媒体层，包括核心框架、OpenGL 和 QuickTime。

(4) Darwin，操作系统核心——包括内核和 UNIX shell 环境。

在这些层次中，Darwin 是完全开源的，是整个系统的基础，并提供了底层 API。而上面那些层次则是闭源的，属于苹果私有的知识产权。大部分用户态的应用程序，特别是通过 Objective-C 编写的应用程序只需要使用到框架的接口——主要是 Cocoa 框架，这是推荐使用的应用框架；有时候还会使用一些核心框架的接口。因此大部分 OSX 和 iOS 开发者实际上都忽略了这些更低层次、Darwin 的存在，更不用说内核了。尽管如此，用户端的每一个层次都可以被应用程序访问。在内核中，有一些组件也可以被设备驱动的开发者访问。

2) iOS

Windows 有 Windows Mobile，Linux 有 Android，而 OS X 也有对应的移动平台分支——即万众瞩目的 iOS。iOS 最初称为 iPhone OS(在 2010 年中之前)，苹果(在和 Cisco 一个短暂的商标争端之后)将这个操作系统更名为 iOS，表示一统 i 系列设备的操作系统：iPhone、iPod、iPad 和 Apple TV。

从本质上看，iOS 实际上就是 Mac OS X，但是两者之间还是有一些显著的区别：

(1) iOS 内核和二进制文件编译的目标架构是基于 ARM 的架构，而不是 Intel i386 和 x86_64。尽管目标处理器可能不同(A4、A5 和 A5X 等)，但都是采用 ARM 的设计。相比 Intel，ARM 的主要优势在于电源管理，因此 ARM 的处理器设计对于 iOS 这样的移动操作系统(及其强大对手 Android)来说都非常重要。

(2) iOS 的内核源码依然闭源。尽管苹果公司承诺 OS X 内核 XNU 要一直开源，但这个承诺显然在回避其移动版本闭源的现实。有时候，一些 iOS 修改会在公共开放的源代码中泄露，不过这些泄露代码的数量随着新版本内核的发布越来越少。

(3) iOS 内核的编译稍有不同，关注的是嵌入式特性和一些新的 API。有一些新的 API 最终会进入 OS X，但是其他的不会。

(4) iOS 的系统 GUI 是 SpringBoard，这是大家熟知的触屏应用加载器；而 OS X 中的 GUI 的 Aqua 是鼠标驱动的，而且是特别为窗口系统所设计。由于 SpringBoard 如此流行，因此在 Lion 中以 LaunchPad 的形式移植到了 OS X 中。

(5) iOS 的内存管理更紧凑，因为在移动设备上没有几乎无穷的交换空间可以使用，因此，开发者需要适应更严酷的内存限制以及编程模型的变化。

(6) 系统的限制更严，因此应用程序不允许访问底层 UNIX API(即 Darwin)，也没有 root 访问权限，而且只能访问自己的目录里的数据。只有苹果的应用才能有访问整个系统的权力。App Store 的应用被严格受限，而且必须通过苹果的审查。

(7) 最后最重要的一点区别是：苹果公司竭尽全力保证 iOS 作为一个移动平台操作系统的封闭性。实际上，这种做法将操作系统限制为只允许开发者访问苹果公司认为是“安全”或“推荐”的功能，而不允许开发者访问整个硬件的功能——而事实上苹果硬件的能力已经能媲美不错的桌面计算机了。这限制都是人为添加的，也就是说，在其核心部分，iOS 几乎可以完成 OS X 能完成的一切任务。既然已经有了一个很优秀的操作系统，而且可以方便地进行移植，所以没有必要重新编写一个操作系统。此外，OS X 已经经历过一次从 PC 到 x86 的移植，因此可以推断，移植到 ARM 也不会太困难。

3. UNIX 操作系统

UNIX 系统是一个交互式的多用户分时操作系统，自问世以来十分流行。它可运行在大、中、小型各种具有不同处理能力的计算机上，成为一个功能强大、健壮和稳定的操作系统，广泛应用于各重要的部门。现在，UNIX 已经发展成为支持多用户、多任务、多线程的现代操作系统，提供虚拟存储、动态链接、TCP/IP 网络等功能，它必将随着硬件技术和操作系统技术的发展而不断进步。

UNIX 系统是由美国电报电话公司(AT&T)下属的 Bell 实验室的两名程序员 K. Thompson 和 D. M. Ritchie 于 1969—1970 年研制和开发的。研制该系统的目的是为了创造一个能进行交互会话的软件开发环境，这两位程序员在 PDP 7 机器上实现了这一系统。UNIX 系统继承了由这两个程序员参与研制的 Multics 系统的许多成功的经验，例如，层次结构的文件系统、与设备独立的用户接口、功能完善的命令程序设计语言等,还汲取了Multics系统的教训,力求系统的规模要小、设计要相对简单。Bell实验室UNIX系统规划部主任就指出:“UNIX的成功并非来自什么崭新的设计概念,而是由于对操作系统所应具备的功能做了一番仔细的斟酌。也就是说,要确定赋予它哪些功能,而且更重要的是,要确定放弃哪些功能。过去的操作系统常常由于庞杂而带来许多问题,有所失才能有所得。UNIX的成功就在于它做了恰当的选择”。

不可否认,UNIX是一种非常成功的操作系统,PC和移动终端平台上有很多的操作系统都是从UNIX的基础上衍生发展起来的,包括Linux系统与UNIX系统也有着密切的渊源,其构成了当今世界在个人消费电子领域中除Windows系统之外的另一个庞大的阵容。

4. Linux与Android

微软和苹果都在自己的操作系统上进行了移动平台的移植和重设计,从而得到了相应的针对移动终端平台的操作系统版本。Google没有自己的操作系统平台,选择了功能强大的Linux这个开源操作系统。因此,在Android系统诞生的那一天,开放的思想就已经植根于这个新兴的移动终端系统里面了。

1) Linux系统

Linux系统自1991年10月5日诞生,1996年发布了Linux的主要版本2.0。Linux是一个遵循POSIX标准的免费操作系统,借鉴了许多UNIX的设计思想并实现了UNIX的API,具有UNIX system V和4.3BSD的扩展特性,并保证了应用程序与编程界面的一致性,所以从外表和功能上与常见的UNIX非常相像。

Linux是一个多用户、多任务操作系统。Linux系统功能强大,以高效性和灵活性著称,运行稳定,应用领域也十分宽广,从各种嵌入式系统到超级计算机服务器处处可见。在Internet网络的支持和全世界计算机爱好者的共同努力下,Linux逐步成为当今世界上使用最为广泛的一种UNIX类操作系统。

Linux操作系统包括Linux内核,还包括shell、带有多窗口管理器的X-Windows图形用户接口、文本编辑器、高级语言编译器等应用软件。要说明的是,一般提及Linux系统时说的只是Linux系统的内核。

(1) Linux内核

Linux内核是Linux系统的心脏,它由多进程管理和进程调度的程序、主存管理程序、网络及进程间通信的服务程序、中断处理程序和设备驱动等核心服务程序组成。它提供了系统其他部分必须的服务支持。Linux内核运行在内核模式下,拥有受保护的主存空间和访问硬件设备的所有权限。

用户程序通过高级语言的程序库或低级语言的系统功能调用进入核心。核心中的进程管理和存储管理模块负责进程同步、进程间通信、进程调度和存储管理。虚拟文件子系统管理文件,包括分配文件存储器空间、控制对文件的存取以及为用户检索数据。文件子系统通过一个缓冲机制同块设备交互作用,也可以在无缓冲机制干预下与字符设备交互作用。内核还包括负责网上信息传输的网络协议和网络驱动模块。设备管理、进程管理及存储管理、网络驱动通过硬件控制接口与硬件交互作用。

(2) Linux shell

Linux shell是系统提供的操作接口。Shell是一个命令处理程序,它解释由用户输入的命令,并将该命令送到内核。一方面,用户通过这一命令形式与 Linux 内核进行交互;另一方面,Shell 又是一种程序设计语言,具有其他高级语言的特点,如有循环语句和分支控制语句等。使用 Linux 语言可以编辑成一个文本文件,它以命令作为内容,称为 shell 过程。shell 过程执行的结果是完成设计者某一特定的工作或进入某一状态。每个 Linux 系统的用户可以拥有自己的 shell,用以满足他们自己专用 shell 的需要。

Linux 系统提供可视化的命令输入接口 X-windows 图形用户界面,包括窗口、图标和菜单,所有的管理都通过鼠标控制。

(3) Linux 实用工具

Linux 系统包含一组称为实用工具的程序,它们都有专用的程序,如用于编辑文件的编辑器、用于接收数据并过滤数据的过滤器、允许用户发送信息或接收来自其他用户的信息的交互程序等。

Linux 系统的编辑器主要有 Ed、Ex、Vi、和 Emacs。Ed 和 Ex 是行编辑器,Vi 和 Emacs 是全屏幕编辑器。

2) Android 系统

Android 是 Google 公司于 2007 年 11 月 5 日发布的基于 Linux 平台的开放式平台。Android 一词的本义指“机器人”,Android 的创始人安迪·鲁宾(Andy Rubin)非常喜欢这个小说中的人物,所以就给自己的软件起名为 Android。

Android 平台由操作系统、中间件、用户界面和应用软件组成,是首个为移动终端打造的真正开放和完整的移动平台。目前,Android 操作系统最新的实用版本为 Android 8.1 Oreo,新版本同时支持智能手机和平板电脑。

Android 操作系统可分为应用层(applications)、应用框架层(application framework)、系统运行库层(libraries)和 Linux 内核层(Linux kernel)四层。

(1) 应用层是采用 Java 语言编写的运行在虚拟机上的程序。应用层主要是一些面向用户的图形化界面的应用程序,这些应用程序中还包含一些和它们相关的资源文件。

(2) 应用框架层主要是 Google 公司发布核心应用时所使用的 API 框架,开发人员同样可以使用这些框架来开发自己的应用。虽然这种方式简化了程序开发的架构设计,但同时带来的问题就是必须遵守该框架的开发原则。

(3) 系统运行库可以是 C/C++ 库或 Android 运行库。当使用 Android 应用框架时,Android 操作系统会通过一些 C/C++ 库来支持所使用的各个组件。另外,系统运行库层还包括有 Android 运行时库(Android Runtime),由核心库(Core Libraries)和 Dalvik 虚拟机(Dalvik Virtual Machine)组成,每个 Android 程序都运行在 Dalvik 虚拟机之上。Dalvik 虚拟机非常适合在移动终端上使用,相对于在桌面系统和服务器系统中运行的虚拟机而言,它不需要很快的 CPU 计算速度和大量的内存空间。根据 Google 公司的测算,64MB 的内存足以让 Dalvik 虚拟机系统正常运转,其中 24MB 用于底层系统的初始化和启动,另有 20MB 用于高层服务的启动。

(4) Android 的核心系统服务基于 Linux 内核,它的安全性、内存管理、进程管理、网络协议栈和驱动模型等都依赖于该内核。Linux 内核层同时也是硬件和软件栈之间的抽象层,提供了用于支持 Android 平台的设备驱动和系统功能。

8.1.3 Windows 2000/XP

1. Windows 2000/XP 的系统构成

作为一个实际应用中的操作系统,Windows 2000/XP 像其他许多操作系统一样通过硬件机制实现了两种特权级别。

(1) 核心态(kernel mode)

当操作系统状态为该模式时,CPU 处于特权模式,可以执行任何指令,并且可以改变状态。在核心态下,组件可以和硬件交互,组件之间也可以交互,并且不会引起描述表切换和模式转变。

(2) 用户态(user mode)

操作系统状态为用户态时,CPU 处于非特权(较低特权级)模式,只能执行非特权指令。

一般来说,操作系统中那些至关紧要的代码都运行在核心态,如内存管理器、高速缓存管理器、对象及安全管理器、网络协议、文件系统(包括网络服务器和重定向程序)和所有线程和进程管理。而用户程序一般都运行在用户态。当用户程序使用了特权指令,操作系统就能借助于硬件提供的保护机制剥夺用户程序的控制权并做出相应处理。正因为核心态和用户态的区分,应用程序不能直接访问操作系统特权代码和数据,所有操作系统组件都受到了保护,以免被错误的应用程序侵扰。

Windows 2000/XP 的体系结构的框架如图 8.1 所示,图中的粗线将 Windows 2000/XP 分为用户态和核心态两部分。粗线上部的方框代表了用户进程,它们运行在私有地址空间中。

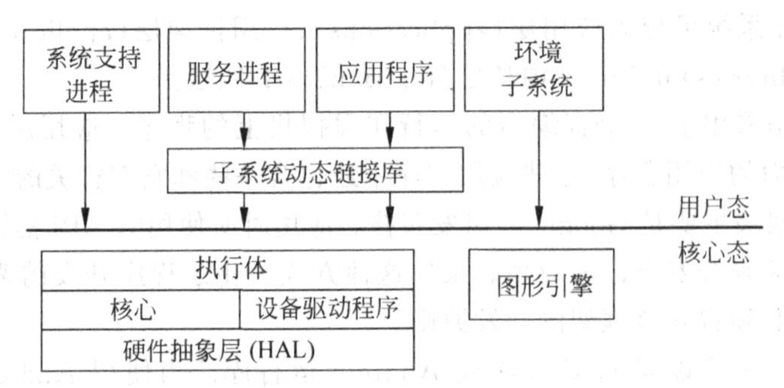

图 8.1 Windows 2000/XP 体系结构

用户进程有四种基本类型:

① 系统支持进程(system support process),例如登录进程 WINLOGON 和会话管理器 SMSS,它们不是 Windows 2000/XP 的服务,不由服务控制器启动;

② 服务进程(service process),它们是 Windows 2000/XP 的服务,例如事件日志服务;

③ 环境子系统(environment subsystem),它们向应用程序提供运行环境(操作系统功能调用接口),Windows 2000/XP 有三个环境子系统,即 Windows 32、POSIX 和 OS/2 V1.2;

④ 应用程序(user application),它们是 Windows 3.2、Windows 3.1、MS-DOS、POSIX 或 OS/2 V1.2 这 5 种类型之一。

从图 8.1 中可以看到,服务进程和应用程序是不能直接调用操作系统服务的,它们必须通过子系统动态链接库(subsystem DLLs)和系统交互。子系统动态链接库的作用就是将文档化函数(公开的调用接口)转换为适当的 Windows 2000/XP 内部系统调用。这种转换可能会向正在为用户程序提供服务的环境子系统发送请求,也可能不会。

粗线以下是 Windows 2000/XP 的核心态组件,它们都运行在统一的核心地址空间中。核心类组件包括以下内容:

① 内核(kernel)包含最低级的操作系统功能,例如线程调度、中断和异常调度、多处理器同步等,同时它也提供了执行体(executive)来实现高级结构的一组例程和基本对象。

② 执行体包含基本的操作系统服务,例如内存管理器、进程和线程管理、安全控制、I/O 以及进程间的通信。

③ 硬件抽象层(hardware abstraction layer,HAL)提供内核与硬件的独立性,为运行在 Windows 上的硬件平台提供低级接口,是确保平台可移植性的关键部分。

④ 设备驱动程序(device drivers) 是可加载的核心态模块,是 I/O 系统和相关硬件之间的接口,包括硬件设备驱动、文件系统驱动、过滤器驱动、即插即用驱动程序等类型,并以 Windows 驱动程序模型(WDM)作为标准模型。

⑤ 图形引擎包含了实现图形用户界面(graphical user interface,GUI)的基本函数。

其中硬件抽象层和内核是实现操作系统整体可移植性的关键组件。另外,Windows 2000/XP 支持对称多处理(symmetrical multi-processing,SMP)模型,即操作系统和用户线程能被安排在任一处理器上运行,且所有处理器共享同一内存空间。Windows 2000/XP 集成了很多关键特性,以适应 SMP 所带来的资源竞争和其他性能问题,是成功的多处理器操作系统。

2. 对硬件的支持——驱动程序

为了实现操作系统在硬件平台上的运行和使用,操作系统必须提供对于硬件设备的支持。而且作为一种通用的系统软件,操作系统必须为不同的设备提供统一的接口,以便于应用程序在不同的硬件平台之间进行移植。

Windows 2000/XP 内核的另一重要功能就是把执行体和设备驱动程序同硬件体系结构的差异隔离开,包括处理功能之间的差异,例如中断处理、异常情况调度和多处理器同步。对于与硬件有关的函数,内核的设计也是尽可能使公用代码的数量达到最大。内核支持一组在整个体系结构上可移植、语义完全相同的接口,大多数这种接口的实现在整个体系结构上是完全相同的,而 Windows 2000/XP 可以在任何机器上调用那些独立于体系结构的接口。一些内核接口实际上是在 HAL 中实现的,因为同一体系结构内接口的实现可能也因平台系统而异。

1) 硬件抽象层 HAL

Windows 2000/XP 设计的一个至关重要的方面就是在多种硬件平台上的可移植性,HAL 就是使这种可移植性成为可能的关键部分。HAL 是一个可加载的核心态模块 HAL.dll,它为运行在 Windows 2000/XP 上的硬件平台提供低级接口。HAL 隐藏各种与硬件有关的细节,例如 I/O 接口、中断控制器以及多处理器通信机制等任何体系结构专用的和依赖于计算机平台的函数。

HAL 的作用是将操作系统的其余部分表示为抽象的硬件设备,特别是去除了真正硬件所富含的瑕疵和特质。这些设备表现为操作系统的其他部分和设备可以使用的独立于机器的服务的形式(如函数调用和宏)。通过使用 HAL 服务和间接硬件寻址,当移植到新的硬件上时,驱动程序和核心只需做很少的改动。移植 HAL 是直接的,因为所有的机器相关代码都集中在一个地方,并且移植的目标也很明确,即实现所有的 HAL 服务。

2) 设备驱动程序

设备驱动程序是一个允许高级计算机软件与硬件交互的程序,这种程序建立了一个硬件与硬件,或硬件与软件沟通的界面,经由主板上的总线或其他沟通子系统与硬件形成连接的机制,这样的机制使得硬件设备上的数据交换成为可能。

依据不同的计算机架构与操作系统平台差异,驱动程序可以是 8 位、16 位、32 位,甚至是最新的 64 位,这是为了调和操作系统与驱动程序之间的依存关系,例如在 Windows 3.11 的 16 位操作系统时代,大部分的驱动程序都是 16 位,到了 32 位的 Windows XP 则大部分是使用 32 位驱动程序,至于 64 位的 Linux 或是 Windows 7 平台上,就必须使用 64 位的驱动程序。

设备驱动程序是操作系统的一个组成部分。如图 8.2 所示,它由 I/O 管理器(I/O manager)管理和调动。用户应用程序通过 Windows 3.2 子系统向 I/O 管理器发送请求,而 I/O 管理器每收到一个这样的请求就创建一个 I/O 请求包(I/O request package,IRP)的数据结构,并将其作为参数传递给驱动程序。驱动程序通过识别 IRP 中的物理设备对象(physical device object,PDO)来判断发送给哪一个设备。IRP 结构中存放请求的类型、用户缓冲区的首地址、用户请求数据的长度等信息。驱动程序处理完这个请求后,在该结构中填入处理结果的有关信息,并将其返回给 I/O 管理器,用户应用程序的请求随即返回。访问硬件时,驱动程序通过调用硬件抽象层 HAL 的函数实现。

Windows 2000/XP 上的设备驱动程序不直接操作硬件,而是调用 HAL 功能作为与硬件的接口。Windows 2000/XP 中有如下几种类型的设备驱动程序:

① 硬件设备驱动程序,对硬件进行操作,它将输出写入物理设备或网络,并从物理设备或网络获得输入;

② 文件系统驱动程序,接收面向文件的 I/O 请求,并把它们转化为对特殊设备的 I/O 请求;

③ 过滤器驱动程序,其截取 I/O 请求并在传递 I/O 请求到下一层之前执行某些特定处理。

因为安装设备驱动程序是把用户编写的核心态代码添加到系统的唯一方法,所以某些程序通过简单地编写设备驱动程序的方法来访问操作系统内部函数或数据结构,但它们不能从用户态访问。

3) 驱动程序的开发

为了大量减轻驱动程序开发人员的负担,微软不断改进驱动程序的开发软件与架构,从早期复杂深晦的 VxD,到 Windows XP 上的 Windows driver model(WDM)开发架构,如今 Windows driver foundation(WDF)已成为新一代的 Windows 平台驱动程序发展架构,这个架构大量简化了驱动程序的开发流程,更符合面向对象的精神。此架构包含了用户态驱动程序框架(user mode driver framework,UMDF)与核心态驱动程序框架(kernel mode driver framework,KMDF)两种开发模式。在开发 Windows 平台上的驱动程序之前,必须先安装 DDK 包,目前 DDK 最新版本为 5600,同时支持 WDM 与 WDF 两种架构。

(1) WDM

WDM 的关键目标是通过提供一种灵活的方式来简化驱动程序的开发，使在实现对新硬件支持的基础上减少并降低所必须开发的驱动程序的数量和复杂性。WDM 还必须为即插即用和设备的电源管理提供一个通用的框架结构，WDM 是实现对新型设备的简便支持和方便使用的关键组件。WDM 实现了一个模块化的、分层次类型的微型驱动程序结构，其一般特性是为逻辑设备的命令设置、协议和代码重用所需的总线接口实现标准化提供必要的条件。

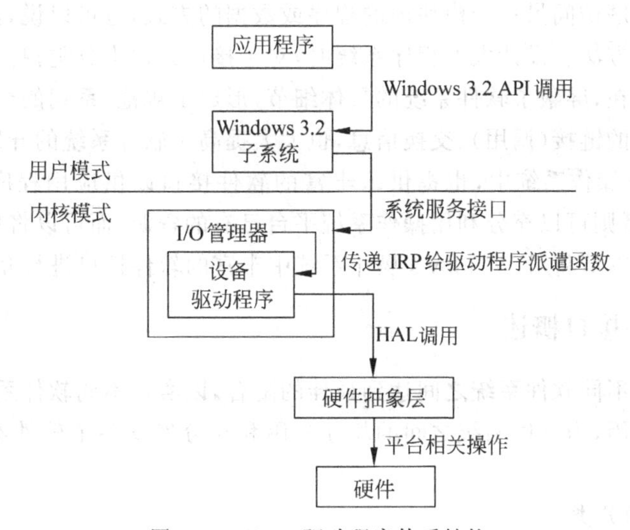

图 8.2 WDM 驱动程序体系结构

从 WDM 的角度看，有三种驱动程序：

① 总线驱动程序，用于各种总线控制器、适配器、桥或者可以连接子设备的设备，这是必需的驱动程序。

② 功能驱动程序，用于驱动那些主要的设备，提供设备的操作接口。一般来说，这也是必需的，除非采用一种原始的方法来使用这个设备(即驱动功能都被总线驱动和总线过滤器实现了，例如 SCSI PassThru)。

③ 过滤器驱动程序，用于为一个设备或者一个已经存在的驱动程序增加功能，或者改变来自其他驱动程序的 I/O 请求和响应行为。过滤器驱动程序是可选的，并且可以有任意的数目，它存在于功能驱动程序的上层或者下层、总线驱动程序的上层。

在 WDM 的驱动程序环境中，没有一个单独的设备驱动控制着某个设备。总线设备驱动程序负责向即插即用管理器报告它上面有的设备，而功能驱动程序则负责操纵这些设备。

(2) WDF

WDF 是以 WDM 为基础进行了建模和封装，显著特点是降低了开发难度。其将原来普通程序设计中基于对象的技术应用到了驱动开发中；无论内核模式的驱动程序或者用户模式的驱动程序，都采用同一套对象模型构建；封装了驱动程序中的某些共同行为；改变了操作系统内核与驱动程序之间的关系，只需专注处理硬件的行为即可；两种模式的驱动程序(KMDF、UMDF)都使用同一环境进行构建，这一环境称为 WDK。

8.2 软件接口

从操作系统的体系结构可以知道,操作系统是由各个不同的软件模块有机组合而成的,而各个模块之间则是通过接口进行交互。而应用程序对操作系统的访问或者调用也都是通过相应的软件来实现。

从软件结构的层次而言,一个大型程序系统总是由一些模块组成,模块之间的接口指的是一个模块中的程序访问另一个模块内的程序或数据的方式,也可以说,接口就是指模块间传递和交换信息的方法。设计大型程序系统时,对于接口必须十分重视。

软件接口的存在,屏蔽了软件系统的具体细节,形成了规范、系列的产品,极大地方便了不同软件系统之间的链接(调用)、交换信息,也大大提高了软件系统的开发速度和效率。在Windows 2000/XP 操作系统中,也提供了丰富的软件接口以供应用程序调用和访问。这样,应用软件设计者则可以充分利用操作系统平台已有的资源,而可以将更多的精力投入到应用相关的部分。本节将对 Windows 操作系统中丰富的软件接口进行介绍。

8.2.1 软件接口概述

软件接口使得不同软件系统之间达到最佳的配合,以实现不同软件系统之间的高效、可靠的信息交换和复用,为软件系统之间的相互利用和充分发挥各个软件本身的优势提供了良好的基础。

1. 软件接口的分类

根据软件接口的应用领域、接口双方的层次结构可以对 Windows 2000/XP 系统中所提供的软件接口进行分类。

软件系统的层次结构由操作系统软件、应用系统软件和应用软件 3 个层次组成。操作系统与硬件系统打交道,解决用户与硬件之间的接口和界面问题;应用系统是在操作系统的基础上开发的针对某一类应用的软件系统;应用软件是在应用系统软件的基础上开发而成,针对具体的应用。因此,从软件系统的层次结构上来看,软件接口可以对应地分为操作系统接口、应用系统接口及应用软件接口等 3 类。

从软件的应用领域来看,软件接口可以分为数据库编程接口,多媒体编程接口,网络、通信编程接口,图形、图像编程接口及其他类编程接口等。

2. 软件接口的调用方法

在 Windows 系统中,软件接口通常是通过动态链接库(dynamic link library,DLL)提供的 API 函数或方法来实现的。在使用微软的 Visual Studio 开发套件进行 Windows 应用程序编程时通常有两种方式来实现对软件接口的调用。

(1) SDK 编程

SDK(software development kit)编程是指直接利用 Windows API 进行编程。Windows API 的基本部分是以独立函数的形式提供的,可直接用于编程。

(2) MFC 编程

MFC(microsoft foundation class)编程是指利用微软基本类型库 MFC 进行面向对象的编程。对于不便于对象化的 API,在使用 MFC 时不得不直接调用 API。

8.2.2 Windows API 接口

在前面介绍 Windows 2000/XP 操作系统体系结构时曾经指出，Windows 操作系统分为核心态和用户态两部分。Windows 应用程序总是在常规的用户态下运行，而 Windows 操作系统核心组件，则对外界表现出中立的性质。它们不实现用户界面，甚至不提供编程接口，系统服务调用对应用程序而言是不公开的。那么，应用程序如何利用系统资源、调用系统例程呢？

Windows 操作系统依靠一组用户态环境子系统，作为应用程序与操作系统核心之间的接口，环境子系统的主要工作是为应用程序提供编程接口和执行环境。在 Windows 系统的应用程序设计中，主要用到的是 Windows 2000/XP 操作系统固有的子系统——Windows 32 子系统。Windows 32 子系统能够提供应用程序运行所需要的窗口管理、图形设备接口、媒体控制、内存管理等各项服务功能。这些功能以函数库的形式组织在一起，这就是 Windows 32 应用程序编程接口(API)，简称为 Windows 32 API。Windows 32 子系统负责将 API 调用转换成 Windows 操作系统的系统服务调用(见图 8.3)。

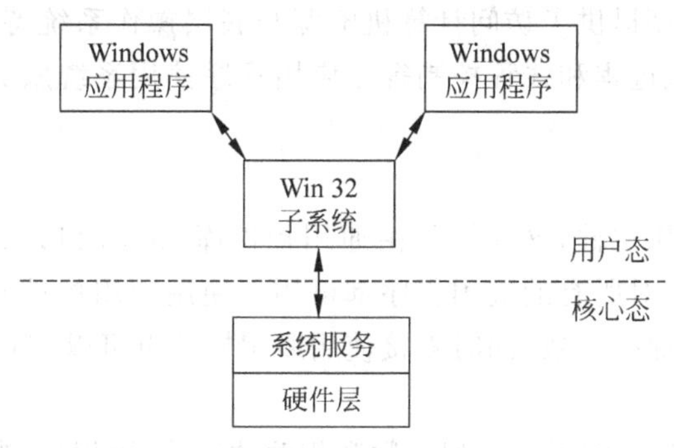

图 8.3 Windows 32 API 调用示意图

对于应用程序开发人员而言，他所看到的 Windows 操作系统实际上就是 Windows 32 API，操作系统的其他部分对他来说是完全透明的。

1. API 的组成、功能与作用

要了解 API 的功能与作用，首先要了解 API 的组成。Windows 32 API 的 600 多个函数分别属于三个动态链接库(DLL)，即 GDI32.DLL、USER32.DLL 和 KERNEL32.DLL。USER32.DLL 主要负责处理用户接口，包括键盘和鼠标输入、窗口和菜单管理等；GDI32.DLL 则主要负责在图形设备(包括显示器和打印机)上执行绘图操作；KERNEL32.DLL 是操作系统核心功能服务，包括进程与线程控制、内存管理、文件访问等。可见 Windows 能够提供以下 3 种重要的管理功能：

(1) 基本的输入输出功能

Windows 中的基本输入输出(I/O)函数远比 DOS 丰富，且与设备无关，Windows 程序几乎全部依赖 API 函数完成输入输出任务。

(2) 支持多任务功能

Windows 支持多任务，即允许两个或多个程序共享 CPU、内存和 I/O 设备。Windows 的 I/O 和内存管理 API 能使多个程序协调地共享资源，支持多任务的实现。

(3) 内存管理功能

Windows 允许程序动态申请和释放内存。Windows 内存管理 API 允许程序透明地存取内存。

除了上述模块以外,Windows 2000/XP 还提供了其他一些 DLL 以支持另外一些功能,包括通用控件(COMCTL32. DLL)、公共对话框(COMDLG32. DLL)、用户界面外壳(SHELL32. DLL)、图形引擎(DIBENG. DLL)以及网络(NETAPI32. DLL)。

在 Windows 平台中,所有资源的利用和管理都是通过 API 函数实现的,也就是说 Windows API 作为编程接口,给应用程序利用和管理 Windows 资源提供了接口,这也就是 Windows API 的功能和作用。

2. Windows API 的分类

Windows API 是利用和管理 Windows 系统资源的主要软件接口,其涵盖了几乎所有的 Windows 应用领域。因此,根据 Windows API 的应用领域的不同,可以将 Windows API 划分为以下 7 种类型:

(1) 系统服务

系统服务为应用程序提供了访问计算机资源与底层操作系统特性的手段,包括内存管理、文件系统、设备管理、进程和线程控制等。应用程序使用系统服务函数来管理和监视它所需要的资源。

(2) 通用控件库

系统提供了一些通用控件,这些控件由通用控件库 COMCTL32. DLL 支持,属于操作系统的一部分,所以它们对所有的应用程序都可用。使用通用控件有助于使应用程序的用户界面与其他应用程序保持一致,同时直接使用通用控件也可以节省开发时间。

(3) 图形设备接口

图形设备接口(GDI)提供了一系列函数和相关的结构,可以绘制直线、曲线、闭合图形、文本以及位图图像等,应用程序可以使用它们在显示器、打印机或其他设备上生成图形化的输出结果。

(4) 网络服务

网络服务可以使网络上不同计算机的应用程序之间进行通信。使用网络函数可以创建和管理网络连接,从而实现资源共享,例如共享网络打印机。

(5) 用户接口

用户接口为应用程序提供了创建和管理用户界面的方法,可以使用这些函数创建和使用窗口来显示输出、提示用户进行输入以及完成其他一些与用户进行交互所需的工作。大多数应用程序都至少要创建一个窗口。

(6) 系统 Shell

Windows 32 API 中包含一些接口和函数,应用程序可使用它们来增强系统 Shell 各方面的功能。

(7) Windows 系统信息

系统信息函数使应用程序能够确定计算机与桌面的有关信息,例如确定是否安装了鼠标,显示屏幕的工作模式等。

Windows 32 API 是一个基于 C 语言的接口,但是 Windows 32 API 中的函数可以被使用不同语言编写的程序调用，只要在调用时遵循调用规范即可。不同 Windows 操作系统平台上的 Windows 32 API 存在一些差异，从很大程度上讲，Windows 2000/XP 是所有 Windows 32 实现的超集。

8.2.3 动态链接库

1. 动态链接与静态链接

为了使用一个函数库中的某个函数，应用程序必须与该库链接起来。库函数可以通过静态链接或动态链接两种方式链接到一个应用程序之中。

静态链接是将应用程序调用的函数直接结合到应用程序映像中的传统方法。在链接时，所有要用到的函数都从函数库中提取出来，附加到应用程序可执行映像中。由于每个可执行模块都有它自己的一个函数副本代码在应用程序中被复制，因此在多任务环境中，有可能在系统中装入同一个函数的多个副本，这样就增加了内存要求，影响了系统的效率。

动态链接指的是在应用程序编译链接生成可执行文件时，没有直接将函数库中的函数链接到应用程序的可执行文件中，链接过程是在程序运行时动态地进行的。采用动态链接方式的库文件即为动态链接库(dynamic link library,DLL)。尽管链接器并不把动态链接的函数复制到可执行文件中，但是它仍要清楚这些函数在什么地方以及怎样调用它们，为此需要引入库(import library)来帮助链接器使用 DLL，引入库中包含了 DLL 中函数的重定位信息。

2. DLL

DLL 是一种基于 Windows 的程序模块，模块中包含了可以被其他应用程序或其他 DLL 共享的程序代码和资源，它可以在运行时被装入和链接。前面提到 Windows 32 API 函数均是通过 DLL 形式供 Windows 应用程序调用的。应用程序也可以创建自己的 DLL，在自己的各应用程序之间共享代码和资源。

与传统的静态链接库相比，使用动态链接库有着以下优势：

① DLL 提供了一种共享数据和代码的方便途径。由于使用 DLL 可以实现例程的共享，因此可以显著地节省磁盘空间。如果使用传统的静态链接，则每一个需要的例程都必须在执行文件中被包括才能实现，以至于使得单个的应用程序变得很长，也浪费了磁盘空间。

② 由于动态链接时应用程序共享的是 DLL 在内存中的同一份复制，所以可以有效地节省应用程序对于内存资源的占用，减少了频繁的内存交换，从而提高了应用程序的执行效率。

③ 由于 DLL 是独立于可执行文件的，因此，如果需要向 DLL 中增加新的函数或增强现有函数的功能，只要原有函数的参数和返回值等属性不变，那么所有使用该 DLL 的原有应用程序都可以在升级后的 DLL 支持下运行，而不需要重新编译。这就极大地方便了应用程序的升级和售后支持。

④ DLL 除了包括函数的执行代码以外，还可以只包括图标、位图、字符串和对话框之类的资源，因此可以把应用程序所使用的资源独立出来做成 DLL。对于一些常用的资源，把它们做到 DLL 中，就可以为多个应用程序所共享。

⑤ 便于建立多语言的应用程序。可以把多语言应用程序中所使用的与语言相关的函数做到 DLL 中，只要不同语言的应用程序所调用的函数都具有相同的接口，就可以简单地更换 DLL 来实现多语言支持。

当然,DLL也并不能解决所有问题,它也有一些不足:使用DLL将增加程序运行时所需的文件数量,容易引起混乱;当一个依赖于DLL的应用程序在找不到DLL时将无法运行。

8.2.4 Socket接口

套接字(Socket)接口是使用得最为广泛的一种网络编程API。这是由于套接字不仅仅适用于Windows平台,而且能够广泛运用于其他很多操作系统中。因此,使用套接字接口编写的网络应用程序可以更容易地在多个平台之间进行移植,这使得应用程序的可移植性和可扩展性得到了最大的支持。

1. 套接字的两种类型

(1) 流式Socket(SOCK_STREAM)

流式Socket是一种面向连接的Socket,针对于面向连接的TCP服务应用;

(2) 数据报式Socket(SOCK_DGRAM)

数据报式Socket是一种无连接的Socket,对应于无连接的UDP服务应用。

2. WinSock规范

WinSock规范以U.C. Berkeley大学BSD(Berkeley software distribution) UNIX中流行的Socket接口为范例定义了一套Microsoft Windows下的网络编程接口。它不仅包含了人们所熟悉的Berkeley Socket风格的库函数;也包含了一组针对Windows的扩展库函数,以使程序员能充分地利用Windows消息驱动机制进行编程。

WinSock规范本意在于提供给应用程序开发者一套简单的API,并让各家网络软件供应商共同遵守。此外,在一个特定版本Windows的基础上,WinSock也定义了一个二进制接口(ABI),以此来保证使用WinSock API的应用程序能够在任何网络软件供应商提供的符合WinSock协议的实现平台上工作。因此这份规范定义了应用程序开发者能够使用,并且网络软件供应商能够实现的一套库函数调用和相关语义。

3. WinSock API的分类

按照WinSock的用途不同可以分为以下3类:

① WinSock API包含的Berkeley Socket函数,又可分为两个部分:第一部分是用于网络I/O的函数,如accept、closesocket、connect等;第二部分是不涉及网络I/O、在本地端完成的函数,如bind、getpeername、getsockname等。

② 检索有关域名、通信服务和协议等Internet信息的数据库函数,如gethostbyaddr、gethostbyname、gethostname等。

③ 第三类是Berkeley Socket例程的Windows专用扩展函数,如gethostbyname对应的WSAAsynGetHostByName(其他数据库函数除了gethostname都有异步版本),select对应的WSAAsynSelect等。

如果按照WinSock API的执行过程其又可以分为两类:

① 阻塞函数,指其完成指定的任务之前不允许程序调用另一个函数,在Windows下还会阻塞本线程消息的发送。

② 非阻塞函数,指操作启动之后,如果可以立即得到结果就返回结果,否则返回表示结果需要等待的错误信息,不等待任务完成函数就返回。

4. WinSock 的操作

调用初始化函数，完成对 WinSock API 的初始化之后，WinSock 应用的第一步就是创建一个套接字，它表示一个通信端点。一个套接字必须绑定到本机地址，因此绑定是应用操作的第二步。WinSock 是一种独立于协议的 API，所以它的地址可以指定为安装在系统上的任何协议的地址，当然，此系统所安装的协议必须是 WinSock 可操作的。在绑定完成之后，服务器和客户的执行步骤有所不同，而且对应面向连接和面向无连接的套接字操作步骤也不一样。

一个面向连接的 WinSock 服务器在套接字上执行监听操作，指明此套接字可以支持的连接数量。再执行接收连接操作，让客户连接套接字。如果有一个等待的连接请求，接收连接调用可以立即返回；否则只有当连接请求到达时该调用才能完成。当一个连接已经创建之后，accept 函数返回一个新的套接字，它代表此连接的服务器端。此服务器可以使用诸如接收和发送函数来执行发送和接收操作。

面向连接的客户使用 WinSock 的连接函数连接到服务器，此函数需要指定一个远程地址。当一个连接建立时，客户可以在它的套接字上发送和接收消息。图 8.4 说明了 WinSock 客户与服务器之间的面向连接的通信。

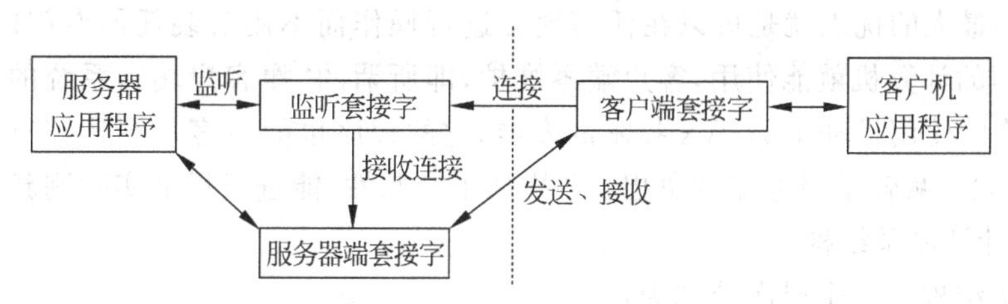

图 8.4 WinSock 客户端与服务器连接示意图

8.3 Windows 应用程序设计的特点

在 Windows 系统中实现特定的应用，需要通过 Windows 应用程序来实现。因此，Windows 应用程序的编写需要迎合 Windows 的运行环境，并使用 Windows API 软件接口来完成特定的任务。本节将从操作系统的角度介绍 Windows 应用程序设计的有关内容，包括常用的软件系统结构、Windows 应用程序设计模式等内容，并通过一个简单的例子简单说明 Windows 系统下的应用程序设计过程。

8.3.1 PC 中常用的软件体系结构

我们在设计一个大型的应用软件系统时，经常会需要解决在不同的模块甚至不同的计算机之间进行数据交换的问题。为了满足提高系统的健壮性，减少功能代码的重复开发，优化系统资源的分配以及提高系统的可移植性等要求，通常会采用一些成熟的开发模式来设计应用软件系统，这样的系统模式就是应用软件的体系结构。

在 PC 系统中，经常用到的软件体系结构通常有以下几种：

1) C/S 结构（Client/Server，客户/服务器结构）

20 世纪 80 年代中期出现了 C/S 分布式计算结构，应用程序的处理在客户（PC）和服务器(Mainframe 或 Server)之间分担；请求通常被关系型数据库处理，PC 在接收到被处理的数据后实现显示和业务逻辑；系统支持模块化开发，通常有 GUI 界面。Client/Server 结构因为其灵活性得到了极其广泛的应用。但对于大型软件系统而言，这种结构在系统的部署和扩展性方面还是存在着不足。

2) B/S 结构(Browser/Server，浏览器/服务器结构)

B/S 结构是 Web 兴起后的一种网络结构模式，Web 浏览器是客户端最主要的应用软件。这种模式统一了客户端，将系统功能实现的核心部分集中到服务器上，简化了系统的开发、维护和使用。客户机上只要安装一个浏览器(browser)，如 Netscape Navigator 或 Internet Explorer，服务器安装 Oracle、Sybase、Informix 或 SQL Server 等数据库，浏览器通过 Web Server 同数据库进行数据交互。

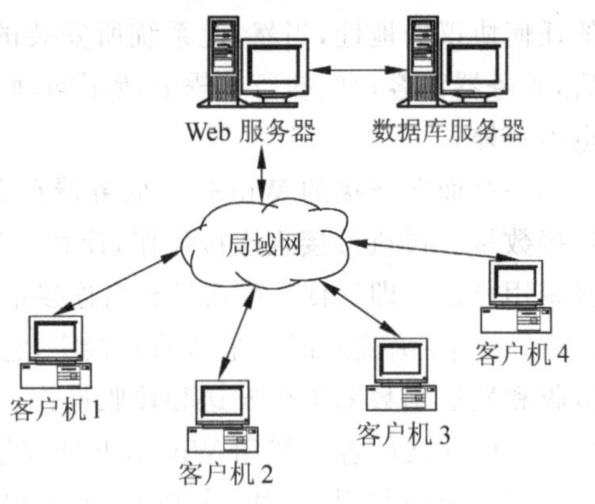

图 8.5　B/S 结构图

B/S 结构最大的优点就是可以在任何地方进行操作而不用安装任何专门的软件，只要有一台能上网的计算机就能使用，客户端零维护，即所谓的“瘦客户端”，系统的扩展非常容易。B/S 结构的使用推动了 AJAX 技术的发展，它的程序也能在客户端计算机上进行部分处理，从而大大地减轻了服务器的负担；并增加了交互性，能进行局部实时刷新。

3) 三层计算体系结构

三层体系结构的三个层次分别为：

① 客户层(client tier)，用户接口和用户请求的发出地，典型应用是网络浏览器和胖客户(如 Java 程序)。

② 服务器层(server tier)，典型应用是 Web 服务器和运行业务代码的应用程序服务器。

③ 数据层(data tier)，典型应用是关系型数据库和其他后端(back-end)数据资源，如 Oracle 和 SAP、R/3 等。

三层体系结构中，客户(请求信息)、程序(处理请求)和数据(被操作)被物理地隔离。三层结构是个更灵活的体系结构，它把显示逻辑从业务逻辑中分离出来，这就意味着业务代码是独立的，可以不关心怎样显示和在哪里显示。业务逻辑层则处于中间层，不需要关心由哪种类型的客户来显示数据，也可以与后端系统保持相对独立性，有利于系统扩展。三层结构具有更好的移植性，可以跨不同类型的平台工作，允许用户请求在多个服务器间进行负载平衡。三层结构中安全性也更易于实现，因为应用程序已经同客户隔离。

8.3.2 Windows 应用程序设计模式

在 Windows 的应用程序设计中，通常会采取程序代码与用户界面分开处理的程序开发手段。而其中用户界面则基于窗口作为核心构件，程序的运行机制则以事件驱动为动力。这是 Windows 应用程序所特有的设计模式。

下面通过一个最简单的 HelloWorld 程序例子来对 Windows 应用程序的这种特有模式

进一步地进行介绍。如图 8.6 所示，HelloWorld 程序的执行过程非常简单，就是单击对话框中的一个“显示”按钮，在对话框中则显示出 Hello World! 的文字。

1. 窗口

作为一个多任务操作系统，Windows 的主要设计目标之一是保证用户能够同时访问大多数(如果做不到全部的话)应用程序。如果能给所有应用程序在显示屏上分配一块区域，就能够让用户与所有应用程序打交道。为此在 Windows 系统中引入了窗口的概念。

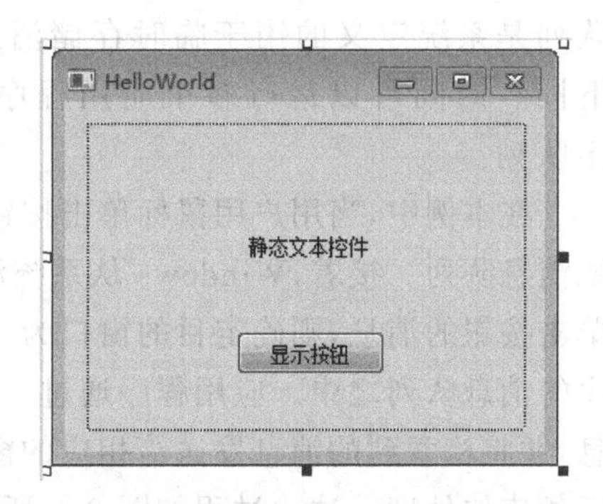

图 8.6 HelloWorld 程序的窗口

窗口是系统显示器上的一个矩形区域，应用程序使用窗口来显示输出或接收用户的输入。一方面应用程序只有通过窗口才能访问系统显示器；另一方面应用程序通过使用窗口与其他应用程序共享系统显示器。同一时间只有一个窗口可以接收用户的输入，用户可以通过鼠标、键盘等输入设备与窗口以及拥有该窗口的应用程序进行交互。

每个 Windows 应用程序至少要创建一个窗口，称为主窗口，这个窗口是用户与应用程序之间的主要接口。许多应用程序还会直接或间接地创建其他一些窗口，来完成相关的任务。一旦创建了一个窗口，Windows 就能提供该窗口所对应的各种用户交互信息。Windows 能够自动完成许多用户请求的任务，如移动窗口、调整窗口大小等。在 Windows 环境下允许创建任意数目的窗口，Windows 能以各种不同方式来显示信息，并负责为应用程序管理显示屏幕、控制窗口的位置和显示，确保不会有两个应用程序在同一时刻争用系统显示器的同一部分。

图 8.6 中所示则为在 Visual C++开发环境中的 HelloWorld 程序的窗口，在这个窗口中包含有两个控件(即响应用户操作的组件，其本质也是窗口)，即按钮控件和静态文本控件。按钮控件负责接收用户的鼠标单击操作，而静态文本控件则用于显示出“Hello World!”文本信息。Windows 系统中自带有很多常用的控件，可以提供给用户设计实现具有 Windows 视觉风格的应用程序。另外，Windows 应用程序的设计也支持很多第三方控件，以提供更多的功能实现上的选择方案。

为了能够在程序设计中识别不同的控件，需要给每个控件赋予一个 ID 号。VC++程序通过这个 ID 号来确定当前的操作是针对于哪个控件或窗口，然后再将相应的消息发送给该控件或窗口，这样的工作机制就是事件驱动的方式。在本例中，我们为按钮控件设置 ID 号号为 IDC_BTN_SHOW，为静态文本控件设置 ID 号为 IDC_ST_SHOW。

2. 事件驱动

Windows 应用程序的运行需要依靠外部发生的事件来驱动，描述事件发生的信息称为消息(message)。例如，当用户按下键盘的某个键时，系统就会产生一条特定的消息，标识键盘被按下事件的发生。所谓事件驱动，是指 Windows 应用程序的执行顺序取决于事件发生的顺序，事件驱动程序设计是围绕着消息的产生与处理而展开的。Windows 应用程序在运行时不断获得任何可能的输入消息，进行判断，然后再做适当的处理。

如果把应用程序获得的各种消息分类，则可以分为由硬件设备产生的输入消息和来自 Windows 系统的窗口管理消息。

应用程序通过输入消息来接收输入，鼠标移动或键盘被按下都将产生输入消息。Windows 系统负责监视所有输入设备并将输入消息放入一个先进先出的队列之中，该队列是系统定义的用于临时存储消息的内存块，称为系统消息队列。在 Windows 环境下同一时间可以运行多个应用程序，每个应用程序都有自己的消息队列，称为应用程序队列。

在本例中，当用户用鼠标单击按钮控件“显示按钮”时，该事件所产生的消息首先送给系统消息队列。接着，Windows 从系统消息队列中每次移走一条消息。例如移走的是该鼠标单击按钮的消息，则确定目的窗口为 HelloWorld 窗口，并将消息送入创建该窗口的应用程序的消息队列之中。应用程序通过一个称为消息循环的控制结构从应用程序队列中检索消息，并将检索到的消息发送给相应的窗口，由该窗口的窗口函数负责对消息进行判断，并进行相应的处理。这一过程如图 8.7 所示。本例中，该鼠标操作的消息被送给“显示按钮”窗口，则该窗口的相应消息处理函数 OnBnClickedBtnShow()被调用以进行显示文本信息“Hello World!”的操作，函数 OnBnClickedBtnShow()代码如下：

```
void CHelloWorldDlg::OnBnClickedBtnShow()
{
    //设置“静态文本控件”的显示文字为“Hello World!”
    GetDlgItem(IDC_ST_SHOW)->SetWindowTextA("Hello World!");
}
```

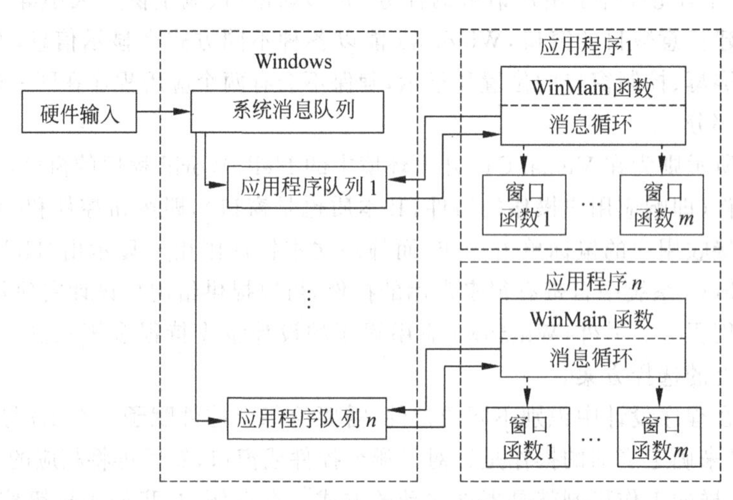

图 8.7 Windows 应用程序的事件响应机制

需要说明的是，除了上述通常的消息传递机制以外，Windows 系统与应用程序还可以通过调用 PostMessage 函数将消息直接指派到一个应用程序的应用程序队列中，应用程序也可以通过调用 SendMessage 函数将消息直接发送给一个应用程序的有关窗口函数。

3. 消息循环

Windows 是以消息驱动的操作系统，Windows 消息提供了应用程序与应用程序以及应用程序与 Windows 系统之间进行通信的手段。

Windows 中有一个系统消息队列，对于每一个正在执行的 Windows 应用程序，系统为其建立一个“消息队列”，即应用程序队列，用来存放该程序可能创建的各种窗口的消息。应用程序中则含有一段称作“消息循环”的代码，用来从消息队列中检索这些消息并把它们分发到相应的窗口函数中。消息循环代码是应用程序中主函数 WinMain ( )中类似如下的程序段：

```
while(GetMessage(&&msg,NULL,NULL,NULL))
{  //从消息队列中取得消息
    TranslateMessage(&&msg);      //检索并生成字符消息 WM_CHAR
    DispatchMessage(&&msg);       //将消息发送给相应的窗口函数
}
```

由此可见，所谓“消息循环”，实际是程序循环。

Windows 应用程序创建的每个窗口都在系统核心注册一个相应的窗口函数。窗口函数程序代码形式上是一个巨大的 switch 语句，根据消息映射表调用相应的消息处理函数处理由消息循环发送到该窗口的消息。窗口函数由 Windows 采用消息驱动的形式直接调用，而不是由应用程序显式调用的。窗口函数处理完消息后又将控制权返回给 Windows。

本例中的消息映射表代码如下所示：

```
BEGIN_MESSAGE_MAP(CHelloWorldDlg, CDialogEx)
    ON_WM_PAINT()
    ON_WM_QUERYDRAGICON()
    ON_BN_CLICKED(IDC_BTN_SHOW, &CHelloWorldDlg::OnBnClickedBtnShow)
END_MESSAGE_MAP()
```

可以看到，ON_BN_CLICKED 这一语句中出现了按钮控件的 ID 号，IDC_BTN_SHOW。这表明当该控件出现有鼠标单击(ON_BN_CLICKED)事件产生时，将调用消息处理函数 CHelloWorldDlg::OnBnClickedBtnShow 进行处理。其实质就是将消息处理函数的地址映射给相应窗口事件的消息，故称其为消息映射。

根据该过程，当用户用鼠标单击“显示按钮”时，Windows 通过事件驱动机制，寻找并调用到该按钮的鼠标单击消息处理函数 OnBnClickedBtnShow()，将静态文本控件的文字信息修改成“Hello World!”。本例的运行结果如图 8.8 所示。

图 8.8 HelloWorld 程序运行结果

习题 8

8.1 什么是操作系统？其主要完成哪些主要目标？

8.2 操作系统具有哪些管理功能？

8.3 按照工作方式可以将操作系统分成哪些类别？

8.4 如何区分一个系统软件是否为操作系统？

8.5 Windows 2000/XP 中有哪几种特权级别？各有什么特点？

8.6 Windows 2000/XP 系统中有哪几种类型的设备驱动程序，各实现什么操作？

8.7 什么是软件接口？在 Windows 系统下如何调用软件接口？

8.8 Windows API 可以分成哪些类型？

8.9 什么是动态链接和静态链接？DLL 有哪些优势？

8.10 套接字 Socket 有哪些类型？

8.11 简述 WinSock 的操作过程。

8.12 PC 系统中有哪些常用的软件体系结构？

8.13 什么是事件驱动的机制？

第 9 章

CHAPTER 9

基于PC的应用系统设计举例

微型计算机的应用可以分成输入、处理和输出这三大部分，从另一个角度而言，微型计算机的应用是一个微型计算机与外界的信息交换过程。除了前面提到过的 I/O 输入输出方式，微型计算机的信息传输可以总结为两种形式：一种是并行通信方式，另一种是串行通信方式，相应的输入输出系统也可以基于这两种不同信息传输形式。

本章将以一些简单的例子分别对基于串行和并行数据交换方式的微型计算及应用系统进行简要介绍，以期为读者展示如何进行微型计算机应用系统的设计。

9.1 串行数据采集系统设计

串行输入输出系统因为其具有结构简单、可靠性强、实现及使用成本低、通信标准统一等优点，已经逐步占据微型计算机通信领域以及工程应用领域的大部分应用，成为主导的总线通信方式。其总线标准覆盖广泛，如常见的 RS-232C、RS-485、USB、Ethernet 等都属于串行接口的范畴，甚至当前的微型计算机硬盘接口都已经从原来的 ATA 并行接口标准转向了速度更快、支持容量更大的 SATA 串行接口标准。

为了掌握微型计算机串行通信的应用方法，我们将通过两个工程实例来理解如何利用微型计算机与外界通过串行接口实现数据或信息的交换。

9.1.1 基于 RS-232C 的数据采集系统

RS-232C 是串行异步通信中应用最为广泛的串行总线标准。在很多应用系统中，微型计算机都是通过 RS-232C 标准接口与其他设备进行连接和通信，如调制解调器等。在工业应用中，很多采集到的数据也是通过 RS-232C 接口传送给微型计算机进行处理的。我们将在这一节中通过一个基于 RS-232C 的温湿度监测系统来说明在微型计算机中如何控制串行通信接口来获取采集的数据。

1. 系统的构成和原理

系统要求对温室的温、湿度参数进行实时采集，测量空间多点的温度和湿度；由单片机对各路数据进行循环检测、数据处理；并将采集数据通过 RS-232C 接口发送给上位机进行显示、储存以及根据设置要求对数据进行处理。上位机可以对各点温湿度的实时采集情况与正常温湿度范围进行比较，当出现异常时可以通过 RS-232C 接口控制单片机点亮报警指示灯。

图 9.1 显示了该系统的结构框图。由温度或湿度传感器检测到的电信号通过放大器放大后送入低通滤波器，在滤除了高频的干扰信号之后送入模数转换器(ADC)中。单片机程序通过通道选择控制输出，可以控制通道切换电路将指定的数据采集通道的信号选通到模数转换器(ADC)。以实现定时轮流对各路采集到的数据进行读取，将读取后的数据转换为温度或湿度值后，通过 RS-232C 接口发送给上位机进行处理。若上位机检测到有温度或湿度异常的情况，则通过 RS-232C 接口发送控制命令给单片机，以点亮相应位置的报警指示灯指示温湿度异常。

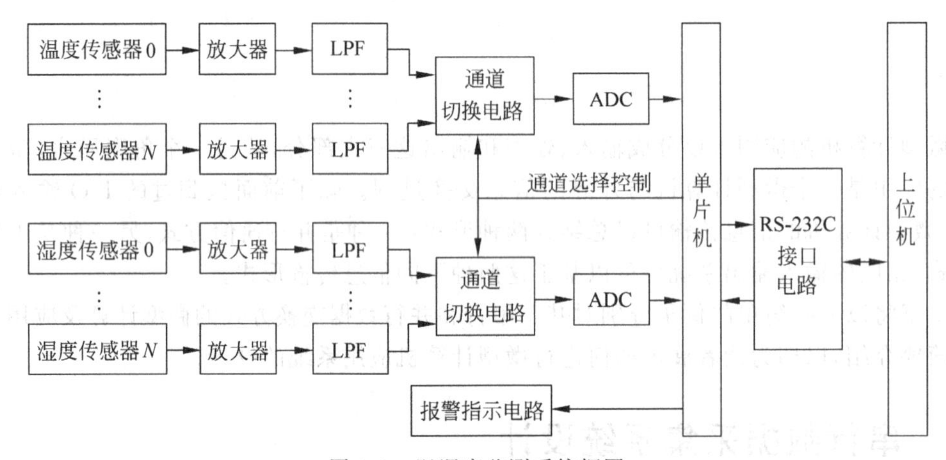

图 9.1　温湿度监测系统框图

由于本节主要讨论的是串行通信系统的设计方法，所以下面的设计内容将主要围绕 RS-232C 接口的硬件和软件设计展开。

2. RS-232 接口电路设计

在微型计算机中，是通过通用异步接收/发送器 UART 芯片来实现 RS-232C 接口的连接。不管是在 8086 微型计算机系统中所采用的 16550 可编程串行接口芯片，还是当前先进微型计算机系统中集成在南桥芯片中的 UART 接口，其输入输出都为 TTL 电平。因此，当微型计算机需要通过 RS-232C 接口标准与微控制器进行连接时，还必须采用 RS-232C 与 TTL 电路之间的电平转换电路。

通常，电平转换电路可以通过电平转换芯片来实现，如 MC1488、SN75150(实现 TTL→RS-232C 的转换)，MC1489、SN75154(实现 RS-232C→TTL 的转换)，MAX232(实现 TTL→RS-232C 之间的双向电平转换)等。由于 MAX232 可以采用一片芯片就实现发送接收双向的电平转换，因此当前多采用这一类芯片来实现 UART 到 RS-232C 的接口电平转换电路。图 9.2 则为一个典型基于 MAX232 电平转换芯片的 RS-232C 接口电路。

由于一般情况下数据采集设备与微型计算机的物理距离并不是很远，因此图 9.2 中的 DB9 接口采用的是零 Modem 的连接方式，即只需连接 2(TxD)、3(RxD)、5(GND)三根连线就可以实现通信。图 9.2 中的 JP1 的 2、3 脚则分别接入到芯片 16550 或南桥芯片的 UART 接口的 TxD 和 RxD 引脚上(实际上，当前的计算机上引出的串行接口已经是转换成符合

RS-232C 电平的接口，图 9.2 中的电路只需要在单片机一侧实现就可以了，如 8031 的 TxD 和 RxD 引脚）。这样，从 UART 芯片到 RS-232C 接口的转换电路就完成了，下面就可以实现基于 RS-232C 的通信操作。

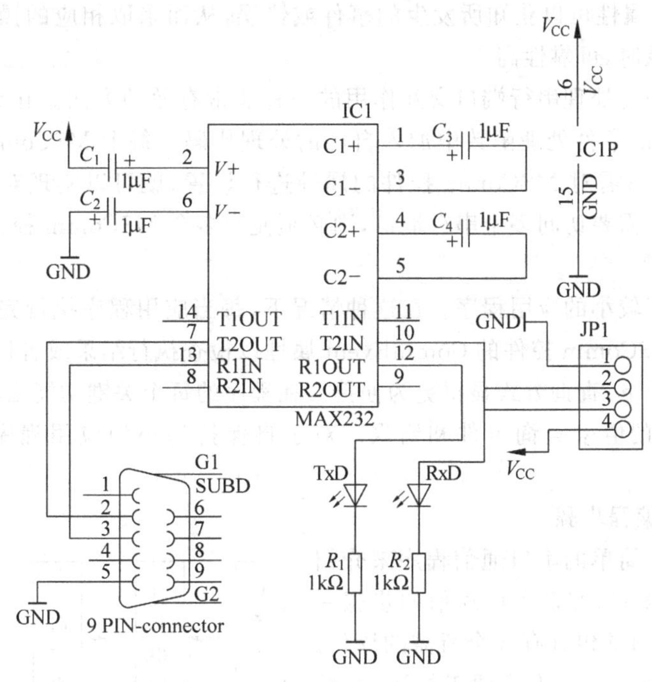

图 9.2 典型的 RS-232C 接口电路

3. 串口通信的软件设计

为了能够实现正确的通信过程，上位机和单片机之间必须约定好串口通信的参数。如约定：

比特率：9600b/s。

信息格式：1 个起始位、8 个数据位、1 个停止位、无奇偶校验位。

传送方式：由于上位机一般资源丰富、速度较快，所以多采用查询方式来接收数据；而单片机由于处理速度较慢，且缓存规模小，故多采用中断方式来接收串口数据。

1）串口通信程序的实现方式

在 Windows 平台下，对串口硬件的控制一般有两种方式来实现。一种是采用已经封装好的 ocx 控件，如 MSComm. ocx 来实现；另外一种则是直接调用 Windows API 来实现。

使用 Windows API 实现对串口的操作更为直接、灵活，其效率也更高。但其使用较为麻烦，不够直观，且对于程序员的要求更高。MSComm(Microsoft communications control)控件是 Microsoft 公司提供的简化 Windows 下串行通信编程的 ActiveX 控件。它为应用程序提供了通过串行接口收发数据的简便方法，程序员不必花时间去了解较为复杂的 API 函数，而且在 VC、VB、Delphi 等语言中都可以使用。

在实现串口通信程序时，对于数据的收发，特别是接收数据的过程，通常会采用下面两种方法来进行实现。这两种方法各有利弊，需要根据程序的需求来选择相应的实现方法。

(1) 事件驱动法

使用事件驱动法设计程序时,每当有新字符到达,或端口状态改变,或发生错误时,MSComm 控件将触发 OnComm 事件。应用程序在捕获该事件后,通过检查 MSComm 控件的 CommEvent 属性可以获知所发生的事件或错误,从而采取相应的操作。这种方法的优点是程序响应及时,可靠性高。

事件驱动通信是处理串行端口交互作用的一种非常有效的方法。在编程过程中,程序员可以在 OnComm 事件处理函数中加入自己的处理代码。每个 MSComm 控件对应着一个串行端口,用户只需对 MSComm 控件的属性进行设置,就可以实现对串行参数的初始化。如果应用程序需要访问多个串行端口,则必须使用多个 MSComm 控件。

(2) 查询法

查询法适合于较小的应用程序。在这种情况下,每当应用程序执行完某一串行口操作后,将不断检查 MSComm 控件的 CommEvent 属性以检查执行结果或者检查某一事件是否发生。在有些情况下,查询方式显得更为便捷。在程序的每个关键功能之后,可以通过检查 CommEvent 属性的值来查询事件和错误。对于自保持的小型应用程序,这种方法更为可取。

2) 串口通信编程步骤

我们通过一个简单的串口通信程序来介绍串口通信的编程步骤,实现串口通信的步骤一般如图 9.3 所示,通常包含有 5 个所需的操作。程序的代码在下面给出。为了便于描述,在此处的通信处理采用了查询方式进行,所需的 5 个步骤都在同一个函数中实现。代码中出现的 m_mscom 则为 MSComm 在本例程中的变量名称,该变量在开发人员使用 MSComm 控件时指定。

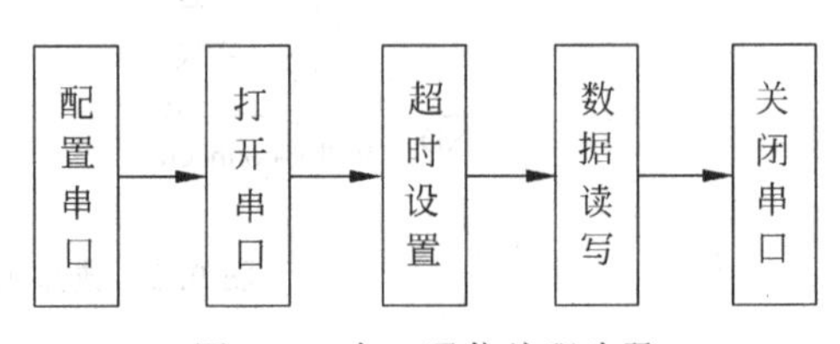

图 9.3 串口通信编程步骤

```
void CSerialPortDlg::OnMSCommButton()
{
    char SndBuf[8] ="ATV1Q0\n";                              //发送数据
    CString in_dat;                                           //接收数据缓冲区

/************************ 配置串口 ************************/
/********** 指定要打开的串口号、缓冲区大小、比特率等参数 **********/
m_mscom.SetCommPort(1);                                   //串口 1
m_mscom.SetInBufferSize(1024);                            //设置输入缓冲区的字节数
m_mscom.SetOutBufferSize(512);                            //设置输入缓冲区的字节数
m_mscom.SetInputMode(1);                                  //设置输入方式为二进制方式
m_mscom.SetSettings("9600,n,8,1");                        //设置比特率等参数
m_mscom.SetRThreshold(1);                                 //为 1 表示有一个字符即引发事件
m_mscom.SetInputLen(0);
/**************************************************/

/************************ 打开串口 ************************/
if(!m_mscom.GetPortOpen())                                //打开串口
{
```

```
    m_mscom.SetPortOpen(true);
  }
  /*****************************************************/

  /********************** 超时设置 **********************/
  COMMTIMEOUTS Timeouts;                                  //定义超时时间变量
  GetCommTimeouts(m_mscom.CommID,&Timeouts);              //获取串口控件超时设置
  Timeouts.ReadIntervalTimeout =50000;                    //设置读间隔时间
  Timeouts.ReadTotalTimeoutMultiplier =MAXDWORD;          //设置总的读取等待时间
  Timeouts.ReadTotalTimeoutConstant = MAXDWORD;
  SetCommTimeouts(m_mscom.CommID,&Timeouts);              //设置串口控件超时设置
  /*****************************************************/

  /********************** 发送数据 **********************/
  m_mscom.SetOutput(COleVariant(SndBuf));                 //将发送数据送入串口
  Sleep(5000);                                            //延时等待返回数据
  /****************** 接收数据—查询方式 ******************/
  in_dat = m_ mscom.GetInput();                           //从串口接收数据
  if(in_dat == "OK")                                      //如果返回"OK"则表明通信成功
    AfxMessageBox("通信成功!");
  else
    AfxMessageBox("通信失败!");                           //否则显示通信失败
  /*****************************************************/

  /********************** 关闭串口 **********************/
  m_mscom.SetPortOpen(false);
  /*****************************************************/
  }
```

(1) 配置串口

在使用串口进行数据通信前必须对其进行配置,串口配置主要包括比特率、数据位数、停止位数、奇偶校验、发送缓冲区大小、接收缓冲区大小等。

(2) 打开串口

在32位Windows系统中,串口和其他通信设备都被作为文件进行处理,在使用前必须将其打开。为了保证串口通信数据传输可靠,串口打开时一般都设置为非共享模式,串口一旦被打开后,其他的应用程序将无法打开或使用它。

(3) 超时设置

在串口通信时,如果数据传输突然中断,对串口的读写操作可能会进入无限期的等待状态。为了避免这种情况的发生,必须设置串口读写操作的等待时间。等待时间超过后,串口的读写操作将被主动放弃,这样即使数据传输突然中断,程序也不会被挂起或阻塞。

(4) 数据读写

串口打开并配置好后即可对其进行读写操作,对串口的读写操作可采用查询、同步、异步和事件驱动等方式。

(5) 关闭串口

在串口使用完成后应将其关闭,否则如果没有关闭串口,该串口将始终处于打开状态,其他的应用程序就将无法打开或使用。

4. 通信协议

在温、湿度监测系统的软件设计中，上、下位机之间的通信是程序设计的重点。这一过程既包含有上位微型计算机的收发数据，也包含有下位单片机的数据收发过程。为了确保双方通信的可靠，以及双方信息的相互理解，有必要在通信过程中约定通信的协议。

作为一个数据采集系统，除了控制串口以实现数据的收发之外，还需要对收发的数据进行处理，这一部分工作则由通信协议来实现。通信协议又称通信规程，是指通信双方对数据传送控制的一种约定。约定中包括对数据格式、同步方式、传送速度、传送步骤、检纠错方式以及控制字符定义等问题做出统一规定，通信双方必须共同遵守。

而事实上，RS-232C 的电平标准、串口的设置等都是一种通信协议的约定。而我们这一节中所要讨论的则是应用程序之间的一种约定，以 OSI(open system interconnection，开放系统互连模型)而言的话，则是应用层的协议约定。这种约定的目的是规定通信中的数据格式，以便于通信双方理解对方数据所包含的信息。

在温、湿度采集系统中，微型计算机与微控制器之间除了需要传送温度、湿度数据之外，还可能需要传送一些设置参数、状态信息等数据，因此需要规定传送数据的格式，以分辨当前报文中所含的数据是哪一种信息。图 9.4 中所示则是一种可用于温、湿度采集系统的数据报文格式。图中的起始字符和结束字符是约定的固定二进制码，以标记一个报文的开始和结束。控制字也是约定好的代码，表示该报文中的数据是读取温度数据、读取湿度数据还是设置校正参数等信息，用于标示数据的类型。数据长度表明了随后的数据部分占用了几个字节，这样应用程序就可以正确地分离出数据。CRC 校验则是用于检验是否在通信过程中出现错误。控制字也由不同的功能位组成，如表 9.1 所示。其中低 4 位表示监测点的编号(即系统最多可以监测 16 个监测点的温湿度数据)，反映该报文中的数据对应于第几个监测点的温度、湿度或报警数据。高 4 位为功能编码，代表报文数据是温度数据、湿度数据还是报警信息。当然，该控制字还可以根据系统的功能扩展而增加新的编码信息。

1 Byte	1 Byte	1 Byte	*n* Byte	1 Byte	1 Byte
超始字符	控制字	数据长度	数据	CRC 校验	结束字符

图 9.4 温、湿度监测系统数据报文格式

表 9.1 控制字编码表

控制字	功能说明
0x1X	报文数据为监测点 X 的温度数据(X：0000B～1111B)
0x2X	报文数据为监测点 X 的湿度数据
0x9X	报文数据表明监测点 X 的发生温、湿度异常
0x8X	报文数据表明监测点 X 的异常撤除

通信协议除了规定数据传送的格式之外，还需要规定报文的传送和应答流程，以及通信错误的处理机制，在大型的通信协议中尤为重要。这部分内容可以参考相关通信方面的文献。

9.1.2 基于 RS-485 的数据采集系统

9.1.1 节的例子中微型计算机只需要与一个微处理器之间进行数据的交换，这样的情况一般称为点对点的通信方式。但是在实际的工程应用中，单点数据采集的情况非常少，更多的是有多个数据采集终端需要微型计算机与之进行通信，这样的情况属于一对多的通信方式。RS-232C 无法满足一对多的通信要求，而 RS-485、RS-422A 标准则提供了实现多点数据采集的基础。

本节将以变电站智能抄表系统为例，介绍基于 RS-485 的多点数据采集系统的设计。

1. 系统的构成及原理

变电站智能抄表系统是变电站综合自动化系统的一个子系统，也是最为基础的一个环节。由于变电站存在有多个母线、变压器上的关口电能表计，而变电站综合自动化系统必须实时采集各个表计上的电能数据，以便于实现实时的控制，因而，有必要设计对各个电能表计进行自动抄读系统，采集相应数据送入中控计算机进行处理。

由于变电站各个关口电能表计的厂家、生产时间、表计种类的不同，因此，可能存在非智能电表和多功能电表同时存在的情况。为了能够实时采集这些电表的当前电能数据，一般都通过 RS-485 总线将中控计算机与需要读取的电能表计相连。对于多功能电表而言，其上已经实现了 RS-485 通信接口。但是，对于老式的非智能电表，则一般没有相应的数据通信接口。对于这种情况，需要设计数据采集终端，对非智能电表发出的脉冲输出信号进行读取，然后转换为电能数据，通过 485 总线上传给中控计算机。系统结构如图 9.5 所示。

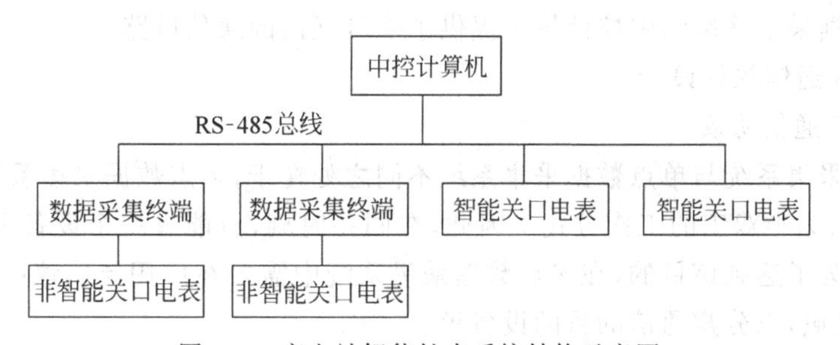

图 9.5 变电站智能抄表系统结构示意图

图 9.6 所示为数据采集终端的硬件模块示意图。数据采集终端具体功能的实现过程如下：首先对电能表送来的脉冲进行滤波、光电隔离，然后通过单片机进行数据采集；当计时到达设定的数据存储时间后将数据信息存储到外部存储器中，以此循环往复。中控计算机通过 RS-485 总线发送抄表指令要读取该终端上的数据，单片机接收指令，并执行指定的通信程序将存储器中的数据通过 RS-485 总线上传到中控计算机。采集终端由电表数据的采集、显示、数据保护及用户断电处理、时钟电路、看门狗电路、RS-485 总线接口模块等部分组成。

处理器部分是数据采集终端的核心，负责协调整个数据采集终端的工作，完成脉冲数据的采集和存储、时间信息的读取、电表数据的显示及与中控计算机的通信等任务。数据采集端的隔离电路是为了增强数据采集终端的抗干扰能力而设计的，主要目的是将电表输入的

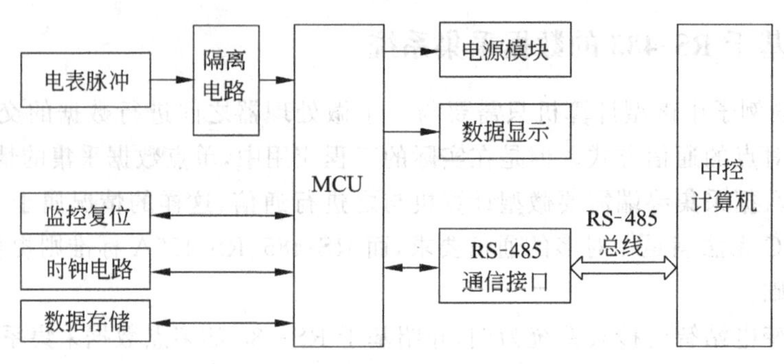

图 9.6 数据采集终端硬件模块图

脉冲信号和数据采集终端隔离开来。可采用光耦隔离，其主要特点是：输入与输出之间绝缘；信号传输为单方向，输出信号不会对输入信号有影响。

数据采集终端在正常工作时需要记录很多数据，包括电表采集存储的数据信息、表头识别信息、用户识别信息、时间日期、峰谷信息等，这些数据的记录和备份对系统的稳定性和精确性具有极其重要的意义。因而在单片机的外围需要扩展一个数据存储器，对系统采集到的数据进行保存。由于系统需要实时读写数据存储器，所以该数据存储器需要具备高可靠性、非易失性、读写寿命长、读写速度快等特性。

RS-485 通信接口电路是数据采集终端通过 RS-485 总线和中控计算机进行通信的专用接口电路。当系统需要抄表时，数据采集终端通过 RS-485 总线通信口接收来自中控计算机的命令，将存储在记录单元中的电表数据通过总线传送到中控计算机。该通信接口电路的设计为数据采集终端和中控计算机提供了信号互访的通信链路。

2. RS-485 通信软件设计

1）RS-485 通信协议

多点数据采集系统与单点数据采集系统不同之处在于，多点数据采集系统为主从结构，且 RS-485 接口为半双工的工作方式。因此，在同一时刻，只能有一个设备占用 RS-485 总线发送数据。为了达到该目的，在多点数据采集系统中需要在应用层协议中加入相应的控制，如加入地址域，以分辨通信的目的设备等。

在电力系统中，有成熟的通信协议标准可以遵循。如智能抄表系统，可以遵循 DL/T 645 规约来实现各种不同厂家的计量表计通过 RS-485 网络进行连接，抄表主设备(如工控机)则通过 RS-485 接口分别对各个表计读取数据或设置参数。DL/T 645 规定的帧格式如表 9.2 所示，其地址域 $A_0 \sim A_5$ 由 6 个字节构成，每字节 2 位 BCD 码。地址长度可达 12 位十进制数，可以为表号、资产号、用户号、设备号等，具体使用可由用户自行决定。当使用的地址码长度不足 6 字节时，用十六进制 AAH 补足 6 字节。低地址位在先，高地址位在后。当地址为 999999999999H 时，为广播地址。

其控制码 C 为 1 个字节，其格式如图 9.7 所示。该控制码包含了大量的信息，如数据的传送方向，应答的异常标志、是否有后续的数据帧以及该数据帧的功能码。如控制码的 D_7 位为 0，则表明该帧数据是主站发送给从站的命令帧；若 D_7 位为 1，则表明该数据帧是从站发出的对主站的应答帧等。DL/T 645 规约的详细说明可以参考国家电力行业标准 DL/T 645—1997 文档。

表 9.2 DL/T 645 规约帧格式

68H	帧 起 始 符
A_0	地址域
A_1	
A_2	
A_3	
A_4	
A_5	
68H	帧起始符
C	控制码
L	数据长度域
DATA	数据域
CS	校验码
16H	结束符

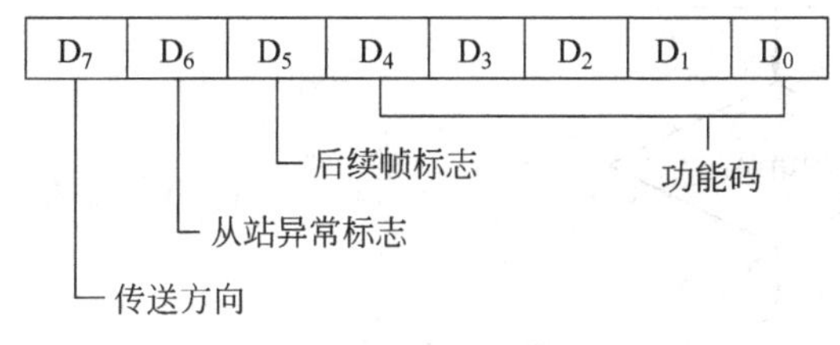

图 9.7 控制码 C 的数据格式

由于变电站智能抄表系统可能需要连接不同厂家的表计或终端，所以在通信软件的设计上需要遵循国家标准实现，以便于实现对不同设备的通用性。

2) RS-485 通信软件流程设计

RS-485 通信软件分为主机端(中控计算机)和从机端(数据采集终端)两部分的通信接口软件。由于 DL/T 645 规约的实现流程较为复杂，这里不便于详细讲解。若简化通信的交互流程，并指定以下约定，则可以用较为简单的流程实现 RS-485 的通信设计。

① 主机查询方式：由集中控制器轮流查询各数据采集终端，并要求终端提交状态信息，终端不能主动发出请求。

② 主机接收到从机发回的“READY”信号后，向从机发送“GETDATA”或者“SETTIME”指令，进入接收状态，同时开启超时控制。若在规定时间未接收到从机发回的有效应答，则向上位机告警，从机故障。

③ 从机等待主机发送指令，并根据具体指令作相应操作。如果接收到的指令帧错误，则会直接丢弃该帧。

数据采集终端的 RS-485 通信程序流程图如图 9.8 所示。其中设备号为事先分配给该数据采集终端的编号，并且该编号已在出厂时固化到数据采集终端的 ROM 芯片中保存。当系统启动时，MCU 将从 ROM 中读取出该设备号备用。由于 RS-485 为半双工工作方式，所以在等待接收中控计算机发送的数据前，需要控制 MCU 禁止 EN 信号，使得 RS-485 接口处于接收状态。

当接收到来自中控计算机的数据报文时，首先需要比对该报文的设备号是否与本机设

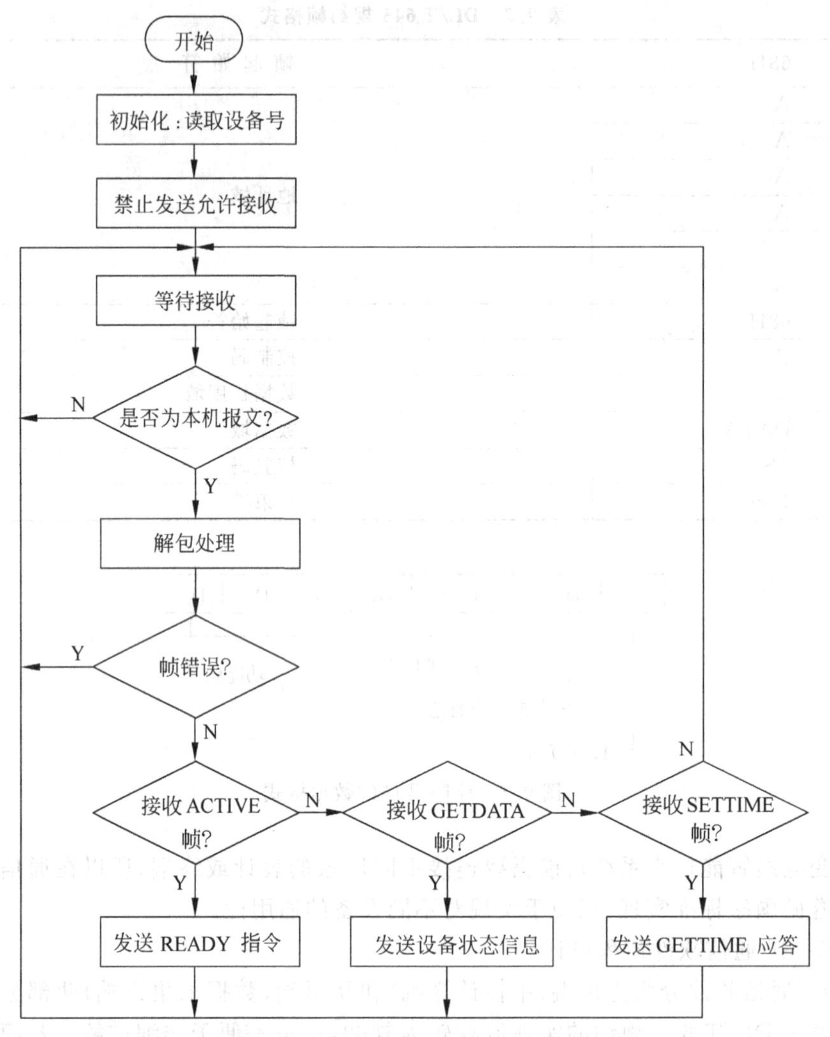

图 9.8 数据采集终端 RS-485 通信流程

备号匹配。若匹配,则进入解包过程解析数据或指令;否则,则表明该数据包并非送给本机,则丢弃该数据包,并回到等待接收状态。在解包完成后再进入到相应的处理流程。当需要发送数据报文时,则需要控制 MCU 使能 EN 信号,以控制 RS-485 电路进入到发送状态,并将数据报文发送到 RS-485 总线上。

对于中控计算机,主要区别则在于对于数据报文的流程控制上更为复杂,此处则不再赘述。

9.2 基于 PCI 总线的系统设计

在 9.1 节中我们已经了解了基于串行通信的设计方法,这一节中将同样通过一个简单的工程例子来简要介绍基于并行通信的系统设计方法。在微型计算机的应用系统中,传统的并行接口传输速度较低,抗干扰能力弱,因此不太适合工业现场应用的要求。在很多系统中,更多的是采用ISA总线、PCI总线等方式进行与微型计算机系统的通信。本节将以PCI总线为例介绍这样的系统设计方法。

9.2.1 PCI总线I/O接口电路设计

由于PCI总线具有高数据传输率(132MB/s)、即插即用的使用方式、独立于处理器、低功耗等特点,因此在一些单片机或嵌入式应用系统中,越来越多地采用PCI总线这种通用、便捷的方式进行通信。在这些应用场合,单片机应用系统或者利用专门的接口设备与微型计算机系统进行通信,或者本身就作为一个接口设备使用。不管采用哪种方式,与微型计算机系统进行通信的I/O接口电路是必不可少的。

在基于PCI总线的I/O接口电路设计中,逐渐形成了两种固定的模式:一种是采用可编程逻辑器件(CPLD)或者现场可编程门阵列(FPGA)等实现,这种方法灵活,可选资源比较多,但是开发周期长,难度大。另一种方法是采用专用的PCI接口芯片实现。这种方法避开了烦琐的协议,只需要对用户端接口进行设计即可。目前常见的PCI接口芯片主要有PLX公司的PCI905x系列、AMCC公司的AMCCS59xx系列、ITE公司的IT8888F、Winbond公司的W83628F和NS公司的PC87200等。而PLX公司的PCI9054总线接口芯片是目前国内最常见的PCI接口芯片之一。

下面将以一个基于PCI接口的数据采集卡设计为例简单介绍一下PCI总线I/O接口电路的设计,该设计将采用PLX公司生产的PCI9054总线接口芯片作为PCI接口的控制芯片。

1. PCI专用接口芯片PCI9054简介

PCI9054是美国PLX公司生产的32位/33MHz的通用PCI总线控制器专用芯片,其符合PCI本地规范2.2版,突发传输速率可达到132MB/s,本地总线支持复用/非复用的32位地址数据,采用了176-Pin PQPP和225-Pin PBGA两种封装形式,并且采用了PLX行业领先的数据通道结构(data pipe architecture)技术,包括DMA、可编程主/从数据传输模式以及PCI消息功能方式等消息传输方式。

PCI9054的主要功能特点如下:

① 符合PCI V2.1,V2.2规范,包含PCI电源管理特性。

② 支持PCI双地址周期,地址空间高达4GB。

③ 提供了两个独立的可编程DMA控制器。

④ PCI和Local Bus数据传送速率高达132MB/s。

⑤ 支持本地总线直接接口Motorola MPC850或MPC860系列、Intel i960系列、IBM PPC401系列及其他类似总线协议设备。

⑥ 本地总线速率高达50MHz;支持复用/非复用的32b地址/数据;本地总线有三种模式,即M模式、C模式和J模式,可利用模式选择引脚加以选择。

⑦ 具有可选的串行EEPROM接口。

⑧ 具有8个32b Mailbox寄存器和2个32b Doorbell寄存器。

PCI9054提供了PCI总线、EEPROM、Local总线3个接口。作为一种桥接芯片,PCI9054在PCI总线和Local总线之间传递信息,既可以作为两个总线的主控设备去控制总线,也可以作为两个总线的目标设备去响应总线。PCI9054有6个零等待可编程FIFO

存储器。它们分别完成 PCI 发起读、写操作,PCI 目标读、写操作和 DMA 读、写操作。由于 FIFO 存储器的存在,数据可以大量突发传输而不丢失。这样不仅满足实时性要求,同时可以根据用户的需要采用与 PCI 时钟异步的本地频率。串行 EEPROM 是用来在开机时初始化配置内部寄存器的。内部寄存器(internal registers)标识地址映射关系以及 PCI 端和本地端工作状态,包括 PCI 配置寄存器组、Local 配置寄存器组、Runtime 寄存器组、DMA 寄存器组、I2O 消息寄存器组。FIFO 和内部寄存器在计算机主机或者本地端都是统一编址的,用户可以从两端通过编程访问它们的每一个字节。

PCI9054 的 LOCAL 总线与 PCI 总线之间数据传输有三种方式,即主模式(direct master)、从模式(direct slave)和 DMA 方式。其内部具有两个 DMA 数据通道,双向数据通路上各有 6 个 FIFO 进行数据缓冲,可同时进行高速的数据接收和发送。8 个 32 位 Mailbox 寄存器可为双向数据通路提供消息传送。

2. 基于 PCI9054 的数据采集卡结构

基于 PCI 总线的数据采集卡主要由 PCI 接口模块、数据存储模块、AD 转换模块以及 CPLD 逻辑控制模块等组成。其基本工作原理是通过高速 A/D 将外部模拟信道的信号进行采样,先将采样数据存储在 FIFO 中,当 FIFO 半满时,会产生一个半满信号 HF 通知 CPLD 使其产生控制信号用来控制 PCI9054 执行 DMA 传送,将数据读入到计算机内存中,这样就可以在计算机中对数据进行分析处理。图 9.9 是硬件结构简图。

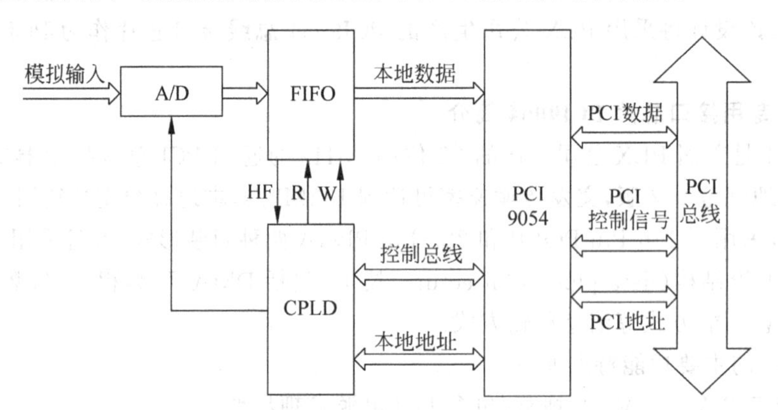

图 9.9　PCI 数据采集卡的硬件结构

数据采集的过程如下:传感器出来的小电压、小电流信号经过信号调理,送到 A/D 转换模块,从而将模拟信号转换为数字信号后,送到 FIFO 中缓存起来,实现一级缓存。这些缓存的数据再通过 PCI 总线接口芯片 PCI9054 以主控的 DMA 方式送到计算机内存中。

控制模块的主要功能有两部分:一是产生分频信号,由于对采样频率要求不同,所以通过控制模块分频产生采样信号;二是根据 FIFO 模块的状态信号(FIFO 半满,FIFO 空)和接口模块的一些状态、命令信号,产生对 A/D 转换模块和 FIFO 模块的控制信号和对接口模块命令响应的状态信号。

3. PCI9054 硬件接口设计

本章主要讨论的是 PCI 总线的设计,因此此处我们将重点介绍关于 PCI9054 芯片的硬件接口部分的设计。PCI9054 专用接口芯片内部 2 个独立 DMA 通道,可以实现系统数据在PC内存与PCI板卡之间的高速传输，其接口电路示意图如图9.10所示。

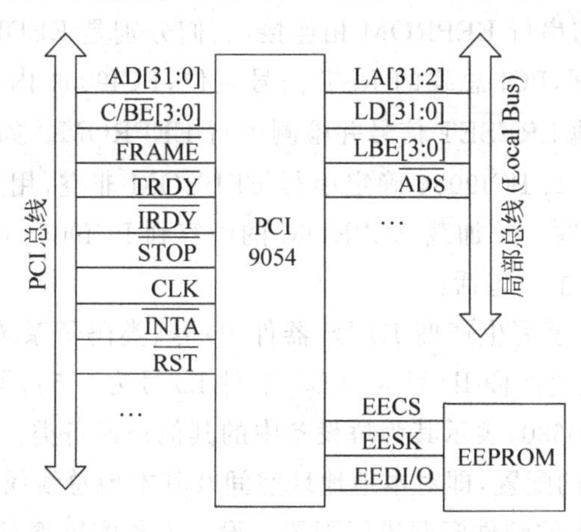

图9.10 PCI9054的接口电路示意图

1）PCI9054与PCI总线接口

PCI9054与PCI总线接口连接相对简单，只要将PCI9054芯片的PCI端信号线与PCI插槽的相应信号线对应连接就可以了。这些信号包括地址数据复用信号、接口控制信号线、中断等信号线。在电路板制作上，要注意PCI总线信号的走线，为了满足反射条件，对信号走线有严格要求：普通信号长度，插槽的连接器与PCI桥芯片的间距不大于1.5in，CLK信号走线长度为(2.5±0.1)in，否则会导致信号不稳定甚至总线冲突，无法开机。

2）PCI9054与LOCAL Bus接口

PCI9054与本地信号接口是相对重要的一部分。PCI9054本地总线可工作在M、C、J三种模式。M模式是专为Motorola公司的MCU设计的工作模式。C模式下9054芯片通过片内逻辑控制将PCI的地址线和数据线分开，很方便地为本地工作时序提供各种工作方式，一般较广泛应用于系统设计中。J模式是一种没有Local Master的工作模式，它的好处是地址数据线没有分开，严格仿效PCI总线的时序。由于C模式可将PCI的地址线和数据线分开，编程控制也较为简单，所以在一般的设计中都选择使用C模式。

信号线连接主要包括：

LHOLD：申请使用本地总线，输出信号；

LHOLDA：对LHOLD应答，输入信号；

$\overline{\text{ADS}}$：新的总线访问有效地址的开始，在总线访问first clock设置时，输出信号；

$\overline{\text{BLAST}}$：表示为总线访问的last transfer，输出信号；

LW/$\overline{\text{R}}$：高电平表示写操作，低电平表示读操作，输出信号；

LA[31:2]：地址总线；

LD[31:0]：数据总线；

$\overline{\text{READY}}$：表示总线上读数据有效或写数据完成，用以连接PCI9054等待状态产生器，输入信号。

3）PCI9054与EEPROM接口

PCI9054在加电启动时，需要从外部EEPROM读取初始化数据来配置PCI9054的内部寄存器,而且依赖于硬件板卡的硬件资源要求,以及选择正确的 PCI9054 工作模式。PCI9054 提供 4 个引脚与串行 EEPROM 相连接,它们分别是 EEDI,EEDO,EESK,EECS。在计算机的加电自检期间,PCI 总线的 $\overline{\text{RST}}$ 信号复位,PCI9054 内部寄存器的默认值作为回应。PCI9054 输出本地 $\overline{\text{LRESET}}$ 信号并检测串行 EEPROM。如果串行 EEPROM 中的前 33 个比特不全为 1,那么 PCI9054 确定串行 EEPROM 非空,用户可通过向 PCI9054 的寄存器 CNTRL 的 29 位写 1 来加载 EEPROM 的内容到 PCI9054 的内部寄存器。

EEPROM 配置信息主要包括:

① PCI 配置寄存器,填写生产商 ID 号、器件 ID 号、类码子系统 ID 号和子系统生产商 ID 号。对于 PCI9054,其生产商 ID 号为 10B5,器件 ID 号为 9054,子系统号为 9054,子系统 ID 号为 10B5,类码号为 0680,表示其为桥设备中的其他桥设备类。

② 本地配置寄存器的配置,即对本地地址空间及其本地总线属性的配置。这些配置要根据实际开发的硬件板卡的硬件资源进行配置。设备人员配置寄存器的任务就是要把某一段本地地址映射为 PCI 地址,也就是当主机 CPU 要访问本地地址空间时,要知道其对应的 PCI 总线地址。

4. DMA 突发数据传输设计

PCI9054 中有两个 DMA 通道,可以独立工作,互不干扰。采用 DMA 方式传输数据,可以节省 CPU 资源;采用突发方式传输数据可以提高数据的传输率,充分发挥 PCI 总线数据传输率高的优点。因此,在高速大容量数据传输和处理系统中,将 DMA 和突发数据传输方式结合在一起是比较理想的,一方面可以充分发挥 PCI 总线的性能,另一方面可以节省 CPU 资源。

当设置 PCI9054 工作在 DMA 工作方式下时,PCI9054 作为 PCI 总线的主设备,同时也是 Local 总线的控制者,通过设置其 DMA 控制器内部的寄存器即可实现两总线之间的数据传送。

9.2.2 PCI 总线接口卡的驱动程序设计

在基于 PCI 总线接口的微型计算机系统设计中,除了 PCI 接口卡的硬件部分设计之外,系统软件的设计也是非常重要的一部分。系统软件包括驱动程序和应用程序两部分。驱动程序使操作系统能识别并管理硬件,应用程序使用户能操作硬件,实现各种功能。其中,PCI 总线接口卡的驱动程序设计尤为重要,这是用户应用程序与 PCI 接口卡之间进行通信的核心软件。只有编写有效的驱动软件,才能正常发挥 PCI 接口卡的设计功能。

WDM(Windows driver model)是 Microsoft 公司力推的驱动模型,其提供了更多特性,包括即插即用、电源管理、WMI 等,而且 WDM 还是一个跨平台的驱动程序模型,在不修改代码的情况下重新编译就可以在不同平台上运行了。它同时还遵循电源管理协议,并能在 Windows 98 和 Windows 2000 间实现源代码级兼容。WDM 驱动程序还分为类驱动程序(class driver)和迷你驱动程序(mini driver),类驱动程序管理属于已定义类的设备,迷你驱动程序给类驱动程序提供厂商专有支持。作为应用最为广泛的一种驱动程序类型,本文将主要介绍 WDM 驱动程序的设计。关于 WDM 的相关介绍已在 8.1.3 节中给出,此处则不再赘述。

1. 驱动开发工具的选择

在进行 WDM 驱动程序的设计时，首先需要选择合适的开发工具。驱动程序的开发工具较多，比较流行的有以下几种：

① DDK(device development kit)，是微软提供的一套用于开发 Windows 下设备驱动程序的工具包。

② WinDriver，是 JUNGO 公司出版的驱动程序开发组件。

③ DriverStudio，是一套 NuMega 公司为简化 Windows 设备驱动程序和应用程序的开发而提供的集编写、编译和调试为一体的软件工具包。

④ PLXMON，为 PLX 公司提供的用于 905x 芯片的专用调试软件。

一般而言，使用 DDK 开发的驱动程序代码效率高，但开发难度较大，开发的周期长；采用 WinDriver 开发驱动难度较低，开发时间短，但程序的执行效率不高；采用 DriverStudio 则可以使用向导直接进入到驱动程序的开发，可以在缩短开发周期的同时开发出较高质量、结构化的驱动程序。本文将以 DriverStudio 为例来介绍 PCI 总线驱动程序的开发过程。

2. 建立驱动开发环境

用 DriverStudio 开发 WDM 驱动程序必须要有 DDK 的支持。DriverStudio 所用的类库是在 DDK 库函数基础上生成的，所以还需编译 DDK 的库以创建自己的库文件。所安装的 DDK 版本应与操作系统的版本一致。必须按照下面的步骤安装工具软件，否则不能正确生成驱动程序：

① 安装 Visual C++ 6.0。

② 安装 Windows XP DDK(以 Windows XP 下的开发过程为例)。安装成功后，在"开始"→"程序"菜单里会增加了一个 Development Kits→Windows DDK 2600 菜单。

③ 安装 DriverStudio 3.1。安装成功后，在 Visual C++ 编程工具栏中会增加了一个 DriverStudio 菜单。

④ 设置 DDK 所在目录。选择"DriverStudio"→"Develop"→"DDK Build Setting"，设置相应目录。

⑤ 编译库文件 VdwLibs.dsw。在 Visual C++ 中打开 DriverStudio\DriverWorks\Source\VdwLibs.dsw，选择 Batch Build 菜单，单击 Rebuild All。

3. 利用 DriverWizard 生成驱动程序框架

DriverWizard 是 DriverStudio 创建框架程序的工具，它能够生成驱动程序的基本框架和用户自定义信息。虽然没有实现 PCI 设备的具体功能，但对于功能的实现设置了框架，功能代码都在该框架下完成，其中主要的步骤如下：

(1) 选择驱动程序类型

DriverWizard 可创建 4 种类型的驱动程序，除了 WDM 和 NT 4.0 外，还有 Empty Driver Project 和 Simple C++Driver 两种类型。此处我们选择 WDM。

(2) 选择 WDM 类型

有 WDM 功能驱动程序、WDM 过滤器驱动程序和 AVStream 驱动程序 3 种类型。这里选功能驱动程序。

(3) 选择设备的类型并填写硬件信息

这里选择 PCI，并填写 PCI 设备的设备标识符。

(4) 选择驱动程序支持的功能项

其中 Read 和 Write 项对应的是应用程序调用驱动程序的 ReadFile 和 WriteFile 函数。Device Control 对应的是应用程序的 DeviceIoControl 函数,该函数处理用户自定义的 IOCTL,可以向驱动程序发送数据和返回数据。Flush 项提供刷新 I/O 缓冲区的例程。Internal Device Control 项提供其他驱动程序的调用。Cleanup 项提供了清除所有 IRP 的例程,当驱动程序停止或卸载之前,需要清除所有的 IRP,保证驱动程序安全地停止。

(5) 设置设备启动时从注册表中加载的参数

当设备启动执行 DriverEntry 例程时,将从注册表中装载这里所设置的标识参数。

(6) 选择设备文件中的类名和接口类型,类名通常取默认值

在 Resources 项中,需要声明所需的硬件资源如存储空间和 I/O 空间,中断和 DMA 等。

(7) 选择是否生成一个应用层的测试程序

驱动程序一般需要测试应用程序来连接驱动程序,并进行测试,DriverStudio 可以直接生成一个简单的控制台应用程序。DriverSmdio 还可以在代码中生成调试代码等一些辅助代码和信息,在这一步中可以进行选择。

通过 DriverWizard,驱动程序的基本构架已经形成,要实现 PCI 设备的具体功能,只需在相应的地方加入功能代码即可实现。

4. 驱动程序功能的实现

开发 PCI 设备驱动程序,需要解决下面几个问题:完成设备初始化、创建设备对象、访问配置空间、硬件操作、中断处理和 DMA 传输。驱动程序功能模块组成如图 9.11 所示。

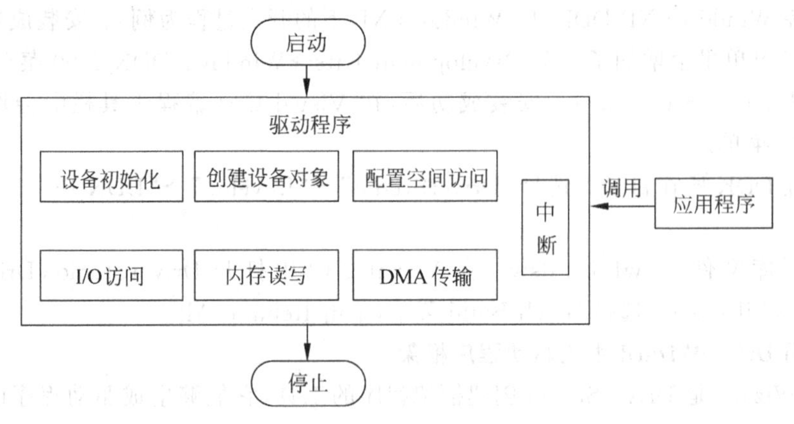

图 9.11 驱动程序功能模块框图

1) 设备初始化

WDM 驱动程序没有像 WinMain() 或 main() 这样的入口程序,它提供一个名为 DriverEntry 的函数。当装载驱动程序时,操作系统为每个驱动程序调用一次 DriverEntry 函数,在这个入口函数中,必须作必要的初始化设置,如宣布例程地址、定位控制的硬件等,并设置必要的回调函数。如果 DriverEntry 例程成功,则返回 STATUS_SUCCESS 给 I/O 管理器。

2) 创建设备对象

驱动程序完成初始化之后,下一步的工作就是为每一个物理的或者逻辑的设备创建一

个设备对象,并将设备对象附着到设备堆栈中,设备堆栈包括每一个相关设备驱动程序的一个设备对象。

3) 访问PCI配置空间

遵循PCI标准的设备为其配置信息提供了一个独立的地址空间,每个PCI卡都有1~8个函数,并且每个函数都有自己配置信息的存储空间,为256B,其中前64B是头信息。如果配置信息超过了256B,要实现PCI的整个存储部分的访问,就必须采用内存映射。配置空间是为配置、初始化和灾难性错误处理功能而设计的,它只限于初始化软件和错误处理软件使用。

4) 硬件操作

硬件操作包括I/O访问和内存读写两个方面。x86处理器有两种独立的地址空间,分别是I/O地址和内存地址。对于微机接口卡,其中的I/O和存储器芯片可以定位于这两种独立的地址空间中。一个芯片的地址在I/O地址空间的范围称为I/O映射,在I/O地址空间的设备只能通过I/O指令来访问。而一个芯片的地址在内存地址空间的范围称为内存映射,可以通过一些内存访问指令来访问。

(1) I/O访问

在WDM中,对于I/O端口,系统将其看成寄存器,必须将I/O资源分配成可由系统访问的非分页内存,函数Initialize完成该工作。在分配资源的代码中必须包含运行错误的处理,否则就会在驱动程序的运行中,引起系统崩溃。

(2) Memory读写

内存数据能够被交换到硬盘的内存,称为分页内存;内存数据不能被交换到硬盘(即永久驻留)的内存,称为非分页内存。在WDM驱动模型中,驱动程序得到的只是分页内存,必须将其转换成非分页内存,否则会引起缺页故障,内核会崩溃。

5) 中断处理

中断处理需要中断服务例程和延迟过程调用例程。在中断服务例程中,相应的处理时间应当尽可能短。因为中断例程运行的级别很高,当有中断请求时,不但会打断应用程序的执行,而且会打断在硬件中断级以下的所有运行程序。如果太多的拥有高优先级的中断程序执行太长时间,会影响整个系统的性能。所以,在WDM中提供了延迟过程调用(deferred procedure call,DPC)例程,将在中断例程中耗时的但不需要立即处理的任务延时处理,这样就不会阻塞其他的中断调用了。

在中断服务例程中,首先必须根据硬件信息来判断中断是否是自己的设备产生的。这是因为PCI总线共享中断,系统在收到中断后,顺序调用各个注册该中断资源的驱动程序的中断处理例程。如果有返回TRUE的例程,就代表该中断已处理,不再调用其他例程;如果是返回FALSE的例程,则说明该中断没有处理,继续调用其他的例程。如果返回错误,就会扰乱系统,造成系统崩溃。中断服务例程的流程框图如图9.12所示。

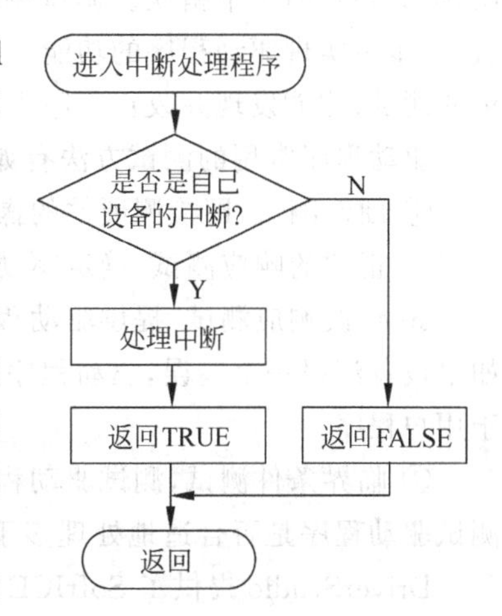

图9.12 中断服务例程的流程框图

6) DMA传输

在DMA的传输中,PCI设备将数据直接传输到系统物理内存中,管理这些内存的方式有两种,即Common Buffer和Packet。第一种方式是在系统的物理内存中预先开辟一段地址连续的内存空间,使CPU和PCI设备都能对其访问。另一种方式是使用内存描述表(memory descriptor list,MDL)描述的内存空间来作为DMA传输数据的源或目标。如果驱动程序需要不断地进行DMA传输,最好使用Common Buffer方式;如果驱动程序间断性地使用DMA,则可以使用Packet方式,因为该方式每次的传输使用的物理地址不一样,而Common Buffer方式使用的物理地址在驱动程序的一次运行期间都是一样的,适合不断的DMA传输。

5. 驱动程序的安装与调试

当PCI接口卡的驱动程序完成了编程工作之后,则可以对已经完成的程序进行安装和调试。只有通过调试合格的驱动程序才能正式交付应用程序来调用和使用。

1) 驱动程序的安装

Windows驱动程序的安装由一个INF文件来控制,它指定驱动程序文件复制到的系统路径,描述驱动程序的注册表入口。INF文件是一个文本文件,它包含了设备和需要安装的文件的必要信息,如驱动程序映像、版本信息等。操作系统根据INF的提示复制相关文件,修改注册表项。

利用DriverWizard生成驱动程序框架时,已经自动生成了INF文件。我们只需对其中的驱动程序名称、作者、版本、生成时间等项目作相应的修改,就可以进行安装。INF文件由一些段组成,段名由[]括起来,每一段包含一些指令,这些指令完成相应的驱动安装操作。

在对inf文件的相关段作修改后,复制至PCI9054工程的Sys\objchk\ii386(系统默认目录)下,就可以进行安装了。安装过程比较简单:关闭计算机,插入PCI卡,开机,系统会提示找到PCI硬件,指定PCI9054.inf的路径,驱动程序就会自动装入,从而完成安装。

2) 驱动程序的调试

很少有代码能够一次编写成功。驱动程序需要不断地进行调试修改才能最终完成。因为WDM是内核程序,所以在调试时系统崩溃和蓝屏是常事。很多时候刚调试完一个错误,但又导致另一个错误。调试驱动程序最重要的是需要有耐心,必须采取循序渐进的方法,一步步实现驱动程序的功能。在开发过程中要对驱动程序进行不断地测试,只有经过大量的测试,才能发现并改正程序中的错误,保证驱动程序的可靠性。

驱动程序常用的测试方法有如下几种:

① 硬件测试,即检测硬件的操作,这在硬件和驱动程序同时开发的情况下更加重要。

② 正常的响应测试,确定驱动程序功能的正确性和完整性。

③ 错误响应测试,提供驱动程序一个不正常应用,检测是否有一个合适的响应。例如如果设备汇报一个错误,驱动程序通过汇报和记录入日志来响应,不正常的应用也可能来自于用户程序。

④ 临界条件测试,测试驱动程序和设备的限制。例如,如果有一个较大的数据传输量,测试驱动程序是否合适地处理多于一个字节的数据传输,速度的临界条件也在这个范畴。

DriverStudio提供了SoftICE工具用于对驱动程序进行调试。SoftICE是一个功能极其强大的内核模式调试器,它支持在配置一台单独的计算机或两台计算机下进行设备驱动程序的调试。SoftICE结合了硬件调试器的强大功能和符号调试程序的易用性,能够显示程序的源代码,允许通过符号名访问局部和全局的数据。

习题 9

9.1 进行串口通信前需要约定哪些参数?

9.2 串口通信编程有哪些传送方式?各有何特点?

9.3 简述串口编程的步骤。

9.4 什么是通信协议?为什么要采用通信协议?

9.5 RS-485数据采集系统与RS-232数据采集系统主要有何区别?

9.6 PCI9054有哪些主要功能特点?

9.7 常用的驱动程序测试方法有哪些?

9.8 简述DMA传输中的两种内存管理方式及其适用的传输要求。

参考文献

[1] 周明德. 微型计算机系统原理与及应用[M]. 北京：清华大学出版社，2015.
[2] 彭楚武,张志文. 微机原理与接口技术[M]. 长沙：湖南大学出版社,2015.
[3] 胡钢. 微机原理及应用[M]. 北京：机械工业出版社，2016.
[4] 陈惠鹏,徐冰,刘松波. 新编微机原理与接口技术[M]. 北京：电子工业出版社,2015.
[5] 尹建华,等. 微型计算机原理与接口技术[M]. 北京：高等教育出版社,2008.
[6] 徐惠民. 微机原理与接口技术[M]. 北京：高等教育出版社,2007.
[7] 庞丽萍,阳富民. 计算机操作系统[M]. 北京：人民邮电出版社,2014.
[8] 顾晖,陈越,梁惺彦. 微机原理与接口技术：基于 8086 和 Proteus 仿真[M]. 北京：电子工业出版社,2015.
[9] 左冬红. 计算机组成原理与接口技术：基于 MIPS 架构[M]. 北京：清华大学出版社,2014.
[10] Jonathan Levin. 深入解析 Mac OS & iOS 操作系统[M]. 郑思遥,房佩慈,译. 北京：清华大学出版社,2014.
[11] 刘乃安. Android 操作系统与应用开发[M]. 西安：西安电子科技大学出版社,2012.
[12] 黄勤. 微型计算机原理及接口技术[M]. 北京：机械工业出版社,2014.
[13] 马春燕,段承先,秦文萍. 微机原理与接口技术[M]. 北京：电子工业出版社,2007.
[14] 杨文显,寿庆余. 现代微型计算机与接口教程[M]. 北京：清华大学出版社,2006.
[15] 陆志才. 微型计算机组成原理[M]. 北京：高等教育出版社,2010.
[16] 周功业. 黄文兰,卢建华. 现代微机系统与接口技术[M]. 北京：高等教育出版社,2005.
[17] 杨全胜. 现代微机原理与接口技术[M]. 北京：电子工业出版社,2013.
[18] 戴梅萼,史嘉权. 微型计算机技术及应用[M]. 北京：清华大学出版社,2008.
[19] 刘川来,等. 计算机控制技术[M]. 北京：机械工业出版社,2007.
[20] 孔德仁. 仪表总线技术及应用[M]. 北京：国防工业出版社,2005.
[21] 顾德英,等. 计算机控制技术[M]. 北京：北京邮电大学出版社,2005.
[22] 雷航,等. 现代微处理器及总线技术[M]. 北京：国防工业出版社,2006.
[23] 尤晋元,等. Windows 操作系统原理[M]. 北京：机械工业出版社,2001.
[24] Chris Cant. Windows WDM 设备驱动程序开发指南[M]. 孙义,等译. 北京：机械工业出版社. 2000.
[25] 艾德才. 32 位微机(Pentium)原理与接口技术[M]. 北京：清华大学出版社,2003.
[26] 姚燕南,薛钧义. 微型计算机原理与接口技术[M]. 北京：高等教育出版社,2004.
[27] 蒋本珊. 计算机组成原理与系统结构[M]. 北京：北京航空航天大学出版社,2000.
[28] 姚燕南,薛钧义. 微型计算机原理[M]. 西安：西安电子科技大学出版社,2002.
[29] 任家富,庹先国,陶永莉. 数据采集与总线技术[M]. 北京：北京航空航天大学出版社,2008.
[30] 甘永梅,等. 现场总线技术及其应用[M]. 2 版. 北京：机械工业出版社,2008.
[31] 黄红桃,等. 现代操作系统教程[M]. 北京：清华大学出版社,2016.